普通高等教育“十二五”应用型规划教材

结构力学

主　编　魏科丰　张　露
副主编　王新征　郭卫青　覃彦福

东南大学出版社
·南京·

内容简介

本书是根据教育部审定的“结构力学课程教学基本要求”及土木工程专业、道路桥梁专业及其相关专业的教学要求编写的，取材适宜，内容精练，由浅入深，联系实际。每章有知识目标及技能目标、课后习题等，紧密与实际工程相结合，便于自学。

全书共八章，包括绪论、平面体系的几何组成分析、静定结构的受力分析、影响线、虚功原理与结构位移计算、力法、位移法、力矩分配法、矩阵位移法。

本书主要作为本科院校学生、独立学院本专科学生、高职高专院校学生以及专升本学生的教材，也可作为自学考试教材，同时也可供有关工程技术人员参考。

图书在版编目(CIP)数据

结构力学／魏科丰，张露主编. —南京：东南大学出版社，2016.1

ISBN 978-7-5641-6326-6

Ⅰ.①结… Ⅱ.①魏… ②张… Ⅲ.①结构力学—高等学校—教材 Ⅳ.①O342

中国版本图书馆 CIP 数据核字(2016)第 013099 号

结构力学

出版发行：东南大学出版社
社　　址：南京市四牌楼 2 号　邮编：210096
出 版 人：江建中
责任编辑：史建农　戴坚敏
网　　址：http://www.seupress.com
电子邮箱：press@seupress.com
经　　销：全国各地新华书店
印　　刷：兴化印刷有限责任公司
开　　本：787mm×1092mm　1/16
印　　张：14.50
字　　数：372 千字
版　　次：2016 年 1 月第 1 版
印　　次：2016 年 1 月第 1 次印刷
书　　号：ISBN 978-7-5641-6326-6
印　　数：1—3000 册
定　　价：35.00 元

前　言

《结构力学》是土木建筑、水利水电等学科的专业基础课，同时也是一门具有较强的理论性及应用性学科的专业技术课程，本课程的任务是使学生了解和掌握工程结构的组成规律及其合理形式；能初步掌握结构在外部因素（荷载、温度变化、支座移动等因素）影响下结构的约束反力、内力、位移的计算原理和计算方法，了解各类结构的受力特点，为学习后续专业课程打好力学基础，并能分析、解决一些简单的实际工程问题。

本书取材时坚持“够用为度”的原则，强调基本理论、基本概念、基本方法，注意吸收定性结构力学的思想，注重突出计算与分析能力的培养，强调与实际工程的密切联系。内容编排由浅入深、循序渐进，同时兼顾不同层次学生学习需求，适当压缩理论推导，且精选与实际结构紧密联系的典型例题与习题，既注重体系的完整性，又突出知识的实用性，在叙述时注意教材的可读性，方便教师教学和学生自学。本书在编写过程中参考清华大学龙驭球、包世华主编的《结构力学教程》及应用型本科类教材，既保证了权威性，又考虑了实用性。

本书由魏科丰、张露担任主编，王新征、郭卫青、覃彦福担任副主编。具体章节分工如下：第 1 章、第 2 章、第 5 章、第 6 章、第 7 章由长江大学工程技术学院魏科丰编写，绪论、第 8 章由长江大学张露编写，第 3 章由南阳师范学院王新征编写，第 4 章由江西理工大学应用科学学院郭卫青、长江大学工程技术学院覃彦福编写，况建军、黄黎为本书提供了大量的素材与图片。全书由长江大学工程技术学院魏科丰统稿。

本书中若有错误之处，热忱欢迎读者指正。

编者

2015 年 11 月

目　录

0 绪　论

概　述

结构力学在工科院校土木建筑、水利水电等专业的教学体系中前承高等数学、大学物理、画法几何和工程制图等公共基础课以及理论力学、材料力学等专业基础课，后接钢筋混凝土、钢结构、多层及高层房屋结构设计、建筑结构抗震设计等专业课，是土木建筑、水利水电等专业学习过程中的一门十分重要的专业基础课程。通过本门课程的学习，学生将掌握结构的强度、刚度和稳定性问题的基本理论和计算方法，并应具有一定的分析和解决工程设计问题的能力，为今后的专业课学习和工程设计提供必要的基础理论和计算方法。土木工程是应用力学知识最多的工程领域之一，不少力学工作者把自己的研究重点放在土木工程领域，大量的土木工程学者（工程师）在从事着力学研究。力学与土木工程的一个结合点是结构分析，土木工程离不开力学。

知识目标

◆ 了解结构力学的发展历史、研究对象和研究任务以及在本专业中的地位；

◆ 掌握工程结构的基本概念和一般的分类方法；

◆ 掌握结构计算简图的概念和确定结构计算简图的原则，对复杂结构的简化方法有基本认识；

◆ 掌握平面杆件结构的分类、杆件结构的支座、结点类型和特点及荷载分类。

技能目标

◆ 培养学生注重分析能力、计算能力、自学能力、表达能力、创新能力的科学作风；

◆ 能自主学习新知识，能通过各种媒体资源查找所需信息。

课时建议：2 学时

建筑物或工程设施在建造之前，设计人员将对它的所有构件都需一一进行受力分析。如图 0-1 所示，对构件的所用材料、尺寸大小、排列位置都要通过结构计算来确定，这样才能保证建筑物的牢固和安全。这种复杂而又细致的计算工作，必须要有科学的计算理论作为依据才有可能进行。

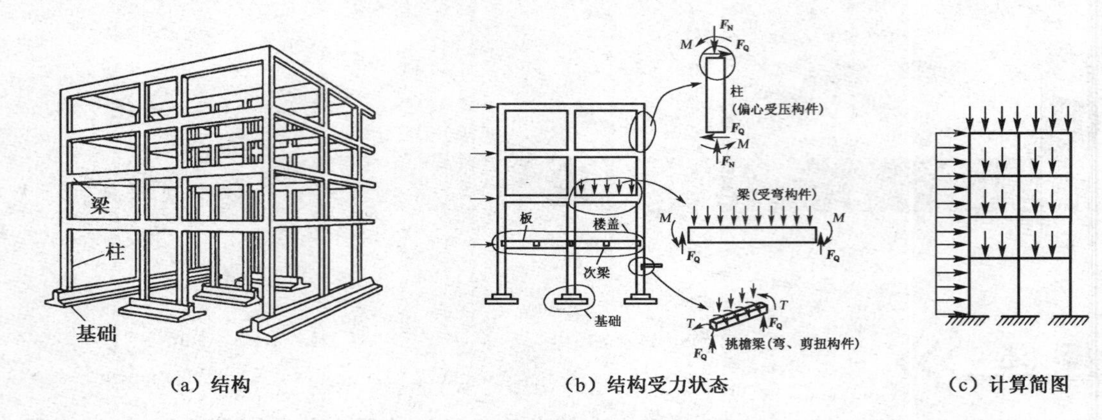

(a) 结构　　(b) 结构受力状态　　(c) 计算简图

图 0-1　结构的受力分析

0.1　结构力学的研究对象

1）结构

在土木工程中，由建筑材料按照一定的方式组成并能承受、传递荷载起骨架作用的部分称为工程结构，简称结构。房屋建筑中的梁柱体系、楼板、剪力墙、基础等，水工建筑中的闸门、水坝、采油平台，交通工程中公路和铁路的桥梁、隧道、挡土墙、涵洞等，都是工程结构的典型例子。如图 0-2 所示。

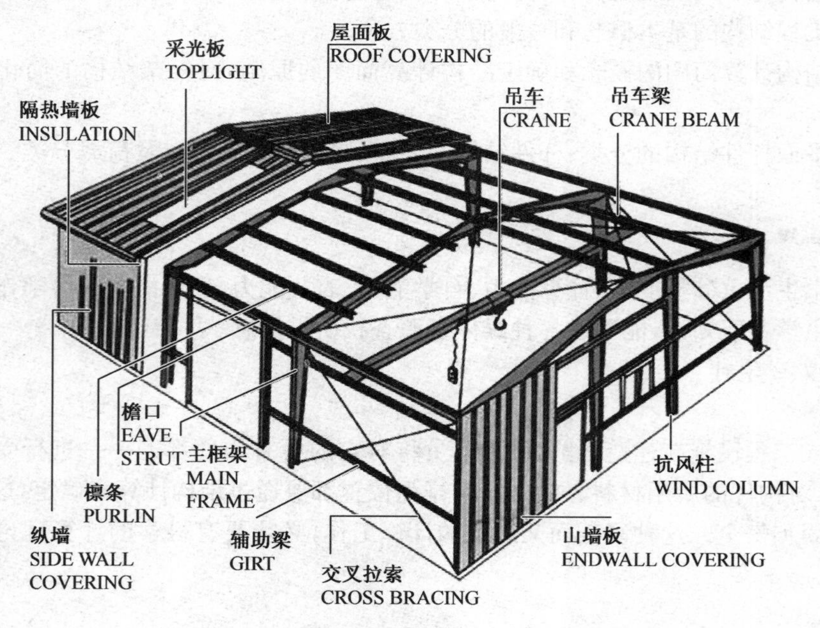

图 0-2　门式刚架结构

结构一般是由多个构件联结而成，按承重结构类型分类有砖混结构、框架结构、剪力墙、框架-剪力墙结构、筒体结构、桁架结构、拱结构、排架结构、折板结构、壳体结构、网架结构、悬索结构、悬吊结构、板柱结构、墙板结构、充气结构等。最简单的结构则是单个构件，如单跨梁(板)、独立柱等。

知识拓展

什么是机构：不能承担任意荷载的系统称机构。它是机械工程等的研究对象。

结论：在土木等工程中应用的都是结构，但结构的组成方式不同将影响其力学性能(静定和超静定)和分析方法。因此，分析结构受力、变形之前，必须首先了解结构的组成。

实际结构中的构件在外界因素作用下都是可变形的，但在小变形的情形下，分析结构组成时，其变形可以忽略不计，因而所有构件均将视为刚体。

2) 构件

是组成结构的基本构件，如板、梁、柱、基础等。按照几何特征，构件可分为杆件、板壳和实体，如图 0-3 所示。杆件的几何特征为长条形，长度远大于其他两个尺度(横截面的长度和宽度)。板壳的厚度远小于其他两个尺度(长度和宽度)，板的几何特征为平面形，壳的几何特征为曲面形。实体的几何特征为块体，长、宽、高三个尺度大体相近，内部大多为实体。组成结构的构件大多数可以视为杆件。

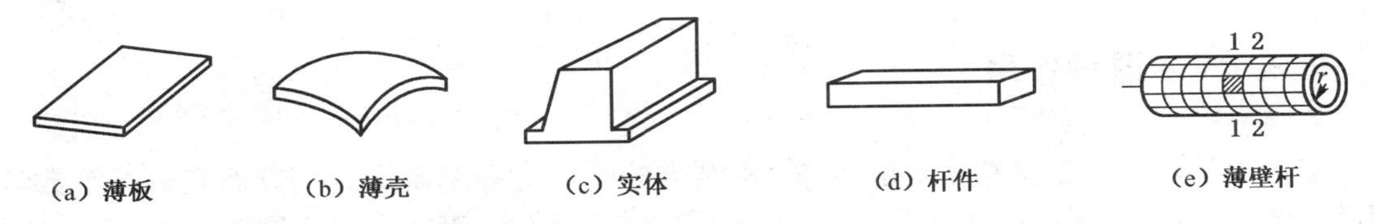

图 0-3 构件的分类

从几何角度来看，结构可分为三种类型：

(1) 杆件结构。这类结构是由杆件所组成。杆件的几何特征是横截面尺寸要比长度小得多。梁、拱、桁架、刚架及组合结构是杆件结构的典型形式。

(2) 板壳结构。这类结构也称薄壁结构。它的厚度要比长度和宽度小得多。房屋中的楼板和壳体屋盖、水工结构中的拱坝都是板壳结构。

(3) 实体结构。这类结构的长、宽、厚三个尺度大小相仿。堤坝、挡土墙、块式基础等均属实体结构。

结构力学是力学学科的一个分支，是研究结构在荷载和外界因素作用下的力学响应——结构的受力和变形的学科。

结构力学研究对象涉及较广，根据所涉及范围，通常将结构力学分为“狭义结构力学”“广义结构力学”和“现代结构力学”。

狭义结构力学，其研究对象为由杆件所组成的体系。这种体系能承担外界荷载作用，并起传力骨架作用。

广义结构力学，其所研究的对象为可变形的物体。除可变形杆件组成的体系外，还包括可变形的连续体(平板、块体、壳体等)。

现代结构力学，将工程项目从论证到设计、从施工到使用期内维护的整个过程作为大系统，研究大系统中的各种各样力学问题。显然，其研究对象范围更广。

这里我们将以狭义结构力学为主来讲述这门课程。

技术提示：

力学课程之间的联系：

理论力学研究对象为质点和刚体，研究任务为物体机械运动的一般规律。

材料力学研究对象为单根杆件，结构力学研究对象为杆件结构，弹性力学研究对象为板壳、实体结构，这三门学科的研究任务为刚体的几何构造分析以及变形体的强度、刚度、稳定性和动力反应。

但是，结构力学与理论力学和材料力学不同的是，结构力学与工程联系更为紧密，其基本概念、基本理论和基本方法将作为钢筋混凝土结构、钢结构、地基基础和结构抗震设计、桥梁、隧道等工程结构课程的基础；结构力学的分析结果又是各类结构的设计依据。当前的计算机辅助设计软件，其核心计算部分的基本理论和方法也都以结构力学作为基础。

0.2 本课程作用及发展简史

0.2.1 本课程作用

结构力学是土木工程专业土建、路桥、水利类的一门专业基础课。一方面它以高等数学、理论力学、材料力学等课程为基础；另一方面，它又是钢结构、钢筋混凝土结构、土力学与地基基础、结构抗震等专业课的基础。结构力学课程在整个课程体系中处于承上启下的核心地位。

课程目的是使学生通过该课程的学习，了解杆件结构的组成规律；掌握静定和超静定结构的内力和位移的计算方法；理解结构动力和稳定的计算方法。任务是使学生掌握系统的结构力学知识，提高结构计算能力，能熟练地分析计算土木工程结构的力学性能，培养学生的分析能力和科学作风，为学习有关专业课程，为毕业后从事结构设计、施工和科研工作打好理论基础。

0.2.2 本课程发展简史

1）古代工程巡礼

结构力学是随着人类文明和生产的发展，在工程实践基础上逐步形成，并不断开拓进展的一门力学分支。结构力学诞生至今已100多年，但人们的工程实践却经历了几千年。

在建筑结构方面，根据浙江余姚河姆渡新石器时代遗址考古发现，早在六千年前，我们祖先就已经建造了木框架结构房屋（木构件分为桩、柱、梁、板，采用榫卯连接），逐渐告别利用天然结构巢居和穴居的原始状态。

在水工结构方面，公元前256—251年秦朝修建的岷江水利枢纽工程都江堰创造了用竹笼装卵石堆砌的堤坝结构，使用至今，其结构之简单，规模之宏伟，堪称世界之最。

在桥梁结构方面，公元605—617年隋朝修建的河北赵县安济桥（也称赵州桥）为敞肩石拱桥，造型优美，结构合理。

2）19世纪及其以前的结构力学研究

在以砖、石、木为主要结构材料的时代，主要遇到的问题是静力学的平衡问题。

17世纪，人们才开始研究材料强度，尝试用解析法来求构件的安全尺寸。伽利略在他《关于两种新学科的对话》中正式宣布作为弹性变形体力学的材料力学诞生。最早研究的结构元件是梁。伽利略考查了固定端悬臂梁承载能力的问题，雅可比·伯努利关于梁的研究结果就是现今人们常用的伯努利梁理论。

18世纪的工业革命更促进了单根构件强度和稳定性研究。

进入19世纪后，大型厂房、船舶、堤坝、铁路桥梁的兴建，提出更为复杂的结构计算问题，促进了板壳理论形成，以及桁架、连续梁、拱、吊桥、弹性地基梁、挡土墙等计算理论的诞生，奠定了结构分析的理论基础。

19世纪中叶，结构力学（也称结构理论）实际上已从力学中独立出来成为一门学科。

3）近代结构力学的进展

19世纪末，随着钢结构广泛应用，进一步推动结构分析理论的发展，建立了利用能量原理计算结构位移和应用力法计算超静定结构的一般理论，但主要的发展是桁架分析。

20世纪初，随着钢筋混凝土框架结构型式的出现，又诞生了与高次超静定结构相适应的新的计算理论和方法，如位移法和力矩分配法。

20世纪中叶还发展了考虑塑性的结构计算理论、结构稳定计算和结构动力学计算理论。

1945年，电子计算机的问世和广泛应用使结构分析如虎添翼，计算能力跃上一个新的台阶，出现以计算机为工具的结构矩阵分析法（即杆件系统的有限单元法）。

4）现代广义结构力学发展

由于结构力学计算机化的进程日新月异，现代结构力学的研究层次已从被动分析发展到主动优化设计，从而进入结构状态控制，即进行结构特征识别、设计方案优化、施工使用中工作状态与结构参数的调整控制。通常这类问题是非线性的，而且计算量非常大，还可能遇到分叉的问题，只有借助于计算机和更新的解法才能解决。因此，一些与“电算”关系密切的内容，例如能量原理、结构矩阵分析、有限元法、半解析法、结构分析软件、结构优化软件等，已经在结构力学中占据重要的地位，并形成了新的分支学科——程序结构力学和定性结构力学，分别侧重于计算机方法和定性分析方法。

现代广义结构力学包括的范围很广，其发展的重点之一是工程各个阶段的规划、决策和设计问题。将工程项目从论证到设计、从施工到使用期维护的整个过程作为大系统，研究其中的各种力学问题，并与工程理论相结合，有可能成为未来工程科学的核心。

0.3 本课程的内容、任务、学习方法、目标

建筑结构上可能出现的外部作用包括：荷载作用（恒载、活载、风载、水压力、土压力等）、变

形作用（地基不均匀沉降、材料胀缩变形、温度变化引起的变形、地震引起的地面变形等）、环境作用（阳光、风化、环境污染引起的腐蚀、火灾等）。建筑结构在承受外部作用的同时，还会受到支承它的周围物体的反作用力，一般情况下，组成结构的各个构件都将受到力的作用，并产生相应的变形。

1）结构力学的内容

结构若能正常工作，不被破坏，就必须保证在外部作用和反作用力作用下，组成结构的每一个构件都能安全、正常地工作。因此，结构力学必须研究以下内容并使结构及其构件满足要求：

（1）平面杆件体系的几何构造分析。

（2）讨论结构的强度、刚度、稳定性、动力反应以及结构极限荷载的计算原理和计算方法等。

几何构造分析主要是讨论几何不变体系的组成规律，因为只有几何不变体系才能作为结构来使用。

强度计算在于保证结构物使用中的安全性，并符合经济要求。

刚度计算在于保证结构物不会产生过大的变形从而影响使用。

稳定性计算在于保证结构物不会产生失稳破坏。

动力分析是研究结构的动力特性以及在动荷载作用下的动力反应——结构受到的地震力、位移、速度、加速度及动内力等。

极限荷载的求解是为了充分发挥结构的承载能力，由讨论结构的弹性计算转变为塑性计算。

从解决工程实际问题的角度，结构力学的研究内容为：

（1）将实际结构抽象为计算简图。

（2）各种计算简图的计算方法。

（3）将计算结果运用于设计和施工。

2）结构力学的任务

要使结构能承受荷载并维持平衡，除了作用于结构上的所有外力所构成的力系必须满足静力学的平衡条件以外，结构中的各构件还必须满足以合理的方式进行组合，满足强度、刚度、稳定性的要求，防止出现相应失效，并节约材料。为保证结构（或构件）安全可靠又经济合理提供计算理论依据，较好地解决安全与经济的矛盾，结构力学的具体任务是：

（1）讨论结构的组成规律和合理形式，以及结构计算简图的合理选择。

（2）讨论结构内力和变形的计算方法，以便进行结构强度和刚度的验算。

（3）讨论结构的稳定性以及在动力荷载作用下结构的反应。

（4）创造新的结构形式，研究建立新的计算理论与方法。

结构力学问题的研究手段包含理论分析、实验研究和数值计算三个方面。实验研究方法的内容在实验力学和结构检验课程中讨论，理论分析和数值计算方面的内容在结构力学课程中讨论。

3）结构力学的学习方法

基于结构力学的内容主线，平面体系的几何组成分析——静定结构的受力分析——影响线——虚功原理与结构位移计算——力法——位移法——力矩分配法与近似法——矩阵位移法。结构力学主要有以下特点：

(1) 内容的系统性强。后面的内容要以前面的内容为基础，因此，在学习过程中要及时掌握所学的概念、原理和方法，并且在学习时注意结构力学与其他课程的联系。

(2) 与工程实际联系密切。即如何将实际工程问题上升到理论高度进行研究，在理论分析时又如何考虑实际问题的情况。

(3) 概念和公式多。基本概念对于理解内容、分析问题及正确运用基本公式，以至于对今后从事工作时如何分析实际问题，都是很重要的。切不可只满足于背条文、代公式、不求甚解，而应在完成任务的过程中掌握概念与公式应用。学习时要注意分析方法与解题思路，注意多练习。

4) 结构力学的学习目标

学习目标具体化，可以有效防止目标模糊、过程茫然，避免出现时光转瞬即逝却无所得的情况。结构力学的学习目标如下：

(1) 掌握系统的结构力学知识。

(2) 培养结构设计、分析、计算能力，能熟练地分析计算土木工程结构的力学性能。

(3) 培养学生分析和解决工程设计问题的能力以及科学作风。

(4) 为学习有关专业课程(钢筋混凝土结构、钢结构、地基基础等)以及为毕业后从事结构设计、施工和科研工作打好扎实的理论基础。

0.4 结构的计算简图及简化要点

在工程实际中，建筑物(构筑物)的结构、构造以及作用在其上的荷载往往是比较复杂的。结构设计时，如果完全按照结构的实际情况进行力学分析和计算，会使问题非常复杂，甚至无法求解。因此，在对实际结构进行力学分析和计算时，有必要采用简化的图形来代替实际的工程结构，如图 0-4 所示的悬挑梁及其计算简图。这种简化了的图形，称为结构的计算简图。

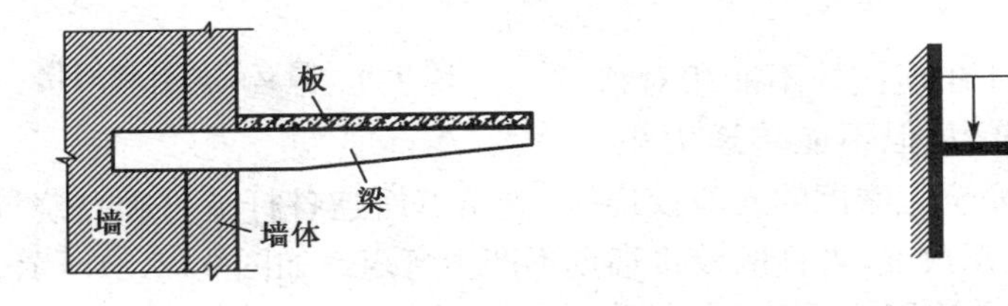

图 0-4 悬挑梁及其计算简图

在结构力学中，我们以计算简图作为力学计算的主要对象。因此在结构设计中，如果计算简图选取不合理，就会使结构的设计不合理，造成差错，严重的甚至造成工程事故。所以，合理选取结构的计算简图时，应当遵循以下两个原则：

(1) 计算简图要能反映实际结构的主要受力和变形特点，即要使计算结果安全可靠。

(2) 便于计算，即计算简图的简化程度要与计算手段以及对结果的要求相一致。

合理的计算简图的建立需要具备较深厚的力学知识和清晰的概念，并能与工程实践相结合，最后还要能经受实践的检验。选取计算简图时，需要进行多方面的简化：

1）结构体系的简化

一般结构实际上都是空间结构，各部分相互连接成为一个空间整体，以承受各个方向可能出现的荷载。但在多数情况下，常可以忽略一些次要的空间约束而将实际结构分解为平面结构，使计算得以简化。本课程主要讨论平面结构的计算问题。如图 0-5 所示。

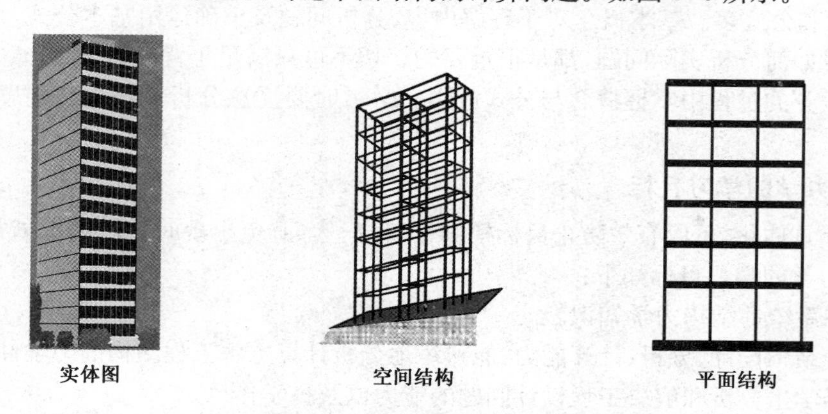

图 0-5　结构体系的简化过程

2）杆件的简化

杆件的截面尺寸（宽度、厚度）通常比杆件长度小得多，截面上的应力可根据截面的内力（弯矩、轴力、剪力）来确定。因此，在计算简图中，杆件用其轴线表示，杆件之间的连接区用结点表示，杆长用结点间的距离表示，而荷载的作用点也转移到轴线上。而对于构件或杆件，是用其纵向轴线（画成粗实线）来表示。如图 0-6 所示。

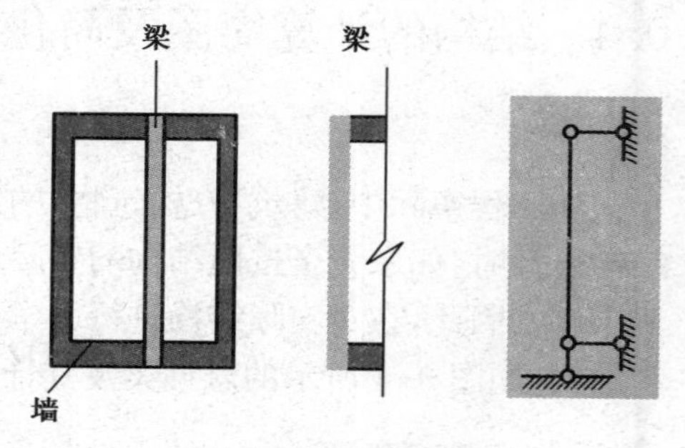

图 0-6　简支梁的杆件简化

3）杆件间连接的简化

杆件间的交汇点或连接区简化为结点。结点通常简化为四种理想情形：

(1) 铰结点。被连接的杆件在连接处不能相对移动，但可相对转动，即可以传递力，但不能传递力矩。即汇交于一点的杆端是用一个完全无摩擦的光滑铰连接，铰结点所连各杆端可独自绕铰心自由转动，各杆端之间的夹角可任意改变，各杆的铰接端点不产生弯矩。如图 0-7(a)所示。

(2) 刚结点。被连接的杆件在连接处既不能相对移动，也不能相对转动，保持夹角不变，既可以传递力，也可以传递力矩。即汇交于一点的杆端是用一个完全不变形的刚性结点连接，形成一个整体，刚结点所连各杆端相互之间的夹角不能改变，各杆的刚接端点产生弯矩。如图 0-7(b)所示。

(3) 组合结点。被连接的杆件在连接处不能相对移动，部分（非全部）杆件间还不能相对转动，即部分杆件之间属铰结点，另外部分杆件之间属刚结点。即刚结点与铰结点的组合体。如图 0-7(c)所示。

(4) 定向结点。现代轻型木结构连接处中常用。如图 0-7(d)所示。

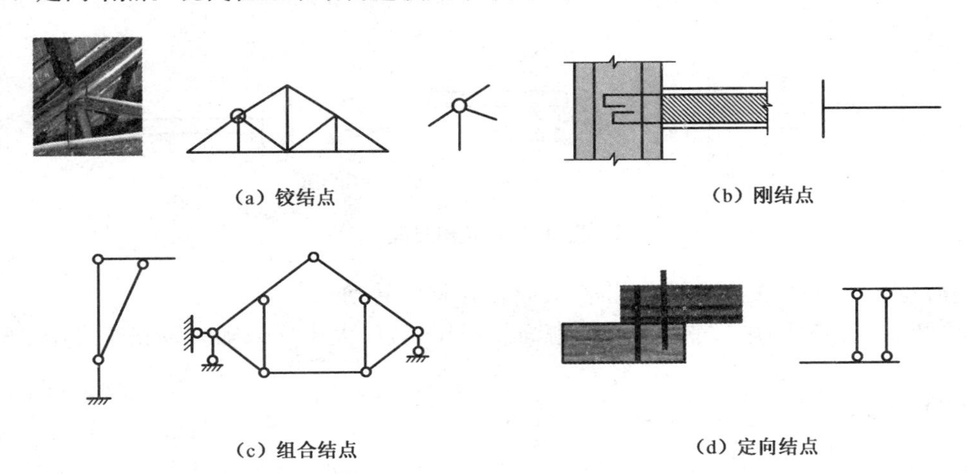

(a) 铰结点　(b) 刚结点

(c) 组合结点　(d) 定向结点

图 0-7　结点分类

4) 结构与基础间连接的简化

结构与基础的连接区简化为支座。支座是将结构和基础联系起来的装置,其作用是将结构固定在基础上,并将结构上的荷载传递到基础和地基。支座对结构的约束力称为支座反力,支座反力总是沿着它所限制的位移方向。按其受力特征,一般简化为以下四种情形:

(1) 可动铰支座(滚轴支座)。如图 0-8 所示。

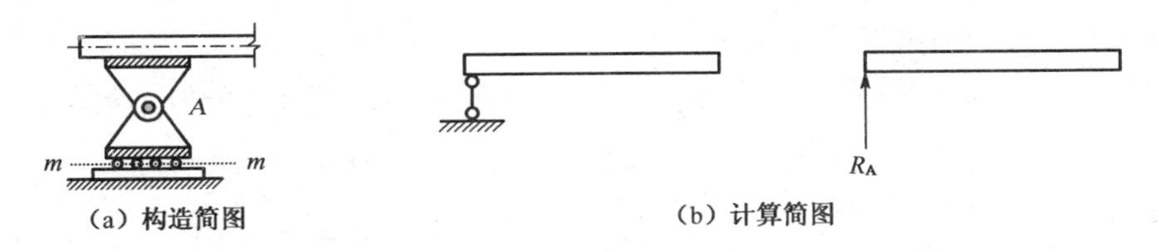

(a) 构造简图　(b) 计算简图

图 0-8　可动铰支座

位移特点:容许绕 A 点转动,且沿支承面 $m-m$ 方向移动。

反力特点:当不考虑支承面的摩擦力时,反力将通过铰 A 的中心,并与支承面相垂直,即反力的方向、作用点已知,仅大小未知。该支座可用一根连杆表示,连杆的内力即代表支座反力。

(2) 固定铰支座(铰支座)。如图 0-9 所示。

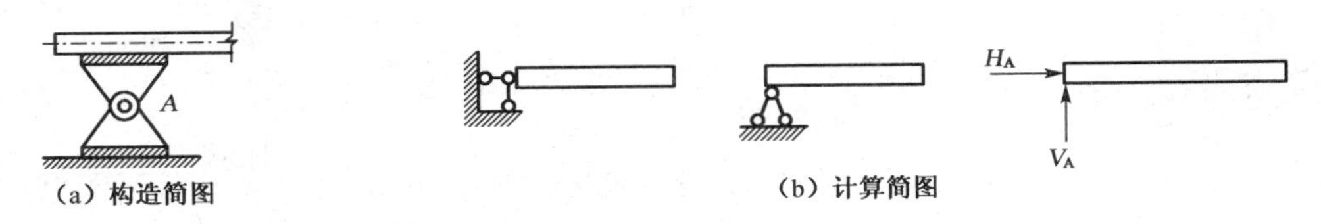

(a) 构造简图　(b) 计算简图

图 0-9　固定铰支座

位移特点:仅容许绕 A 点转动。

反力特点:当不考虑支承面的摩擦力时,反力将通过铰 A 的中心,但反力的方向、大小未知。该支座可用两根连杆表示，连杆的内力即代表支座反力。

(3) 定向支座。如图 0-10 所示。

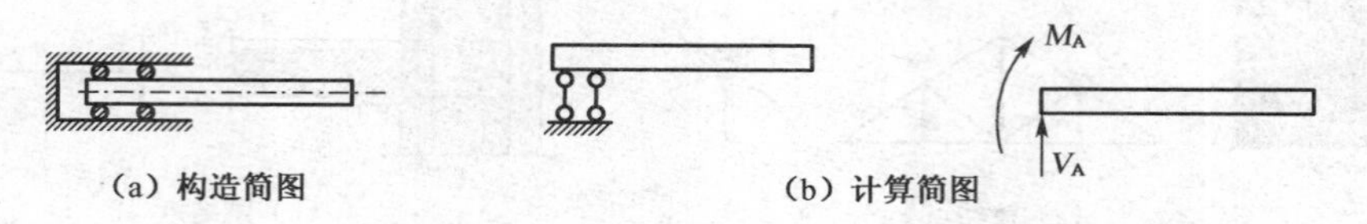

图 0-10　定向支座

位移特点：仅容许 A 点有轴向位移(无横向位移和转动)。

反力特点：仅知反力的方向(垂直接触面)，但作用点、大小均未知。该支座可用平行两连杆表示。

(4) 固定端(固定支座)。如图 0-11 所示。

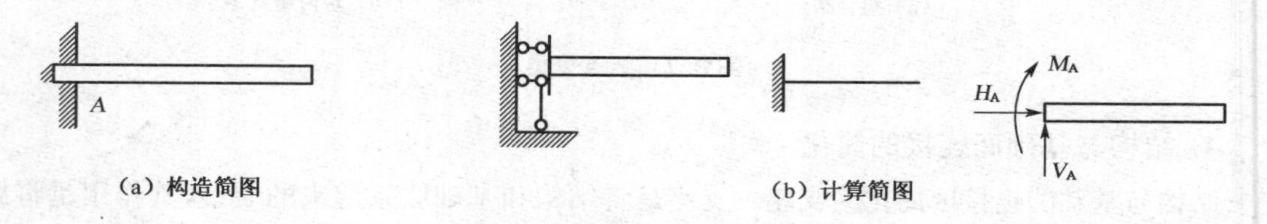

图 0-11　固定端

位移特点：不容许 A 点有任何位移(无任何移动或转动)。

反力特点：反力的大小、方向及作用点均未知。该支座可用既不全平行又不全交于一点的三根连杆表示，连杆的内力即代表支座反力。

技术提示：可动铰支座、固定铰支座、固定端支座的工程应用情况举例。如图 0-12 所示。

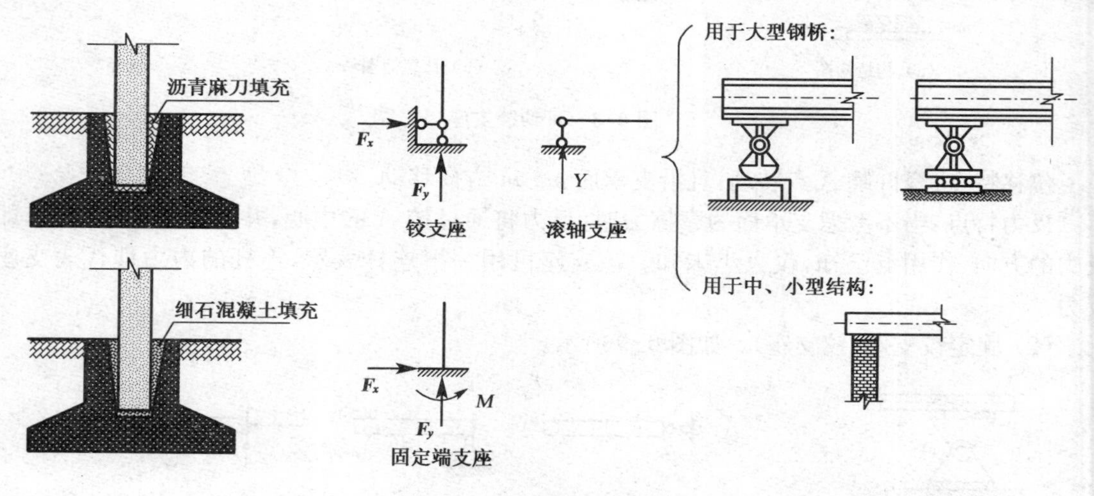

图 0-12　支座简化示例

5) 材料性质的简化

在土木、水利工程中结构所用的建筑材料通常为钢、混凝土、砖、石、木料等。在结构计算中，为了简化，对组成各构件的材料一般都假设为连续的、均匀的、各向同性的、完全弹性或弹塑性的。

6）荷载的简化

结构承受的荷载可分为体积力和表面力两大类。在杆件结构中把杆件简化为轴线，因此不管是体积力还是表面力都可以简化为作用在杆件轴线上的力。荷载按其分布情况可简化为集中荷载和分布荷载。如图 0-13 所示。

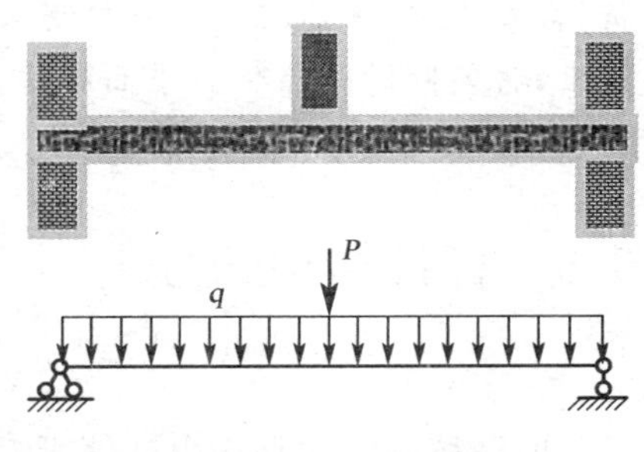

图 0-13 简支梁受力举例

技术提示：体积力：结构的自重或惯性力等。

表面力：由其他物体通过接触面而传给结构的作用力。

下面给出选取结构计算简图的例子。

如图 0-14 所示为一排架结构厂房（有吊车），预制钢筋混凝土柱插入杯型基础，杯口用细石混凝土灌缝。预应力钢筋混凝土屋架与柱顶的预埋件焊接。屋面传来的荷载为 q，左右两侧墙体传给柱的水平荷载分别为 q_1 和 q_2。

在选取计算简图时，厂房结构是由许多排架用屋面板和吊车梁连接起来的空间结构，且以一定的间距有规律地排布。作用于厂房上的恒载、雪荷载、风荷载等一般是沿纵向均匀分布的，通常可把这些荷载分配给每个排架，而把每个排架看作一个独立的体系，于是实际的空间结构简化为平面结构。可将柱与基础之间认为不能发生相对移动和相对转动，故联结视为固定端支座。屋架与柱顶的联结视为铰接点，因为仅靠焊缝不能阻止横梁因弯曲变形而绕柱顶的微小转动，但能阻止梁沿水平方向和竖直方向移动。梁和柱都用它们的几何轴线来代表。如图 0-15 所示。

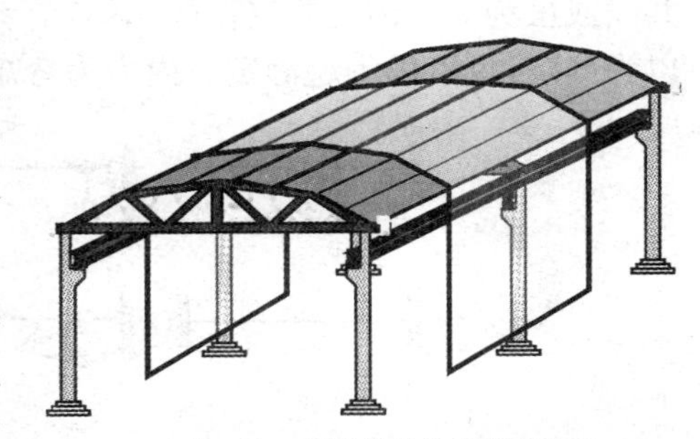

方法：取一榀计算并化为平面体系

图 0-14 排架结构厂房

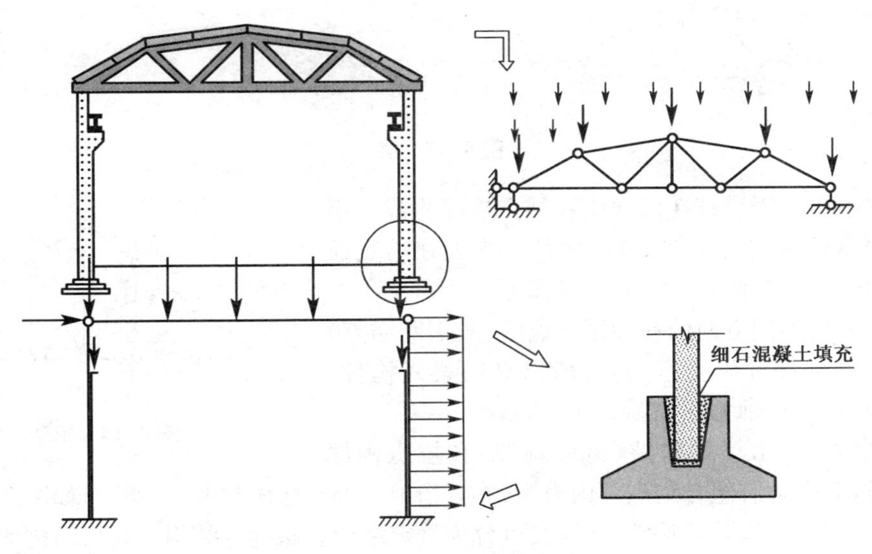

图 0-15 排架结构计算简图

知识扩展:结构计算简图一般要参照前人经验慎重选取,对新型结构要经过试验和理论分析,存本去末,才能确定。一般说来,结构都是空间结构,但多数情况下,常略去一些次要空间约束,将实际结构简化为平面结构,使计算变得方便且合理。

0.5 杆件结构的分类

所谓杆件结构是指由杆件所组成的结构。所有杆件与荷载位于同平面时为平面结构,否则为空间结构,本书研究的对象主要是杆件及平面杆件结构。对于空间杆件结构,在进行计算时,常可根据其实际受力情况,将其分解为若干平面杆件结构来分析,使计算得以简化。

按结构的受力特点,杆件结构通常可分为下列几类:

梁——由水平(或斜向)放置的杆件构成。梁构件主要承受弯曲变形,是受弯构件。杆轴共线或虽为曲杆但主要受弯的结构,前者为直梁,后者为曲梁。可以是单跨,也可以是多跨;可以为静定,也可以为超静定。内力为弯矩和剪力。如图 0-16 所示。

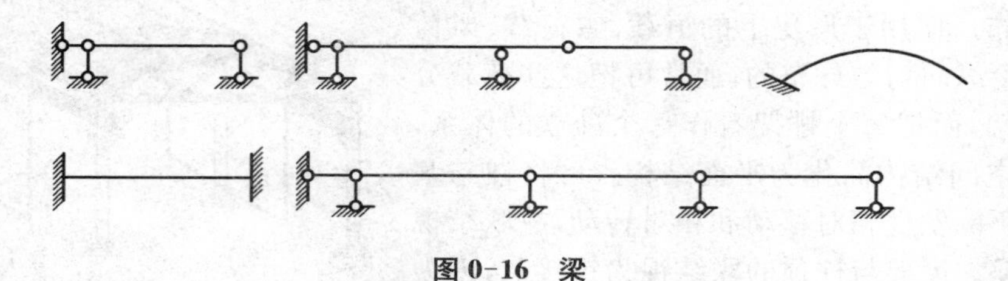

图 0-16 梁

拱——由曲杆构成。仅在竖向荷载作用下产生水平支座反力(推力),使拱的内弯矩减小。内力为弯矩、剪力和轴力。如图 0-17 所示。

图 0-17 拱

桁架——由若干直杆在两端用铰结点连接构成。桁架杆件主要承受轴向变形,是拉压构件。内力在结点荷载作用下,各杆只有轴力。如图 0-18 所示。

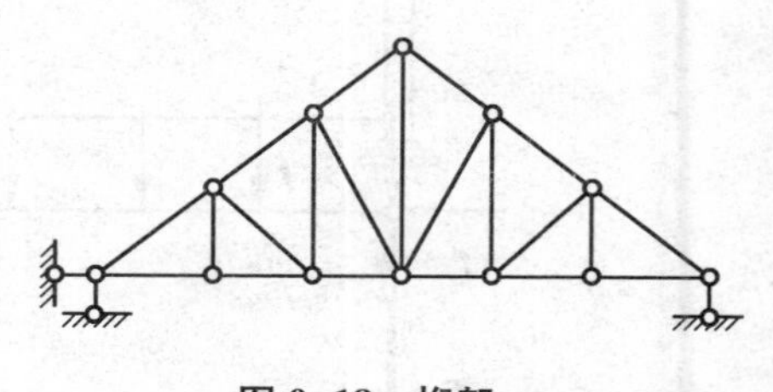

图 0-18 桁架

刚架——由不同方向的杆件用结点(一般为刚结点)连接构成。刚架杆件以受弯为主,所以又叫梁式构件。内力为弯矩、剪力和轴力。如图 0-19 所示。

组合结构——由梁式构件(梁或刚架)和拉压构件(桁架)构成,其中含有组合结点。内力为轴力(桁架杆件)、弯矩和剪力(梁)。如图 0-20 所示。

除上述分类外,按计算特性,结构又可分为静定结构和超静定结构。如果结构的杆件内力(包括反力)可由静力平衡条件唯一确定,则此结构称为静定结构。如果杆件内力由静力平衡条件还不能唯一确定，而必须同时考虑变形条件才能唯一确定，则此结构称为超静定结构。

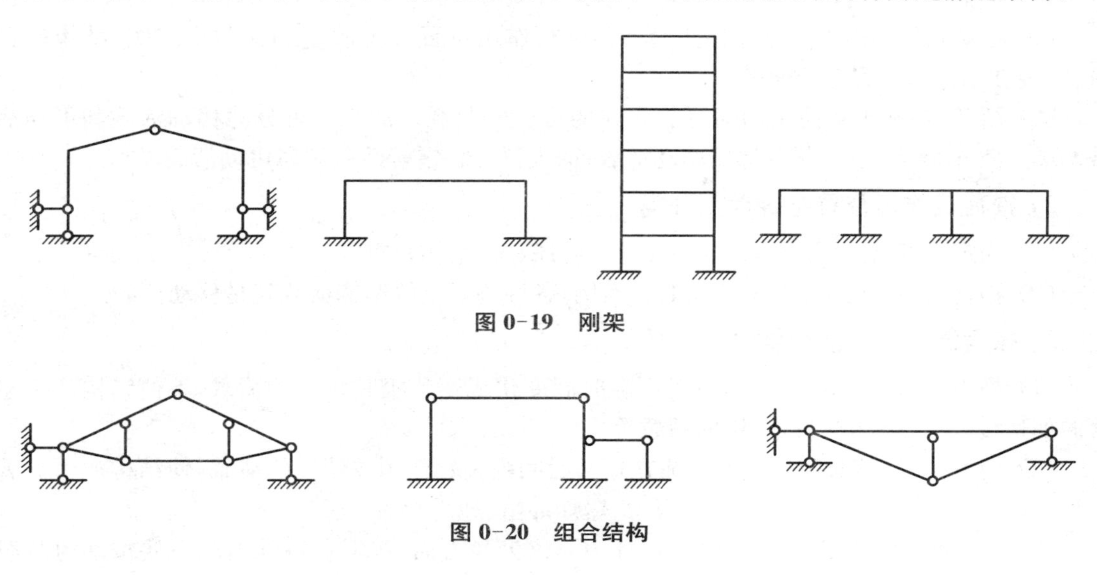

图 0-19 刚架

图 0-20 组合结构

0.6 荷载的分类

结构在各种环境因素作用下产生效应（应力、位移、应变、裂缝等），工程结构设计的目的就是要保证结构具有足够的抵抗自然界各种作用力的承载能力，并将结构变形控制在满足正常使用的范围内。

结构上的作用是指能使结构产生效应的各种原因的总称：一种是直接作用于结构上的集中力和分布力（例如结构自重、风压力、水压力、土压力等）；另一种是间接作用于结构上的外加变形和约束反力（例如地震、基础沉降、材料收缩和徐变、温度变化引起的内力变化等）。狭义上，直接作用、能计算出数值大小的为荷载，间接作用、不能计算出数值大小的为作用。

作用的正确分析与计算关系到结构设计时的经济性，使用时的安全性，维护时的有效性。作用作为结构破坏的唯一因素，正确分析与计算很重要。由于作用在结构上的作用很复杂，所以对作用进行适当的简化非常必要。建筑物作为大体积结构，计算精度要求不是非常高，正确的简化可以减少计算量，同时也能满足使用的要求。简化需要满足约束要求，不能随便简化，要不然最后的计算结果肯定不符合结构设计要求，最终将导致结构的破坏，危及人民的生命安全与财产安全。

知识扩展：荷载设计：

(1) 过大——不经济；过小——不安全。各种荷载组合设计，应取最不利荷载组合计算。

(2) 荷载的确定常常是比较复杂的，荷载规范总结了设计经验和科学研究的成果，供设计时应用。但在不少情况下，设计者要深入现场，结合实际情况进行调查研究，才能对荷载作出合理的确定。

荷载可以根据不同特征进行分类：

1）按荷载作用时间的久暂分类

(1) 恒载：长期作用于结构上且大小、方向、作用位置都不改变的荷载。实例：结构的自重、安装在结构上的设备重量等。

(2) 活载：在施工和使用期间可能存在的可变的荷载。活载又可分为移动活载和可动活载两类。汽车荷载、吊车荷载都属移动活载，而人群、风、雪等活载则属可动活载。

2）按荷载作用位置是否改变分类

(1) 固定荷载：作用位置固定不变。实例：风、雪、结构自重等。

(2) 移动荷载：作用位置是移动的。实例：各种桥梁上的车辆荷载就是移动荷载。

3）按荷载作用性质分类

(1) 静力荷载：大小、方向和位置不随时间变化或变化极其缓慢的荷载，不使结构产生显著的加速度。实例：结构自重、楼面活载等。

(2) 动力荷载：随时间迅速变化或在短暂时间内突然作用或消失的荷载，使结构产生显著的加速度和惯性力。实例：转子的离心力、爆炸冲击、地震等。

注意：车辆荷载、风荷载等通常在设计中简化为静力荷载，但在特殊情况下要按动力荷载考虑。

4）按荷载的作用范围分类

(1) 集中荷载：荷载的作用面积相对于总面积是微小的。如轮压。

(2) 分布荷载：分布作用在一定面积或长度上的荷载。如风、雪、自重等荷载。

5）按照荷载与结构接触情况分类

(1) 直接荷载：如图 0-21(a)所示。

(2) 间接荷载：如图 0-21(b)所示。

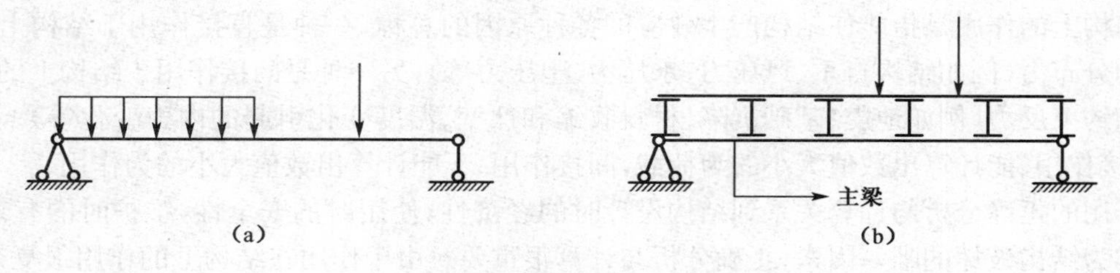

图 0-21　直接荷载和间接荷载

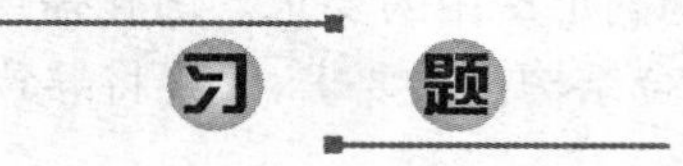

一、填空题

(1) 从几何角度来看，结构可分为________、________和________三类。

(2) 平面杆件结构必须同时满足________、________两个条件，否则为空间杆件结构。

(3) 结构与基础间连接区的简化有______、______、______、______四种情形。

(4) 桁架内力在结点荷载作用下,各杆只有________。

二、单选题

(1) 下列构件不是杆件的为________。

A. 拱　　B. 桁架　　C. 刚架　　D. 楼板

(2) 组合结点受力特点是________,铰结点受力特点是________。

A. 可以传递力,但不能传递力矩　　B. 可以传递力,也可以传递力矩

(3) 滚轴支座受反力特点是________,铰支座反力特点是________。

A. 只有一个竖向反力 F_y　　B. 能提供两个反力 F_x、F_y

C. 能提供反力矩和一个反力 F_y　　D. 能提供三个反力 F_x、F_y、M

(4) 在下列作用中,是直接作用的为________。

A. 地震　　B. 基础沉降　　C. 结构自重　　D. 温度变化

三、简答题

(1) 结构力学的研究对象是什么?

(2) 结构力学的研究任务是什么?

(3) 什么是结构的计算简图?

(4) 荷载的分类有哪些?

1 平面体系的几何组成分析

概　述

本章研究的主要内容是体系的几何组成方面的问题。杆件体系是由若干杆件及地基用链杆、铰或刚结点连接而成的。本章对平面杆件体系的几何组成进行分析，以解决什么样的杆件体系才能承受荷载这个基本问题。同时，由于结构的几何组成方式不同将影响其力学性能和分析方法，因此在分析结构受力、变形之前，也必须首先了解结构的几何组成。

知识目标

◆ 掌握几何组成分析的基本原理及方法；

◆ 重点掌握以下基本概念：几何不变体、几何可变体、自由度、约束、瞬铰、必要约束、多余约束、静定结构和超静定结构；

◆ 理解几何不变无多余约束的平面杆件体系的基本组成规律；

◆ 能够熟练地运用组成规律分析各种复杂的杆件体系。

技能目标

◆ 重点掌握进行结构几何构造分析的三刚片规则；

◆ 能将几何构造分析及结构的自由度计算结合起来进行解题；

◆ 能准确区分静定结构及超静定结构，快速确定结构的超静定次数。

课时建议：5～6 学时

1.1　概述与基本概念

实际工程结构中，杆件结构一般是由若干根杆件通过结点间的连接及与支座的连接组成的。结构是用来承受荷载的，首先必须保证结构的几何构造是合理的，即它本身应该是稳固的，可以保持几何形状的稳定。一个几何不稳固的结构是不能承受荷载的。例如图 1-1(a)所示结构由于内部的组成不健全，尽管只受到很小的扰动，结构也会引起很大的形状改变。

对结构的几何组成进行分析称为几何组成分析。其目的在于：判断结构有无保持自身形状和位置的能力；研究几何不变体系的组成规律；为区分静定结构和超静定结构及进行结构内力分析打下必要的基础。

在对结构进行几何组成分析之前，先介绍几个概念。

1）几何不变体系和几何可变体系

杆件结构在不计材料应变的条件下，体系的形状和位置保持不变，称为几何不变体系（图1-1(a)）。反之，称为几何可变体系（图1-1(b)）。

显然，只有几何不变体系可作为结构，而几何可变体系是不可以作为结构的。因此在选择或组成一个结构时必须掌握几何不变体系的组成规律。

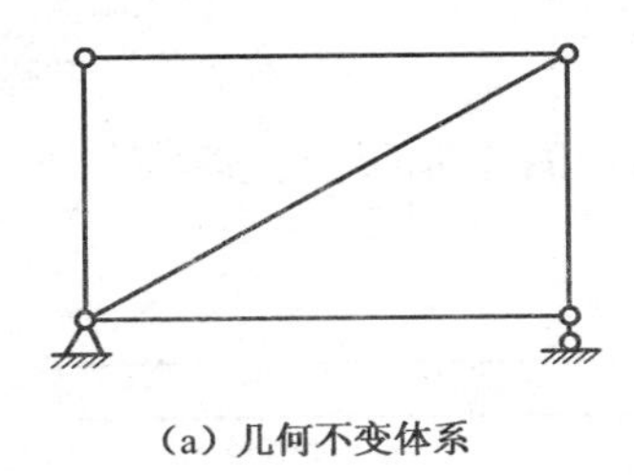

(a) 几何不变体系

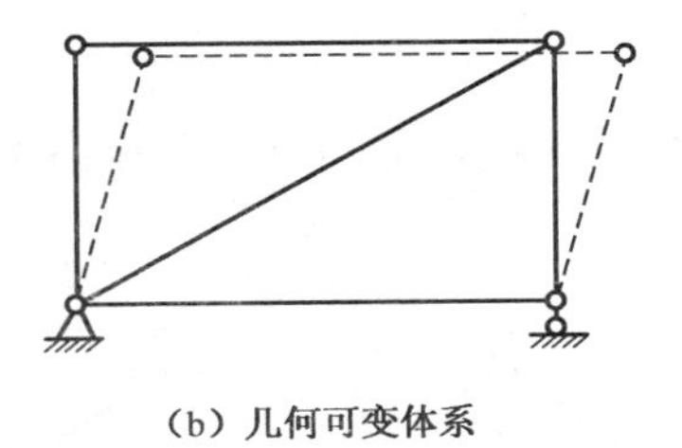

(b) 几何可变体系

图 1-1　几何不变体系和几何可变体系

2）自由度 *S*

判断一个体系是否可变，涉及体系运动的自由度问题。物体或体系运动时，彼此可以独立改变的几何参数的个数，称为该物体或体系的自由度。换句话说，一个物体或体系的自由度就是它运动时可以独立改变的坐标个数。

(1) 点的自由度

点在平面内的自由度为 $S=2:(x,y)$，图1-2(a)为点的自由度。

(2) 刚片的自由度

所谓刚片，就是几何形状不变的部分。由于我们在讨论体系的几何组成时不考虑材料应变，因此可以把一根梁、一根柱、一根链杆甚至体系中已被确定为几何不变的部分看作是一个刚片，图1-2(b)所示为一平面内刚片。

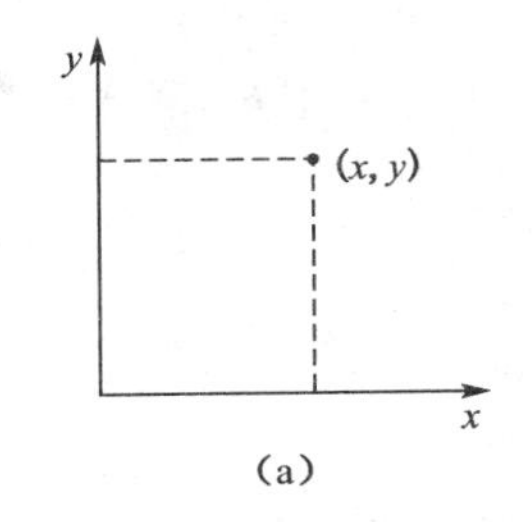

(a)

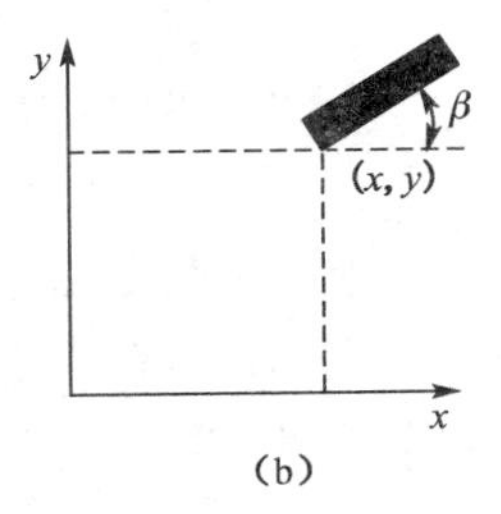

(b)

图 1-2　平面内点的自由度和平面内刚片的自由度

刚片在平面内的自由度为 $S=3:(x,y,\beta)$。

3）约束

约束是指限制物体或体系运动的各种装置，分外部约束（体系与基础之间的联系，即支座）和内部约束（体系内部各杆件或结点之间的联系）两种。物体的自由度，将会因加入限制运动的装置而减少，所以约束就是能减少自由度的装置。常见的约束装置的类型有下列几种。

（1）链杆

链杆可减少一个自由度，相当于一个约束，如图 1-3 所示。

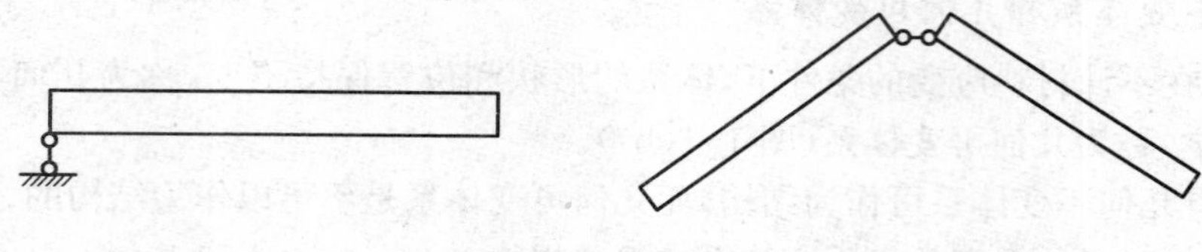

图 1-3　链杆约束

（2）单铰

一个单铰可以减少两个自由度，相当于两个约束，如图 1-4 所示。

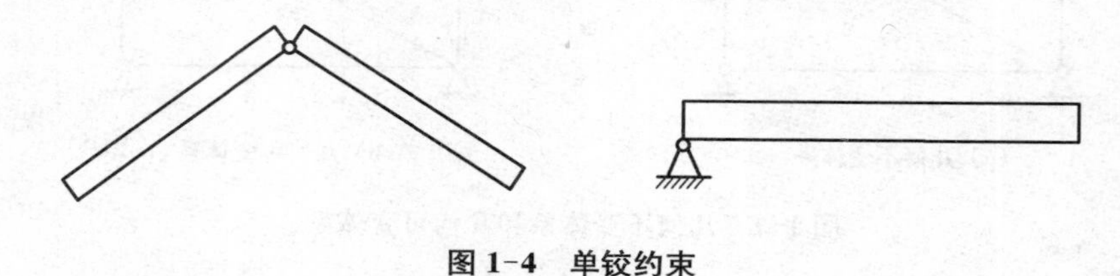

图 1-4　单铰约束

（3）复铰

所谓复铰，是指连接两个以上刚片的铰，如图 1-5 所示。

连接 n 个刚片的复铰，相当于 $n-1$ 个单铰。

（4）刚结点

一个刚结点能减少三个自由度，相当于三个约束，如图 1-6 所示。

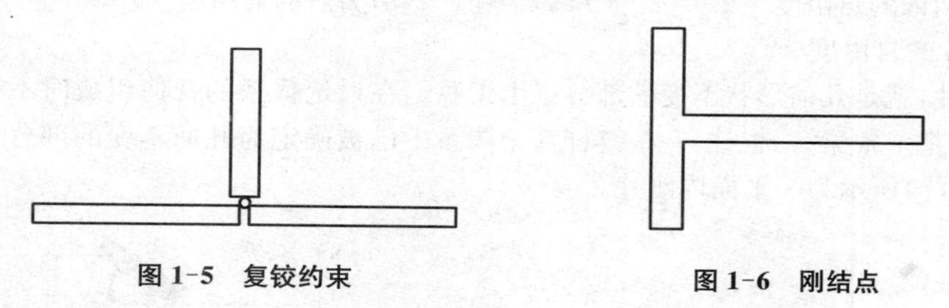

图 1-5　复铰约束　　**图 1-6　刚结点**

（5）复刚结点

所谓复刚结点，是指连接两个以上刚片的刚结点。

连接 n 个刚片的复刚结点，相当于 $n-1$ 个单刚结点。

4）必要约束和多余约束

所谓必要约束，是指保证体系几何不变所需的最少的、合理约束；相反，必要约束以外的约束就称为多余约束。多余约束不改变体系的自由度。

5）瞬变体系

瞬变体系指原来是几何可变，经微小位移后又成为几何不变的体系。图 1-7 所示两个刚片用三根互相平行但不等长的链杆联结，它是几何可变的。刚片Ⅰ相对刚片Ⅱ发生一个微小的位移 Δ 后，$\beta_1=\dfrac{\Delta}{L_1}$，$\beta_2=\dfrac{\Delta}{L_2}$，$\beta_3=\dfrac{\Delta}{L_3}$。

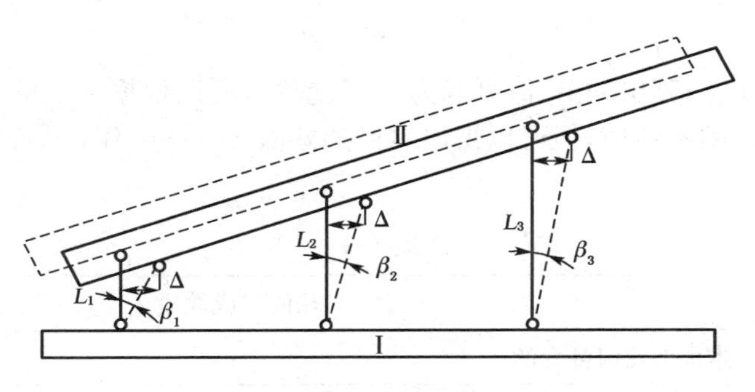

图 1-7 瞬变体系

由于$\beta_1 \neq \beta_2 \neq \beta_3$，也就是说当两刚片发生了微小的相对运动后，三根链杆就不再平行了，也不交于一点，故体系就变成了不可变体系。这种在短暂的瞬间是几何可变的体系称为瞬变体系。

1.2 体系的计算自由度

为了能对结构的几何组成分析进行量化，引入计算自由度W的概念。在给出计算自由度W的定义前，先给出自由度S的算法。假设结构体系中约束都不存在，各构件的自由度综合为a；再确定结构体系的必要约束个数为c，则结构体系的自由度S为

$$S = a - c \tag{1-1}$$

在使用式(1-1)前必须区分必要约束和多余约束，这个问题往往很困难。为了回避这个困难，构造新的参数计算自由度W：

$$W = a - d \tag{1-2}$$

式中，d为全部约束个数，避免了研究哪些约束是多余约束m的难题。

由于多余约束和必要约束的和就是全部约束，所以有

$$S - W = m \tag{1-3}$$

式(1-3)就是计算自由度W、自由度S和多余约束m三者之间的关系。下面由式(1-2)导出W的两种具体算法。

(1) 把结构体系看成是由刚片受约束而组成的。

以p表示体系中刚片的个数，则刚片的总自由度为$3p$。以g代表单刚结点的个数(复约束应事先拆成单约束)，h代表单铰结点个数，b代表单链杆个数，则总的约束个数为$3g + 2h + b$。体系的计算自由度W为

$$W = 3p - (3g + 2h + b) \tag{1-4}$$

(2) 把体系看成结点受链杆的约束而组成的。

以j代表节点个数，b代表单链杆个数，则体系的计算自由度W为

$$W = 2j - b \tag{1-5}$$

由式(1-4)、式(1-5)算出的 W 值可能为正、负或零，所以根据算出的 W 值还不能得出自由度 S 和多余约束 m 的确切值，但可以得出它们的差值 $S-m=W$，从而得出以下定性结论，见表 1-1。

表 1-1

W 的数值	几何组成性质
$W>0$	体系是几何可变的
$W=0$	若无多余约束则为几何不变；如有多余约束则为几何可变
$W<0$	体系有多余约束。若为体系几何不变，则为超静定结构

$W \leqslant 0$ 不一定就是几何不变的。因为尽管约束数目足够多甚至还有多余，但若布置不当，则仍可能是可变的。

$W \leqslant 0$ 只是几何不变体系的必要条件，还不是充分条件。

如图 1-8 (a、b、c)$W=0$ 情况；图 1-8(d、e、f)$W=-1$ 情况。

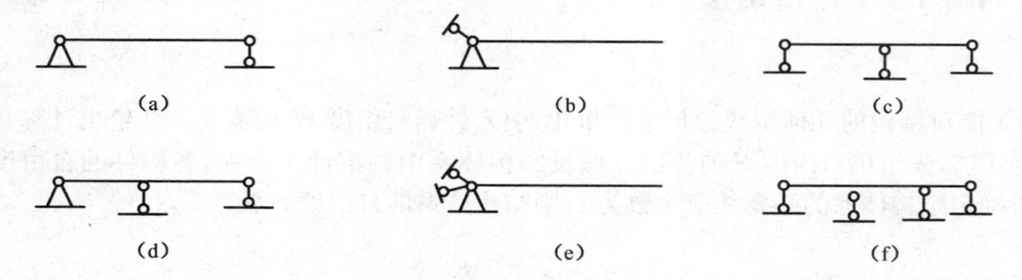

图 1-8　各种自由度的情况

【例 1-1】 计算图 1-9 所示体系的计算自由度。

【解】 把图 1-9(a)所示体系的全部支座去掉以后，剩下的是一个内部有多余约束的刚片。如果再在截面 G 处切开，这样才变为无多余约束的刚片，如图 1-9(b)所示。按式(1-4)计算，刚片数 $p=1$，链杆数 $b=4$，铰结点数 $h=0$，A、B、G 三处的单刚结数 $g=3$，因此，$W=3p-(3g+2h+b)=3\times1-(3\times3+2\times0+4)=-10$。由于这个体系是几何不变的，故自由度为零，因此，由式(1-3)可以求出多余约束数 m 如下。

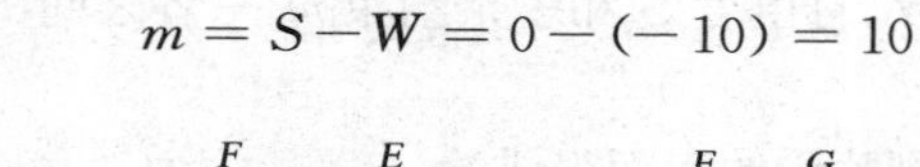

$$m = S - W = 0-(-10) = 10$$

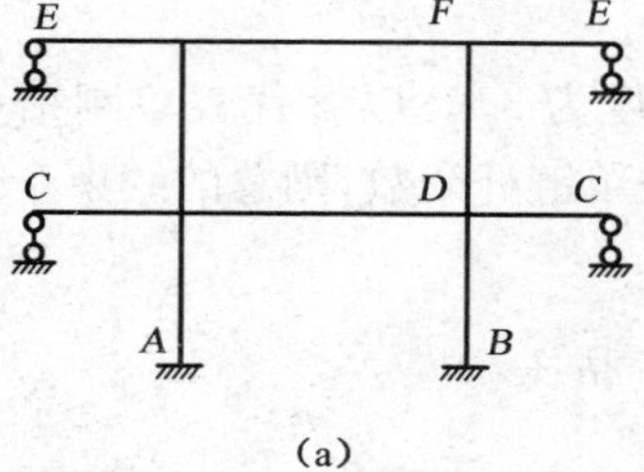

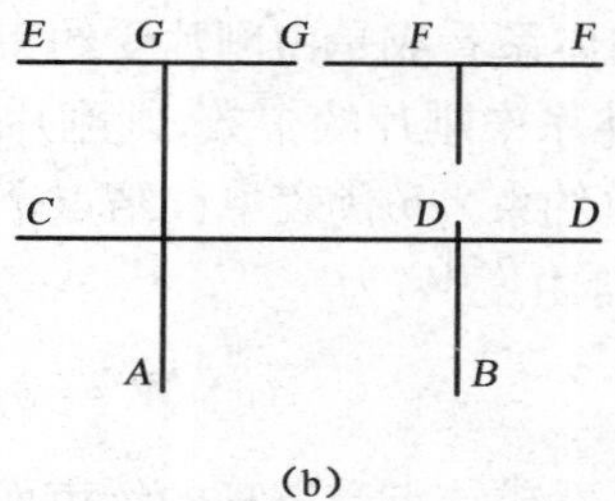

图 1-9

这是一个具有 10 个多余约束的几何不变体系。

【例 1-2】 计算图 1-10 所示体系的计算自由度。

【解】

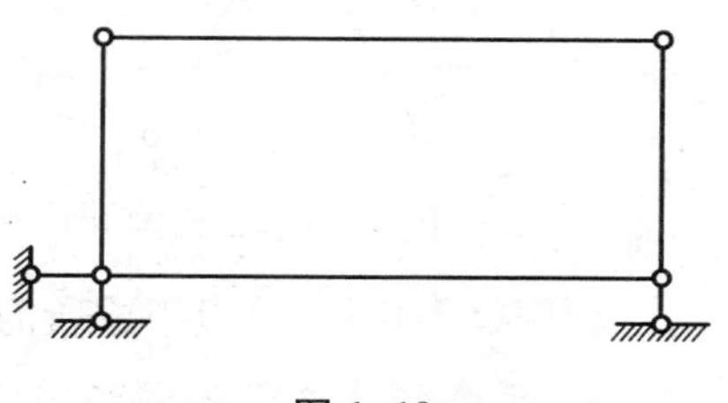

图 1-10

$j=4,\quad b=4+3$

$W=2\times4-(4+3)=1$

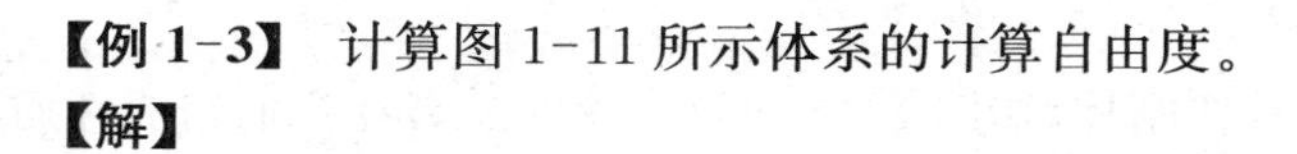

【例 1-3】 计算图 1-11 所示体系的计算自由度。

【解】

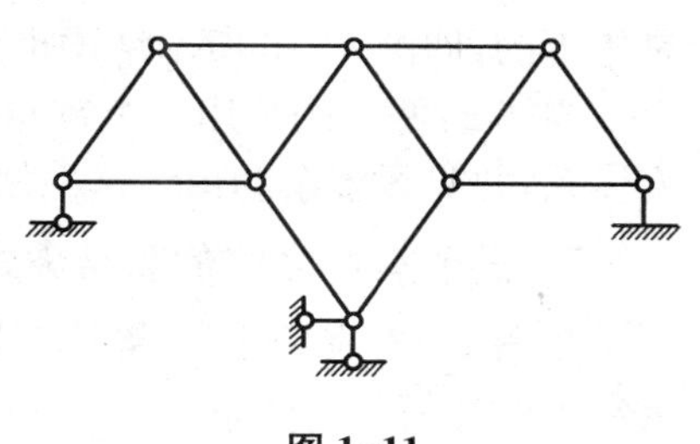

图 1-11

$j=8,\quad b=12+4$

$W=2\times8-(12+4)=0$

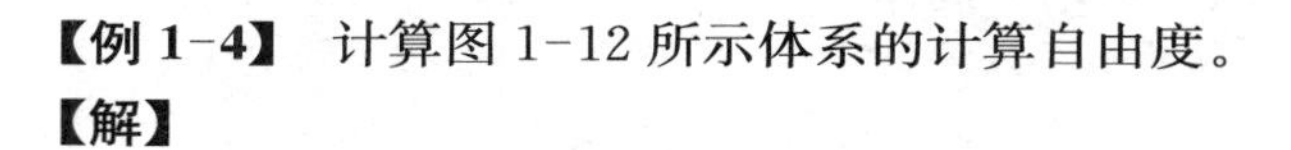

【例 1-4】 计算图 1-12 所示体系的计算自由度。

【解】

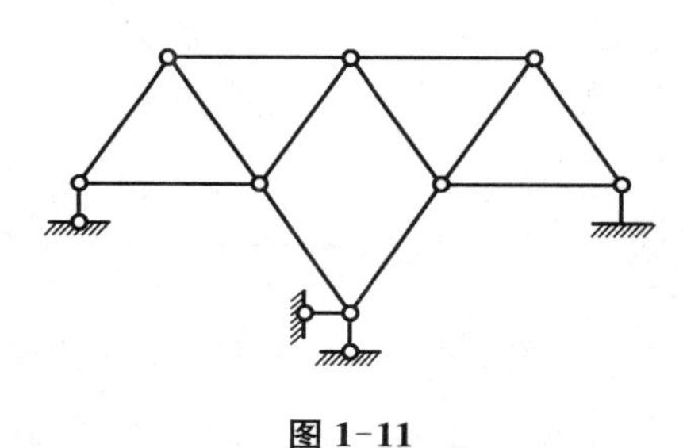

图 1-11

$p=7,\ h=9,\ b=3$

$W=3\times7-(2\times9+3)=0$

1.3　平面几何不变体系的基本组成规则

本节讨论无多余约束的几何不变体系的组成规则，它是几何组成分析的基础。

1）一个点与一个刚片之间的联结方式（图 1-13）

规律 1：一个刚片与一个点用两根链杆相连，且三个铰不在一条直线上，则组成几何不变体系，并且没有多余约束。

将图 1-14 所示的部分称为二元体，则以上规律还可以这样叙述：在一个刚片上加上一个二元体，仍为无多余约束的几何不变体系。即在一个体系上加上或去掉一个二元体，是不会改变体系原来性质的。这一规律称为二元体法则。

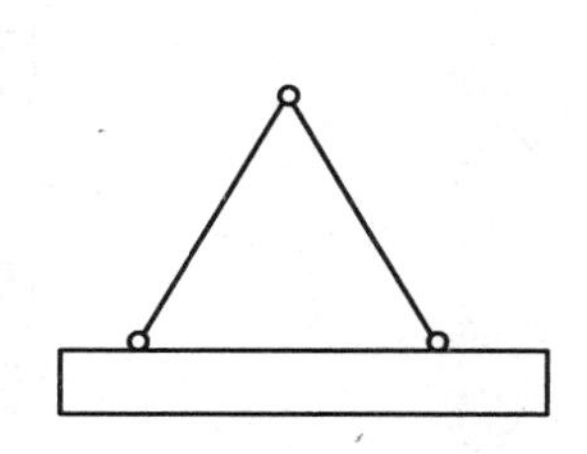

图 1-13　点与刚片联结

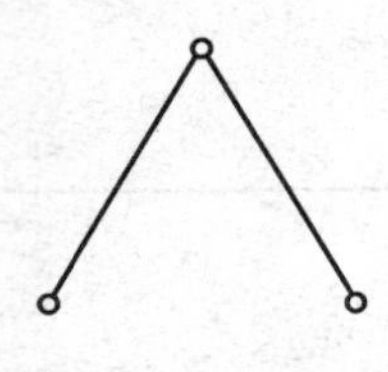

图 1-14　二元体

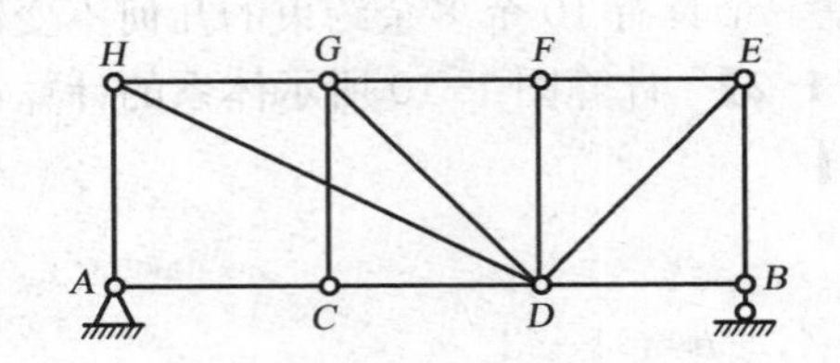

图 1-15　几何不变体系

利用以上规律，可以组成所需的不变体系，如图 1-15 所示。

2）两个刚片之间的联结方式

在图 1-13 的基础上，将一根链杆看作刚片，如图 1-16 所示。这时二者在几何组成性质上是等价的，即图 1-16 所示结构也是无多余约束的几何不变体系。于是，可以得到以下规律。

规律 2：两个刚片用一个铰和一根链杆相联结，且三个铰不在一条直线上，则组成几何不变体系，并且无多余约束。这一规律称为两刚片法则。

3）三个刚片之间的联结方式

在图 1-13 的基础上，将其中的两根链杆均看作刚片，如图 1-17 所示。这时它仍然是无多余约束的几何不变体系。于是，我们可以得到以下规律。

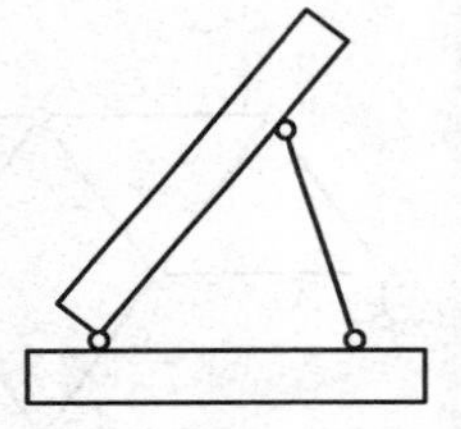

图 1-16　无多余约束的几何不变体系(1)

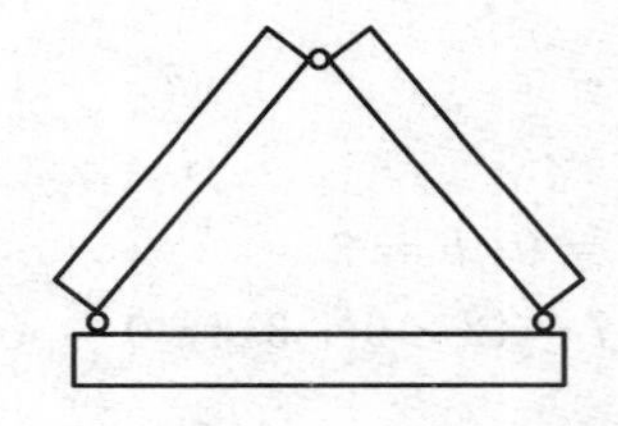

图 1-17　无多余约束的几何不变体系(2)

规律 3：三个刚片用三个铰两两相连，且三个铰不在一条直线上，则组成几何不变体系，并且无多余约束。这一规律称为三刚片法则。

以上三条规律实际上可以归纳为一个基本规律：三角形规律即如果三个铰不共线，则一个铰接三角形的形状是不变的，而且没有多余约束。

前面说过：一根链杆相当于一个约束，一个单铰相当于两个约束，因此一个单铰可以用两根链杆来代替。于是，图 1-16 和图 1-18 中的结构在几何组成性质上是等价的。因此两刚片法则又可以描述如下。

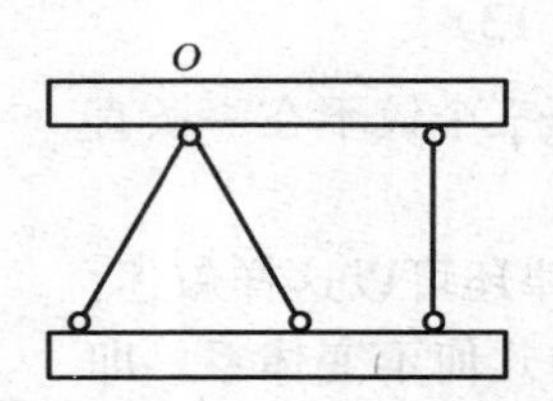

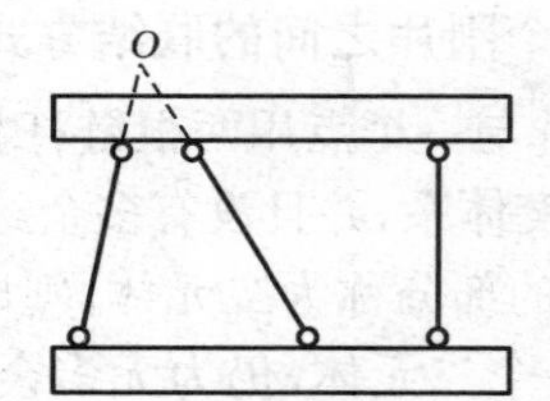

图 1-18　几何组成分析

规律 4：两个刚片用三根不全平行也不交于同一点的链杆相连，则组成几何不变体系，并且无多余约束。

4）瞬变体系的几种情况

(1) 两个刚片用三根互相平行但不等长的链杆相连，如图 1-8 所示。

如果三根链杆互相平行又等长，体系是可变的，如图 1-19 所示。

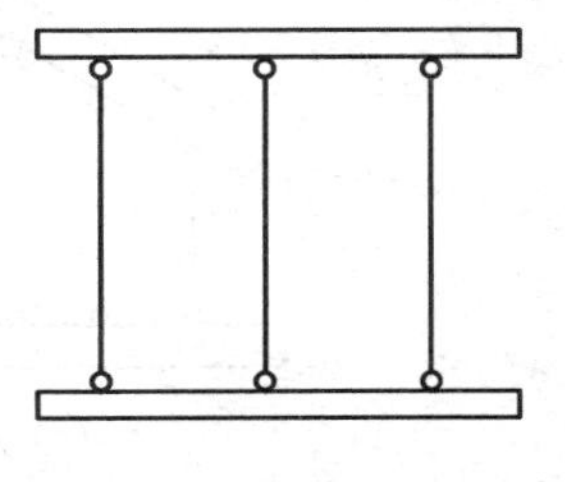

图 1-19　几何可变体系

(2) 两个刚片用三根链杆联结，其延长线交于一点。

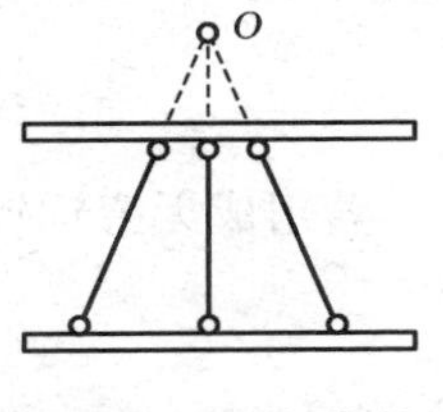

图 1-20　瞬铰(虚铰)

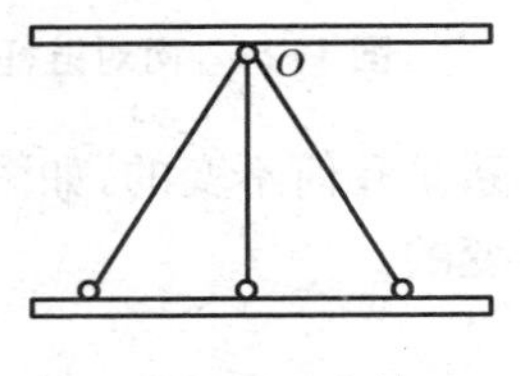

图 1-21　实铰

图 1-20 中三根链杆的延长线交于点 O，两刚片在瞬间就会发生绕 O 点的相对转动，但是在短暂的运动发生以后，三根链杆的延长线不再交于一点，体系就变成了不可变体系。O 称为虚铰或瞬铰。如果三根链杆直接交于点 O，则组成的是可变体系，如图 1-21 所示。此时 O 称为实铰。

(3) 三个刚片用三个在一条直线上的铰两两联结。

图 1-22 中，在 C 点两刚片(Ⅰ、Ⅱ)有共同的运动趋势，因此它们可沿公共切线做微小的运动，但运动以后，三个铰就不再共线，体系变成了不可变体系。

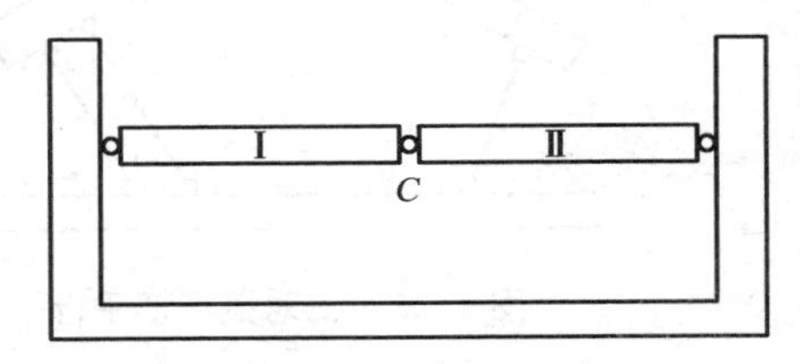

图 1-22　瞬变体系

(4) 三个刚片用三对链杆联结情况。

① 一对链杆平行。

图 1-23(a)中，两虚铰(O_1、O_2)的连线与组成无穷远铰(O_3)的两根链杆平行，体系是瞬变的。若两虚铰变成两实铰，如图 1-23(b)所示，且连线与组成无穷远铰的链杆平行，体系也是瞬变的。若两虚铰的连线与组成无穷远铰的链杆不平行，体系是不变的。

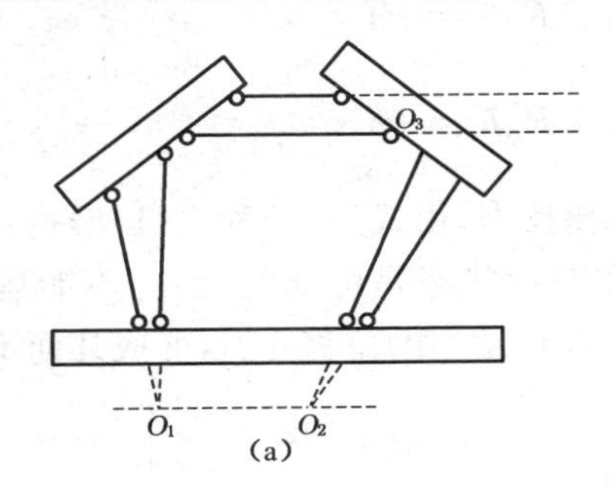

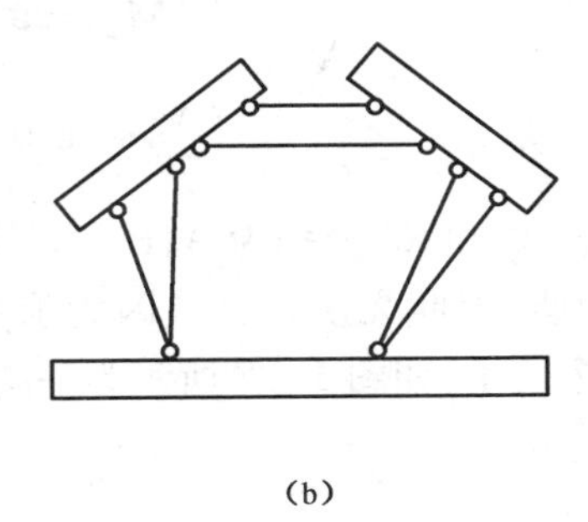

图 1-23　一对链杆平行

② 两对链杆平行。

组成无穷远铰的两对链杆互相平行不等长，体系是瞬变的，如图 1-24(a)所示。组成无穷

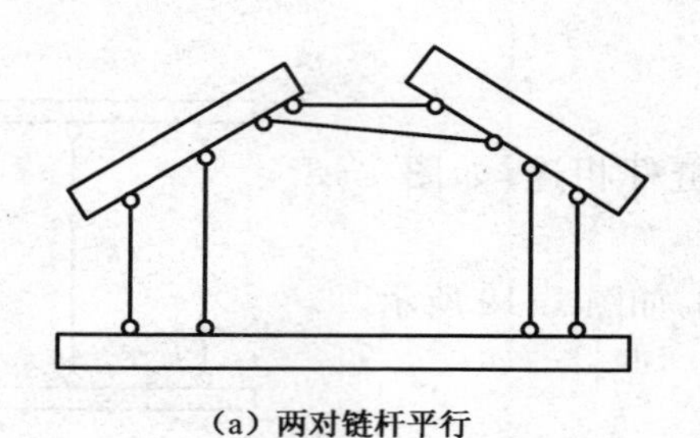

(a) 两对链杆平行

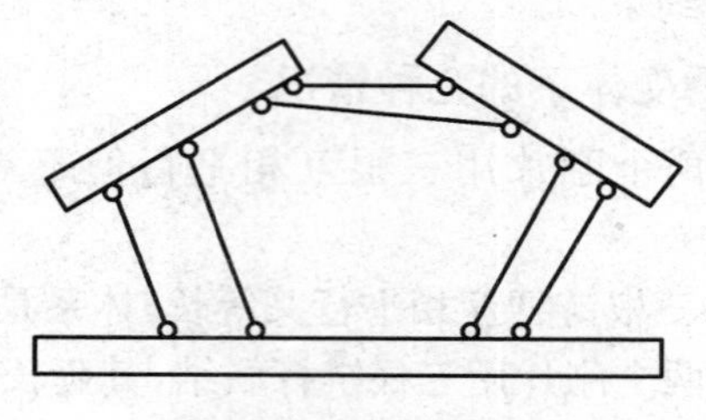

(b) 两对链杆不平行

图 1-24　两对链杆平行

远铰的两对链杆互相不平行，体系是几何不变的，如图 1-24(b)所示。若组成无穷远铰的两对链杆互相平行又等长，体系是可变的。

③ 三对链杆都平行。

图 1-25 所示结构中，组成体系中三个瞬铰的三对链杆两两平行，所组成的结构体系是瞬变的。

尽管瞬变体系在经过微小的位移后可以变成几何不变体系，但瞬变体系不能作为结构使用。如图 1-26 所示结构为一瞬变体系。

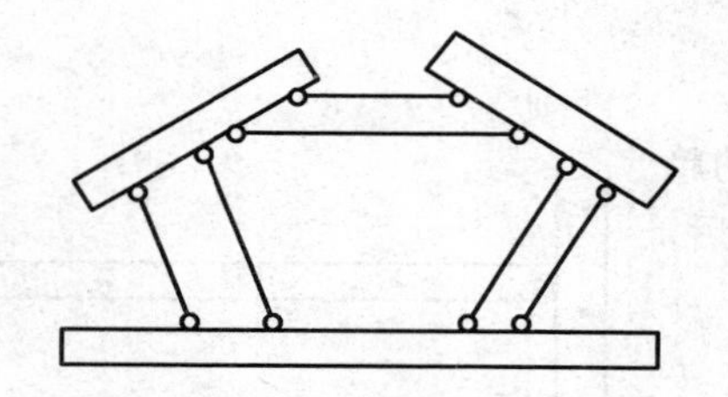

图 1-25　三对链杆都平行

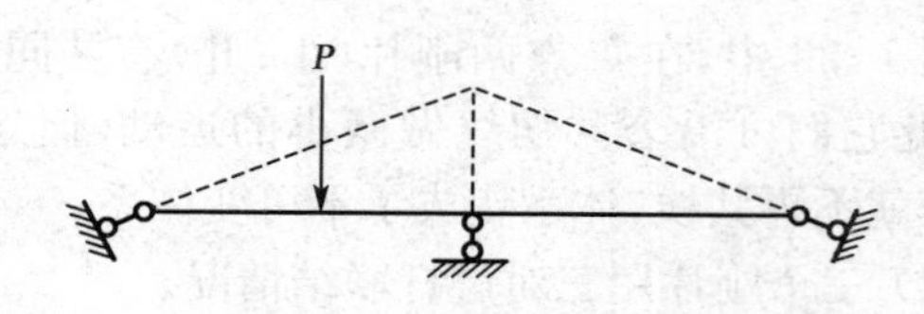

图 1-26　瞬变体系(1)

由静力平衡条件：

$$\sum X=0 \qquad R_A=R_C \tag{1-6}$$

$$\sum M_A=0 \qquad R_BL+R_Ch=Pa \tag{1-7}$$

$$\sum M_C=0 \qquad R_BL+R_Ah=Pb \tag{1-8}$$

其中 R_A、R_B 和 R_C 分别为 A、B 和 C 支座的支座反力，由式(1-7)和式(1-8)得：$R_A\neq R_C$，与式(1-6)矛盾，因此无解。这是因为瞬变体系在图示状态是可变的，因此不能运用平衡原理。再看一个例子，如图 1-27 所示为一瞬变体系，经过微小的位移 δ 后，变成几何不变体系。

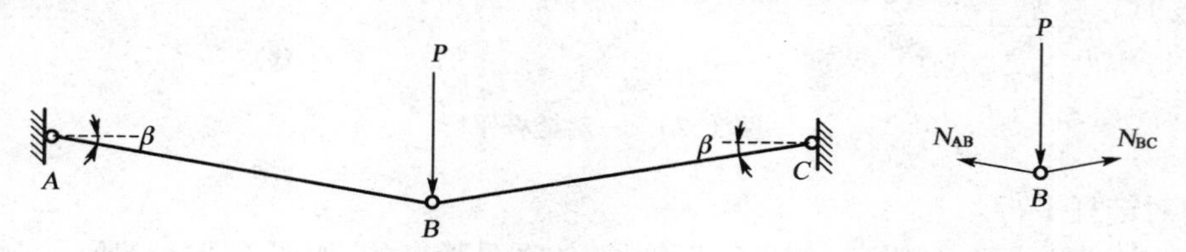

图 1-27　瞬变体系(2)

取 B 结点研究，由静力平衡条件：

$$\sum Y = 0 \qquad 2F_{NAB}\sin\beta = P$$

得到

$$F_{NAB} = \frac{P}{2\sin\beta}$$

若 β 很小，F_{NAB} 就趋向无穷大。由此可以看出，瞬变体系是不能作为结构使用的。

1.4　平面体系几何组成分析示例

利用以上规律，我们可以组成各种各样的几何不变体系，也可以对已组成的体系进行几何组成分析。

1）组装几何不变体系

(1) 从基础出发进行组装

把基础作为一个刚片，然后运用各条规律把基础和其它构件组装成一个不变体系。

【例 1-5】 分析下列体系的几何组成性质，如图 1-28(a)所示。

【解】 图 1-28(a)中基础为几何不变部分，可把它看作刚片，在此基础上依次加上二元体，由二元体法则，体系为无多余约束几何不变体系，如 1-28(b)所示。

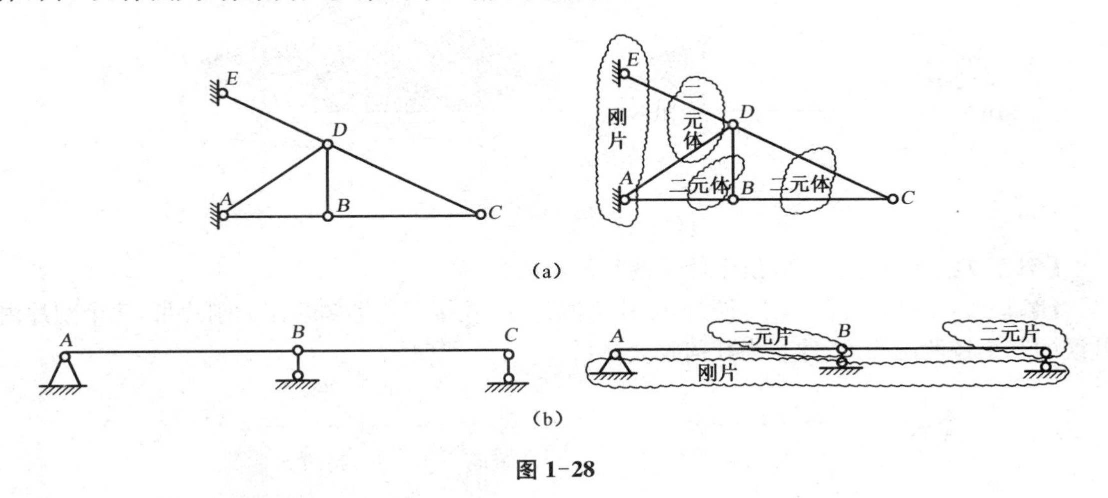

图 1-28

(2) 从上部体系出发进行组装

先运用各条规律把上部体系组装成一个几何不变体系，然后运用规律 4 把它与基础相连。

2）几何组成分析

【例 1-6】 分析图 1-29 所示体系的几何组成。

【解】 将图 1-29(a)中的铰接三角形 ABG、CED 看作刚片，两刚片由铰 F 和链杆 BC 联结，由于 BC 不通过铰 F，由两刚片法则，上部结构为无多余约束几何不变体系，将其看作刚片，另外将基础看作刚片，再由两刚片法则，整体结构为无多余约束几何不变体系。

将图 1-29(b)中的铰接三角形 ACD、BEF 看作刚片，两刚片由不交于同一点的三根链杆 AF、ED 和 BC 联结，由规律 4，上部结构为无多余约束几何不变体系。将其看作刚片Ⅰ，将基础看作刚片Ⅱ，两刚片由铰支座 A 和不通过 A 的链杆支座 B 联结，由两刚片法则，体系为无多余约束几何不变体系。

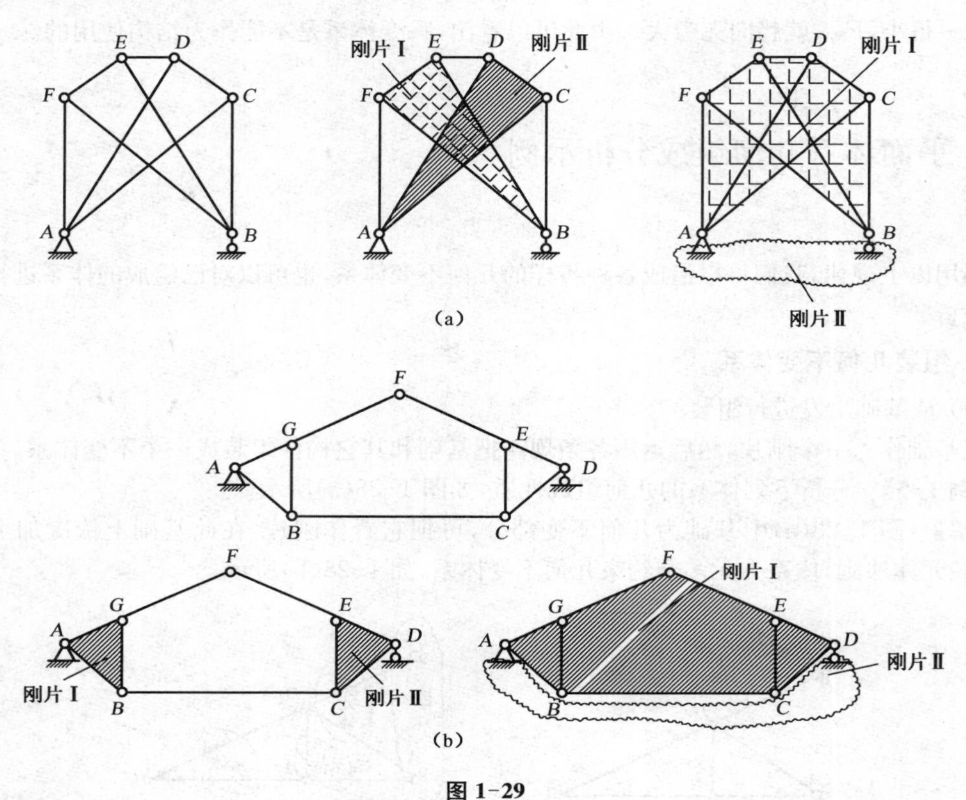

图 1-29

【例 1-7】 分析图 1-30 所示体系的几何组成。

【解】 将基础作为刚片Ⅰ，链杆 46 作为刚片Ⅱ，铰接三角形 235 作为刚片Ⅲ，三个刚片由共线的三个铰两两相连，体系为几何瞬变体系。

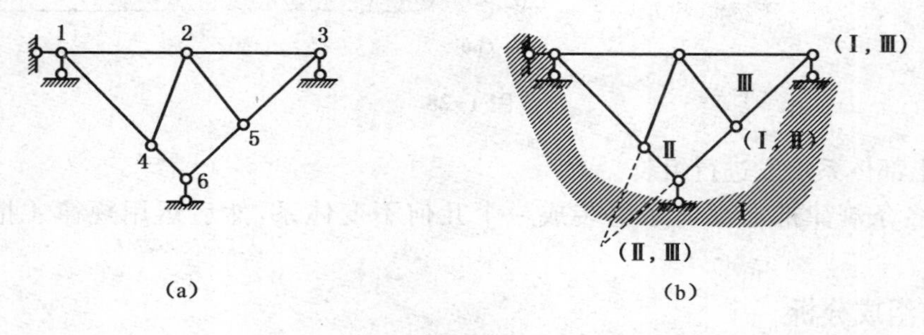

图 1-30

1.5　体系的几何组成与静定性

作为实际工程中的结构体系，其几何组成必须是几何不变的。而从上节的例题中可知，几何不变体系又可分为无多余约束的和有多余约束的体系。有多余约束几何不变体系中的约束除了满足几何不变性的要求外，还有多余的。

对于无多余约束的几何不变体系，结构的全部支座反力和内力都可由静力平衡条件求得，且为唯一解，这类结构称为静定结构。

对于有多余约束的几何不变体系，由于多余约束的存在，结构中未知力的个数超过了静力平衡方程的个数，所以此类结构的反力和内力不能由静力平衡条件全部求出，必须补充其它条件才能求出所有反力和内力，比如补充变形协调条件。这类结构称为超静定结构。

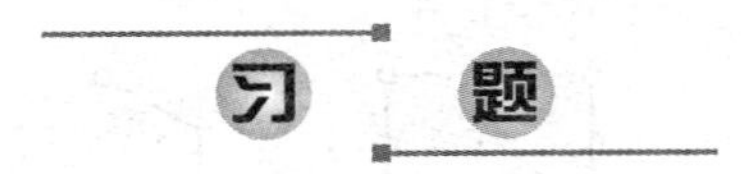

一、判断题

(1) 若平面体系的实际自由度为零，则该体系一定为几何不变体系。（　　）

(2) 若平面体系的计算自由度 $W=0$，则该体系一定为无多余约束的几何不变体系。（　　）

(3) 若平面体系的计算自由度 $W<0$，则该体系为有多余约束的几何不变体系。（　　）

(4) 由三个铰两两相连的三刚片组成几何不变体系且无多余约束。（　　）

(5) 图 1-31 所示体系去掉二元体 CEF 后，剩余部分为简支刚架，所以原体系为无多余约束的几何不变体系。（　　）

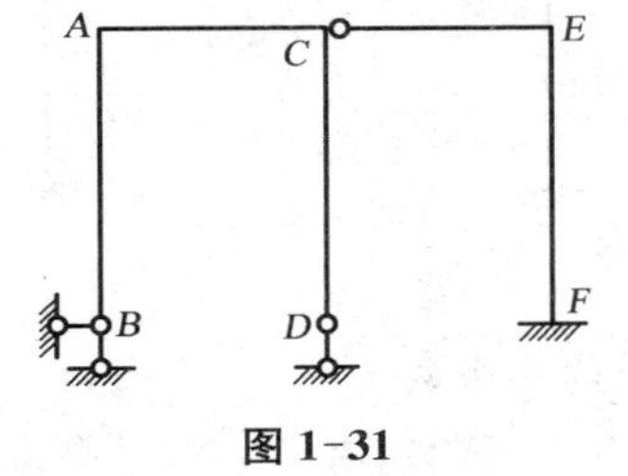

图 1-31

(6) 图 1-32(a)所示体系去掉二元体 ABC 后，成为图 1-32(b)，故原体系是几何可变体系。（　　）

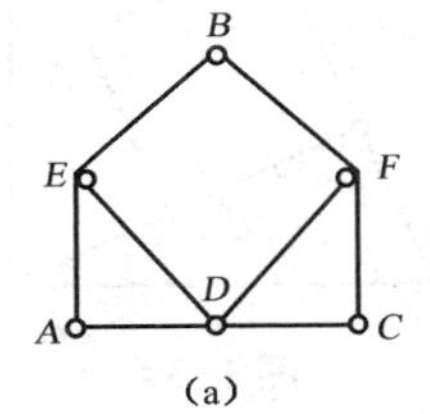

(a)

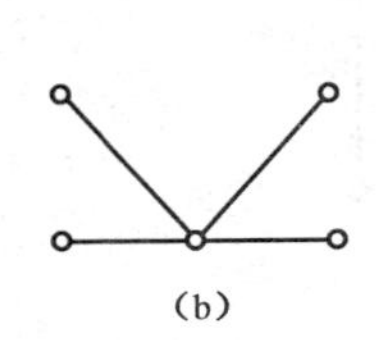

(b)

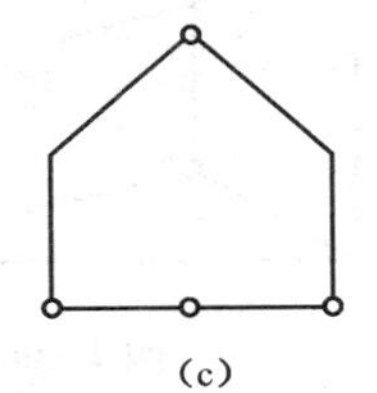

(c)

图 1-32

(7) 图 1-32(a)所示体系去掉二元体 *EDF* 后，成为图 1-32(c)，故原体系是几何可变体系。 (   )

二、填空题

(1) 图 1-33 所示体系为______体系。

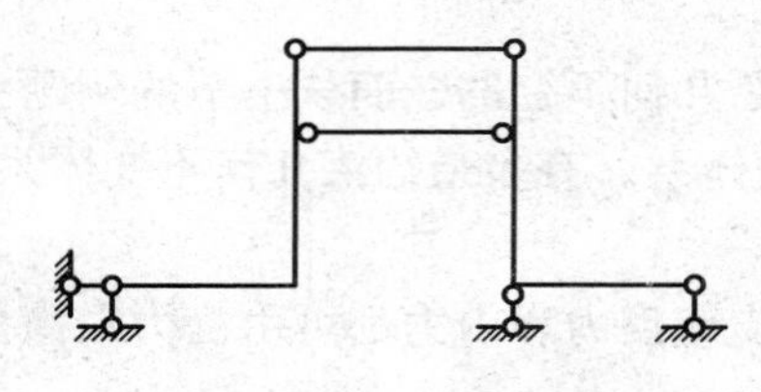

图 1-33

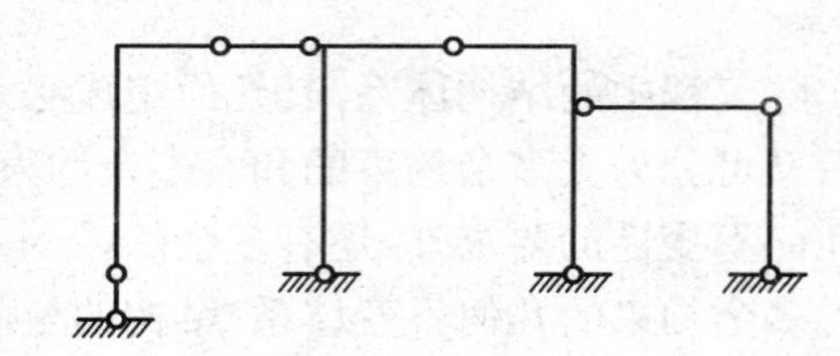

图 1-34

(2) 图 1-34 所示体系为______体系。

(3) 图 1-35 所示四个体系的多余约束数目分别为______、______、______、______。

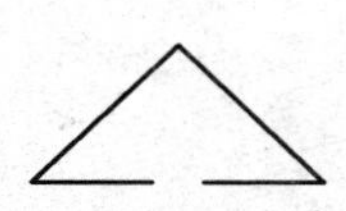
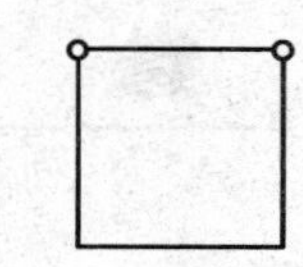
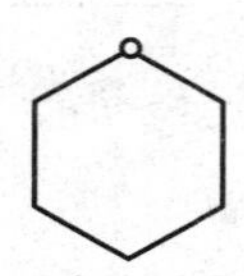
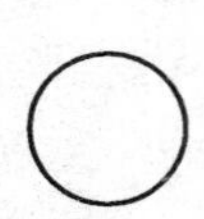

图 1-35

(4) 图 1-36 所示体系的多余约束个数为______。

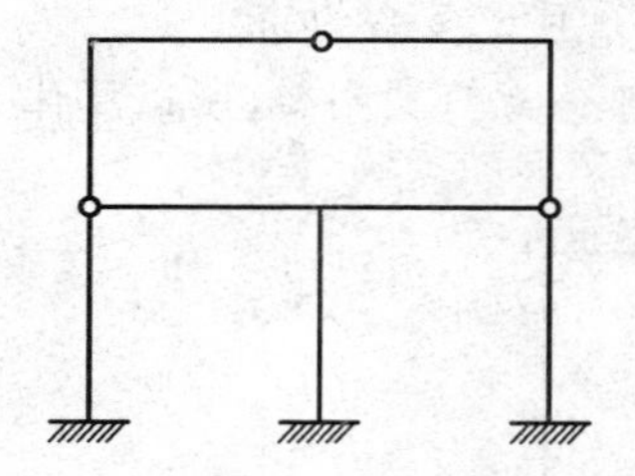

图 1-36

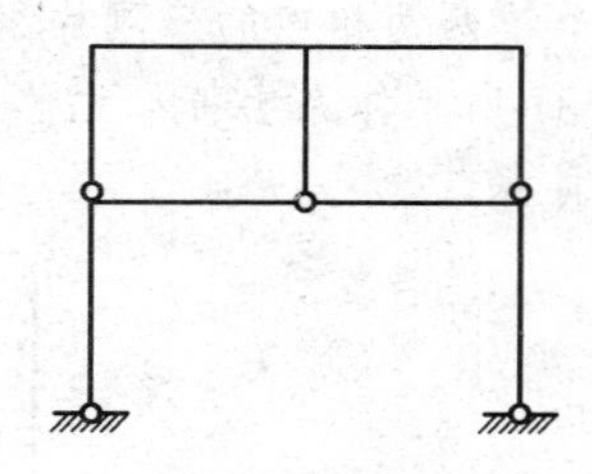

图 1-37

(5) 图 1-37 所示体系的多余约束个数为______。

(6) 图 1-38 所示体系为______体系，有______个多余约束。

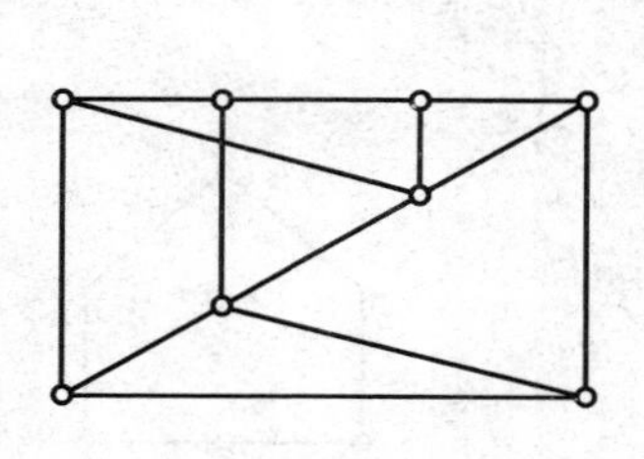

图 1-38

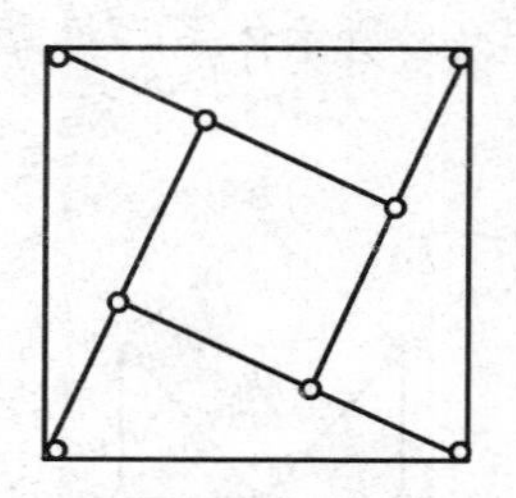

图 1-39

(7) 图 1-39 所示体系为______体系，有______个多余约束。

三、对如图1-40所示图(a)至图(l)进行几何组成分析。

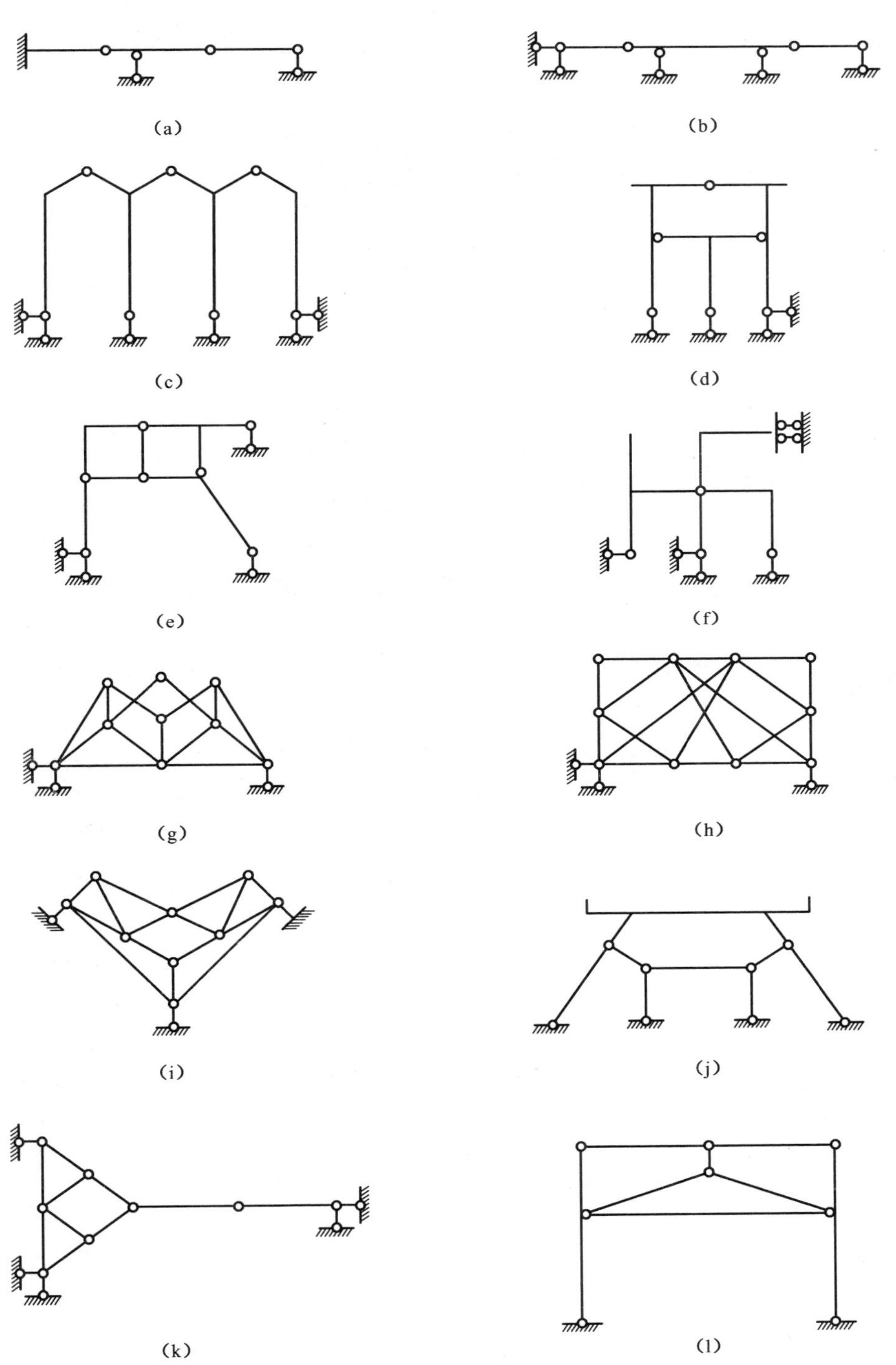

图1-40

2 静定结构的受力分析

概 述

本章结合几种典型结构型式讨论静定结构的受力分析问题，涉及静定平面梁、静定平面刚架、静定平面桁架、拱、组合结构等。内容包括支座反力和内力的计算、内力图的绘制、受力性能的分析。静定结构的受力分析，主要是确定各类结构由荷载所引起的内力和相应的内力图。本章在理论力学的受力分析和材料力学的内力分析的基础上，主要是应用结点法、截面法和内力与荷载之间的微分关系来计算静定平面梁、静定平面刚架、静定平面桁架、拱、组合结构，内容包括工程结构支座反力和内力的计算、内力图的绘制、各种结构受力性能的分析。

知识目标

◆ 理解并掌握轴力、弯矩和剪力的概念及其正负号的规定；

◆ 能灵活运用结点法、截面法和内力与荷载之间的微分关系计算静定结构的支座反力和各截面内力并绘制内力图；

◆ 理解不同结构的受力特性。

技能目标

◆ 会对一般的静定结构进行受力分析；

◆ 能快速绘制静定结构的内力图；

◆ 能根据静定结构的内力图反过来确定结构所承受的荷载。

课时建议：8～10 学时

2.1 单跨静定梁

静定结构就是无多余约束的几何不变体系，静定结构的性质如下：

(1) 静定结构是无多余约束的几何不变体系，用静力平衡条件可以唯一地求得全部内力和反力。

(2) 静定结构只在荷载作用下产生内力，其他因素作用时(如支座位移、温度变化、制造误差等),只引起位移和变形(应变),不产生内力。

(3) 静定结构的内力与杆件的刚度无关。

(4) 在荷载作用下,如果仅靠静定结构的某一局部就可以与荷载维持平衡,则只有这部分受力,其余部分不受力。

(5) 当静定结构的一个内部几何不变部分作构造变换时,其余部分的内力不变。

(6) 作用在基本部分的荷载不引起附属部分的内力,而作用在附属部分的荷载在基本部分上则产生内力。

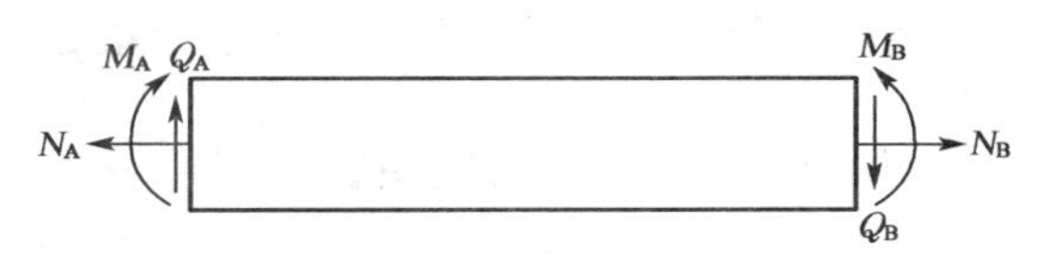

图 2-1 平面结构内力及其正方向约定

平面结构的任一杆件的截面一般有三种内力:轴力 N、剪力 V、弯矩 M。二力杆(链杆)只有轴力。其正负号规定如下,如图 2-1 所示。

轴力:以受拉为正,截面的外法线方向画出。

剪力:以绕隔离体顺时针方向为正,截面的切线方向画出。

弯矩:不规定正负号,其值画在杆件受拉纤维一侧。

2.1.1 截面法求指定截面的内力

截面法是求解结构内力的基本方法,即将杆件在指定截面切开(图 2-2),取其中任一部分为研究对象,利用静力平衡条件,确定截面的三个内力分量。用截面法取研究对象时应注意如下问题:

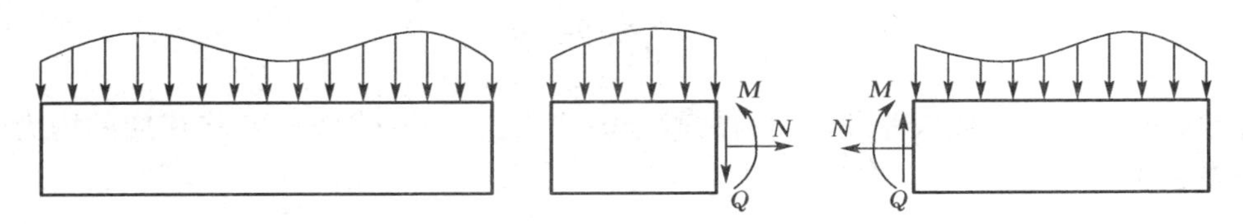

图 2-2 截面法研究对象及内力表达

(1) 与研究对象(隔离体)相连接的所有约束都要切断,并以相适应的约束力代替。

(2) 不可遗漏作用于研究对象上的力,包括荷载、约束力(内力和支反力)。

(3) 对于未知力,总是假定为其正方向,如果求出的结果为正值,说明实际作用方向与假设方向相同;如果其值为负,则说明实际作用方向与假设相反。

(4) 在利用平衡方程时,尽量避免解联立方程。

内力求出后,用内力图直观明了地表示杆各截面的内力变化。作图时,把内力的大小按一定的比例尺,以垂直于杆轴的方向标出,且规定:剪力和轴力画在杆的任一侧,标明正负号、大小;弯矩画在杆件的受拉纤维一侧,标明大小,不标明正负号。过程如图 2-3 所示。

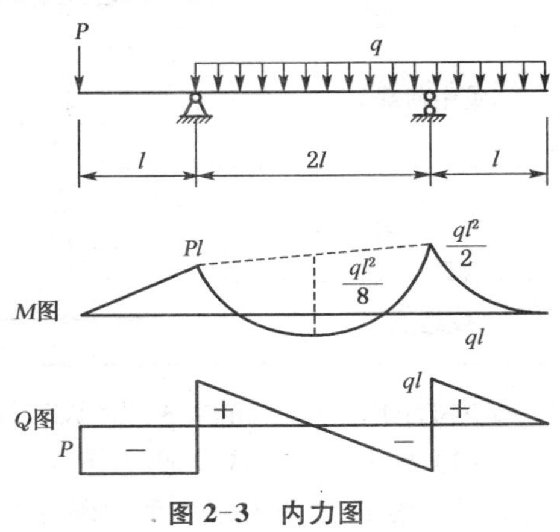

图 2-3 内力图

2.1.2 内力与荷载的关系

为了能找到结构内力图的简化作法，现针对常见的荷载，推导结构杆件内力 M、Q 与荷载集度 q 之间的微分关系。取图 2-4 所示的单元体，假设荷载向下为正。

考虑平衡关系，以右侧截面形心为矩心，$\sum M=0$，有

$$Q\mathrm{d}x+M-(M+\mathrm{d}M)-\frac{q(x)}{2}(\mathrm{d}x)^2=0$$

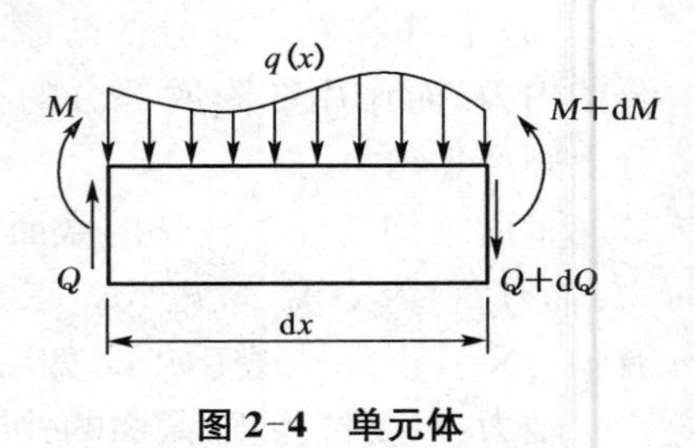

图 2-4 单元体

忽略高阶微量，得

$$\frac{\mathrm{d}M}{\mathrm{d}x}=Q \tag{2-1}$$

由 $\sum Y=0$，有

$$Q-q(x)\mathrm{d}x-(Q+\mathrm{d}Q)=0$$

得

$$\frac{\mathrm{d}Q}{\mathrm{d}x}=-q(x) \tag{2-2}$$

将式(2-1)代入式(2-2)，得

$$\frac{\mathrm{d}^2M}{\mathrm{d}x^2}=\frac{\mathrm{d}Q}{\mathrm{d}x}=-q(x) \tag{2-3}$$

将常见的荷载形式代入荷载与内力的微分关系式(2-1)～式(2-3)，将相应的内力图特征集中于表 2-1。

表 2-1 常见荷载的内力图特征

常见荷载形式		内力图主要特征
均布荷载	q	Q 图 Q_0 1 q Q_0 Q_0 + − + M 图
集中荷载	P	Q 图 Q_0 + − Q_0 + − Q_0 − M
集中力偶	M	Q 图 保持原有的变化趋势 M 图 M_0
铰结点		弯矩为零

内力图与外荷载的关系总结如下：

(1) 杆上无荷载区段，剪力图为一水平直线，弯矩图为一斜直线。

(2) 集中力作用点处，剪力图突变，突变的大小为集中力的大小，方向为集中力的方向；弯

矩图有尖角，尖角凸向集中荷载方向。

(3) 均布荷载作用段，剪力图为斜直线，直线斜率为均布荷载的大小(均布荷载向上为正)；弯矩图为一抛物线，抛物线凸向荷载方向。

(4) 集中力偶作用处，剪力无变化；集中力偶作用面两侧弯矩图的切线相互平行，弯矩有突变，突变值为该力偶值。

2.1.3　分段叠加法作弯矩图

对结构中的直杆段作弯矩图时，可以采用分段叠加法，使绘图工作得到简化。

如图 2-5 所示结构，可用截面法求得 CD 段 C、D 截面的内力。取 CD 为研究对象，画出如图 2-6 所示的受力图。

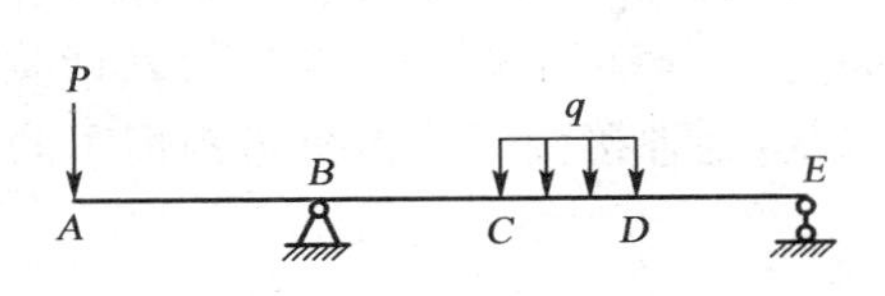

图 2-5　简支梁

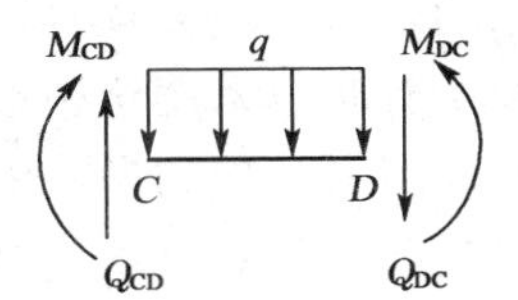

图 2-6　*CD* 段受力图

将 CD 段看作与其跨度相等的简支梁，易计算 $R_C = Q_{CD}$，$R_D = Q_{DC}$。可见，简支梁的受力与 CD 段的受力完全一致(变形也相同)，则其所受荷载如图 2-7 所示。

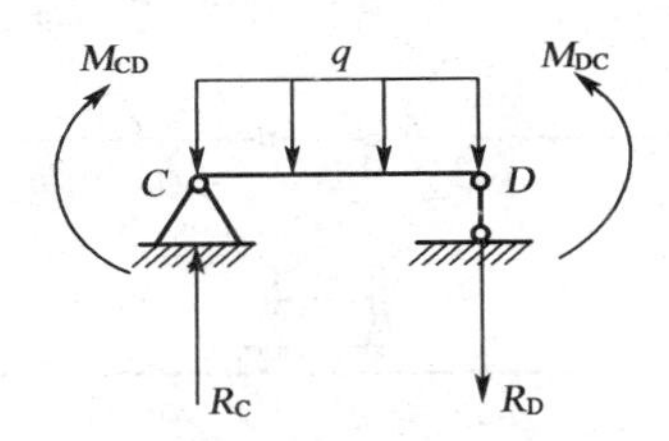

图 2-7　*CD* 段等同简支梁及其受力图

由内力图的特征和弯矩图的叠加原理，CD 梁的弯矩图如图 2-8 所示。

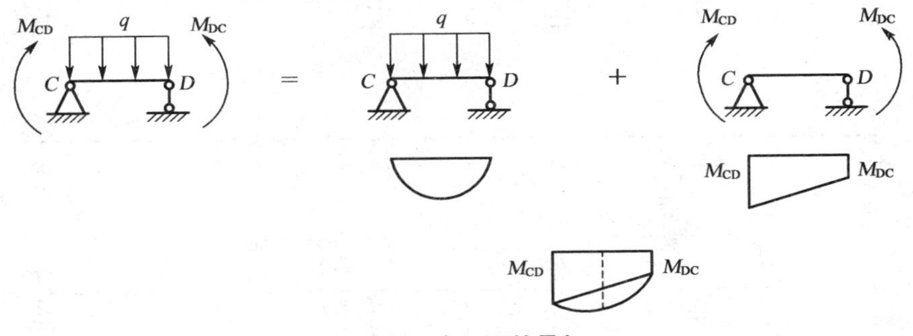

图 2-8　弯矩图的叠加

注意，图 2-8 中的弯矩叠加是纵坐标的叠加，即弯矩图的纵距是垂直于杆轴的，而不是几何图形的拼凑。

利用内力图的特征及弯矩图的分段叠加原理，可以将弯矩图的一般作法归纳如下：

(1) 以外力改变点(集中力作用点、集中力偶作用点、均布荷载的起点和终点)为控制截面,利用截面法控制截面的弯矩值。

(2) 将控制截面间的杆件看作简支梁,利用内力图的特征及控制点的弯矩值作出其弯矩图。

(3) 将所有分段的内力图叠加,得到结构的弯矩图。

2.2 多跨静定梁

多跨静定梁是由若干根梁用铰联结而成用来跨越几个相连结构的静定梁。图 2-9 为公路桥梁中使用的多跨静定梁及其计算简图。除了在桥梁方面较常采用这种结构形式外,在房屋建筑中的檩条有时也采用这种形式。图 2-10 所示为一多跨木檩条的构造及其计算简图。在檩条接头处采用斜搭接的形式中间用一个螺栓系紧,这种接头不能抵抗弯矩但可防止所连构件在横向或纵向的相对移动,故可看作铰接。

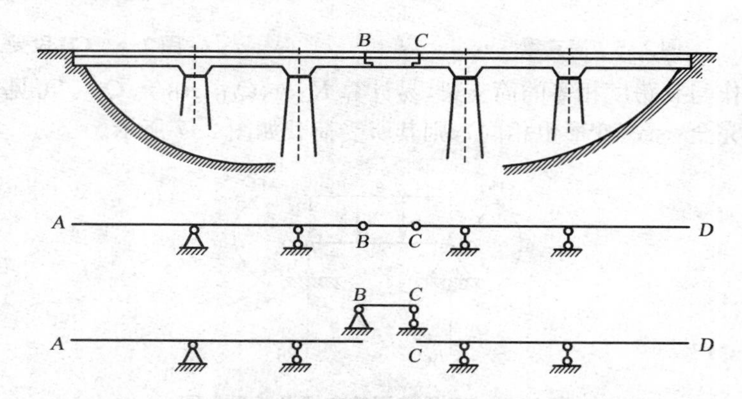

图 2-9　公路桥梁中使用的多跨静定梁及其计算简图

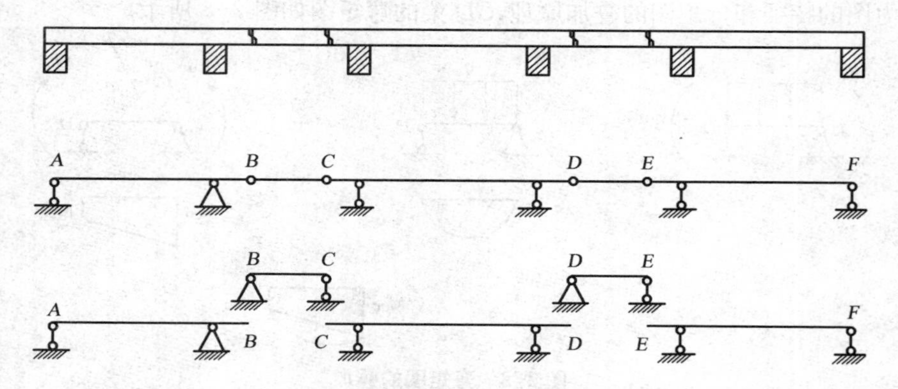

图 2-10　多跨木檩条的构造及其计算简图

由多跨静定梁的几何组成分析可知,图 2-9 及图 2-10 中的 AB 直接由支座链杆固定于基础,是几何不变部分,而图 2-9 中的 CD 及图 2-10 中的 CD 和 EF 在竖向荷载作用下也能独立地维持平衡，我们称它们为基本部分；而其他各个部分必须要依靠其他部分的支撑才能保持其几何不变性，故称为附属部分。

为清晰起见，它们之间的支承关系可用图 2-11(a)～(c)来表示。这种图称为层次图，它是按照附属部分支承于基本部分之上作出的。

对于多跨静定梁，只要了解它的组成和各部分的传力次序，即不难进行内力计算。从层次图可以看出：基本部分的荷载作用并不影响附属部分，而附属部分的荷载作用则必传至基本部分。因此，在计算多跨静定梁时，应先计算附属部分，再计算基本部分。

二者之间的作用可以根据作用力和反作用力定理确定，即附属部分支座反力的反作用力，就是加于基本部分的荷载。这样多跨静定梁即可拆成若干单跨梁分别计算。而后将各单跨梁的内力图相叠加，即得到多跨梁静定梁的内力图。

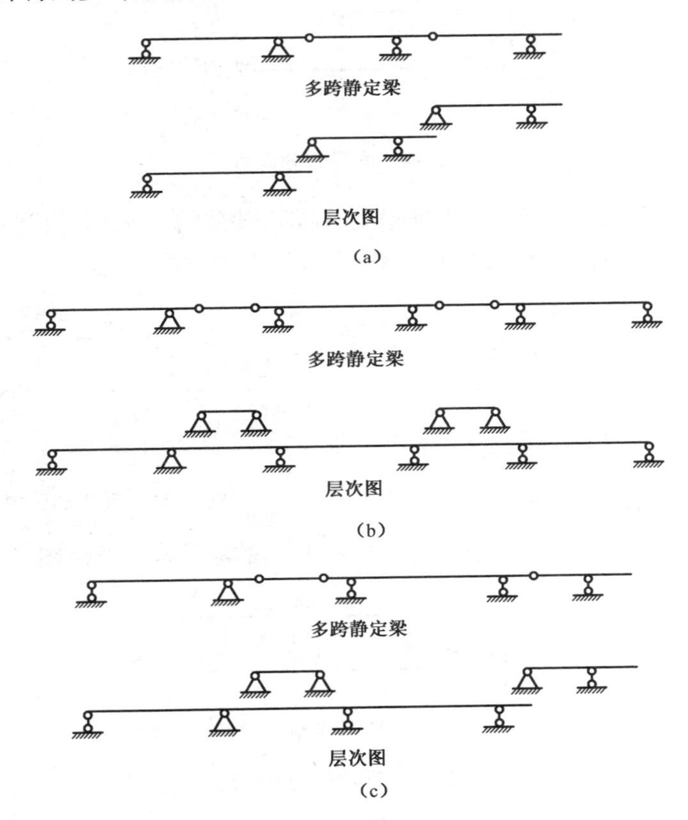

图 2-11　多跨静定梁及其层次图

【例 2-1】　作出图 2-12 所示多跨静定梁的弯矩图。

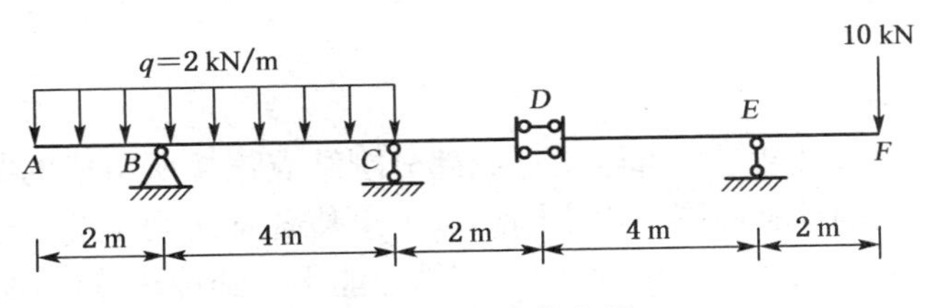

图 2-12　多跨静定梁

【解】(1) 根据题设条件,首先分析其几何组成,并作出层次图,如图 2-13 所示。

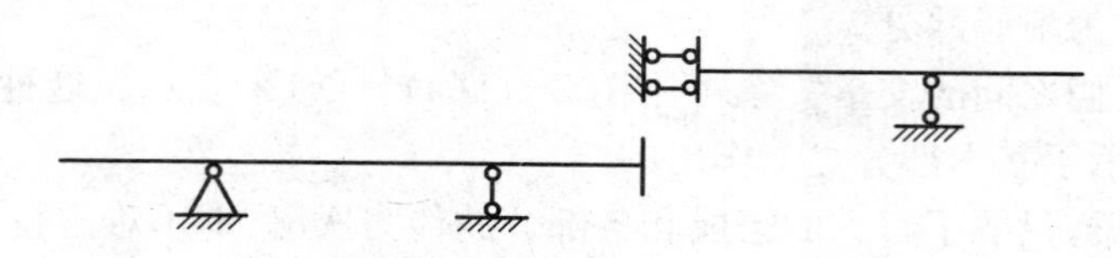

图 2-13　多跨静定梁层次图

(2) 作出附属部分内力图。由于附属部分是一个带悬臂端的简支梁,根据内力图的特征,可以很容易地作出其内力图,如图 2-14 所示。

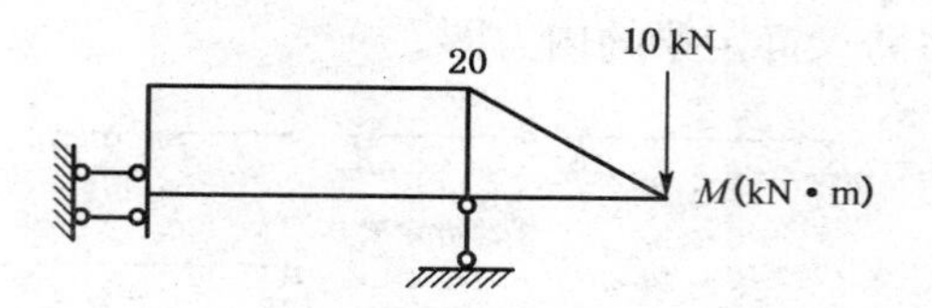

图 2-14　附属部分内力图

(3) 将附属部分 D 支座的反力反方向作用于基本部分的 D 截面,得到基本部分的计算简图,如图 2-15 所示。同样可以作出其内力图,如图 2-16 所示。

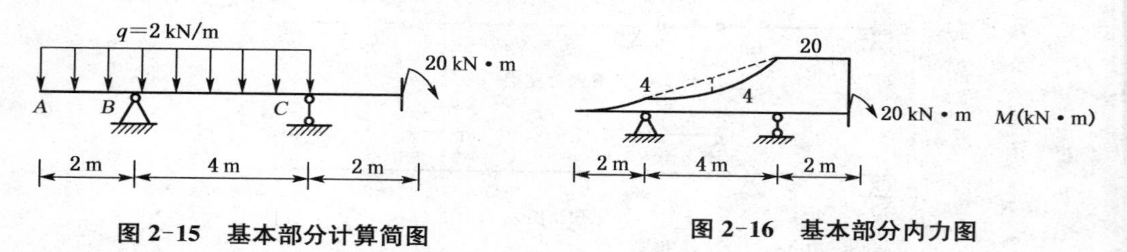

图 2-15　基本部分计算简图　　　图 2-16　基本部分内力图

(4) 将图 2-14 和图 2-16 叠加,得到图 2-17 所示的原结构的弯矩图。

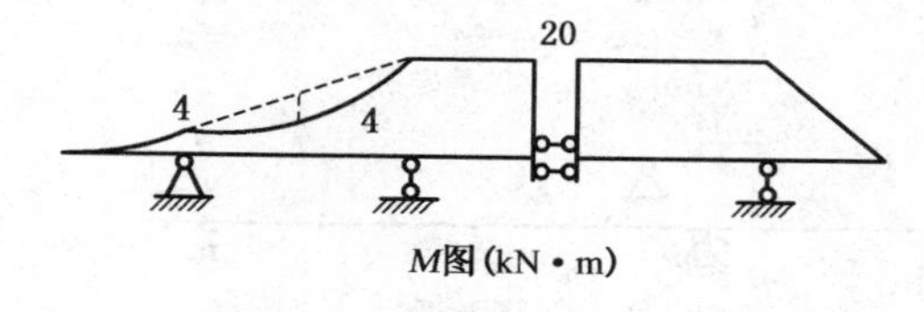

图 2-17　原结构的弯矩图

2.3　静定平面刚架

平面刚架是由若干直杆通过全部刚结点或部分刚结点连接所组成的结构。图 2-18 所示为平面桁架与平面刚架的计算简图。由于刚结点约束使各杆之间不能发生相对转动,因而各杆之间的夹角保持不变。从受力的角度来看,刚结点能承受和传递弯矩,所以刚架能提供较大的使用空间。刚架在工程结构中应用十分广泛。

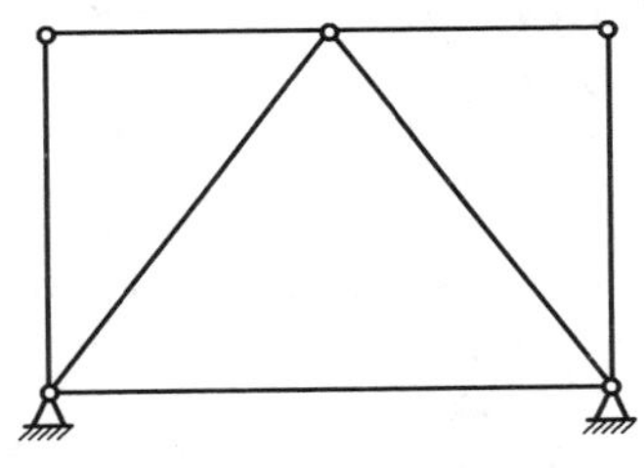

(a) 桁架，全部由铰结点约束

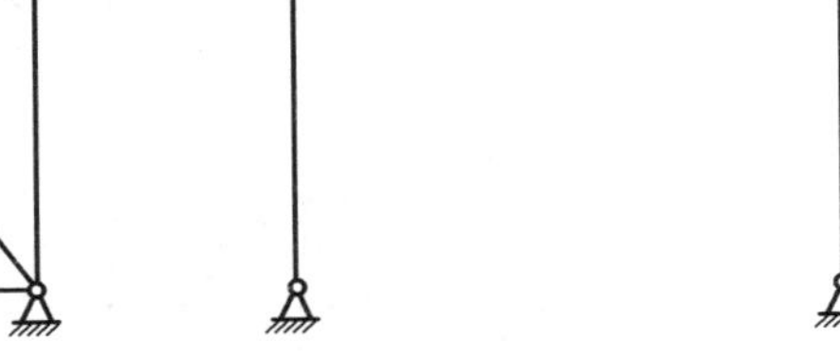

(b) 刚架，由刚结点约束

图 2-18 平面桁架与平面刚架计算简图

由于刚结点的特点，刚架中的主要内力是弯矩。同时，由于刚结点能传递弯矩，所以可以使结构中的内力分布更为均匀，即结构中的弯矩峰值可以达到削减。

根据刚架受力特点，可以将其分为悬臂刚架、简支刚架、三铰刚架、组合刚架等。图 2-19 所示为常见的平面静定刚架及其计算简图。

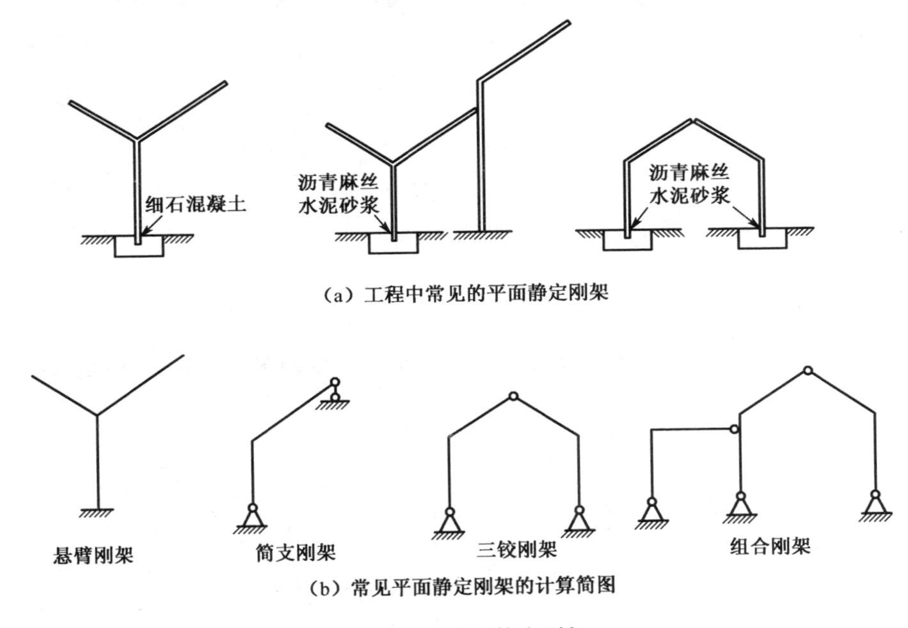

图 2-19 平面静定刚架

平面静定刚架的内力计算和梁一样，用截面法取隔离体，利用静力平衡条件求解未知力。其步骤通常是先进行几何构造分析，找出基本部分和附属部分，然后由整体或部分的平衡条件求出支反力，再逐杆求出杆端内力，最后由叠加原理得到结构的内力图。

2.3.1 支座反力的计算

刚架的支反力可以根据静力平衡条件来求得，但不同的刚架形式，求解时隔离体的选择不同。对于悬臂刚架和简支刚架，由于未知支反力只有三个，可以取整体为研究对象，三个方程就可以解出三个未知数。对于三铰刚架和组合刚架，由于未知支反力多于三个，所以需要选取多个隔离体才能求出所有的未知支反力。下面用两个例子说明支反力的求法。

【例 2-2】 求图 2-20 和图 2-22 所示刚架所受支反力。

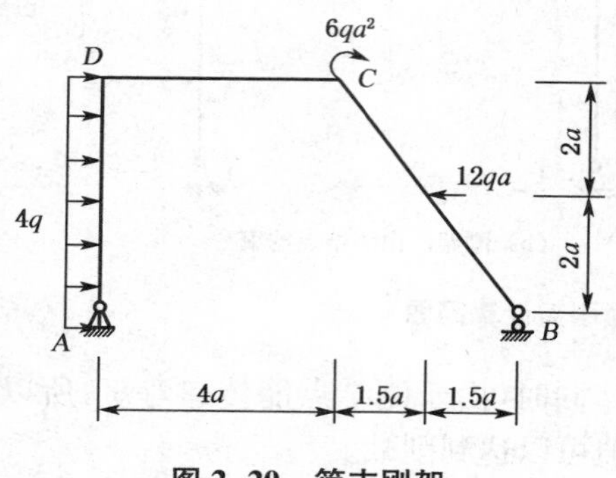

图 2-20 简支刚架

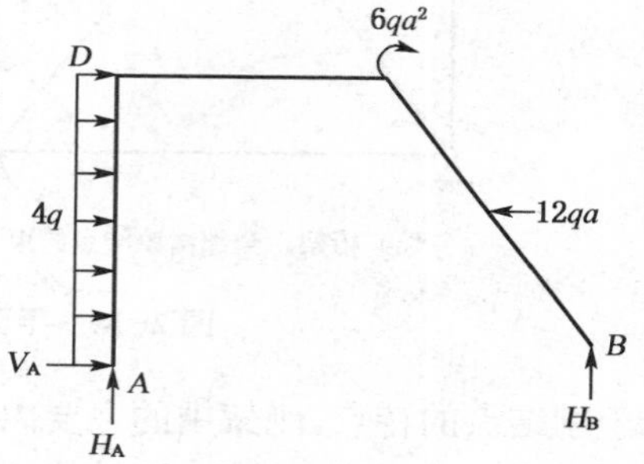

图 2-21 简支刚架所受支反力计算简图

【解】 (1) 简支刚架所受支反力计算过程如下。

对于图 2-20 简支刚架,取整体为研究对象,计算简图如图 2-21 所示。

考虑静力平衡,由

$\sum X=0$,得 $V_{\mathrm{A}}=12qa-4q\cdot 4a=-4qa$ (向左)

$$\sum M_{\mathrm{A}}=0,\text{得}\quad H_{\mathrm{B}}=\frac{6qa^{2}+\frac{1}{2}\times 4q\times(4a)^{2}-12qa\times 2a}{4a+1.5a+1.5a}=2qa\ (\text{向上})$$

$\sum Y=0$,得 $H_{\mathrm{A}}=-H_{\mathrm{B}}=-2qa$ (向下)

经校核无误。

(2) 三铰刚架所受支反力计算过程如下。

① 对于图 2-22 简支刚架取整体为研究对象,计算简图如图 2-23(a)所示。

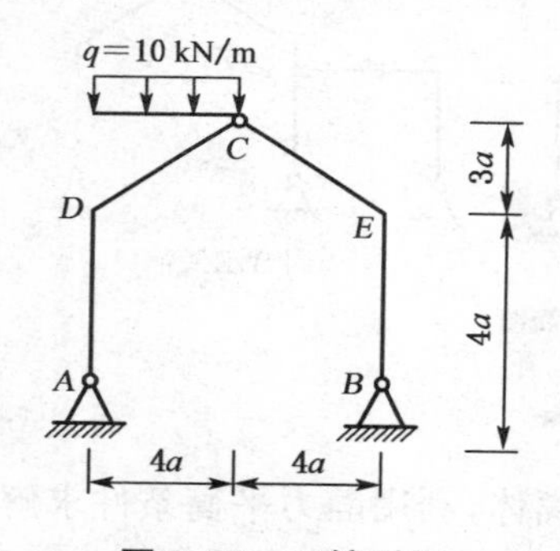

图 2-22 三铰刚架

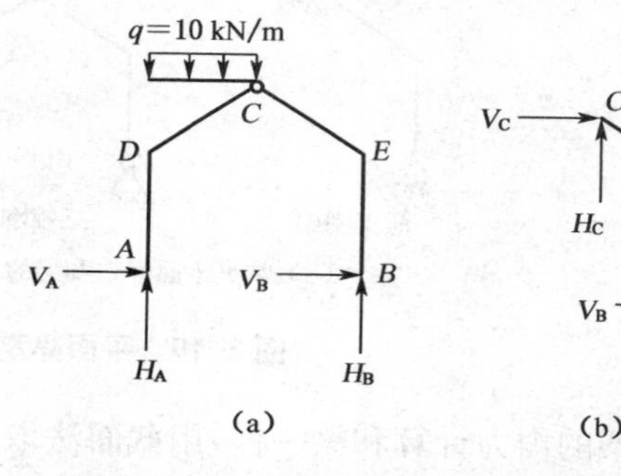

(b)

图 2-23 三铰刚架所受支反力计算简图

考虑静力平衡,由

$\sum M_{\mathrm{B}}=0 \qquad H_{\mathrm{A}}\times 8a=4a\times q\times 6a$ 得 $H_{\mathrm{A}}=30a$ (向上)

$\sum Y=0, H_{\mathrm{B}}=10a$ (向上)

② 取 CB 为研究对象,计算简图如图 2-23(b)所示。

考虑静力平衡,由

$\sum M_{\mathrm{C}}=0, H_{\mathrm{B}}\times 4a=-V_{\mathrm{B}}\times 7a$,得 $V_{\mathrm{B}}=-40a/7$ (向左)

③ 再以整体为研究对象，考虑静力平衡，由

$\sum X = 0$，得 $V_A = -V_B = 40a/7$（向右）

经校核无误。

2.3.2 内力计算

在确定了刚架的支反力后，可以用截面法求得每个控制点的内力值，控制点的选取可以是外力改变点（集中力作用点、集中力偶作用点、均布荷载的起点和终点），也可以是各杆的杆端（在刚架内力计算时，一般选择各杆杆端为控制点），逐杆求出各杆端内力。

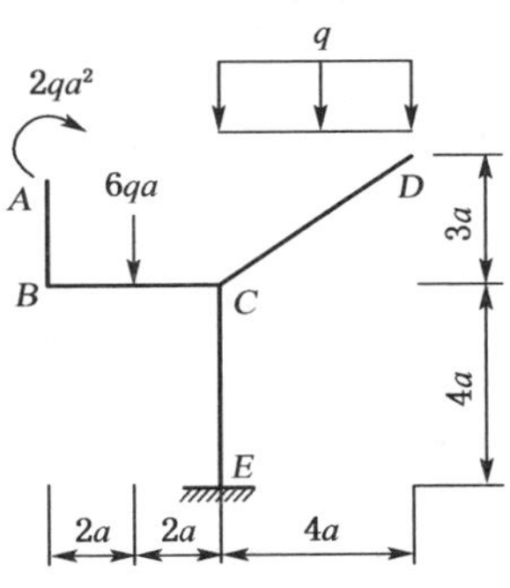

图 2-24 悬臂刚架

【例 2-3】 计算图 2-24 所示悬臂刚架各杆杆端内力。

【解】 (1) 取 AB 为研究对象，其受力情况如图 2-25(a)所示。

考虑静力平衡条件，由

$\sum M_B = 0, 2qa^2 - M_{BA} = 0$，得 $M_{BA} = 2pa^2$（左侧受拉）

$\sum X = 0$，得 $Q_{BA} = 0$

$\sum Y = 0$，得 $N_{BA} = 0$

(2) 取 ABC 为研究对象，画出 ABC 杆的受力图如图 2-25(b)所示。

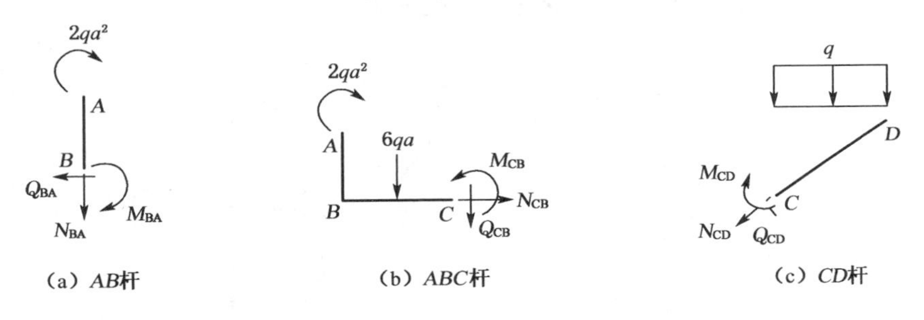

图 2-25 受力图

考虑静力平衡条件，由

$\sum M_B = 0, 2qa^2 - M_{CB} - 6qa \cdot 2a = 0$，得 $M_{CB} = -10qa^2$（上侧受拉）

$\sum X = 0$，得 $Q_{CB} = -6qa$

$\sum Y = 0$，得 $N_{CB} = 0$

(3) 取 CD 为研究对象，其受力图如图 2-25(c)所示。

考虑静力平衡条件，由

$\sum M_C = 0, M_{CD} + q(4a)^2/2 = 0$，得 $M_{CD} = -8qa^2$（上侧受拉）

$\sum X = 0, N_{CD} + 4qa \times \sin\beta = 0$，得 $N_{CD} = -2.4qa$（受压）

$\sum Y = 0, Q_{CD} - 4qa \times \cos\beta = 0$，得 $Q_{CD} = 3.2qa$

(4) 取整体为研究对象，其受力图如图 2-26 所示。

考虑静力平衡条件，由

$\sum M_E=0, M_{EC}+q(4a)^2/2+2qa^2-6qa\times 2a=0$，得 $M_{EC}=2qa^2$（右侧受拉）

$\sum X=0$，得 $Q_{EC}=0$

$\sum Y=0$，得 $N_{EC}=-6qa-4qa=-10qa$（受压）

(5) 取结点 C 的力矩平衡，画出杆端力矩受力图如图 2-27 所示。由

$\sum M_C=0, M_{CB}+M_{CE}=M_{CD}$，得 $M_{CE}=-2qa^2$（右侧受拉）

经校核无误。

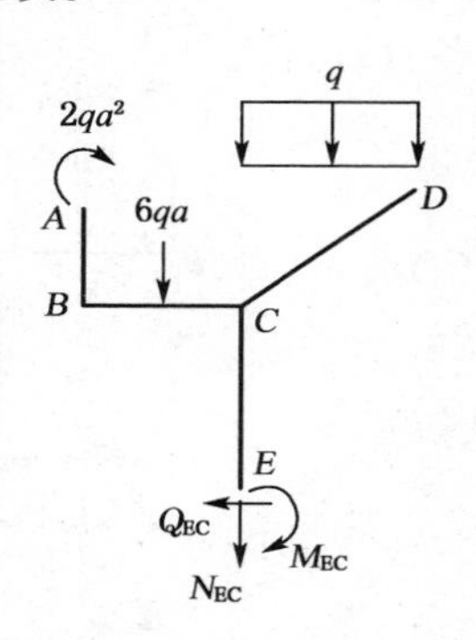

图 2-26　整体受力图　　**图 2-27　结点 C 受力图**

【例 2-4】 计算如图 2-28 中刚架的各杆杆端内力。

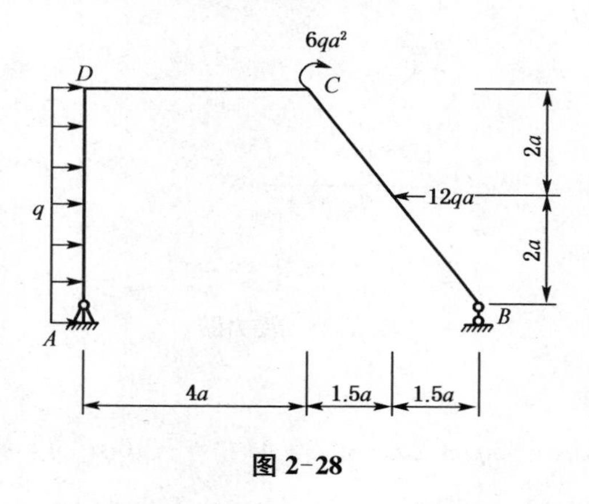

图 2-28

【解】 (1) 取 AD 为研究对象，受力图如图 2-29 所示。

$\sum X=0, Q_{DA}=-12qa$

$\sum Y=0, N_{DA}=2qa$

$\sum M_D=0, V_A\cdot 4a+M_{DA}-4q(4a)^2/2=0$，得 $M_{DA}=16qa^2$（左侧受拉）

(2) 由结点 D 的弯矩平衡，$M_{DC}=16qa^2$（上侧受拉）

(3) 取 ACD 为研究对象，受力图如图 2-30 所示。

$\sum Y=0, Q_{DA}=-12qa$

$\sum X = 0, N_{DA} = 2qa$

$\sum M_C = 0, V_A \cdot 4a + H_A \cdot 4a - M_{CD} - 4q(4a)^2/2 = 0$，得 $M_{DC} = -24qa^2$（上侧受拉）

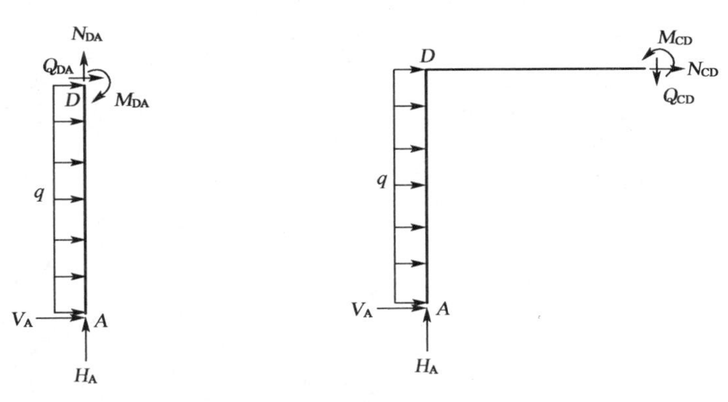

图 2-29　*AD* 受力图　　　　图 2-30　*ACD* 受力图

(4) 从 C 结点的右侧截断，取 BC 为研究对象，受力图如图 2-31 所示。

$\sum M_C = 0$，得 $M_{CB} = -18qa^2$（外侧受拉）

$\sum X = 0$，得 $N_{CB} = -2qa\sin\beta - 12qa\cos\beta = -8.8qa$

$\sum Y = 0$，得 $Q_{CB} = -2qa\cos\beta + 12qa\sin\beta = 8.4qa$

(5) B 端剪力与轴力，把 $H_B = 2qa$ 向 X、Y 方向分解即可得到。

$N_{BC} = -1.6qa, Q_{BC} = -1.2qa$

经校核无误。

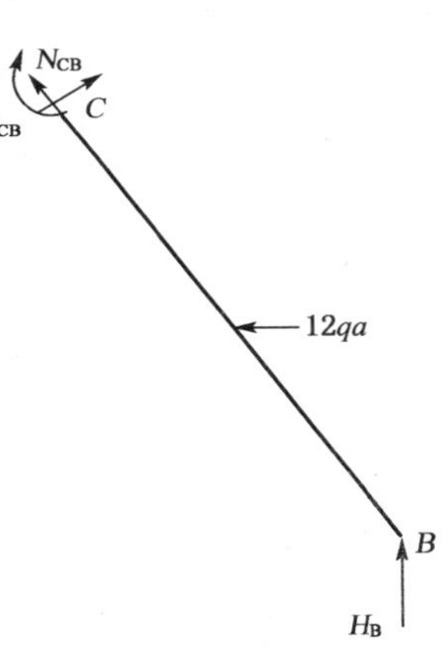

图 2-31　*BC* 受力图

【例 2-5】　计算图 2-32 中刚架的各杆杆端内力。

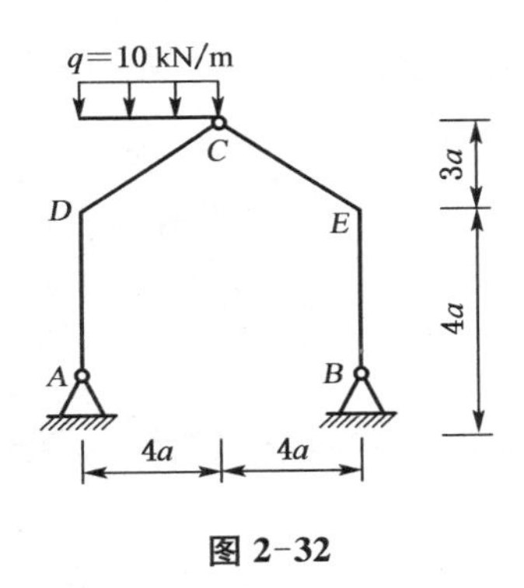

图 2-32

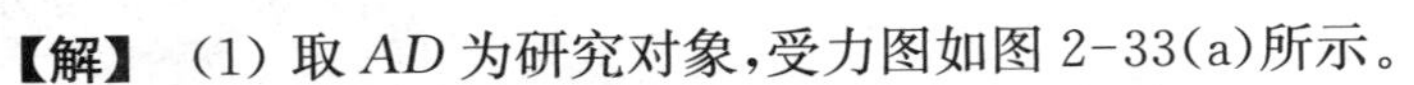

【解】　(1) 取 AD 为研究对象，受力图如图 2-33(a)所示。

$\sum M_D = 0$　　$M_{DA} = V_A \times 4a = 16qa^2/7$（左侧受拉）

由结点 D 的平衡，$M_{DC} = 16qa^2/7$（外侧受拉）

$\sum X = 0, Q_{DA} = -4qa/7$

$\sum Y = 0, N_{DA} = -3qa$

(2) 取 EB 为研究对象，受力图如图 2-33(b) 所示。

$\sum M_E = 0 \qquad M_{EB} = -16qa^2/7$（右侧受拉）

由结点 E 的平衡，$M_{EC} = -16qa^2/7$（外侧受拉）

$\sum X = 0, Q_{ED} = 4qa/7$

$\sum Y = 0, N_{ED} = -qa$

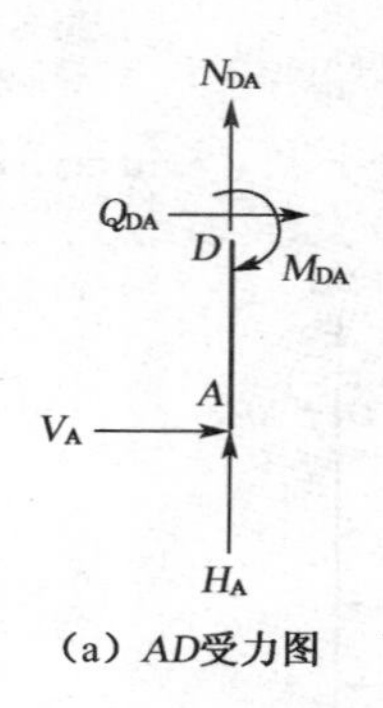

(a) AD受力图

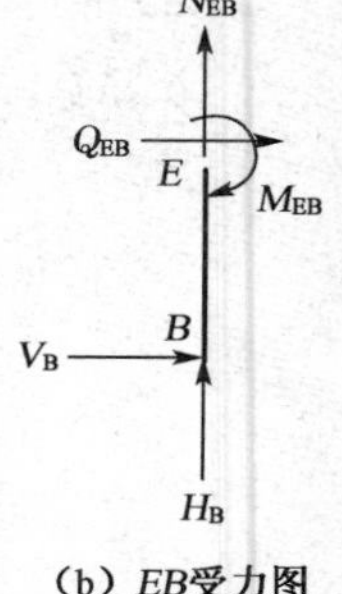

(b) EB受力图

图 2-33

(3) 从 D 结点上侧截断，取 AD 为研究对象，受力图如图 2-34(a)所示。

$\sum X = 0, Q_{DC} + V_A\sin\beta - H_A\cos\beta = 0$，得 $Q_{DC} = 2.057qa$

$\sum Y = 0, N_{DC} + V_A\cos\beta + H_A\sin\beta = 0$，得 $N_{DC} = -2.257qa$

(4) 从 E 结点上侧截断，取 EB 为研究对象，受力图如图 2-34(b)所示。

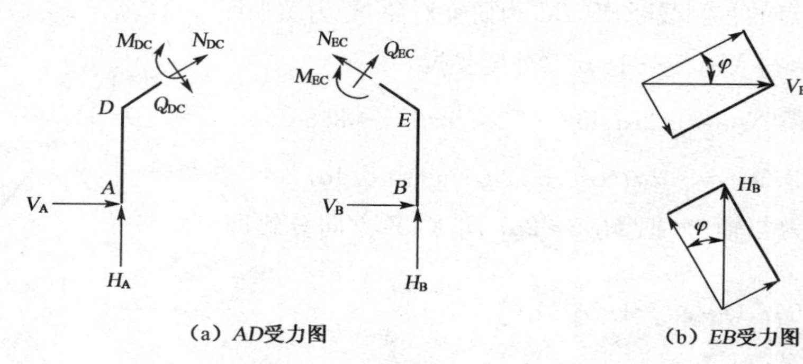

(a) AD受力图 (b) EB受力图

图 2-34

$\sum X = 0, N_{EC} + V_B\sin\beta + H_B\cos\beta = 0 \quad$ 得 $\quad N_{EC} = -1.057qa$

$\sum Y = 0, Q_{EC} + V_B\cos\beta - H_B\sin\beta = 0 \quad$ 得 $\quad Q_{EC} = -0.257qa$

(5) 取 ADC 为研究对象，受力图如图 2-35 所示。

$\sum X = 0, Q_{CD} + V_A\sin\beta - H_A\cos\beta + 4qa\cos\beta = 0 \quad$ 得

$$Q_{CD} = -1.143qa$$

$\sum Y = 0, N_{CD} + V_A\cos\beta + H_A\sin\beta - 4qa\sin\beta = 0 \quad$ 得 $\quad N_{CD} = 0.143qa$

图 2-35 ADC 受力图

经校核无误。

2.3.3 内力图的绘制

在逐杆求出各杆的杆端内力后，可以利用叠加原理作出结构的内力图。在绘制内力图时，弯矩图画在杆件受拉一侧，标明大小，不标正负号（不规定正负号）；剪力和轴力的符号规定与梁相同，画在杆的任一侧，要标明正负号。

【例 2-6】 分别绘制例 2-3～例 2-5 的内力图。

【解】 (1) 例 2-3 中已求出各杆杆端内力。

$Q_{BA}=0$

$N_{BA}=0$

$M_{CB}=-10qa^2$（上侧受拉）

$Q_{CB}=-6qa$

$N_{CB}=0$

$M_{CD}=-8qa^2$（上侧受拉）

$N_{CD}=-2.4qa$（受压）

$Q_{CD}=3.2qa$

$M_{EC}=2qa^2$（右侧受拉）

$Q_{EC}=0$

$N_{EC}=-6qa-4qa=-10qa$（受压）

$M_{CE}=-2pa^2$（右侧受拉）

根据叠加原理及表 2-1 中内力图特征，可作出其内力图如图 2-36 所示。

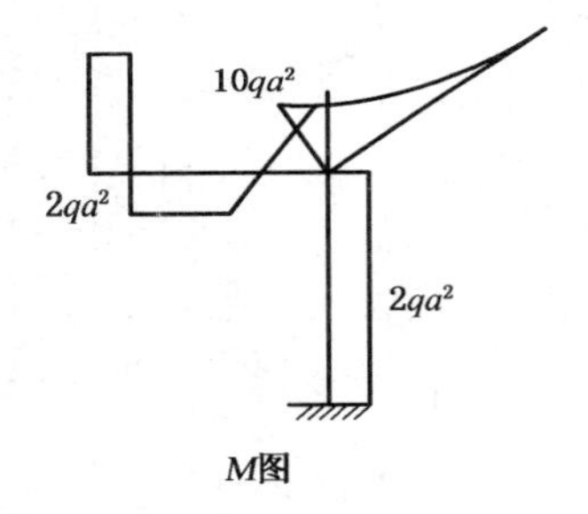

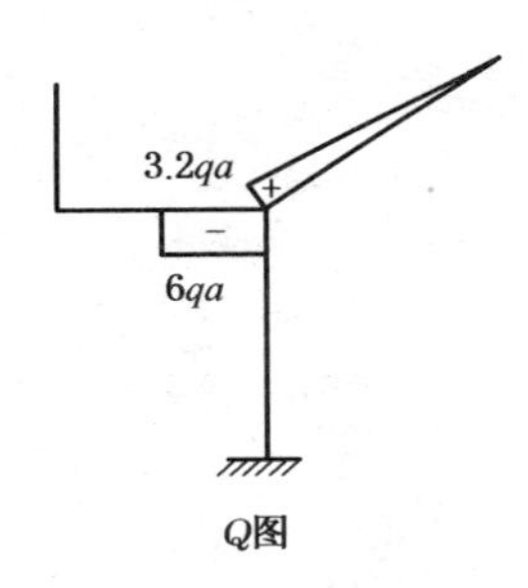

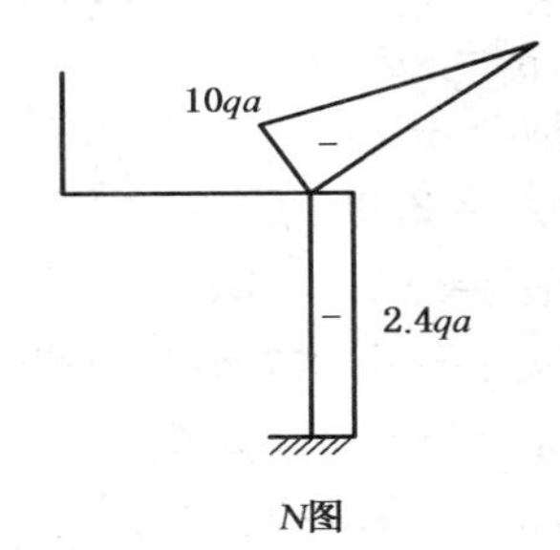

图 2-36 例 2-3 内力图

(2) 例 2-4 中已求出各杆杆端内力。

$Q_{DA}=-12qa$

$N_{DA}=2qa$

$M_{DA}=16qa^2$（左侧受拉）

$M_{DC}=16qa^2$（上侧受拉）

$Q_{CD}=-2qa$

$N_{CD}=-12qa$

$M_{DC}=-24qa^2$（上侧受拉）

$M_{CB}=-18qa^2$（外侧受拉）

$N_{CB}=-8.8qa$

$Q_{CB}=8.4qa$

$N_{BC}=-1.6qa$

$Q_{BC}=-1.2qa$

根据叠加原理及表 2-1 中内力图特征，可作出其内力图如图 2-37 所示。

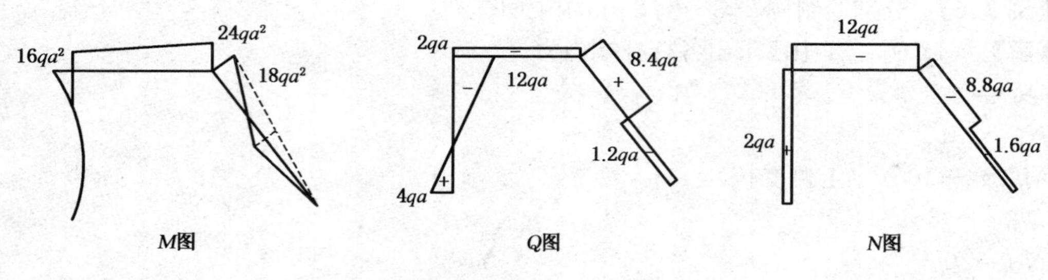

图 2-37　例 2-4 内力图

(3) 例 2-5 中已求出各杆杆端内力。

$M_{DA} = 16qa^2/7$（左侧受拉）

$M_{DC} = 16qa^2/7$（外侧受拉）

$Q_{DA} = -4qa/7$

$N_{DA} = -3qa$

$M_{EB} = -16qa^2/7$（右侧受拉）

$M_{EC} = -16qa^2/7$（外侧受拉）

$Q_{ED} = 4qa/7$

$N_{ED} = -qa$

$Q_{DC} = 2.057qa$

$N_{DC} = -2.257qa$

$N_{EC} = -1.057qa$

$Q_{EC} = -0.257qa$

$Q_{CD} = -1.143qa$

$N_{CD} = 0.143qa$

根据叠加原理及表 2-1 中内力图特征，可作出其内力图如图 2-38 所示。

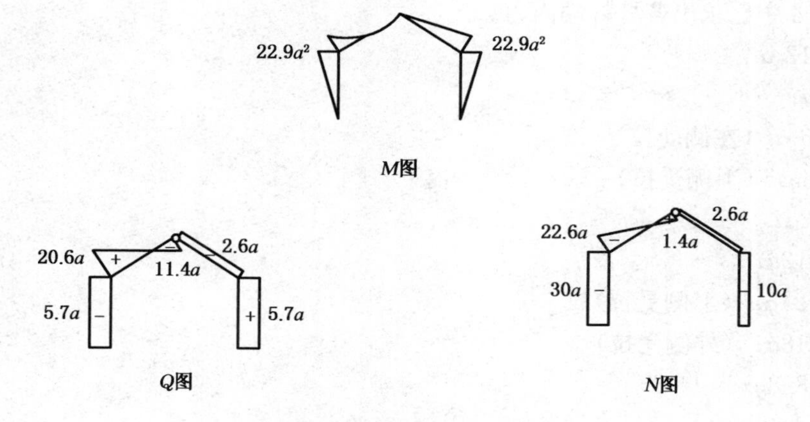

图 2-38　例 2-5 内力图

2.4 三铰拱

2.4.1 基本概念和类型

拱在我国建筑结构上的应用已有悠久的历史，如我国河北省建于隋代大业元年至十一年的赵州桥。目前在桥梁和房屋建筑工程中，拱式结构的应用也很广泛，主要应用于礼堂、体育馆和展览馆等大空间结构中。

拱的形式有无铰拱、两铰拱、带拉杆拱、三铰拱等，如图 2-39 所示。其中三铰拱是静定的，而两铰拱、无铰拱是超静定的。

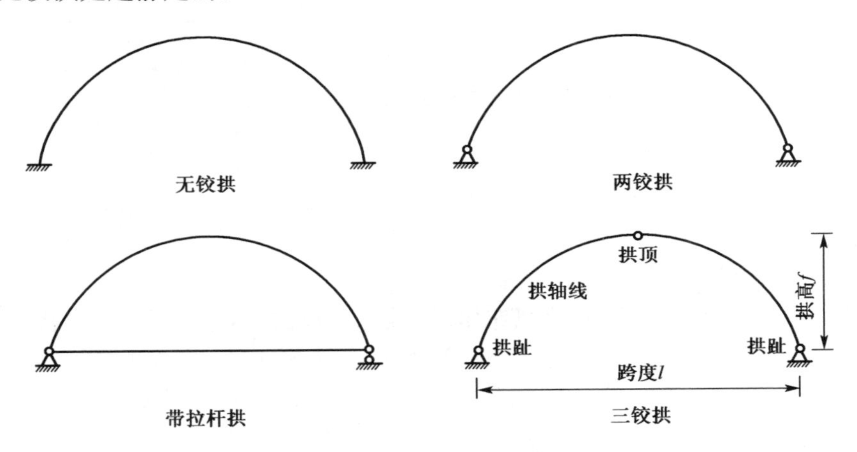

图 2-39 拱的形式

拱的各部分名称如图 2-39 所示。拱身各截面形心的连线称为拱轴线，拱结构的最高点称为拱顶，拱与支座的连接处称为拱趾或拱脚，两个拱趾之间的距离称为跨度，拱顶到两拱趾连线的竖向距离称为拱高或拱矢。

2.4.2 在竖向荷载作用下的支座反力计算

图 2-40(a)所示为竖向荷载作用下的三铰拱，图 2-40(b)所示为与图 2-40(a)拱具有相同跨度的简支梁，称为等代梁。

(1) 由拱的整体平衡和 $\sum M_B = 0, Y_A \cdot l - \sum_{i=1}^{n} P_i \cdot (l - a_i) = 0$，得

$$Y_A = \frac{\sum_{i=1}^{n} P_i \cdot (l - a_i)}{l} \tag{2-4}$$

由 $\sum M_A = 0, Y_B \cdot l - \sum_{i=1}^{n} P_i \cdot a_i = 0$，得

$$Y_B = \frac{\sum_{i=1}^{n} P_i \cdot a_i}{l} \tag{2-5}$$

由 $\sum X = 0$，得

$$X_A = X_B = H \tag{2-6}$$

取顶铰 C 以左的部分为研究对象，由 $\sum M_C = 0, Y_A \cdot l_1 - \sum_{i=1}^{2} P_i(l_1 - a_i) - Hf = 0$，得

$$H = \frac{V_A \cdot l_1 - \sum_{i=1}^{2} P_i(l_1 - a_i)}{f} \tag{2-7}$$

上式中的分子就是等代梁在截面 C 的弯矩 M_C^0，所以

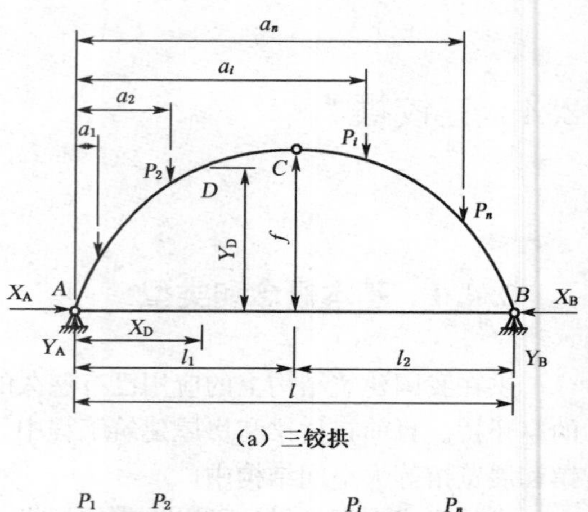

(a) 三铰拱

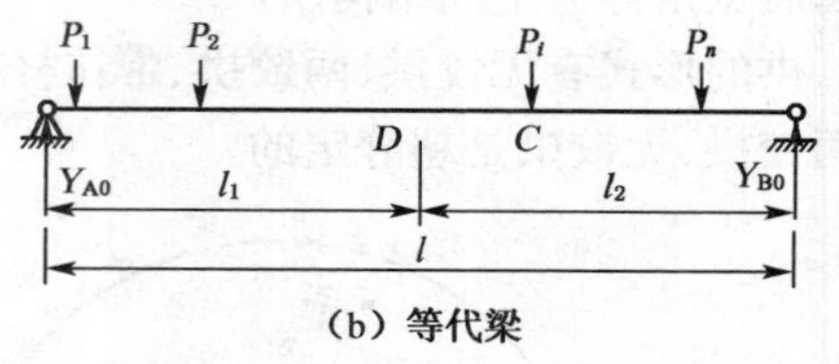

(b) 等代梁

图 2-40　三铰拱和等代梁示意图

$$H = \frac{M_C^0}{f} \tag{2-8}$$

式中：M_C^0——等代梁 C 截面的弯矩。

由式(2-8)可知，三铰拱在竖向荷载作用下，其水平反力(推力)与拱的形状无关，仅与三个铰的位置有关。若竖向荷载和拱趾位置不变，则随着拱矢 f 增大，水平推力减小。反之，拱矢 f 减小，水平推力增大。

(2) 由等代梁的整体平衡，可得

$$Y_A^0 = Y_A = \frac{\sum_{i=1}^{n} P_i \cdot (l - a_i)}{l} \tag{2-9}$$

$$Y_B^0 = Y_B = \frac{\sum_{i=1}^{n} P_i \cdot a_i}{l} \tag{2-10}$$

2.4.3　在竖向荷载作用下的内力计算

在求得支座反力后，可以求出拱轴上任一截面的内力。现以图 2-40 中任意截面 D 为例，导出内力计算公式。

取截面 D 以左部分为研究对象，受力图如图 2-41 所示。

(1) 弯矩的计算

弯矩符号规定以使拱内侧纤维受拉为正，反之为负。由

$$\sum M_D = 0$$

$$M_D = Y_A \cdot x_D - H \cdot y_D - P_1 \cdot (x_D - a_1) - P_2 \cdot (x_D - a_2)$$
$$= Y_A^0 \cdot x_D - P_1 \cdot (x_D - a_1) - P_2 \cdot (x_D - a_2) - H \cdot y_D$$

即得 D 截面的弯矩

$$M_D = M_D^0 - H \cdot y_D \qquad (2\text{-}11)$$

式中:M_D^0——等代梁对应于 D 处截面的弯矩。

即拱内任一截面的弯矩 M_D 等于等代梁上对应 D 截面的弯矩 M_D^0 减去推力所引起的弯矩 $H \cdot y_D$。由此可见,由于推力的存在,拱的弯矩比等代梁(相应的简支梁)的弯矩要小。

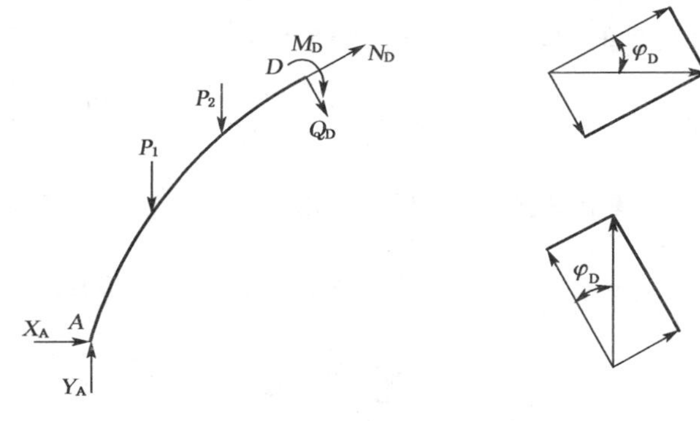

图 2-41　截面 D 以左部分受力分析图

(2) 剪力计算

剪力符号的规定是使截面两侧的脱离体有顺时针转动趋势的为正,反之为负。由

$$\sum Y = 0, Q_D = (Y_A - P_1 - P_2) \cdot \cos\varphi_D - H \cdot \sin\varphi_D$$

即得 D 截面的剪力

$$Q_D = Q_D^0 \cdot \cos\varphi_D - H \cdot \sin\varphi_D \qquad (2\text{-}12)$$

式中:Q_D^0——等代梁截面 D 的剪力,$Q_D^0 = (Y_A - P_1 - P_2)$。

(3) 轴力计算

轴力的正负号规定以压为正。由

$$\sum X = 0, N_D = (Y_A - P_1 - P_2) \cdot \sin\varphi_D + H \cdot \cos\varphi_D$$

即得 D 截面的轴力

$$N_D = Y_D^0 \cdot \sin\varphi_D + H \cdot \cos\varphi_D \qquad (2\text{-}13)$$

式(2-11)、式(2-12)及式(2-13)中的 φ_D 由轴线确定,φ_D 的符号在图示坐标系中左半拱为正,右半拱为负。

【例 2-7】 如图 2-42 所示拱轴方程为 $y = \frac{4f}{l^2}x(l-x)$,试求截面 D 的内力。

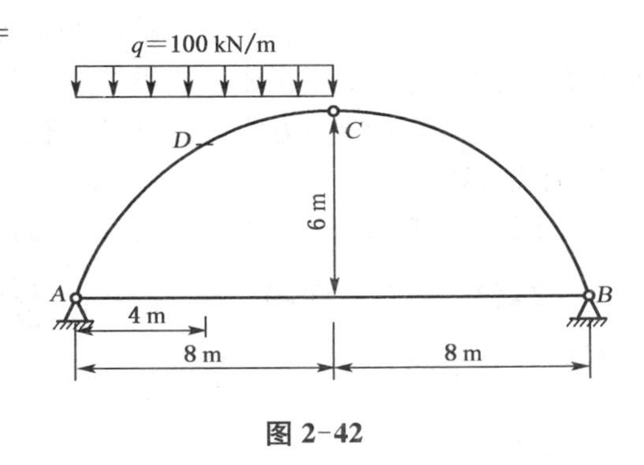

图 2-42

【解】 (1) 求支座反力。

取整体为研究对象,由

$\sum M_A = 0$,得　$Y_B = 200\ \text{kN}$

$\sum y = 0$,得　$V_A = 200\ \text{kN}$

取 BC 为研究对象,由

$\sum M_C = 0$,得 $\quad H = 800/3\ \text{kN}$

(2) 取 AD 为研究对象,受力图如图 2-43 所示。考虑静力平衡条件,由

$\sum M_D = 0$,得 $\quad M_D = V_A \cdot 4 - H \cdot 4.5 - 100 \times 4 \times 2 = 400\ \text{kN} \cdot \text{m}$ (内侧受拉)

$$\tan\varphi_D = y'\big|_{x=4} = \frac{3}{4}$$

建立如图 2-43 所示坐标系。

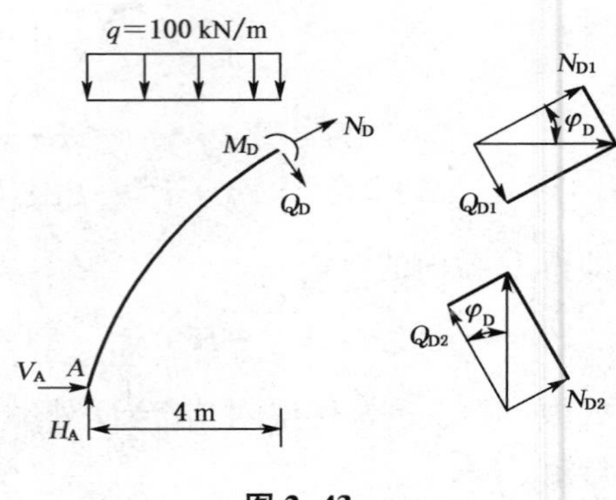

图 2-43

$$\sum X = 0, N_D = (600 - 400)\sin\varphi_D + \frac{800}{3}\cos\varphi_D = 333.33(\text{压力})$$

$$\sum Y = 0, Q_D = (600 - 400)\cos\varphi_D - \frac{800}{3}\sin\varphi_D = 0$$

2.4.4 合理拱轴线

拱在荷载作用下,各截面上会产生三个内力分量,截面处于偏心受压状态,应力分布不均匀。如果能选取一根合适的拱轴线,使得在荷载作用下,拱上各截面的弯矩均为零,则拱仅仅受到轴力的作用。此时,各截面都处于均匀受压状态,因而材料能得到充分的利用,相应的拱截面尺寸是最小的。从理论上说,设计成这样的拱是最经济的,故称这样的拱轴为合理拱轴。

对于在竖向荷载作用下的三铰拱,可以利用前面的结论求出合理拱轴,由任一截面的弯矩为

$$M_D = M_D^0 - H \cdot y_D$$

根据合理拱轴的定义,各截面上的弯矩为零,即

$$M = M^0 - H \cdot y = 0$$

解得

$$y = \frac{M^0}{H} \tag{2-14}$$

由式(2-14)可知,合理拱轴的竖向距离 y 与相应的等代梁的弯矩成正比。当拱上的荷载已知时,只要求出等代梁的弯矩方程,就可以得到三铰拱的合理拱轴线方程。

【例 2-8】 求图 2-44 所示三铰拱的合理拱轴。

【解】 由对称性,$Y_A = Y_B = \int_0^{2l} \frac{qx}{2l}\mathrm{d}x = ql$

取左半部分为研究对象,由

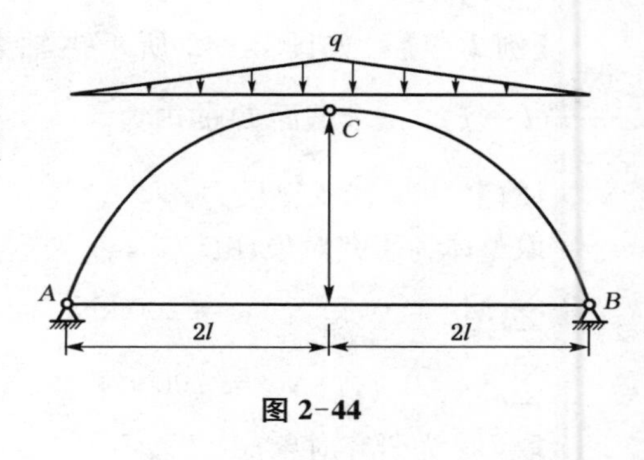

图 2-44

$$\sum M_C=0,\ Y_A\times 2l-H\times l-\int_0^{2l}\frac{qx}{2l}\mathrm{d}x(2l-x)=0,得\ H=\frac{4ql}{3}$$

由式(2-14)得到合理拱轴方程

$$y=\frac{M(x)}{H}=\frac{qlx-\dfrac{qx^3}{12l}}{\dfrac{4ql}{3}}=\frac{3x}{4}-\frac{x^3}{16l^2}$$

2.5 静定平面桁架

2.5.1 桁架的基本概念与分类

桁架结构指由许多细长杆件通过铰连接而成的空腹形式的结构，它广泛应用于桥梁、建筑工程和机械工程。图 2-45 所示为工程中所用的桁架的计算简图。

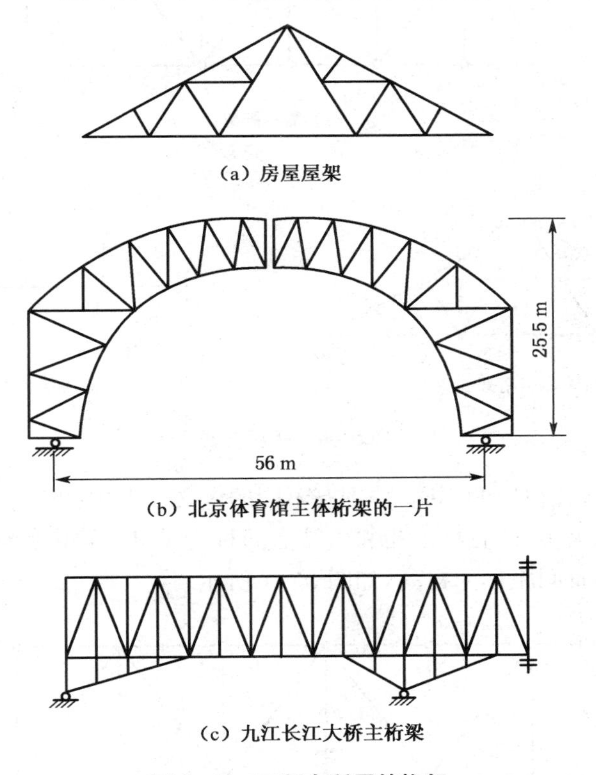

(a) 房屋屋架

(b) 北京体育馆主体桁架的一片

(c) 九江长江大桥主桁梁

图 2-45 工程中所用的桁架

实际的桁架各杆之间的连接以及所使用的材料多种多样，比如有榫接、螺栓或焊接，它们的实际受力是很复杂的，要对它们进行精确计算很困难。但由于桁架一般都是由比较长细的杆件组成，而且承受的荷载大多数通过其他构件传到结点上，这就使得桁架结点的刚性对于杆件内力的影响大大减小，接近于铰的作用。杆件在荷载作用下，主要承受轴向力，弯矩和剪力很小，可以忽略。所以在实际工作中，为简化计算，通常对桁架作如下假设：

（1）各结点是光滑无摩擦的铰结点连接。

（2）各杆轴均为直线，在同一平面内且通过铰的几何中心。

（3）荷载作用在结点上，并且都在桁架平面内。

符合上述假设条件的桁架称为理想桁架。桁架中每根杆仅在两端铰接，这样的杆称为链杆或二力杆。由于杆件只受到轴力作用，其横截面上只产生均匀分布的正应力，这样可以使材料充分发挥作用。所以，相对梁来讲，桁架的自重较轻，适用于大跨度结构。

根据桁架的几何构造特点，桁架可以分为三种。

（1）简单桁架：由铰接三角形出发，依此增加二元体，最后与基础连接，如图 2-46(a)所示。

（2）联合桁架：由简单桁架，按两刚片或三刚片法则连接，最后与基础连接，如图 2-46(b)所示。

（3）复杂桁架：不属于以上两类，无法用两刚片或三刚片法则分析的桁架，如图 2-46(c)所示。

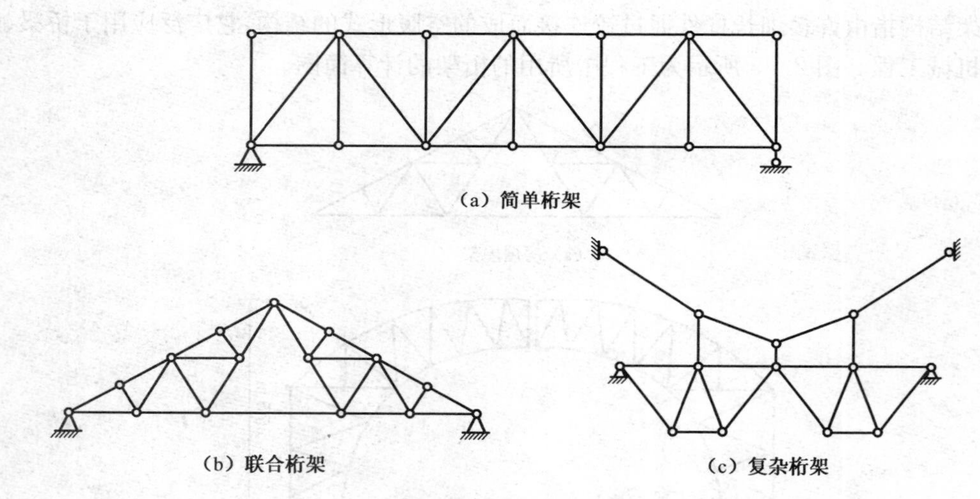

图 2-46　桁架分类

桁架的杆件根据所在位置的不同，分别有不同的定义。上边各杆称为上弦杆，下边各杆称为下弦杆，中间各杆称为腹杆，弦杆上相邻两结点间称为节间，间距称为节间长度。两支座的水平间距称为跨度，垂直间距称为桁高，如图 2-47 所示。

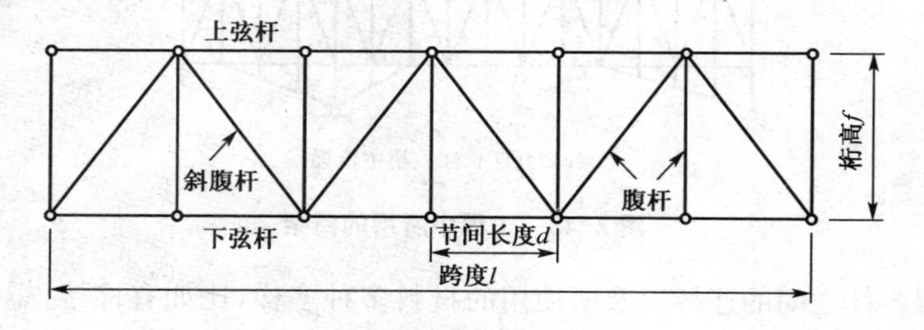

图 2-47　桁架的组成

2.5.2 结点法

为了求得桁架各杆的内力，截取桁架中的一个结点作为研究对象，利用平衡条件解出杆的内力，这种方法叫结点法。

原则上，只要截取的结点有不多于两个未知力，均可用结点法。但由于结点有两个自由度，仅能建立两个平衡方程，所以结点法一般应用于简单桁架，且按与简单桁架增加二元体的反向截取结点，可保证每个结点仅有两个未知力。

在建立平衡方程时，通常把杆轴力分解为水平分力 N_x 和竖向分力 N_y。在图 2-48 中，力三角形和几何三角形具有相似关系，由相似定理，可以得到

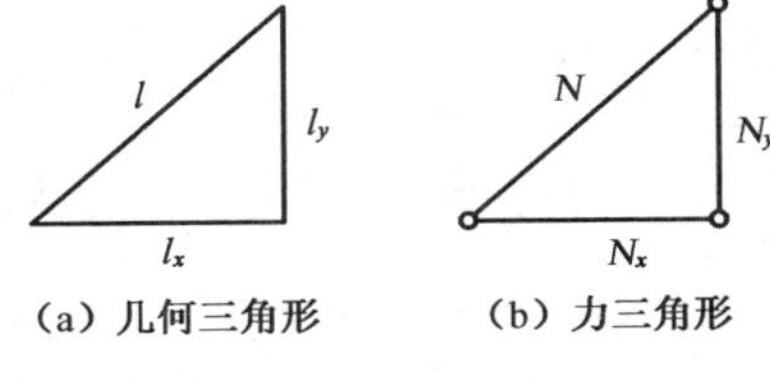

图 2-48 几何三角形及力三角形

$$\frac{N}{l}=\frac{N_y}{l_y}=\frac{N_x}{l_x}$$

在同一结点的所有内力为未知的各杆中，除某一杆外，其余各杆都共线，则该杆称为此结点的单杆。关于结点单杆这类特殊杆件，有下面几种情况：

(1) 连接两根不共线杆的结点，若该结点上无荷载作用，则此两杆的轴力为零(二元体上无结点荷载，该两杆不受力)，如图 2-49(a)所示。

(2) 连接两根不共线杆的结点，结点上有荷载但与一根杆共线，则另一杆为零杆。如图 2-49(b)所示。

(3) 连接三根杆的结点上无荷载，且其中两根杆共线，则另一杆必为零轴力杆。如图 2-49(c)所示。

(4) X 形连接杆件的受力特点，如图 2-49(d)所示。

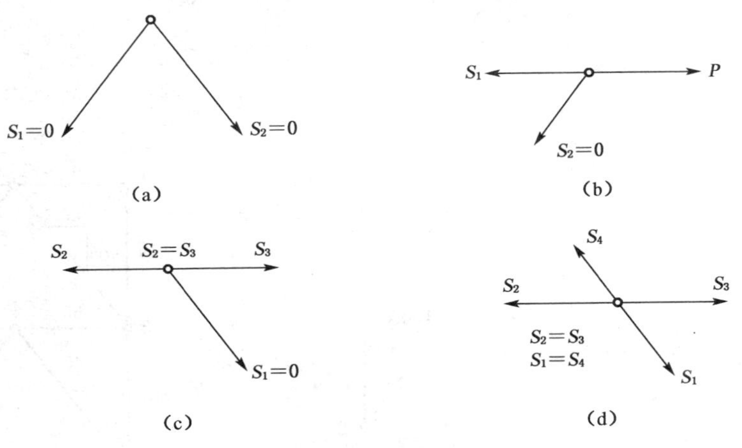

图 2-49 特殊杆件

【例 2-9】 计算图 2-50 中桁架各杆内力。

【解】 (1) 求支座反力，$X_1=80$ kN(向右)，$Y_2=-40$ kN(向下)，$Y_1=120$ kN(向上)。

(2) 利用特殊杆件结论，先找零杆，有 $N_{67}=0$，$N_{63}=0$。

(3) 取结点 8 为研究对象,画出受力图,如图 2-51(a)所示。其中未知轴力均表示为正方向。

由 $\sum X = 0, N_{87} + 40 = 0$,得 $N_{87} = -40\ \text{kN}$

$\sum Y = 0$,得 $N_{85} = 0$

(4) 再取结点 7 为研究对象,画出受力图,如图 2-51(b)所示。由

$\sum X = 0, N_{73x} + 40 = N_{75x}$

$\sum Y = 0, N_{73y} + N_{75y} + 80 = 0$

由于 $\dfrac{N_{73x}}{N_{73y}} = \dfrac{N_{75x}}{N_{75y}} = \dfrac{3}{4}$,联立上述两式得

$N_{73x} = -50\ \text{kN}, N_{75x} = -10\ \text{kN}$

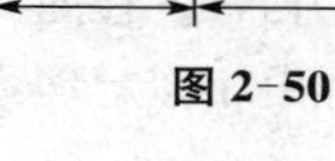

图 2-50

(5) 再取结点 3 为研究对象,画出受力图,如图 2-51(c)所示。由

$\sum X = 0, N_{34} = N_{37x} = 50\ \text{kN}$

$\sum Y = 0, N_{31} = -N_{37y} = -\dfrac{200}{3}\ \text{kN}$

(6) 再取结点 5 为研究对象,画出受力图,如图 2-51(d)所示。由

$\sum X = 0, N_{54} = -30\ \text{kN}$

$\sum Y = 0, N_{52} = -\dfrac{40}{3}\ \text{kN}$

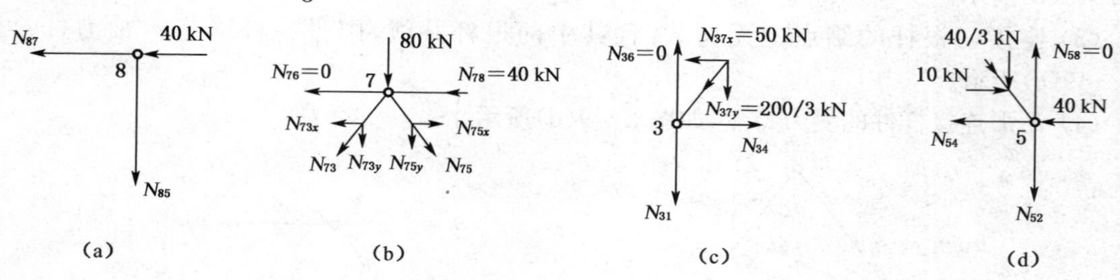

(a) (b) (c) (d)

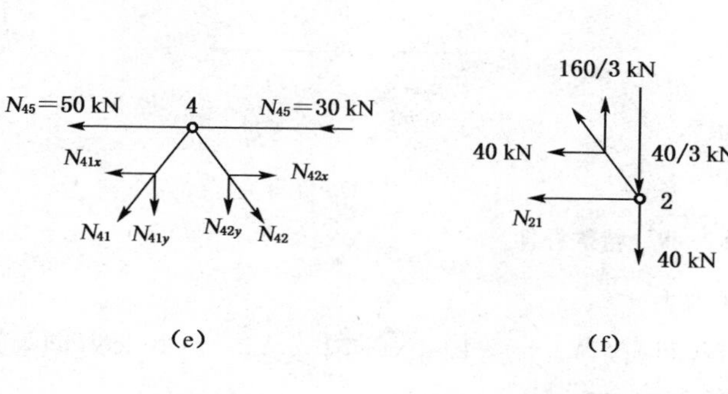

(e) (f)

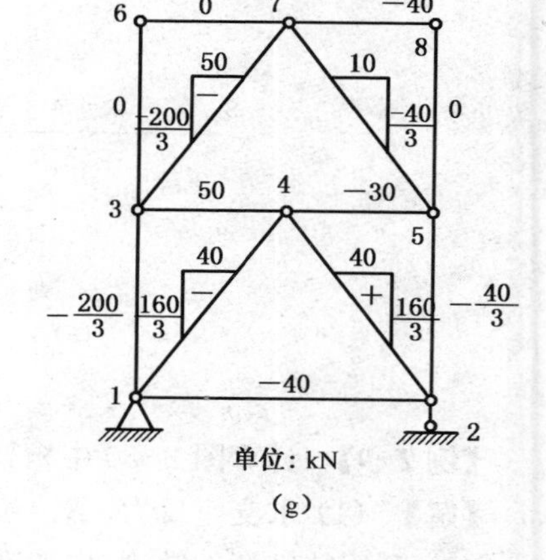

(g)

图 2-51

(7) 再取结点 4 为研究对象,画出受力图,如图 2-51(e)所示。由于结点 4 为一 K 形结点,所以有 $N_{41}=-N_{42}$,由

$\sum X=0, N_{41x}=-N_{42y}=-40\ \text{kN}$

(8) 再取结点 2 为研究对象,画出受力图,如图 2-51(f)所示。由

$\sum X=0, N_{21}=-40\ \text{kN}$

$\sum Y=0, -\frac{40}{3}+\frac{160}{3}-40=0$

校核无误。

(9) 作出轴力图,如图 2-51(g)所示。

2.5.3 截面法

在求桁架各杆的内力时,如果截取桁架中两个以上结点作为研究对象,利用平衡条件解出杆的内力,这种方法叫截面法。

由于截面法所取研究对象有三个自由度,所以能建立三个平衡方程,每次可以求取三个未知力。

截面法截得的各杆中,除某一根杆外,其余各杆都交于同一点或彼此平行,则此杆为截面单杆,如图 2-52(a)~(c)中的 a 杆。

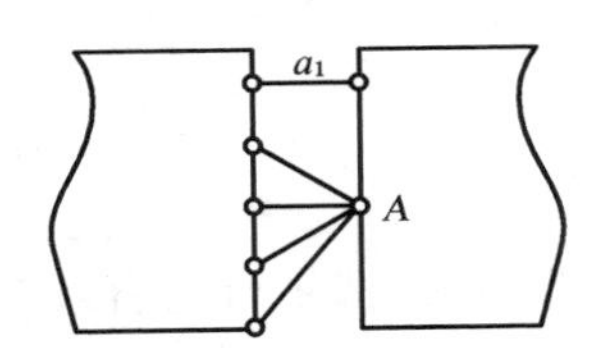

(a) 可以利用 $\sum M_A=0$,求 N_a

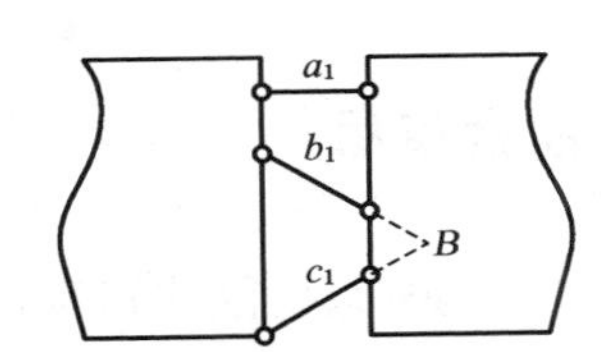

(b) 可以利用 $\sum M_B=0$,求 N_a

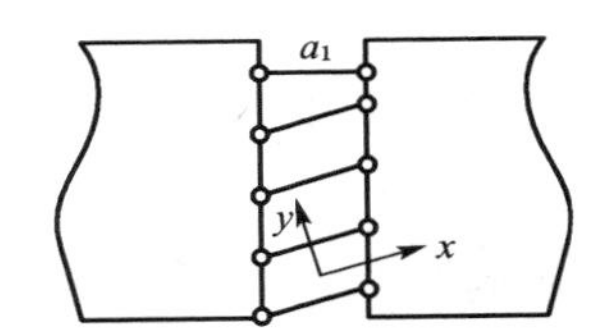

(c) 可以利用 $\sum Y=0$,求 N_a

图 2-52 截面单杆

【例 2-10】 求图 2-53 中指定杆 1、2 及 3 的轴力。

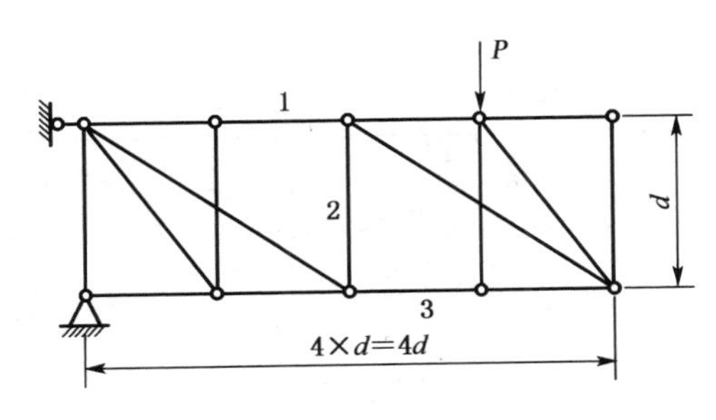

图 2-53

【解】 (1) 取Ⅰ-Ⅰ截面,取右半部分为研究对象,如图 2-54(b)所示。

由 $\sum M_A=0, N_1\cdot d=P\cdot d$ 得 $N_1=P$(拉力)

(2) 取Ⅱ-Ⅱ截面,取右半部分为研究对象,如图 2-54(c)所示。

由 $\sum Y = 0$，得 $N_2 = -P$（压力）

$\sum M_B = 0, N_3 \cdot d + P \cdot d = 0$　得　$N_3 = -P$(压力)

经校核无误。

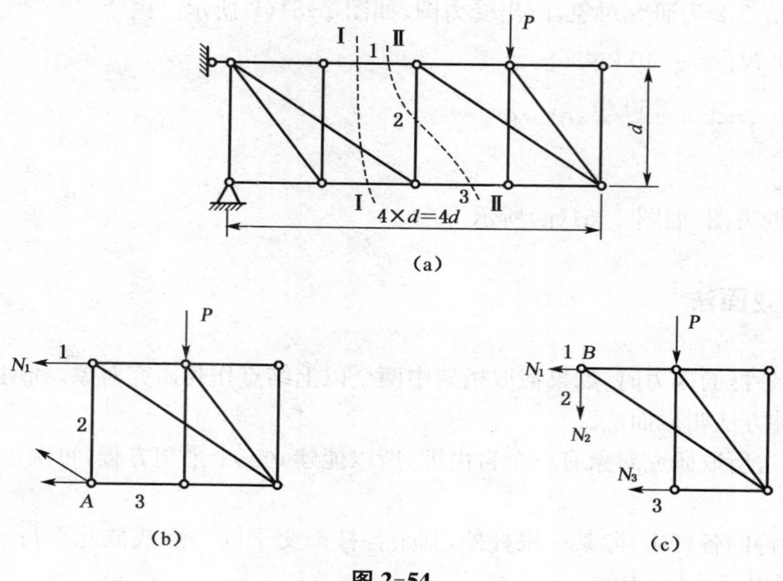

图 2-54

2.5.4　结点法和截面法的联合应用

在求解桁架时，不必拘泥于哪一种方法，只要能快速求出杆件的轴力，就是行之有效的方法。所以，有时联合应用结点法和截面法更为方便。

在联合应用结点法和截面法求解桁架时，只要能简单、快捷求出内力，二者不必分先后。在取隔离体时，应尽量避免求解联立方程和未知力臂。

【例 2-11】 求图 2-55 中指定杆 1、2 和 3 的轴力。

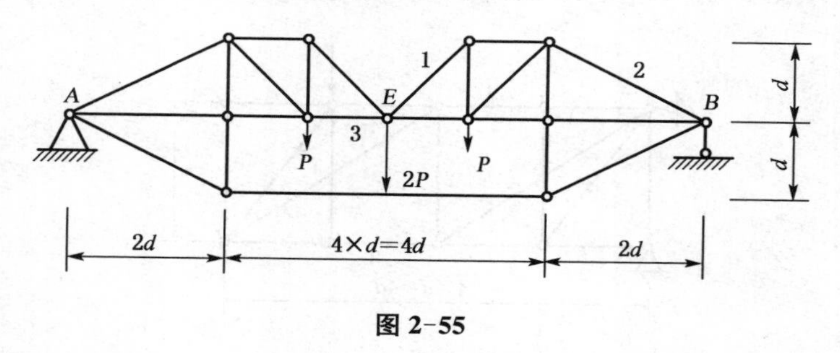

图 2-55

【解】 (1) 几何构造分析。

(2) 以整体为研究对象，求支反力，由对称性

$$Y_A = Y_B = 2P, X_A = 0$$

(3) 由于结点 E 为 K 结点，两根斜杆轴力相同。取结点 E 为研究对象，受力图如

图 2-56(a)所示。

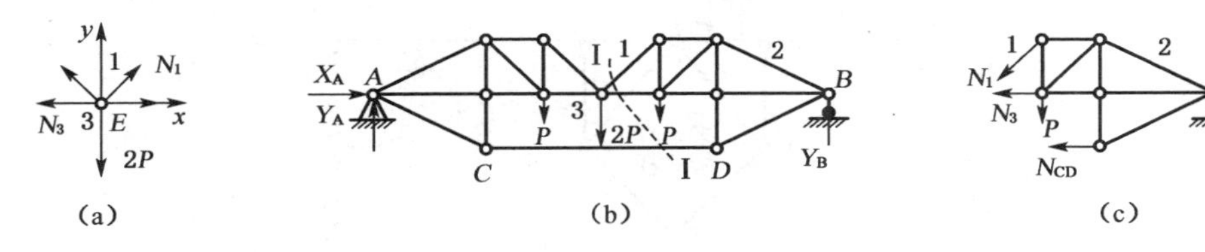

图 2-56 结点 *E* 受力图

由 $\sum Y = 0, 2N_{1y} = 2P$，得 $N_{1x} = P$

由相似关系可得 $N_1 = \sqrt{2}P$(拉力)，$N_{1x} = P$

(4) 取Ⅰ-Ⅰ截面，取右半部分为研究对象，受力图如图 2-56(c)所示。

由 $\sum M_E = 0$，得 $N_{CD} = 7P$ (拉力)

$\sum X = 0, N_{1x} + N_3 + N_{CD} = 0$，得 $N_3 = -8P$ (压力)

(5) 取Ⅱ-Ⅱ截面，取右半部分为研究对象，受力图如图 2-57(b)所示。

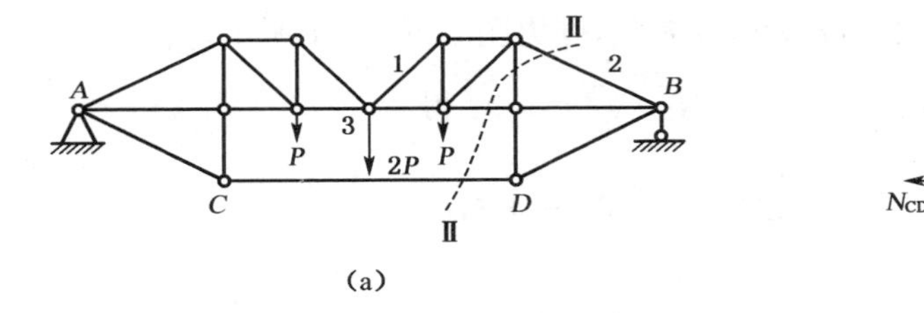

图 2-57 Ⅱ-Ⅱ截面受力图

由 $\sum M_F = 0, N_{2y} \cdot 2d + 2P \cdot 2d = N_{CD} \cdot d$ 得 $N_{2y} = 3P/2$

由相似关系，$N_2 = \dfrac{3\sqrt{5}}{2}P$ (拉力)

经校核无误。

2.6 组合结构

组合结构的特点及计算过程如下：

(1) 由链杆及梁式杆构成，如图 2-58 所示。

(2) 先计算链杆的轴力，后计算梁式杆的内力。

(3) 截面法时，避免截断梁式杆(受弯杆)。

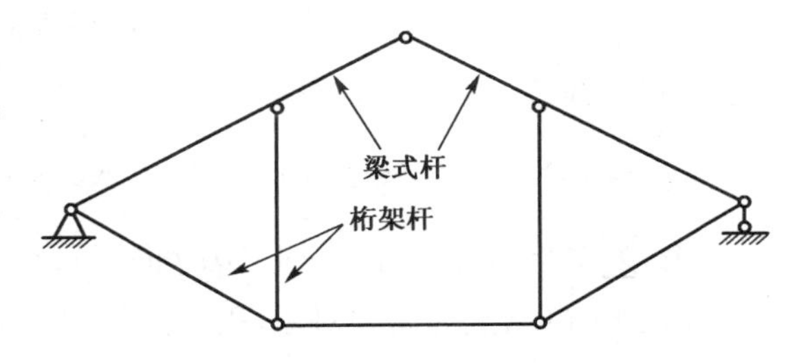

图 2-58 组合结构示例

【例 2-12】 作图 2-59 所示结构内力图。

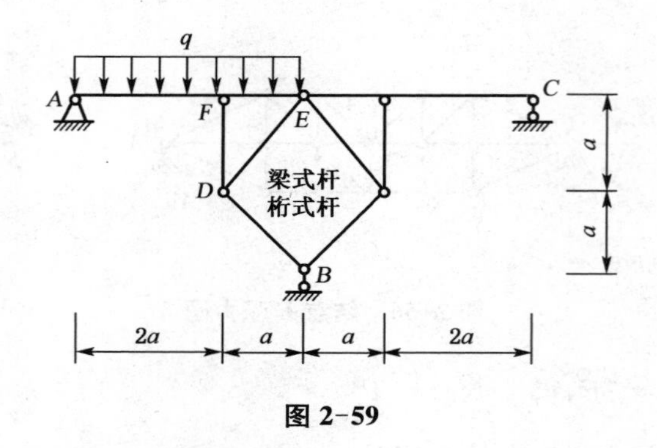

图 2-59

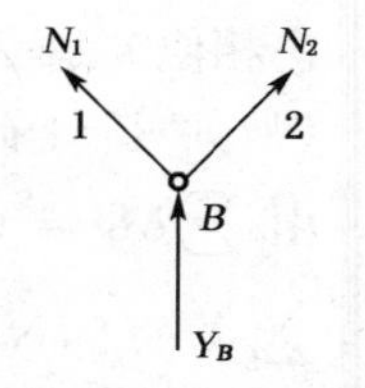

图 2-60　B 点受力图

【解】 (1) 取结点 B 为研究对象，受力图如图 2-60 所示。

由 $\sum X=0$，得　$N_1=N_2$

由 $\sum Y=0$，得　$Y_B+2N_{1y}=0$，即

$$Y_B+\sqrt{2}N_1=0 \qquad (1)$$

(2) 取Ⅰ-Ⅰ截面，取左半部分为研究对象，受力图如图 2-61 所示，由

$\sum M_C=0, Y_A\cdot 3a-\frac{1}{2}q\,(3a)^2-N_1\cdot\sqrt{2}a=0$，得

$$3Y_A-\sqrt{2}N_1=4.5qa \qquad (2)$$

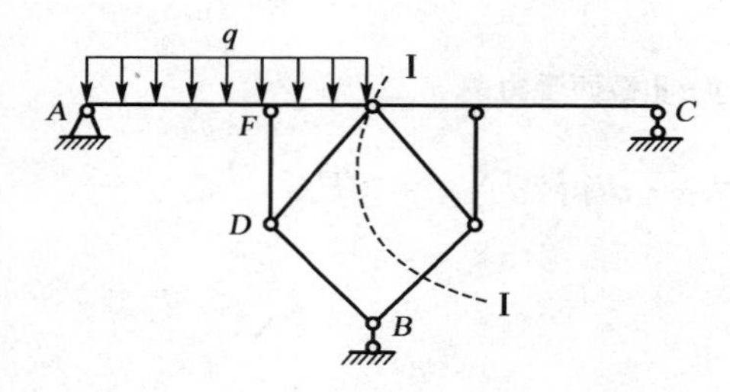

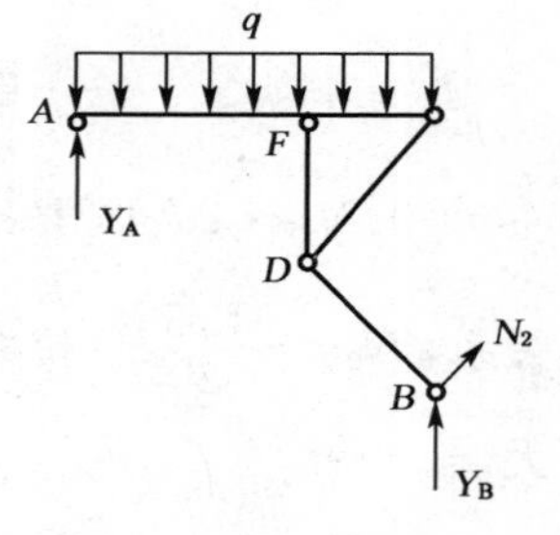

图 2-61　Ⅰ-Ⅰ截面受力图

(3) 取整体为研究对象

由 $\sum M_C=0, Y_A\cdot 6a+Y_B\cdot 3a-3qa\cdot 4.5a=0$，即

$$2Y_A+Y_B=4.5qa \qquad (3)$$

联立式(1)、(2)、(3)，解得

$Y_A=0, Y_B=4.5qa$（向上），$N_1=N_2=-\frac{9\sqrt{2}}{4}qa$（压力）

由 $\sum Y=0$，得 $Y_D=-1.5qa$（向下）

(4) 取 D 结点为研究对象，受力图如图 2-62 所示，由

$N_{DF}=-4.5qa$（压力），$N_{DE}=\frac{9\sqrt{2}}{4}qa$（拉力）

经校核无误。

(5) 作出内力图，如图 2-63 所示。

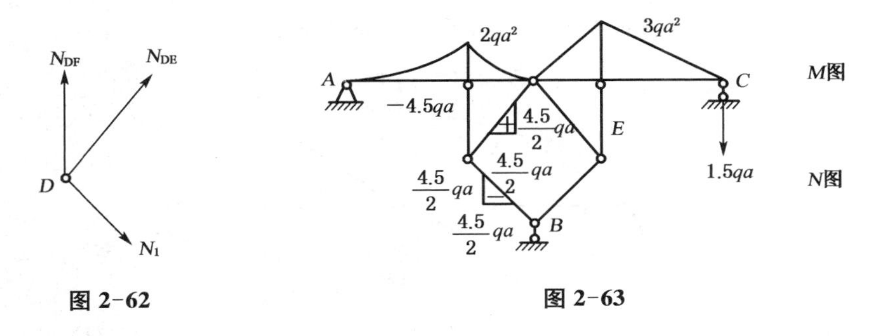

图 2-62　　　　图 2-63

2.7　静定结构受力特性

静定结构和超静定结构都是几何不变体系，由于静定结构是无多余约束的，所以静定结构的内力可以完全由静力平衡条件确定。得到的解答是唯一的。

由此可知静定结构的基本静力特性就是满足平衡条件的内力解答的唯一性，其受力特性，都是在此基础上派生出来的。

(1) 静定结构的反力和内力与结构所用材料的性质、截面的大小和形状都没有关系。

(2) 温度改变、支座移动和制造误差等因素在静定结构中不引起内力。

例如在图 2-64(a)中，简支梁由于支座 B 下沉只会引起刚体位移(如虚线所示)，而在梁内并不引起内力；图 2-64(b)中，设三铰拱的杆 BC 因施工误差稍有缩短，拼装后结构形状略有改变(如虚线所示)，但三铰拱内不会产生内力；图 2-64(c)中，悬臂梁上下侧存在温差，由于其可以自由地产生弯曲变形(如虚线所示)，所以梁内不会产生内力。这些结论都可以利用静力平衡条件证明，因为在结构上没有荷载作用，所以由平衡条件求得的支座反力为零，相应的内力也为零。

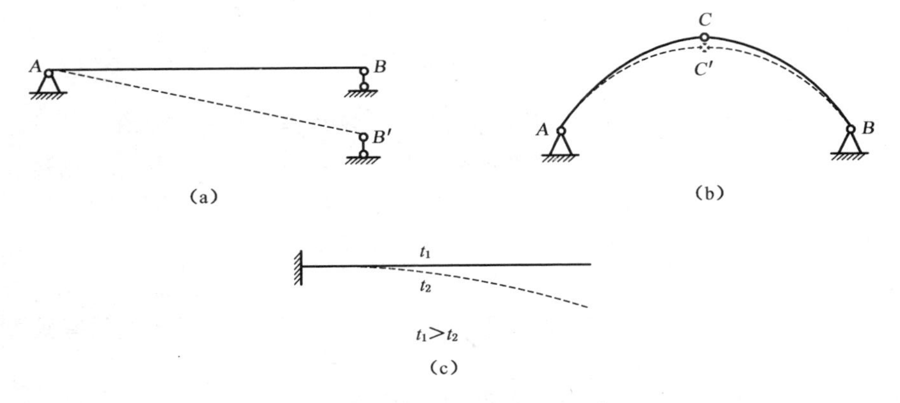

图 2-64　支座移动和温度改变

(3) 静定结构的局部平衡特性。

如果一组平衡力系作用在静定结构上某一几何不变部分，则只会使该部分产生内力外，其余部分不会产生内力。如图 2-65 所示，一对平衡力系作用在桁架的 AB 杆上，则其余部分的反力和内力均为零。可分别由平衡条件 $\sum X=0,\sum Y=0,\sum M_A=0$，得到 $X_A=Y_A=Y_B=0$，再由结点法可以得到除 AB 杆外，其余各杆均为零杆。

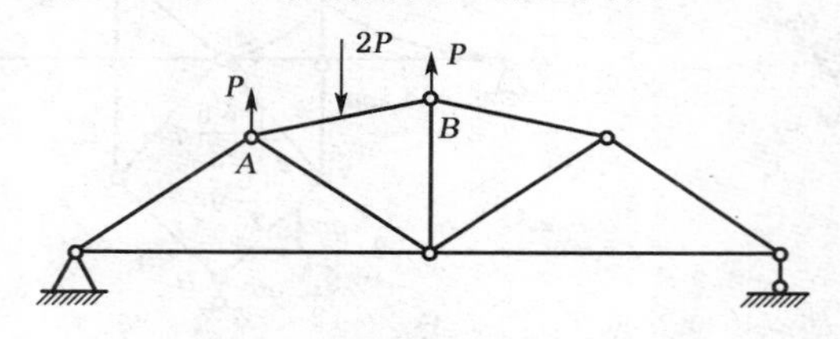

图 2-65　局部平衡特性

(4) 静定结构的荷载等效特性。

当静定结构一个内部几何不变部分上的荷载作等效变换时，其余部分的内力不变。这里，等效荷载是指荷载分布虽不同，但其合力彼此相等的荷载。

(5) 静定结构的构造变换特性。

当静定结构的一个内部几何不变部分作构造变换时，其余部分的内力不变。

习　题

一、判断题

(1) 在使用内力图特征绘制某受弯杆段的弯矩图时，必须先求出该杆段两端的端弯矩。 (　　)

(2) 区段叠加法仅适用于弯矩图的绘制，不适用于剪力图的绘制。 (　　)

(3) 多跨静定梁在附属部分受竖向荷载作用时，必会引起基本部分的内力。 (　　)

(4) 图 2-66 所示多跨静定梁中，CDE 和 EF 部分均为附属部分。 (　　)

图 2-66

(5) 三铰拱的水平推力不仅与三个铰的位置有关，还与拱轴线的形状有关。 (　　)

(6) 所谓合理拱轴线，是指在任意荷载作用下都能使拱处于无弯矩状态的轴线。 (　　)

(7) 改变荷载值的大小，三铰拱的合理拱轴线形状也将发生改变。 (　　)

(8) 利用结点法求解桁架结构时，可从任意结点开始。 (　　)

二、填空题

(1) 图 2-67 所示受集中荷载作用的多跨静定梁，其定向联系 C 所传递的弯矩 M_C 的大小为________；截面 B 的弯矩大小为________，________侧受拉。

(2) 图 2-68 所示风载作用下的悬臂刚架，其梁端弯矩 $M_{AB}=$________ kN·m，________侧受拉；左柱 B 截面弯矩 $M_B=$________ kN·m，________侧受拉。

(3) 图 2-69 所示三铰拱的水平推力 F_H 等于____________。

(4) 图 2-70 所示桁架中有________根零杆。

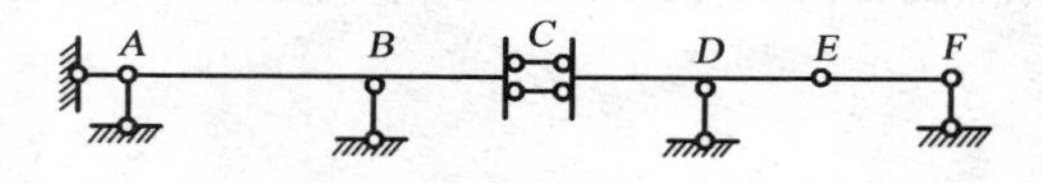

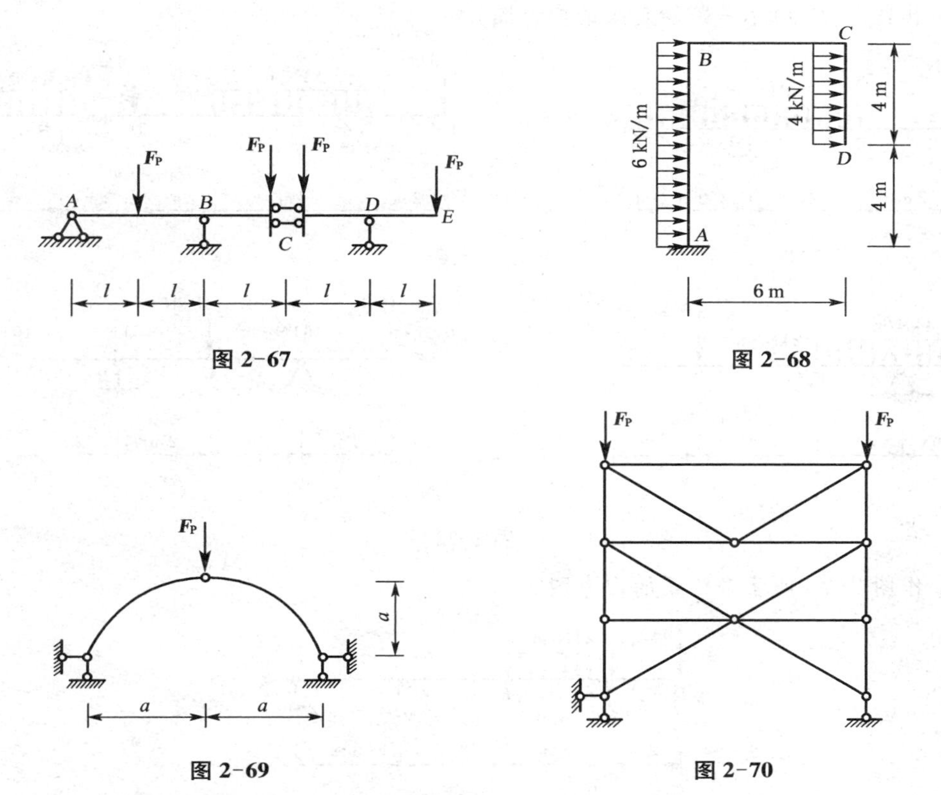

图 2-67

图 2-68

图 2-69

图 2-70

三、作图 2-71 所示单跨静定梁的 M 图和 F_Q 图。

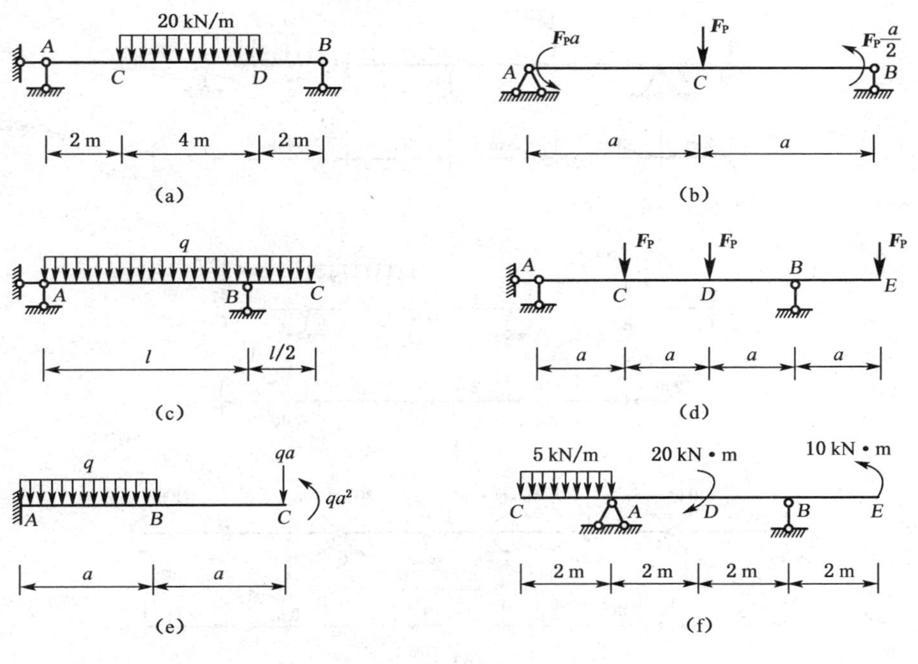

图 2-71

四、作图 2-72 所示单跨静定梁的内力图。

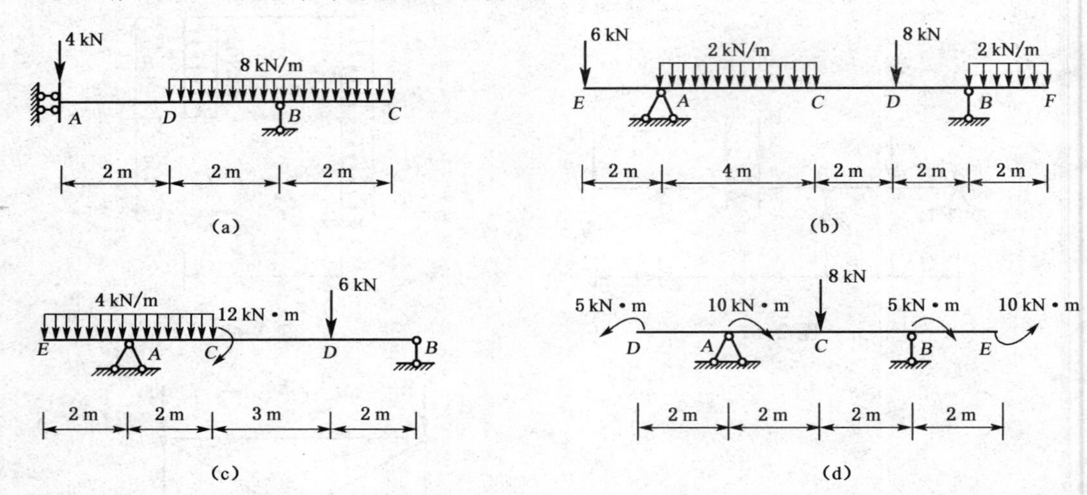

图 2-72

五、作图 2-73 所示多跨梁的内力图。

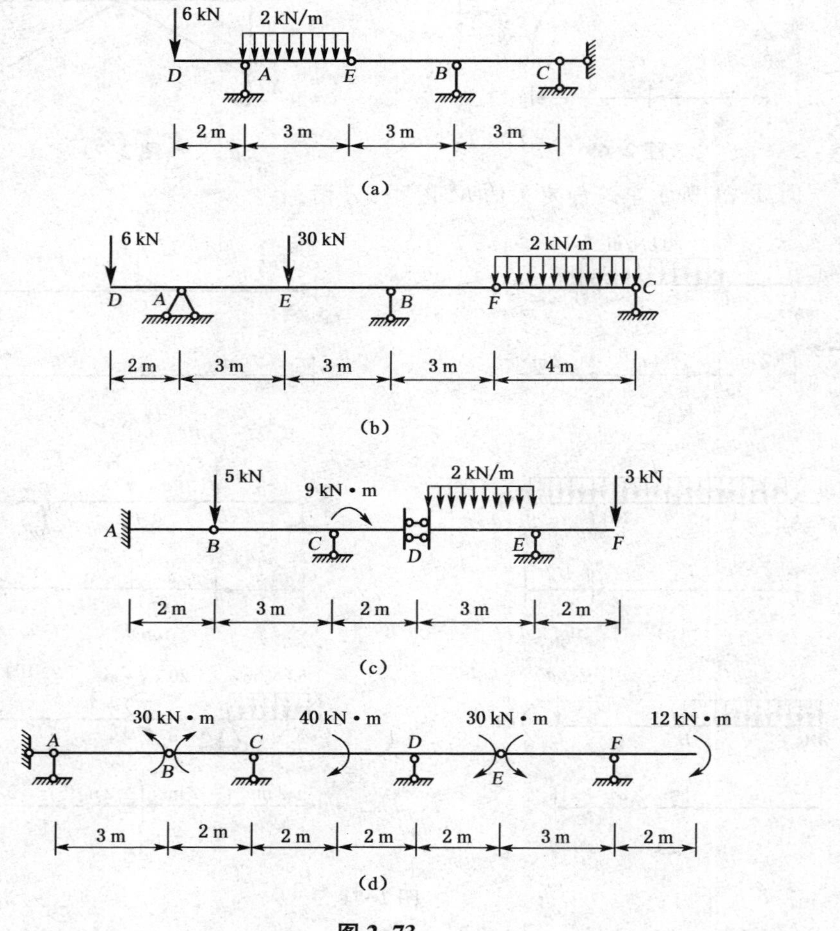

图 2-73

六、改正图 2-74 所示刚架的弯矩图中的错误部分。

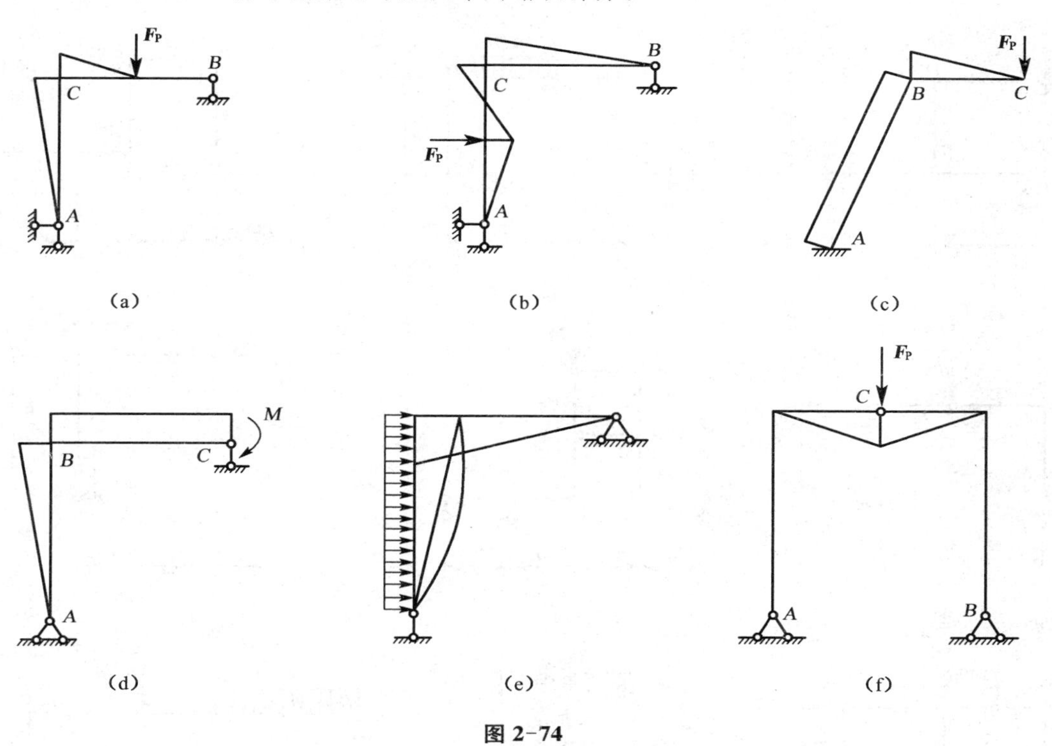

图 2-74

七、作图 2-75 所示刚架的内力图。

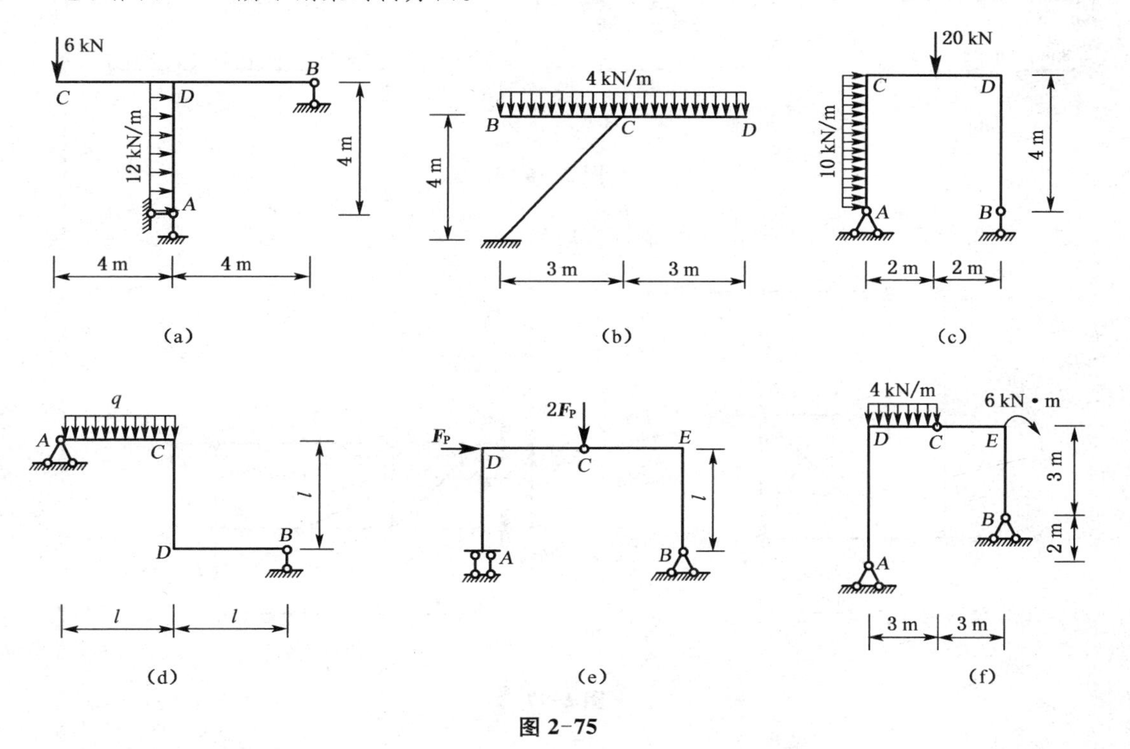

图 2-75

八、作图 2-76 所示刚架的弯矩图。

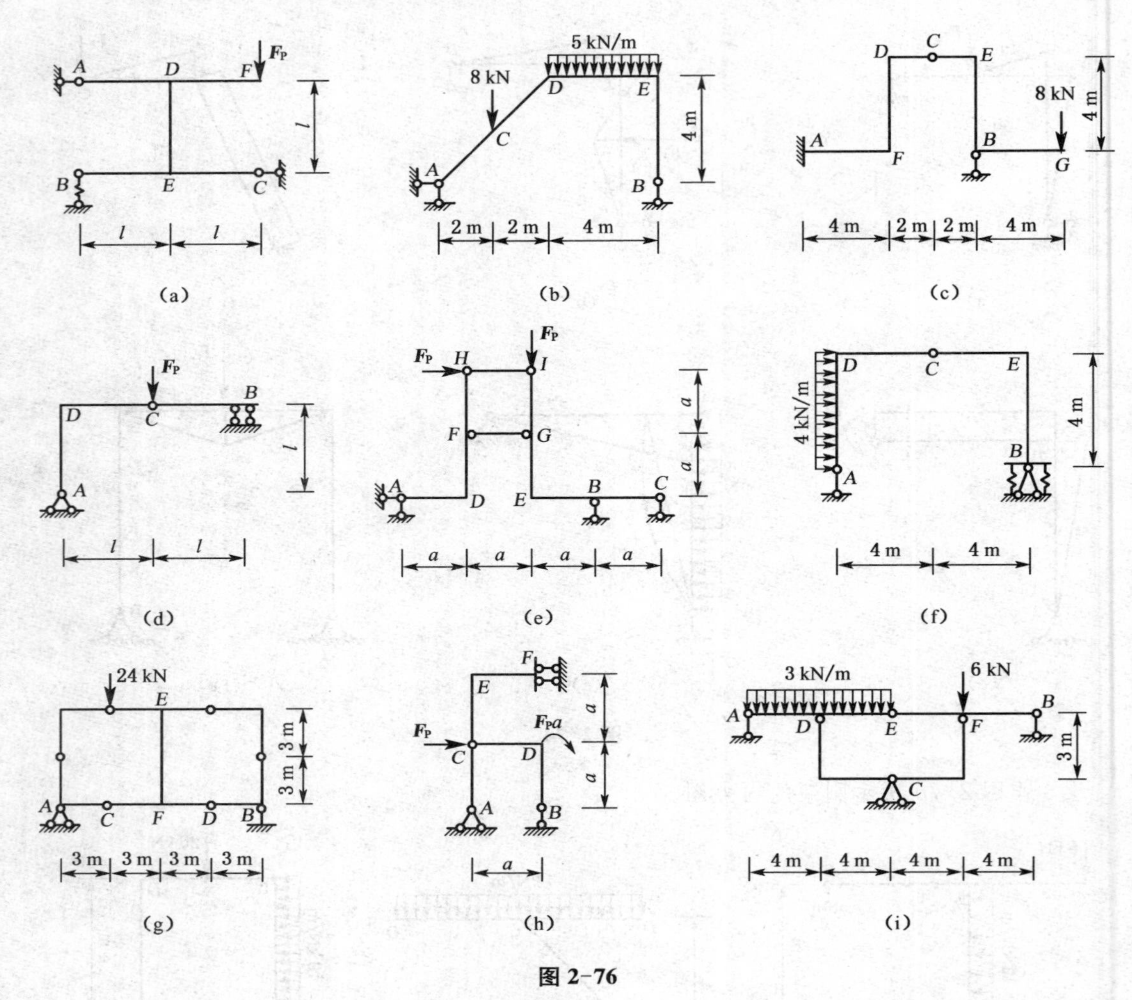

图 2-76

九、试用结点法求图 2-77 所示桁架杆件的轴力。

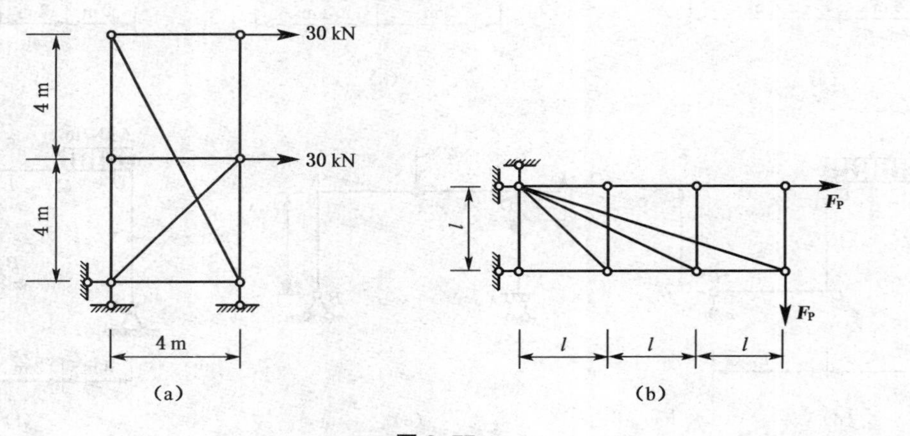

图 2-77

十、用截面法求解图 2-78 所示桁架指定杆件的轴力。

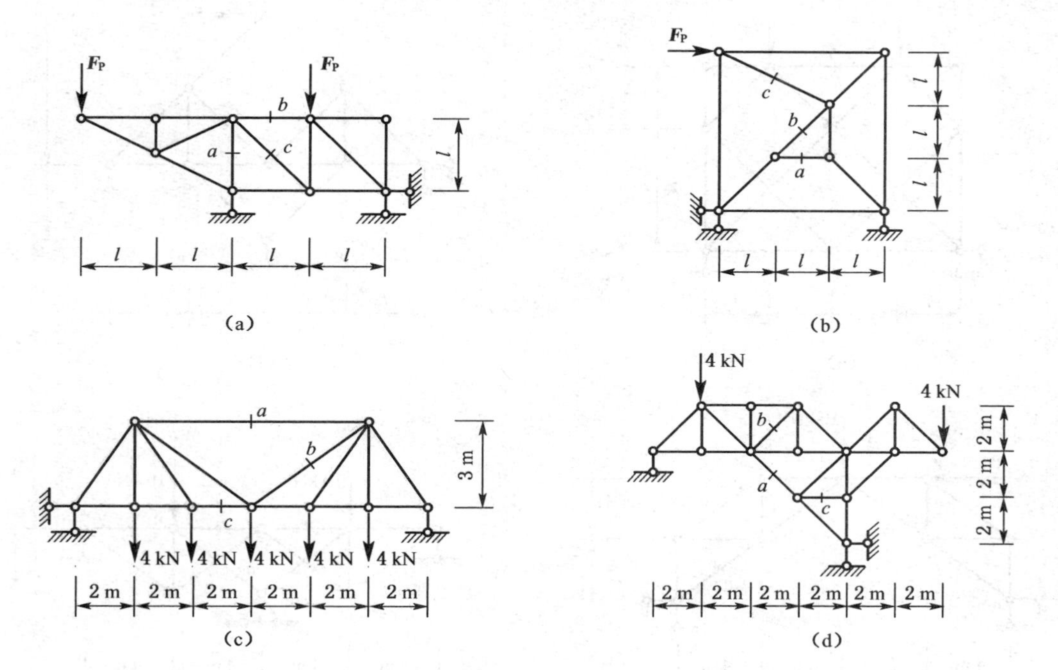

图 2-78

十一、选择适当方法求解图 2-79 所示桁架指定杆件的轴力。

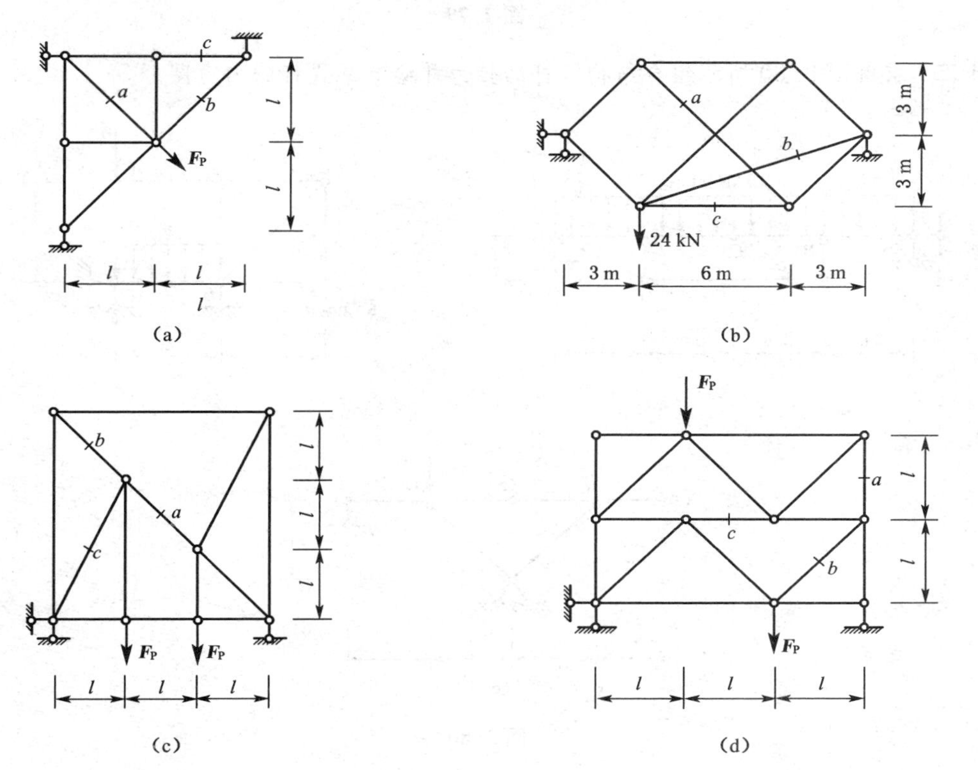

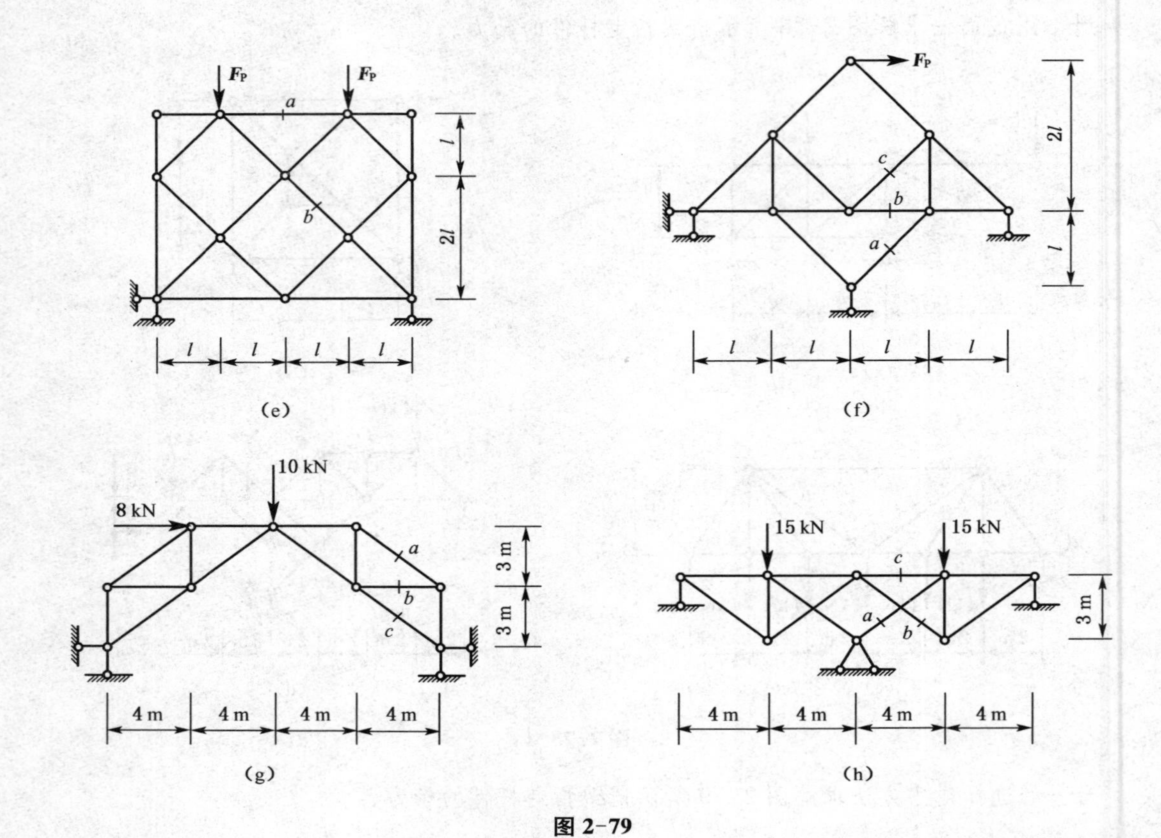

图 2-79

十二、求解图 2-80 所示组合结构链杆的轴力并绘制梁式杆的内力图。

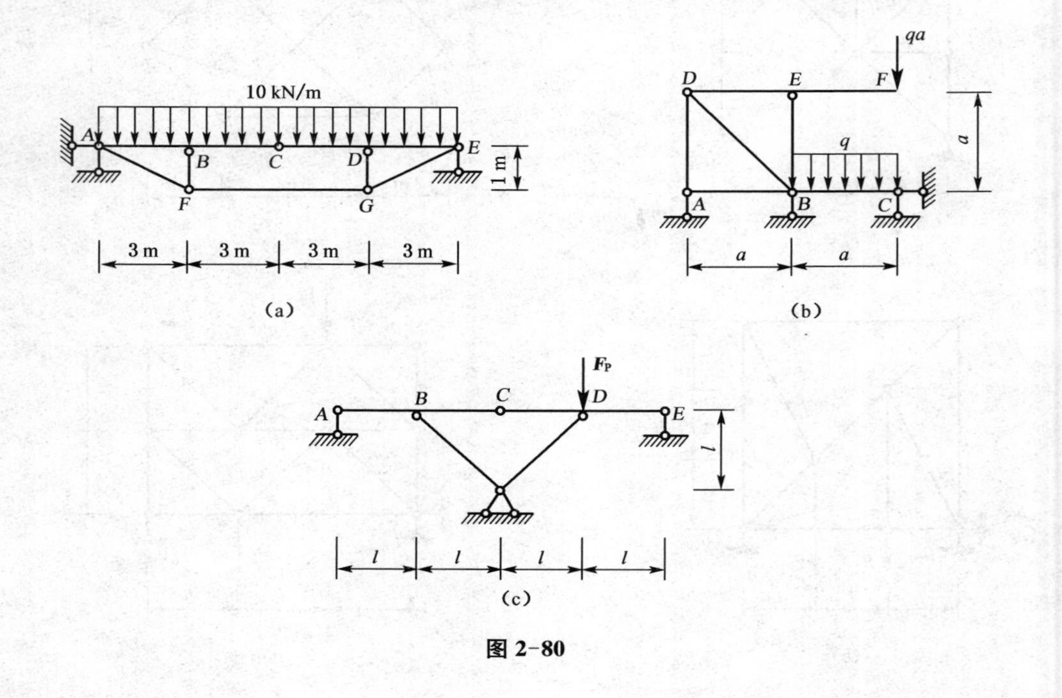

图 2-80

十三、求图 2-81 所示三铰拱支反力和指定截面 K 的内力。已知轴线方程 $y=\frac{4f}{l^2}x(l-x)$。

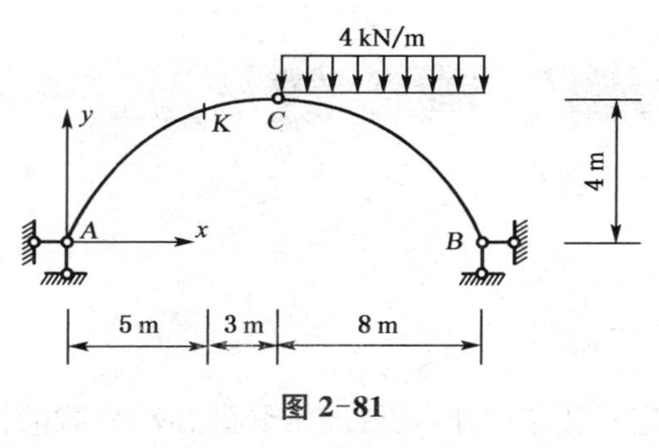

图 2-81

十四、求图 2-82(a)所示三铰拱支反力和图(b)中拉杆内力。

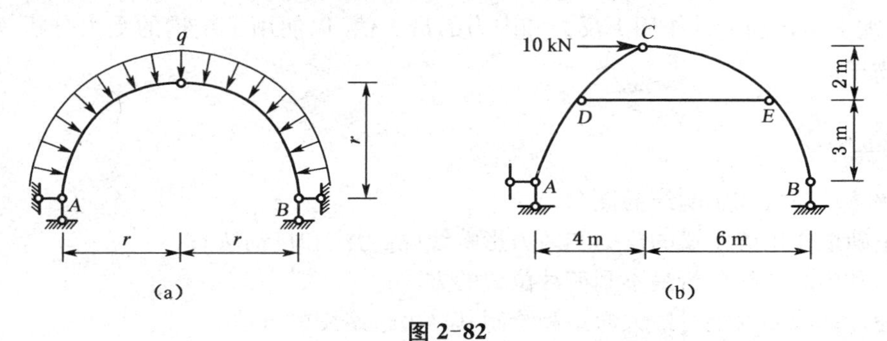

图 2-82

十五、求图 2-83 所示三铰拱的合理拱轴线方程,并绘出合理拱轴线图形。

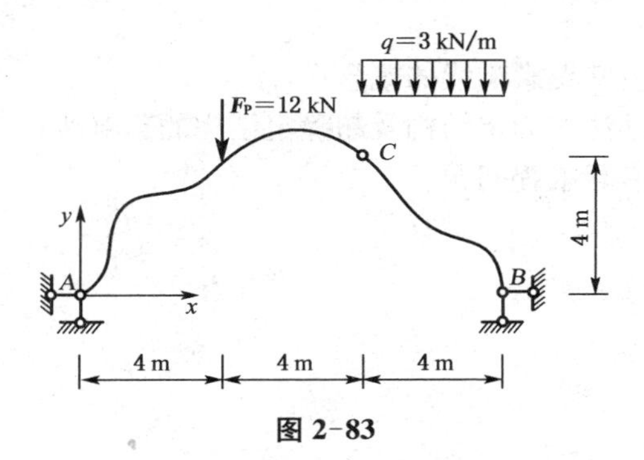

图 2-83

十六、试求图 2-84 所示带拉杆的半圆三铰拱截面 K 的内力。

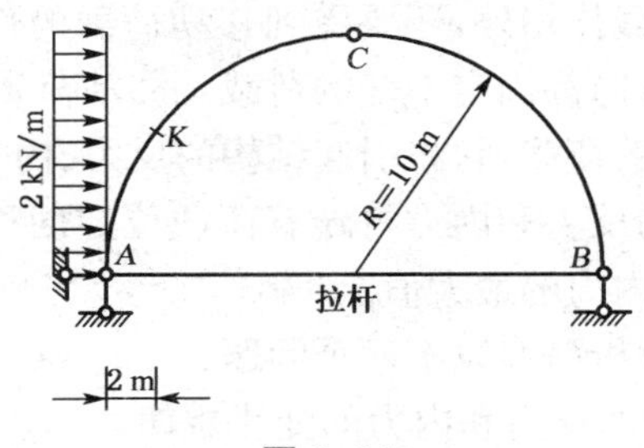

图 2-84

3 影 响 线

概 述

工程结构除了承受固定荷载作用外，还要经常受到移动荷载的作用，如建筑中的活载、路桥中的车载等。在移动荷载作用下，结构的反力和内力将随着荷载位置的移动而变化，在结构设计中，必须求出移动荷载作用下反力和内力的最大值，以便用于结构的受力分析，确保结构在实际使用中的安全性。

知识目标

- 理解移动荷载和影响线的概念；
- 能正确地作出静定梁的反力和内力影响线(静力法和机动法)；
- 掌握利用影响线分析最不利荷载位置的方法；
- 掌握计算简支梁绝对最大弯矩和绘制其内力包络图的方法。

技能目标

- 通过具体案例让学生掌握影响线的概念；
- 能利用静力法和机动法作静定结构及超静定结构的影响线；
- 能利用影响线解决实际工程问题。

学时建议：5～6 学时

3.1 影响线的概念

工程结构除了承受固定荷载作用外，还要受到移动荷载的作用。固定荷载是指作用于结构上荷载的作用位置、大小和方向都固定不变的荷载。移动荷载是指作用在结构上的大小、方向不变而其作用位置发生变化的荷载，它将引起结构的反力、内力和位移发生变化。

在移动荷载作用下，结构的反力和内力将随着荷载位置的移动而变化，在结构设计中，必须求出移动荷载作用下反力和内力的最大值。

为了解决这个问题，需要分析研究以下两个问题：

(1) 结构在移动荷载，结构的反力和内力的变化规律。

(2) 结构在移动荷载作用下,使结构的反力和内力产生极值时,移动荷载的位置。这个位置称为该量值的最不利荷载位置。

为了解决这两个问题,常用的有两个方法。

方法一:逐一改变荷载的位置,计算出相应量值的大小,比较计算结果,便可确定该量值的极值。

由于工程中的移动荷载通常是由很多间距不变的竖向荷载所组成,其类型是多种多样的,不可能逐一加以研究,因此,该法计算工作量大,麻烦,且计算结果不够准确。

方法二:为了简化计算且具有普遍意义,先研究一个单位移动荷载 $F_P = 1$ 单独作用在结构上,研究某量值的变化规律。找出使该量值产生极值时单位移动荷载的作用位置,然后根据叠加原理,就可以顺利地解决各种移动荷载作用下某量值的计算问题和最不利荷载位置的确定问题。

3.1.1 影响线定义

为了直观、清晰地表达某量值的变化规律,把某量值随单位移动荷载的移动而变化的规律用图形表示出来,这种图形称为该量值的影响线。

如图 3-1,这样所得的图形就表示了 $F_P = 1$ 在梁上移动时反力 R_A 的变化规律,这一图形就称为反力 R_A 的影响线。

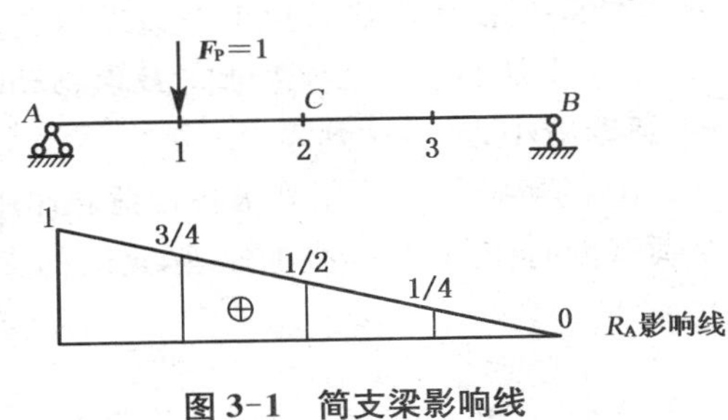

图 3-1 简支梁影响线

当一个指向不变的单位集中荷载沿结构移动时,表示某一指定量值变化规律的图形,称为该量值的影响线。某量值的影响线一经绘出,就可以利用它来确定最不利荷载位置,应用叠加法求出该量值的最大值。

影响线符号规定:单位移动荷载作用于结构上所产生的内力与固定荷载作用下产生的内力符号相同。

影响线的特点:

(1) 某量值的影响线是根据单位移动荷载作用在结构上而绘制出的。

(2) 某量值影响线只能表示该量值的变化规律,与其它处的各项物理量无关。即使在同一个截面上,若物理量不同,则其影响线的形状及表示的物理意义也不相同。

因此,说某量值的影响线必须指明它表示什么位置、什么物理量的影响线才有意义。

(3) 影响线纵横坐标的物理意义:横坐标表示单位移动荷载的位置;纵坐标表示某一指定量值在单位移动荷载作用处的大小。

(4) 弯矩影响线与弯矩图外观接近,但力学意义不同,应注意理解。

3.1.2 移动荷载作用下内力计算特点及方法

图 3-2(a)所示为一简支梁 AB,当单个竖向荷载 $F_P = 1$,在梁上移动时,现讨论支座反力 R_A 的变化规律。

取B点作坐标原点，用x表示荷载作用点的横坐标。如果x是常量，则F_P就是一个固定荷载。反之，如果把x看作变量，则F_P就成为移动荷载。

当荷载F_P在梁AB上任意位置时（即$0 \leqslant x \leqslant l$），利用平衡方程可求出$A$支座反力$R_A$：

$$R_A = \frac{x}{l} F_P \qquad (3\text{-}1(a))$$

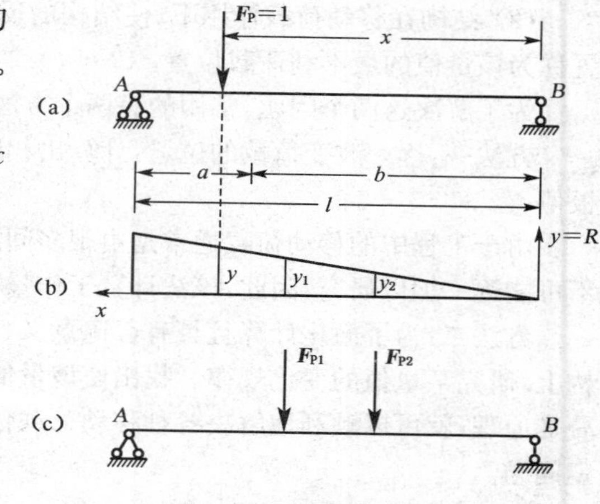

图 3-2　影响线的应用

R_A与F_P成正比，比例系数称$\frac{x}{l}$为R_A的影响系数，用$\overline{R}_A$表示。

$$\overline{R}_A = \frac{x}{l} \qquad (3\text{-}1(b))$$

显然，影响系数$\overline{R}_A$在数值上等于当$F_P = 1$时引起的支座反力R_A。

式(3-1(b))表示影响系数$\overline{R}_A$与荷载位置参数x之间的函数关系。这个函数的图形称为R_A的影响线。

图 3-2(b)中的影响线形象地表明支座反力R_A随荷载$F_P = 1$的移动而变化的规律：当荷载$F_P = 1$从A点开始，逐渐向B点移动时，支座反力影响系数则相应地从最大值$R_A = 1$开始，逐渐减小，最后达到零。

R_A的影响线还可用来求各种荷载作用下引起的支座反力R_A。例如图 3-1 所示梁上有两个荷载同时作用，根据叠加原理，这时的支座反力R_A应为

$$R_A = F_{P1} y_1 + F_{P2} y_2 \qquad (3\text{-}2)$$

这里y_1和y_2分别为对应于荷载F_{P1}和F_{P2}位置的影响系数$\overline{R}_{A1}$和$\overline{R}_{A2}$。

因此，当单位集中荷载$F_P=1$沿结构移动时，表示结构某量Z变化规律的曲线，称为Z的影响线。影响线上任一点的横坐标x表示荷载的位置参数，纵坐标y表示荷载作用于此点时Z的影响系数。

学习时应注意它与弯矩图的区别，特别要注意影响线的物理意义。同时要注意由浅入深，并做一定数量的习题，以便正确理解影响线的意义及简易做法的应用。对于一些基本的影响线（如简支梁）应该记住，以便更快地进行分析。

【例 3-1】 比较图 3-3 中简支梁AB上C点的弯矩影响线与梁AB的弯矩图。

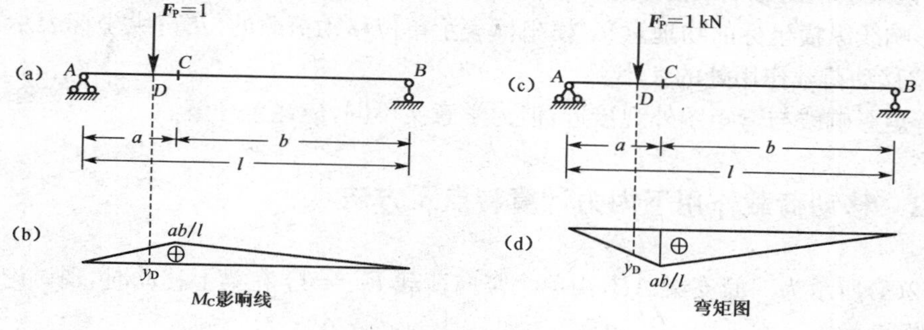

图 3-3　梁影响线和弯矩图

【解】 通过计算可以得到简支梁 AB 上 C 点的弯矩影响线图 3-3(b)与梁 AB 的弯矩图图 3-3(d)。

表 3-1 弯矩影响线与弯矩图的比较

	荷载位置	截面位置	横坐标	竖坐标 y_D
影响线	变	不变	单位移动荷载位置	单位移动荷载移到 D 点时，产生的 C 截面的弯矩
弯矩图	不变	变	截面位置	C 点的固定荷载作用下，产生的 D 截面的弯矩

3.2 静力法作静定梁的影响线

静定结构的内力或支座反力影响线有两种基本作法：静力法和机动法。本节通过求简支梁和悬臂梁这两种常见的静定梁的内力(或支座反力)影响线说明静力法。静力法是以荷载的作用位置 x 为变量，通过平衡方程确定所求内力(或支座反力)的影响函数，并作出影响线。

3.2.1 支座反力影响线

简支梁支座反力 R_A 的影响线已在上一节中讨论过(图 3-2(c))，现在讨论支座反力 R_B 的影响线。

将 $F_P=1$ 放在任意位置，距 A 为 x(为了计算方便，我们改变坐标轴如图 3-4(a))。由平衡方程求影响系数函数为

$$R_B=\frac{x}{l}F_P \qquad (0\leqslant x\leqslant l) \qquad (3-3)$$

由此方程可知，R_B 的影响线也是一条直线。在 A 点，$x=0$，$R_B=0$。在 B 点，$x=l$，$R_B=1$。利用这两个竖距便可以画出 R_B 的影响线，如图 3-4(b)所示。

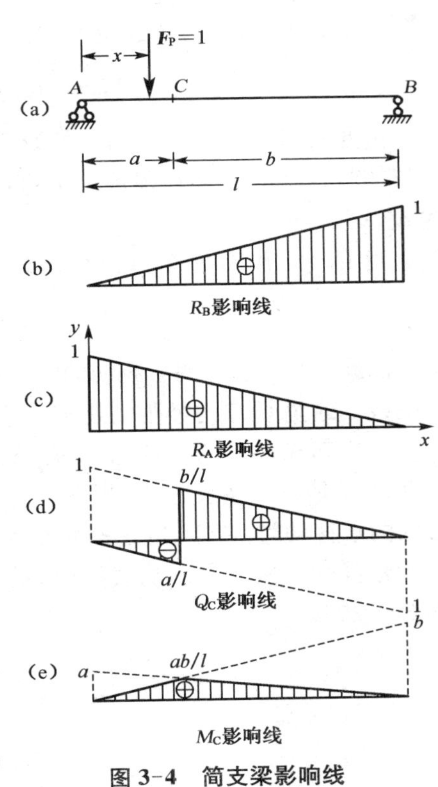

图 3-4 简支梁影响线

3.2.2 剪力影响线

下面我们作简支梁指定截面 C 的剪力 F_{QC} 的影响线(图 3-4(d))。当 $F_P=1$ 作用在 C 点以左或以右时，剪力 F_{QC} 的影响系数具有不同的表示式，应当分别考虑。

当 $F_P=1$ 作用在 C 的右侧即 CB 段时，取截面 C 的

左边为隔离体,由平衡方程 $\sum F_y = 0$ 得

$$F_{QC} = R_A \quad (注:F_P = 1 在 CB 段)$$

由此看出,在 CB 段内,F_{QC}的影响线与 R_A的影响线相同。因此,可先作 R_A的影响线,然后保留其中的 CB 段。C 点的竖距可按比例关系求得为 b/l。

当 $F_P = 1$ 作用在 AC 段时,取截面 C 的右边为隔离体,由 $\sum F_y = 0$ 得

$$F_{QC} = -R_B \quad (注:F_P = 1 在 AC 段)$$

由此看出,在 AC 段内 F_{QC}的影响线与 R_B的影响线相同,但正负号相反。因此,可先把 R_B的影响线翻过来画在基线下面,保留其中的 AC 段。C 点的竖距可按比例关系求得为 $-a/l$。

这样,F_{QC}的影响线分成 AC 和 CB 两段。由两段平行线所组成,在 C 点形成突变。由此看出,当 $F_P = 1$ 作用在 AC 段任一点时,截面 C 为负号剪力;当 $F_P = 1$ 作用在 CB 段任一点时,截面 C 为正号剪力。当 $F_P = 1$ 越过 C 点由左侧移到右侧时,截面 C 的剪力将引起突变。当 $F_P = 1$ 正好作用在 C 点时,F_{QC}的影响系数没有意义。

3.2.3 弯矩影响线

下面作指定截面 C 的弯矩 M_C的影响线(图 3-4(e))。仍分成两种情况 ($F_P = 1$ 作用在 C 点以左和以右)分别考虑。

当 $F_P = 1$ 作用在 CB 段时,取 C 的左边为隔离体,得

$$M_C = R_A \cdot a \quad (注:F_P = 1 在 CB 段)$$

由此看出,在 CB 段内,M_C的影响系数等于 R_A的影响系数的 a 倍。因此,可先把 R_A的影响线的竖距乘以 a,然后保留其中的 CB 段,就得到 M_C在 CB 段的影响线。这里 C 点的竖距应为 ab/l。

当 $F_P=1$ 作用在 AC 段时,取 C 的右边为隔离体,得

$$M_C = R_B \cdot b \quad (注:F_P = 1 在 AC 段)$$

因此,可先把 R_B的影响线的竖距乘以 b,然后保留其中的 AC 段,就得到 M_C在 Ab/lC 段的影响线。这里 C 点的竖距仍是 ab/l。

综合起来,M_C 的影响线分成 AC 和 CB 两段,每一段都是直线,形成一个三角形,如图 3-4(e)所示。由此看出,当 $F_P = 1$ 作用在 C 点时,弯矩 M_C为极大值。当 $F_P = 1$ 由 C 点向梁的两端移动时,弯矩 M_C逐渐减小到零。

悬臂梁与简支梁影响线类似,只是把 x 的范围变大,即 $-l_1 \leqslant x \leqslant l+l_2$,具体影响线如图 3-5 所示。

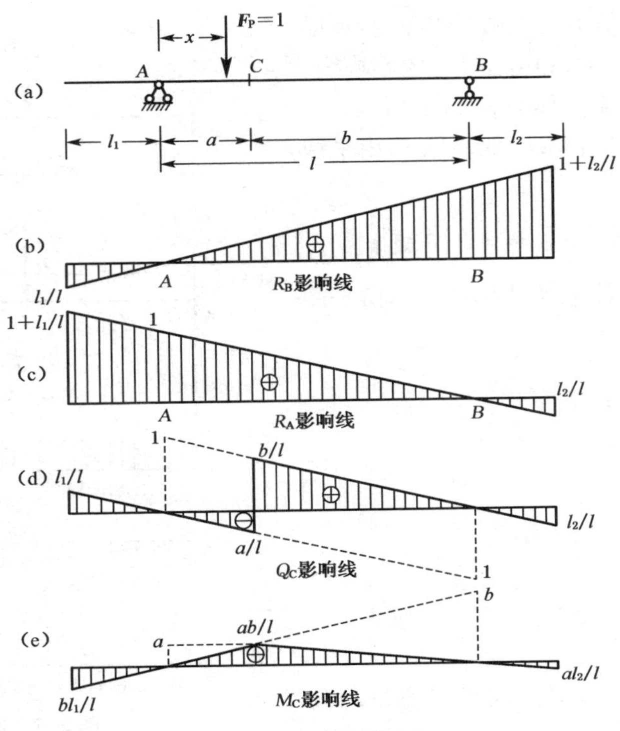

图 3-5　悬臂梁影响线

【例 3-2】 作 F_{Ay}、M_A、M_K、F_{QK}影响线。

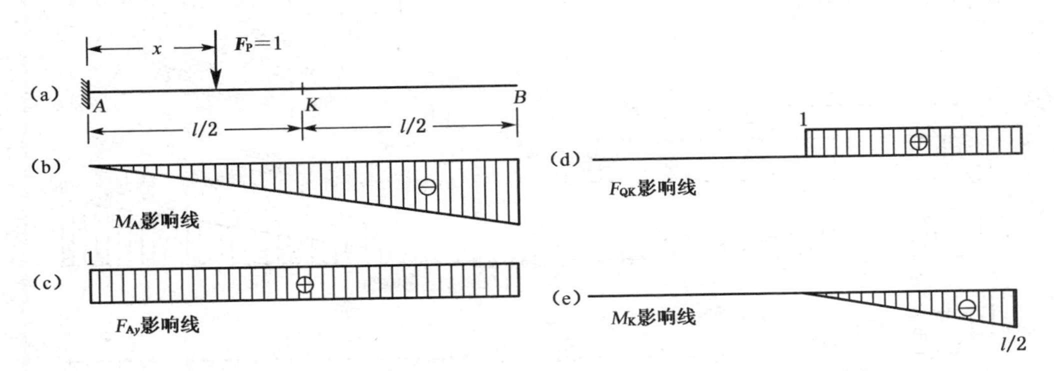

图 3-6　影响线

【解】 取 AB 为研究对象，列平衡方程如下：

$$\sum M_A = 0 \Rightarrow M_A = -x$$

$$\sum F_y = 0 \Rightarrow F_{Ay} = 1$$

取 KB 为研究对象，列平衡方程如下：

$$\sum M_K = 0 \Rightarrow M_K = -x$$

$$\sum F_y = 0 \Rightarrow F_{QK} = 1$$

按函数结果绘图，见图 3-6 所示。

【例 3-3】 试用静力法求图 3-7(a)所示梁的支座反力 R_{Ay}、弯矩 M_A和剪力 F_{QB}的影响线。

【解】 画组成关系图如图 3-7(b)所示。

当 $F_P=1$ 在 AB 段移动，取坐标 x，由平衡条件得

$$R_{Ay}=1,\quad M_A=-x,\quad F_{QB}=0\quad(0\leqslant x<4)$$

当 $F_P=1$ 在 BC 段移动，取坐标 x_1，由平衡条件得

$$R_{Ay}=R_{By}=1-\frac{x_1}{3}$$

$$M_A=-R_{By}\cdot 4=\frac{4x_1}{3}-4$$

$$F_{QB}=R_{By}=1-\frac{x_1}{3}$$

分别画出 R_{Ay}、M_A和 F_{QB}的影响线如图 3-7(c)、(d)、(e)所示。

注意正确地选择隔离体，与求支座反力的方式相同。

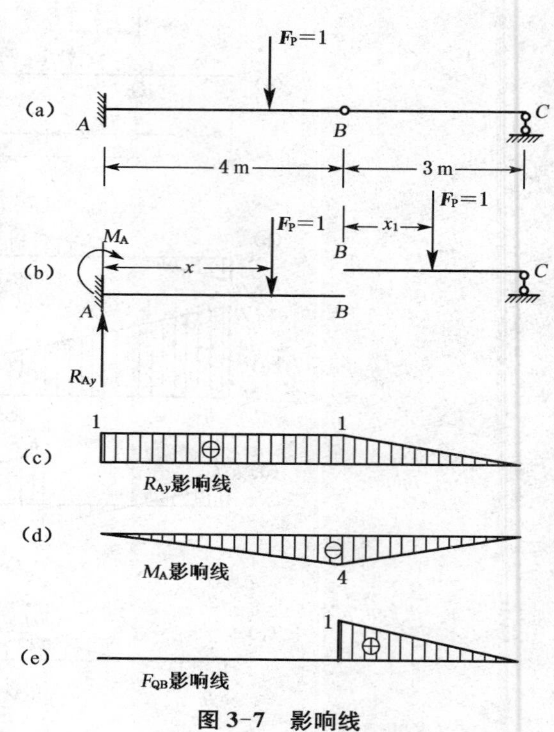

图 3-7 影响线

【例 3-4】 图 3-8(a)所示一静定结构，荷载 $F_P=1$ 在 EG 范围内移动，求梁 AB 中截面 C 的弯矩和剪力的影响线。

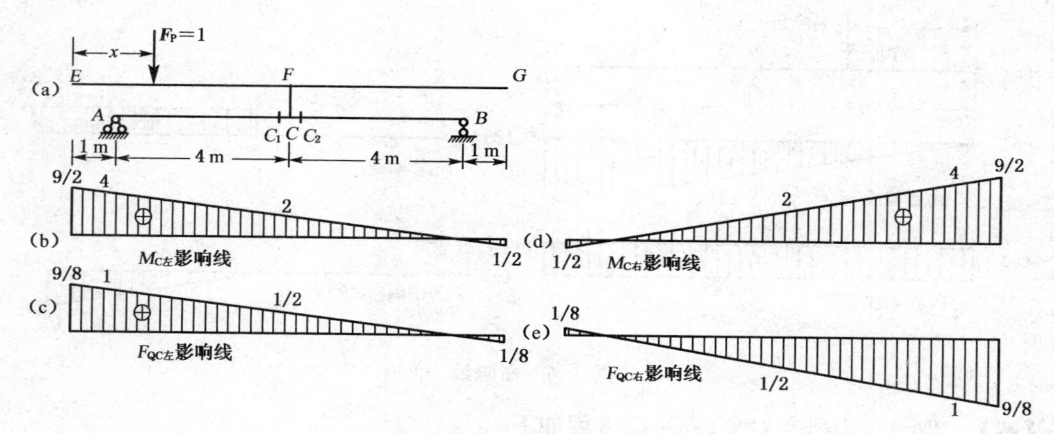

图 3-8 影响线

【解】 由整体平衡方程 $\sum M_B=0$，$\sum M_A=0$，可分别求得支座反力表达式

$$\left.\begin{aligned}R_A&=\frac{9-x}{8}\\R_B&=\frac{x-1}{8}\end{aligned}\right\}\quad(0\leqslant x\leqslant 10\text{m})$$

注意到梁 AB 在 C 处有两个不同的截面 C_1 与 C_2，应分别求 $M_{c左}$ 和 $M_{c右}$ 两个弯矩影响线，

以及 $F_{QC左}$ 和 $F_{QC右}$ 两个剪力影响线。

(1) 求 $M_{C左}$ 和 $F_{QC左}$ 影响线

截取隔离体 AC_1，由 AC_1 的平衡条件 $\sum M_{C1}=0$，$\sum Y=0$，分别求得

$$\left.\begin{aligned} M_{C左} &= R_A\times 4=\frac{9-x}{2} \\ F_{QC左} &= R_A=\frac{9-x}{8} \end{aligned}\right\}\quad (0\leqslant x\leqslant 5\text{m})$$

据此作出 $M_{C左}$ 和 $F_{QC左}$ 的影响线如图 3-8(b)、(c)所示。

(2) 求 $M_{C右}$ 和 $F_{QC右}$ 影响线

截取隔离体 C_2B，由 C_2B 的平衡条件 $\sum M_{C2}=0$、$\sum Y=0$ 分别求得

$$\left.\begin{aligned} M_{C右} &= R_B\times 4=\frac{x-1}{2} \\ F_{QC右} &= -R_B=\frac{1-x}{8} \end{aligned}\right\}\quad (5\text{m}\leqslant x\leqslant 10\text{m})$$

据此作出 $M_{C右}$ 和 $F_{QC右}$ 的影响线如图 3-8(d)、(e)所示。

可以看到，以上四个影响线与移动荷载 $F_P=1$ 直接作用在简支梁 AB 上时的 M_C、F_{QC} 影响线形状完全不同。

3.3 结点荷载作用下梁的影响线

图 3-9(a)所示为一桥梁结构承载示意图。荷载直接加于纵梁，纵梁是简支梁，两端支在横梁上。横梁则由主梁支承，荷载通过纵梁下面的横梁传到主梁。不论纵梁承受何种荷载，主梁只在 A、B、C、E、F 等有横梁处（即结点处）承受集中力，因此主梁承受的是结点荷载。

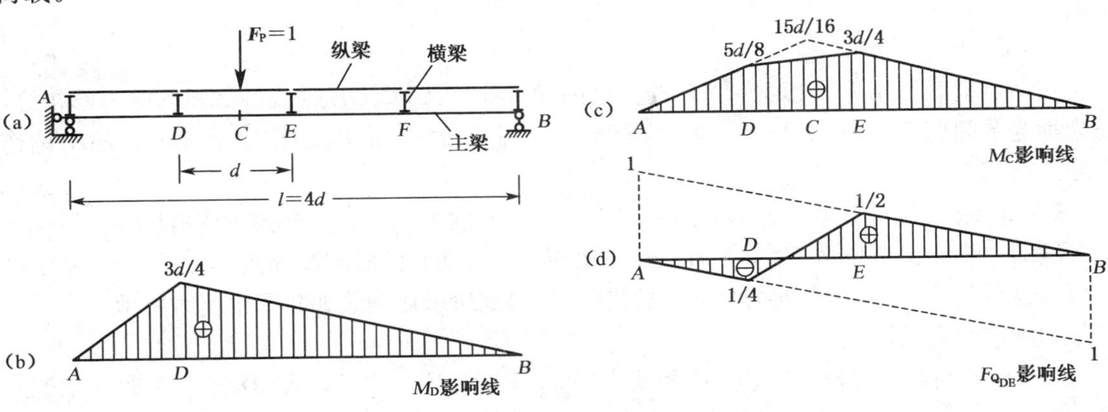

图 3-9 桥梁结构承载示意图

接下来我们研究主梁影响线的作法。

(1) 支座反力 R_A 和 R_B 的影响线

支座反力 R_A 和 R_B 的影响线，与图 3-4 所示完全相同(由于可以看作是一个整体的杆件，所以简化后结构图就与图 3-4 相同，影响线自然也相同)，在图 3-9 中没有画出。

(2) M_D 的影响线

D 点正好是结点。$F_P=1$ 在 D 点以右时，利用 R_A 求 M_C；$F_P=1$ 在 D 点以左时，利用 R_B 求 M_C。由此可知 M_D 的影响线作法与图 3-4 完全相同，如图 3-9(b)所示。

(3) M_C 影响线

M_C 的影响线如图 3-9(c)所示。先说明其作法，然后加以证明。

先假设 $F_P=1$ 直接加于主梁 AB，则 M_C 的影响线为一三角形(其中 D 段为虚线)。C 点的竖距为

$$\frac{ab}{l}=\frac{\frac{3}{2}d\times\frac{5}{2}d}{4d}=\frac{15}{16}d$$

由比例可知 C、E 两点的竖距为

$$y_c=\frac{15}{16}d\times\frac{2}{3}=\frac{5}{8}d \qquad y_e=\frac{15}{16}d\times\frac{4}{5}=\frac{3}{4}d$$

将 C、E 两点的竖距连一直线，就得到结点荷载作用下 M_C 的影响线，如图中实线所示。

为了证明上述作法的正确性，只需注意以下两点：

① 如果单位荷载加在 D 点或 E 点，则结点荷载与直接荷载完全相同，所以在结点荷载作用下 M_C 影响线在 D 点的竖距 y_c 和在 E 点的竖距 y_e 与直接荷载作用下相应的竖距相等。

② 如单位荷载作用在 D、E 两点之间，其到 D 点的距离以 x 表示，用叠加原理可知在结点荷载作用下，M_C 的影响线在 DE 一段为一直线。

一般的结论可表达如下：

① 在结点荷载作用下，结构任何影响线在相邻两结点之间为一直线。

② 先作直接荷载作用下的影响线，用直线连接相邻两结点的竖距，就得到结点荷载作用下的影响线。

(4) Q_{DE} 的影响线

在结点荷载作用下，主梁在 D、E 两点之间没有外力，因此 DE 一段各截面的剪力都相等，通常称为节间剪力，以 Q_{DE} 表示。Q_{DE} 的影响线如图 3-9(e)所示，是按照上述一般的结论作出的。

【例 3-5】 求图 3-10(a)所示梁的支座反力 R_B 及内力 M_C、F_{QC}、$F_{QD左}$ 的影响线。

【解】 先作出单位力 $F_P=1$ 直接在主梁 FB 上移动时的影响线如图 4-10(b)～(e)中虚线所示，再将各相邻两结点处的纵标连成直线，便得到所求影响线如各图中实线所示。

本题应注意的问题：

(1) 单位荷载的移动范围为 FG 短梁上，超出主梁长度。当 $F_P=l$ 移至 G 点时，R_B、M_C、F_{QC} 及 $F_{QD左}$ 均等于零。故它们的影响线在 G 点的纵标均为零，与结点 E 处的纵标连直线后，BG 段的纵标并不为零。

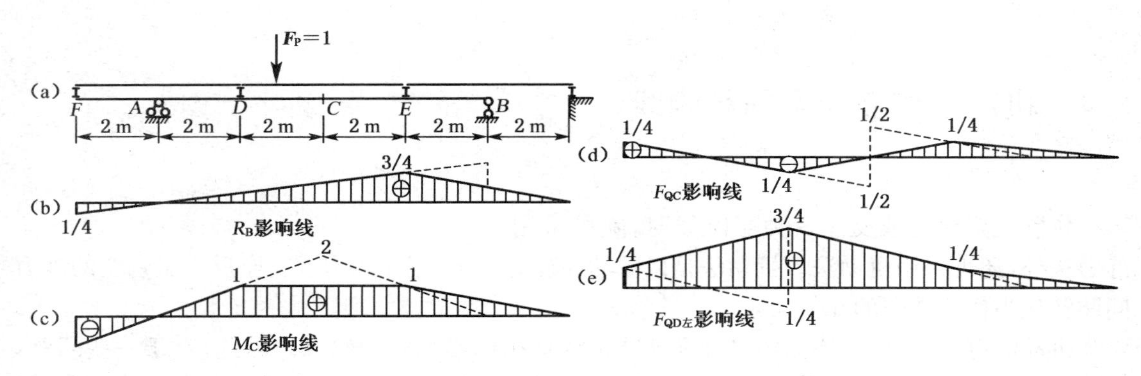

图 3-10 影响线

(2) 求 $F_{QD左}$ 影响线时，荷载 $F_P = l$ 直接作用于主梁时的影响线在 D 点有两个纵标(D 左侧为 -0.25，D 右侧为 $+0.75$)。由于结点 D 在 $F_{QD左}$ 的右侧，在连接结点 F 和 D 的纵标时，就应取 D 右侧的纵标 $+0.75$，若求 $F_{QD右}$ 的影响线，则应取结点 D 左侧纵标 -0.25，与 F、E 点的纵标分别连直线，读者可自行画出 $F_{QD右}$ 的影响线。

【例 3-6】 作图 3-11(a)所示梁的 M_D、F_{QB} 影响线。

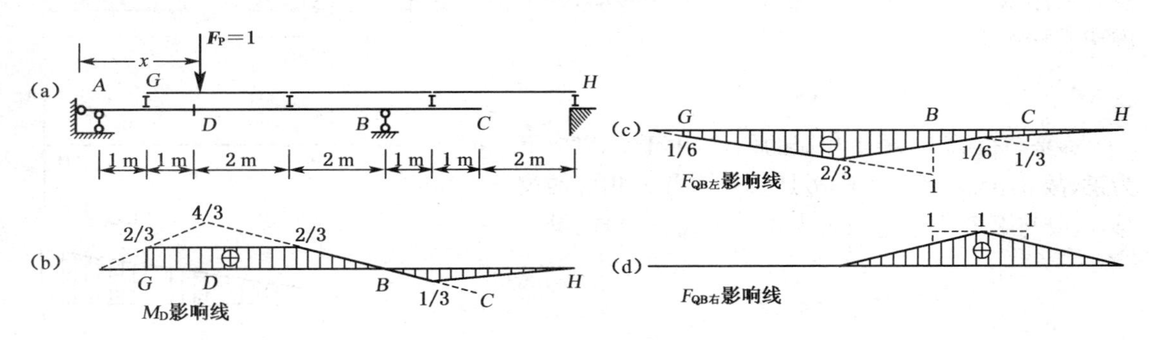

图 3-11 影响线

【解】 先作出单位力 $F_P = l$ 直接在主梁 AC 上移动时的影响线如图 3-11(b)～(e)中虚线所示，再将各相邻两结点处的纵标连成直线，便得到所求影响线如各图中实线所示。

【例 3-7】 作图 3-12(a)所示梁的 M_C、F_{QC} 影响线。

【解】 先作出单位力 $F_P = l$ 直接在主梁 AC 上移动时的影响线如图 3-12(b)～(e)中虚线所示，再将各相邻两结点处的纵标连成直线，便得到所求影响线如各图中实线所示。

对于此类结构的影响线绘制主要是把主结构的影响线绘出，再利用节点间为直线的性质进行修正，则可以得到需要的影响线。

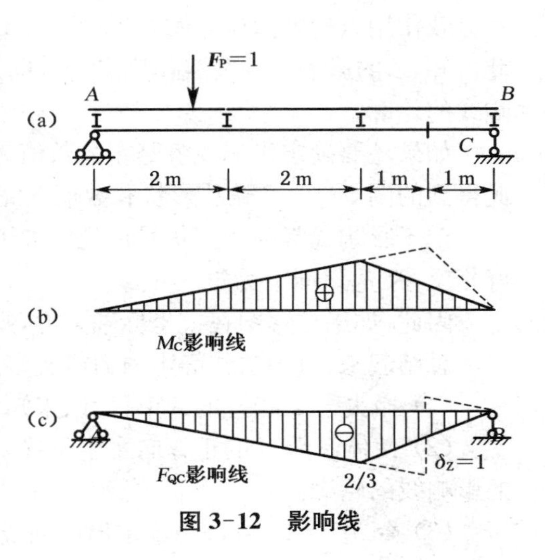

图 3-12 影响线

3.4 机动法作静定梁的影响线

作静定梁内力或支座反力影响线时，除可采用静力法外，还可采用机动法。机动法是以虚功原理为基础，把作内力或支座反力影响线的静力问题转化为作位移图的几何问题。

机动法有一个优点：不需经过计算就能很快地绘出影响线的轮廓。因此，对于一些问题，用机动法处理特别方便(例如，在确定荷载最不利位置时，往往只需知道影响线的轮廓，而无需求出其数值)。此外，用静力法作出的影响线也可用机动法来校核。

下面以简支梁支座反力影响线为例，运用虚功原理说明机动法作影响线的概念和步骤。

我们拟求图 3-13 所示梁的支座 B 反力 R_B 的影响线。为此，将与 Z 相应的约束——支杆 B 撤去，代以未知量 Z(图 3-13(b))，使体系具有一个自由度。然后给体系以虚位移，使梁绕 A 点作微小转动，列出虚功方程如下：

$$Z\delta_z + F_P\delta_P = 0 \qquad (3-4)$$

δ_P 是与荷载 $F_P = 1$ 相应的位移，由于 F_p 以向下为正，故 δ_P 也以向下为正，δ_Z 是与未知力 Z 相应的位移，δ_Z 以与 Z 正方向一致者为正。由式(3-4)求得

$$\overline{Z}(x) = \left(-\frac{1}{\delta_Z}\right)\delta_P(x) \qquad (3-5)$$

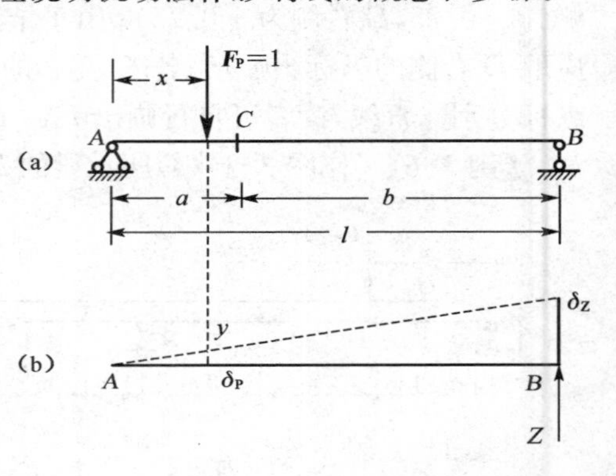

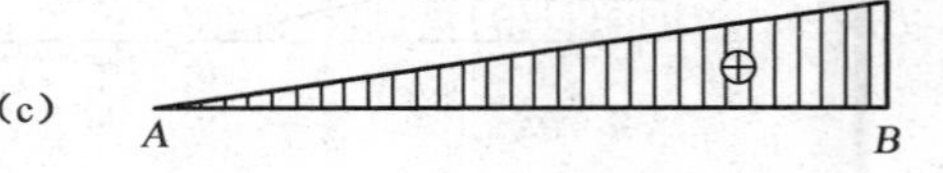

图 3-13 简支梁支座反力影响线

这里，函数 $Z(x)$ 表示 Z 的影响线，函数 $\delta_P(x)$ 表示荷载作用点的竖向位移图(参看图 3-13(b))。由此可知，Z 的影响线与荷载作用点的竖向位移图成比。也就是说，根据位移 δ_P 图就可以得出影响线的轮廓。

如果还要确定影响线各竖距的数值，则应将位移 δ_P 图除以(或在位移图中设 $\delta_Z = 1$)。由此得到的图 3-13(c)就从形状和数值上完全确定 Z 的影响线。

至于影响线竖距的正负号可规定如下：当 δ_Z 为正值时，由式(3-5)得知 Z 与 δ_P 的正负号正好相反，又 δ_P 以向下为正。

因此，如果位移图在横坐标轴上方，则 δ_P 为负，因而影响系数为正。

总结起来，机动法作静定内力或支座反力的影响线的步骤如下：

(1) 撤去与 Z 相应的约束，代以未知力 Z。

(2) 使体系沿 Z 的正方向发生位移，作出荷载作用点的竖向位移图(δ_P 图)，由此可定出 Z 的影响线的轮廓。

(3) 令 $\delta_Z = 1$，可进一步定出影响线各竖距的数值。

(4) 横坐标以上的图形，影响系数取正号；横坐标以下的图形，影响系数取负号。

下面通过例题来理解具体的计算过程。

【例 3-8】 作 F_{Ay}、M_A、M_K、F_{QK}影响线。

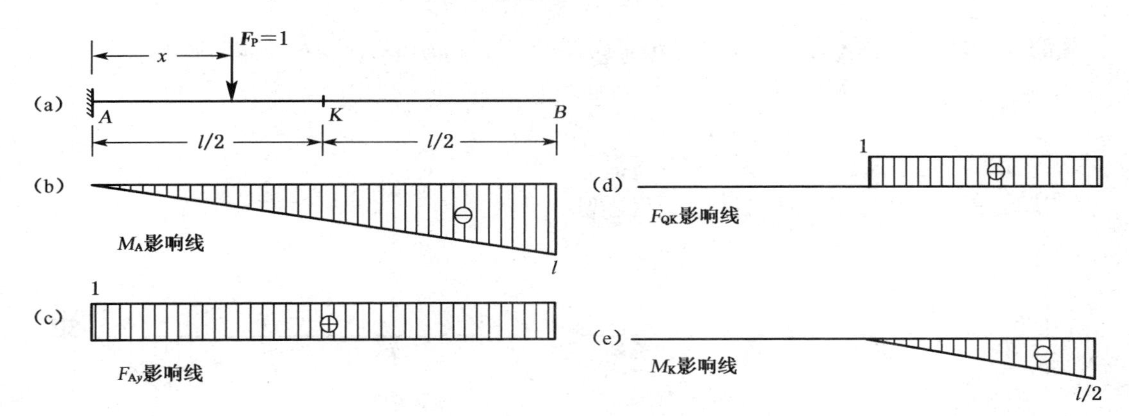

图 3-14 影响线

【解】 (1) 按机动法作静定内力或支座反力的影响线的步骤确定 Z 的影响线的轮廓。

(2) 令 $\delta_Z=1$，确定影响线各竖距的数值。分别为 M_A影响线(A 点转角为 1)，F_{Ay}影响线(A 点竖向位移为 1)，$F_{A=QK}$影响线(K 点右侧竖向位移为 1)，M_K影响线(A 点右侧转角为 1)，结果见图 3-14。

【例 3-9】 求图示梁 C 截面剪力影响线。

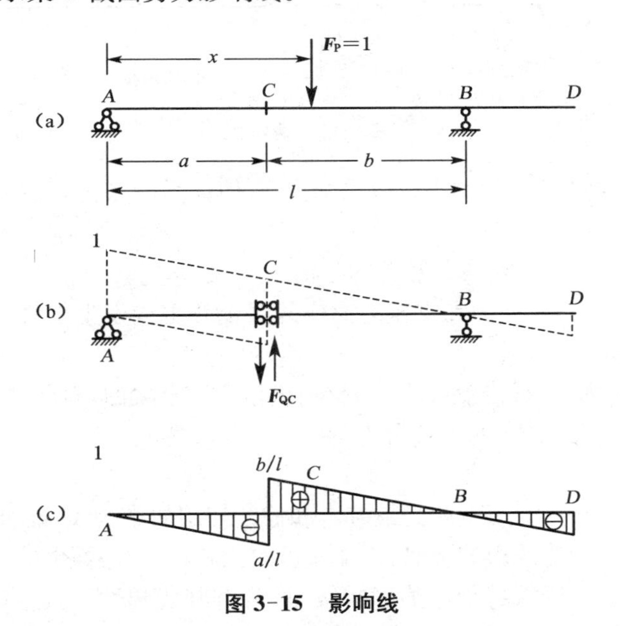

图 3-15 影响线

【解】 (1) 按机动法作静定内力或支座反力的影响线的步骤确定 Z 的影响线的轮廓。

(2) 令 $\delta_Z=1$，确定影响线各竖距的数值。结果见图 3-15。

$$F_{QC}\cdot c_1+F_{QC}\cdot c_2+1\cdot\delta_P(x)=0$$

$$F_{QC}=-\frac{\delta_P(x)}{c_1+c_2}$$

令 $c_1 + c_2 = 1$

$$F_{QC} = -\delta_P(x)$$

【例 3-10】 试用机动法作图示静定多跨梁的 M_K、F_{QK}、M_C、F_{QE} 和 F_{RD} 的影响线。

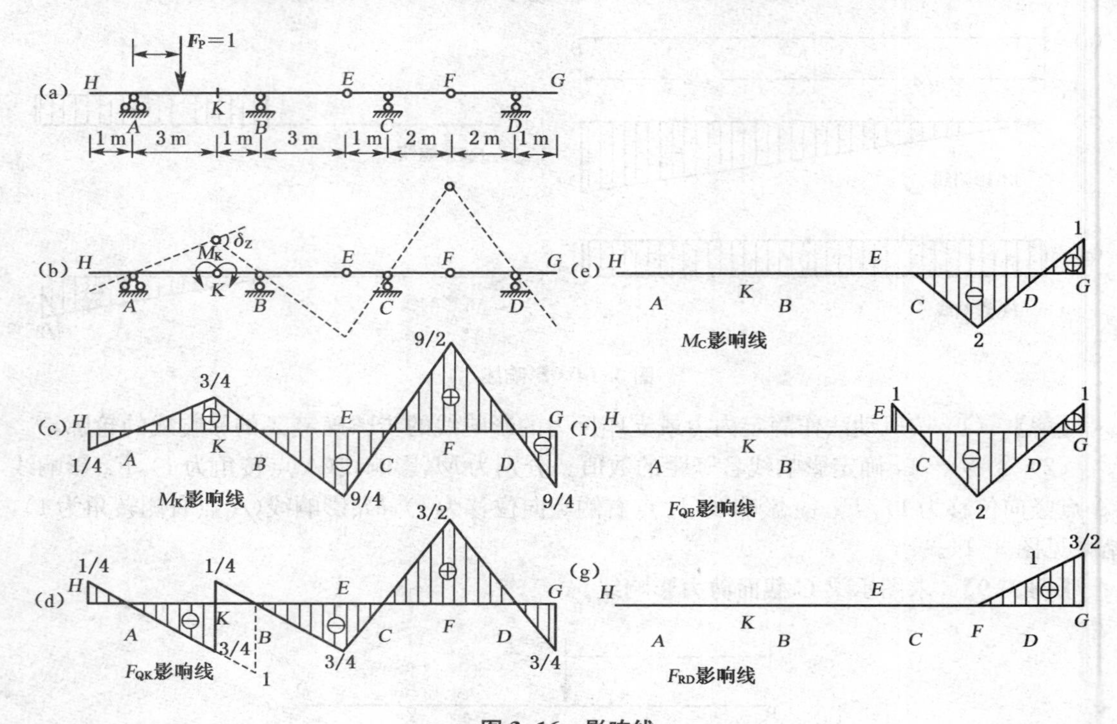

图 3-16 影响线

【解】 (1) 撤去与 Z 相应的约束代以未知力 Z，使体系沿 Z 的正方向发生位移，由此可定出 Z 的影响线的轮廓。

(2) 令 $\delta_Z = 1$，可定出影响线各竖距的数值。

(3) 分别使体系沿弯矩、剪力和支座力对应的 Z 的正方向发生位移，得到相应的影响线如图 3-16(a)～(g)所示。

可见：基本部分的内力(或支座反力)的影响线是布满全梁的，附属部分内力(或支座反力)的影响线只在附属部分不为零(基本部分上的线段恒等于零)。

值得注意的几点：

(1) 简支梁的反力和内力影响线是最基本和经常使用的影响线，要求熟练掌握。

(2) 机动法绘制某量值的影响线时，需能正确绘出机构的位移图。

(3) 静力法和机动法绘制某量值的影响线时，各有其优越性。其中静力法是最基本的方法。对有些结构(多跨连续梁、刚架、组合结构等)，用机动法可以快速绘制出其影响线。但是对一些位移图不易判断的结构(桁架)，为了稳妥起见，建议采用静力法绘制影响线。

(4) 在单位移动力偶作用下某量值的影响线，可用静力法和机动法绘制。其中静力法与单位集中移动荷载的静力法相同；而机动法绘制影响线时，其影响线是位移图的斜率。

3.5 影响线的应用

3.5.1 利用影响线计算量值

作影响线时，用的是单位荷载。根据叠加原理，可利用影响线求多个集中荷载荷载作用下产生的总影响。

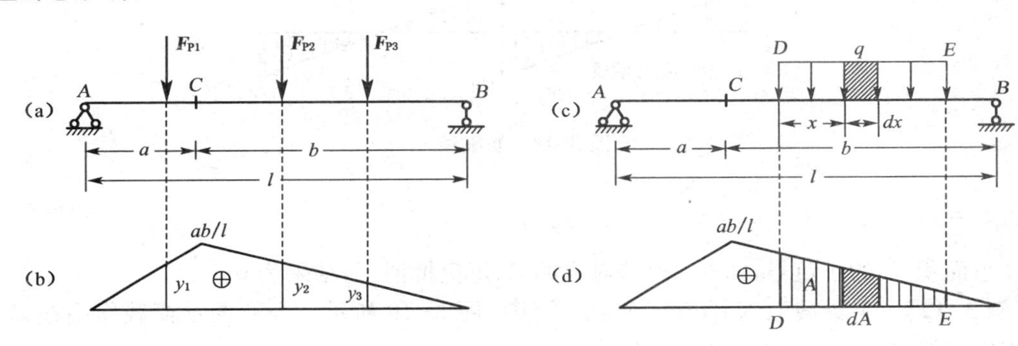

图 3-17 影响线叠加原理

设有一组集中荷载 F_{P1}、F_{P2}、F_{P3}加于简支梁，位置已知，如图 3-17 所示，如 M_C的影响线在各荷载作用点的竖距为 y_1、y_2、y_3，则由 F_{P1}产生的 M_C等于 $F_{P1}y_1$，F_{P2}产生的 M_C等于 $F_{P2}y_2$，F_{P3}产生的 M_C等于 $F_{P3}y_3$。根据叠加原理，可知，在这组荷载作用 M_C的数值为

$$M_C = F_{P1}y_1 + F_{P2}y_2 + F_{P3}y_3 \tag{3-6}$$

一般说来，设有一组集中荷载 F_{P1}、F_{P2}、…、F_{Pn}加于结构，而结构某量 Z 的影响线在各荷载作用处的竖距为 y_1、y_2、…、y_n，则

$$M_C = F_{P1}y_1 + F_{P2}y_2 + \cdots + F_{Pn}y_n \tag{3-7}$$

如果结构在 AB 段承受均布荷载 q（图 3-17(c)）作用，则微段 $\mathrm{d}x$ 的荷载 $q\mathrm{d}x$ 可看作集中荷载所引起的 Z 值为 $y \cdot q\mathrm{d}x$。因此，在 AB 段均布荷载 q 作用下的 Z 值为

$$Z = \int_A^B yq\mathrm{d}x = q\int_A^B y\mathrm{d}x = qA_0 \tag{3-8}$$

这里，A_0表示影响线的图形在受载段 AB 上的面积。上式表示，均布荷载引起的 Z 值等于荷载集度乘以受载段的影响线面积。应用此式时，要注意面积 A_0的正负号。

【例 3-11】 利用影响线求 K 截面弯矩、剪力。

【解】 (1) 作出相应的影响线如图 3-18 所示。

(2) 计算相应位置的内力：

$$M_K = 2ql \times (-l/4) + q \times \left(\frac{1}{2} \cdot \frac{l}{2} \cdot \frac{l}{4} \cdot 2 - \frac{1}{2} \cdot \frac{l}{2} \cdot \frac{l}{4} \cdot 2\right) = -ql/2$$

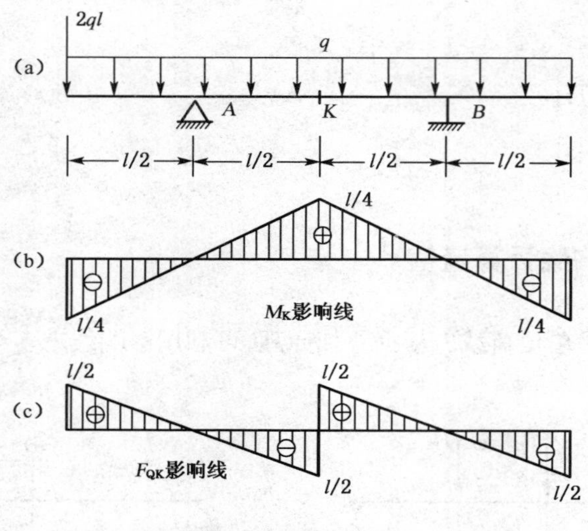

图 3-18　影响线

$$F_{QK}=2ql\cdot\frac{1}{2}+q\times0=ql$$

注意面积 A_0 的正负号，图 3-18(c)对应的 A_0 正负抵消了，结果为 0。

【例 3-12】 某梁截面 K 的弯矩 M_K 影响线如图 3-19 所示。今有图示荷载作用在梁上，试利用影响线求弯矩 M_K 的总的影响量值。

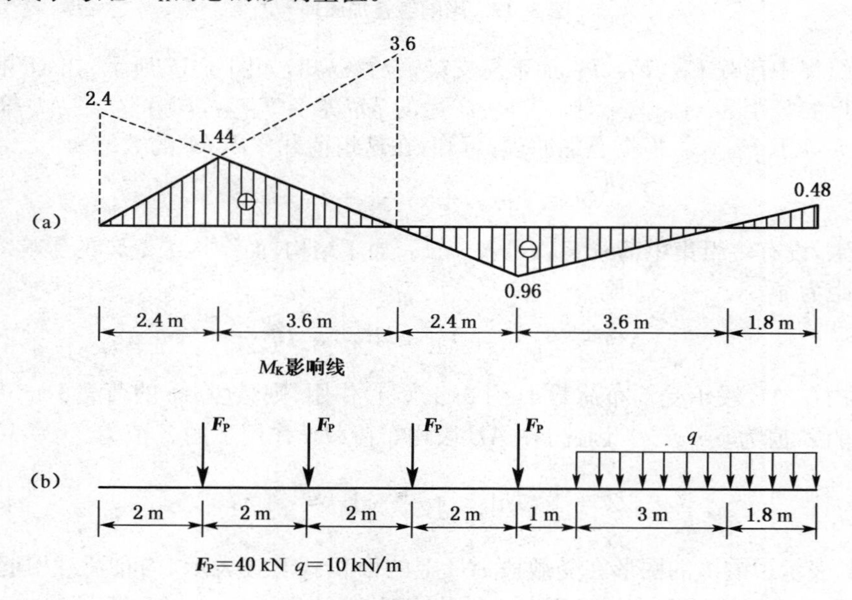

图 3-19　影响线及荷载分布

【解】 (1) 求出各荷载作用点处的纵坐标

$$y_1=\frac{2}{2.4}\times1.44=1.2\qquad y_2=\frac{2}{3.6}\times1.44=0.8$$

$y_3 = 0 \qquad y_4 = \frac{2}{2.4} \times (-0.96) = -0.8$

(2) 求出均布荷载作用范围影响线的面积

$\omega = (-0.8 + 0.48) \times (3 + 1.8)/2 = -0.768$

(3) 求弯矩 M_K 的总的影响量值

$M_K = \sum F_{Pi} y_i + q\omega = 40 \times (1.2 + 0.8 + 0 - 0.8) + 10 \times (-0.768) = 40.32\ \text{kN} \cdot \text{m}$

弯矩为正,下边受拉。

【例 3-13】 如图 3-20 所示简支梁,当汽车轮压作用于图示位置时,求梁截面 C 的弯矩和剪力。

【解】 (1) 作出相应的影响线如图 3-20 所示。

(2) 求出各荷载作用点处的纵坐标,并求相应的总的影响量值:

$y_1 = \frac{1.5}{3.0} \times 1.5 = 0.75$

$y_2 = \frac{0.5}{3.0} \times 1.5 = 0.25$

$M_C = F_{P1} y_1 + F_{P2} y_2 = 130 \times 0.75 + 70 \times 0.25 = 115\ \text{k} \cdot \text{Nm}$

$y_1 = \frac{1.5}{3.0} \times 0.5 = 0.25$

$y_2 = \frac{0.5}{3.0} \times (-0.5) = -\frac{1}{12}$

$F_{QC} = F_{P1} y_1 + F_{P2} y_2$

$= 130 \times 0.25 - 70 \times \frac{1}{12} = 26.67\ \text{kN}$

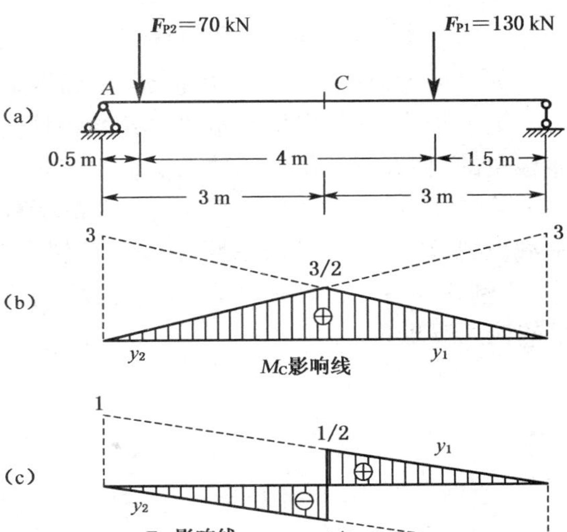

图 3-20 影响线及荷载分布

3.5.2 最不利荷载位置

如果荷载移动到某个位置,使某量 Z 达到最大值,则此荷载位置称为最不利位置。影响线的一个重要作用,就是用来确定荷载的最不利位置。

对于一些简单情况,只需对影响线和荷载特性加以分析和判断,就可定出荷载的最不利位置。判断的一般原则是:应当把数量大、排列密的荷载放在影响线竖距较大的部位。下面举几个简单例子。

如果移动荷载是单个集中荷载,则最不利位置是这个集中荷载作用在影响线的竖距最大处。

如果移动荷载是一组集中荷载,则在最不利位置时,必有一个集中荷载作用在影响线的顶点(图 3-21(b)、(c))。如果移动荷载是均布荷载,而且可以按任意方式分布,则其最不利位置在影响线正号部分布满荷载(求最大正号值)(图 3-22(b)),或在负号部分布满荷载(求最大负号值)(图 3-22(c))。

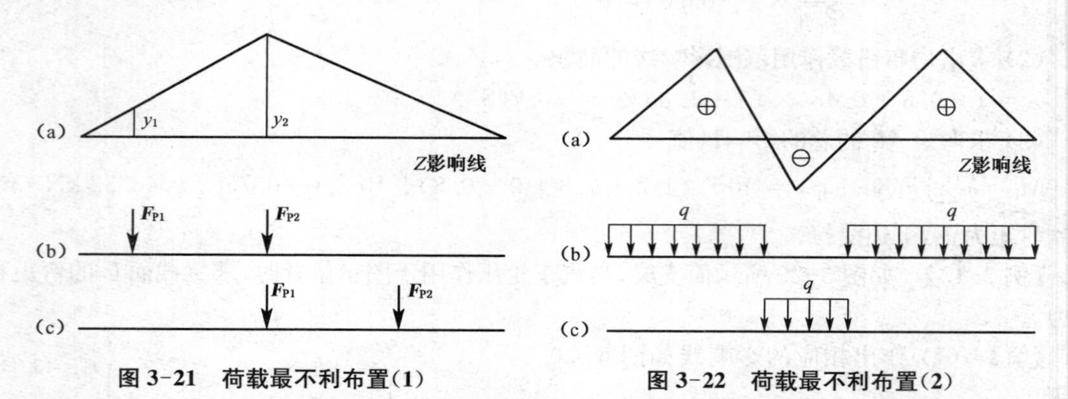

图 3-21　荷载最不利布置(1)　　　图 3-22　荷载最不利布置(2)

如果移动荷载是一组集中荷载,要确定某量 Z 的最不利荷载位置,通常分成两步进行:

第一步,首先找出使某量值 Z 产生极值时的所有荷载位置。这时的荷载位置称为使 Z 产生极值的"临近荷载位置",并求解出相应的 Z 值。

第二步,通过对由第一步求解得到的所有 Z 值进行比较,找出 Z 的极值,则与之相对应的荷载位置极值为该量值的最不利荷载位置。

【例 3-14】　已知图中所示移动荷载 $F_{P1}=F_{P2}=200$ kN,$F_{P3}=F_{P4}=400$ kN,求跨中截面 C 的最大弯矩 M_{Cmax}。

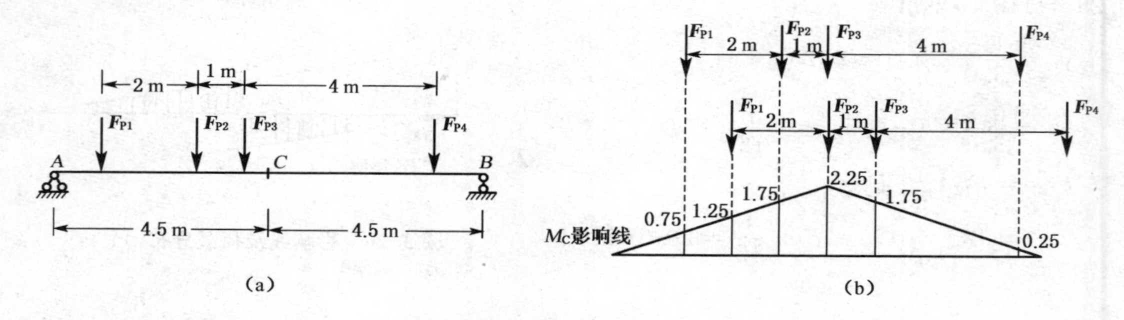

图 3-23　荷载分布

【解】　(1) 作出相应的影响线如图 3-23 所示。

(2) 由判别式判断临界荷载,并计算相应的极大值,初步估计可能的情况为 F_{P2} 或 F_{P3} 在 C 点时。

对于 F_{P2},

$$\left(\frac{F_{P1}+F_{P2}}{4.5}=\frac{400}{4.5}\right)\geqslant\left(\frac{F_{P3}}{4.5}=\frac{400}{4.5}\right)\qquad\left(\frac{F_{P1}}{4.5}=\frac{200}{4.5}\right)\leqslant\left(\frac{F_{P2}+F_{P3}}{4.5}=\frac{600}{4.5}\right)$$

满足判定要求,是临界荷载。计算该荷载位置时的极大值:

$M_{C1}=200(1.25+2.25)+400\times1.75=1\,400\ \text{kN}\cdot\text{m}$

对于 F_{P3},

$$\left(\frac{F_{P1}+F_{P2}+F_{P3}}{4.5}=\frac{800}{4.5}\right)\geqslant\left(\frac{F_{P4}}{4.5}=\frac{400}{4.5}\right)\qquad\left(\frac{F_{P1}+F_{P2}}{4.5}=\frac{400}{4.5}\right)\leqslant\left(\frac{F_{P3}+F_{P4}}{4.5}=\frac{800}{4.5}\right)$$

满足判定要求,是临界荷载。计算该荷载位置时的极大值:

$M_{C2} = 200 \times (0.75 + 1.75) + 400 \times (2.25 + 0.25) = 1\,500\ \text{kN} \cdot \text{m}$

比较两极值，截面 C 在移动荷载作用下的最大弯矩值为

$M_{C\max} = M_{C2} = 1\,500\ \text{kN} \cdot \text{m}$

【例 3-15】 如图 3-24 所示多边形影响线及移动荷载组，试求荷载最不利位置和 Z 的最大值。已知 $q = 37.8\ \text{kN/m}$，$F_{P1} = F_{P2} = F_{P3} = F_{P4} = F_{P5} = 90\ \text{kN}$，$a = 1.5\ \text{m}$。

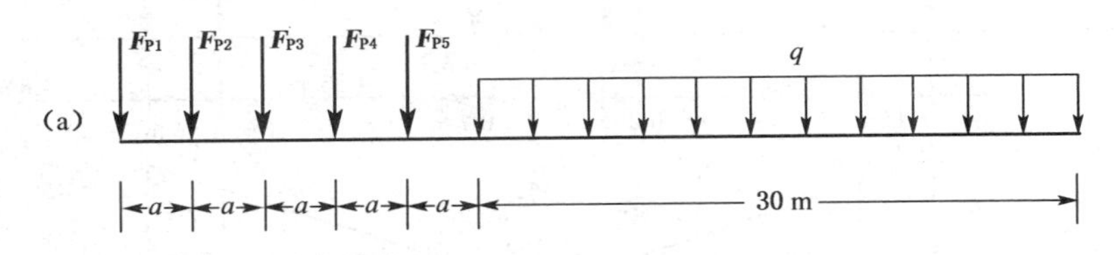

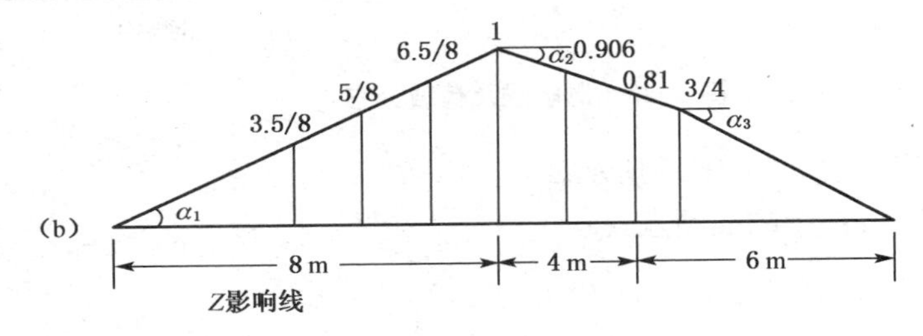

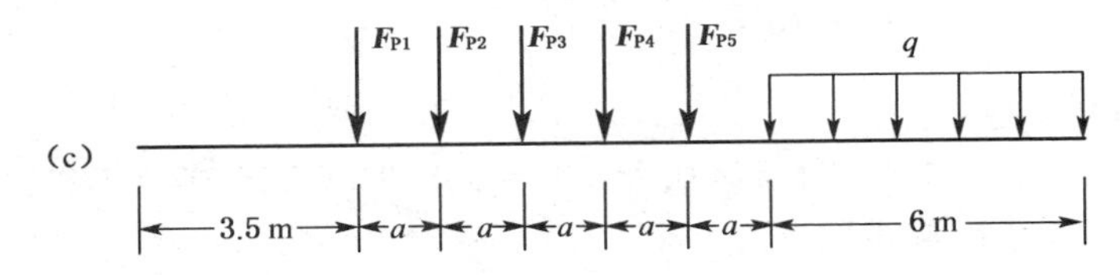

图 3-24 影响线及荷载分布

【解】 (1) 将 F_{P4} 放在影响线的顶点，移动荷载组位置如图 3-24 所示。

(2) 计算：

$$\tan\alpha_1 = \frac{1}{8}, \tan\alpha_2 = \frac{-0.25}{4}, \tan\alpha_3 = \frac{-0.75}{6}$$

若荷载稍向右移，各段荷载合力为

$F_{R1} = 90 \times 3 = 270\ \text{kN}$ $\quad$ $F_{R2} = 90 \times 2 + 37.8 \times 1 = 217.8\ \text{kN}$

$F_{R3} = 37.8 \times 6 = 226.8\ \text{kN}$

$$\sum F_{Ri}\tan\alpha_i = 270 \times \frac{1}{8} + 217.8 \times \frac{-0.25}{4} + 226.8 \times \frac{-0.75}{6} = -8.2\ \text{kN} < 0$$

若荷载稍向左移，各段荷载合力为

$F_{R1} = 90 \times 4 = 360\ \text{kN}$ $\quad$ $F_{R2} = 90 + 37.8 \times 1 = 127.8\ \text{kN}$

$F_{R3} = 37.8 \times 6 = 226.8\ \text{kN}$

$$\sum F_{Ri}\tan\alpha_i = 360 \times \frac{1}{8} + 127.8 \times \frac{-0.25}{4} + 226.8 \times \frac{-0.75}{6} = 8.7\ \text{kN} > 0$$

(3) 计算 Z 值：

$$Z = 90 \times \left(\frac{3.5}{8} + \frac{5}{8} + \frac{6.5}{8} + 1\right) + 90 \times 0.906 + 37.8 \times \left(\frac{0.81 + 0.75}{2} \times 1 + \frac{0.75 \times 6}{2}\right)$$

$= 258.75 + 81.54 + 114.53 = 454.82\ \text{kN}$

容易确定只有 F_{P4} 是临界荷载，所以相应的荷载位置就是最不利荷载位置。

【例 3-16】 两台吊车如图 3-25 所示，$F_{P1} = F_{P2} = 478.5\ \text{kN}$，$F_{P3} = F_{P4} = 324.5\ \text{kN}$。试求吊车梁支座反力 F_{RB} 的最大值并确定最不利荷载位置。

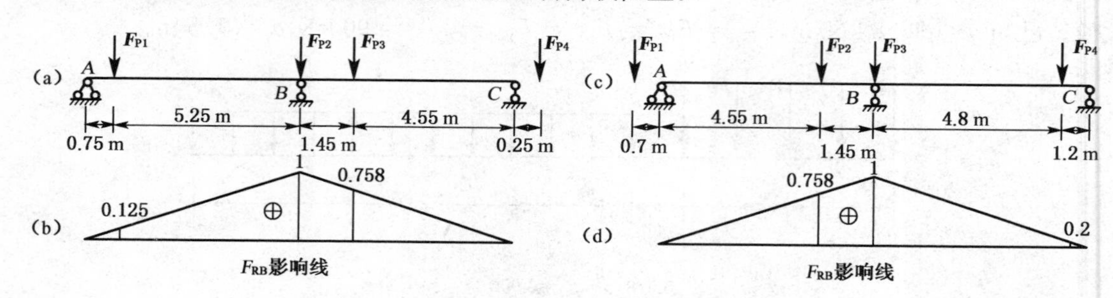

图 3-25　影响线及荷载分布

【解】 (1) F_{RB} 的影响线如图 3-25 所示。

(2) 将 F_{P2} 当作 F_{Pcr} 放在影响线顶点：

$$\frac{2\times478.5}{6} > \frac{324.5}{6} \qquad (159.5 > 54.08)$$

$$\frac{478.5}{6} < \frac{478.5+324.5}{6} \qquad (79.75 < 133.83)$$

所以 F_{P2} 是临界荷载。

$$F_{RB} = 478.5\times(1+0.125) + 324.5\times0.758\,3 = 538.31 + 246.07 = 784.38\ \text{kN}$$

(3) 将 F_{P3} 当作 F_{Pcr} 放在影响线顶点。

$$\frac{478.5+324.5}{6} > \frac{324.5}{6} \qquad (133.83 > 54.08)$$

$$\frac{478.5}{6} < \frac{2\times324.5}{6} \qquad (79.75 < 108.17)$$

所以 F_{P3} 也是临界荷载。

$$F_{RB} = 478.5\times0.758\,3 + 324.5\times(1+0.2) = 362.85 + 389.40 = 752.25\ \text{kN}$$

所以

$$(F_{RB})_{max} = 784.38\ \text{kN}$$

相应的荷载位置为最不利荷载位置。

习题

一、判断题

(1) 图 3-26 所示结构 BC 杆轴力的影响线应画在 BC 杆上。（　　）

(2) 图 3-27 所示梁的 M_C 影响线、F_{QC} 影响线的形状如图 3-27(a)、(b)所示。（　　）

(3) 图 3-28 所示结构，利用 M_C 影响线求固定荷载 F_{P1}、F_{P2}、F_{P3} 作用下 M_C 的值，可用它们的合力 F_R 来代替，即 $M_C = F_{P1}y_1 + F_{P2}y_2 + F_{P3}y_3 = F_R\bar{y}$。（　　）

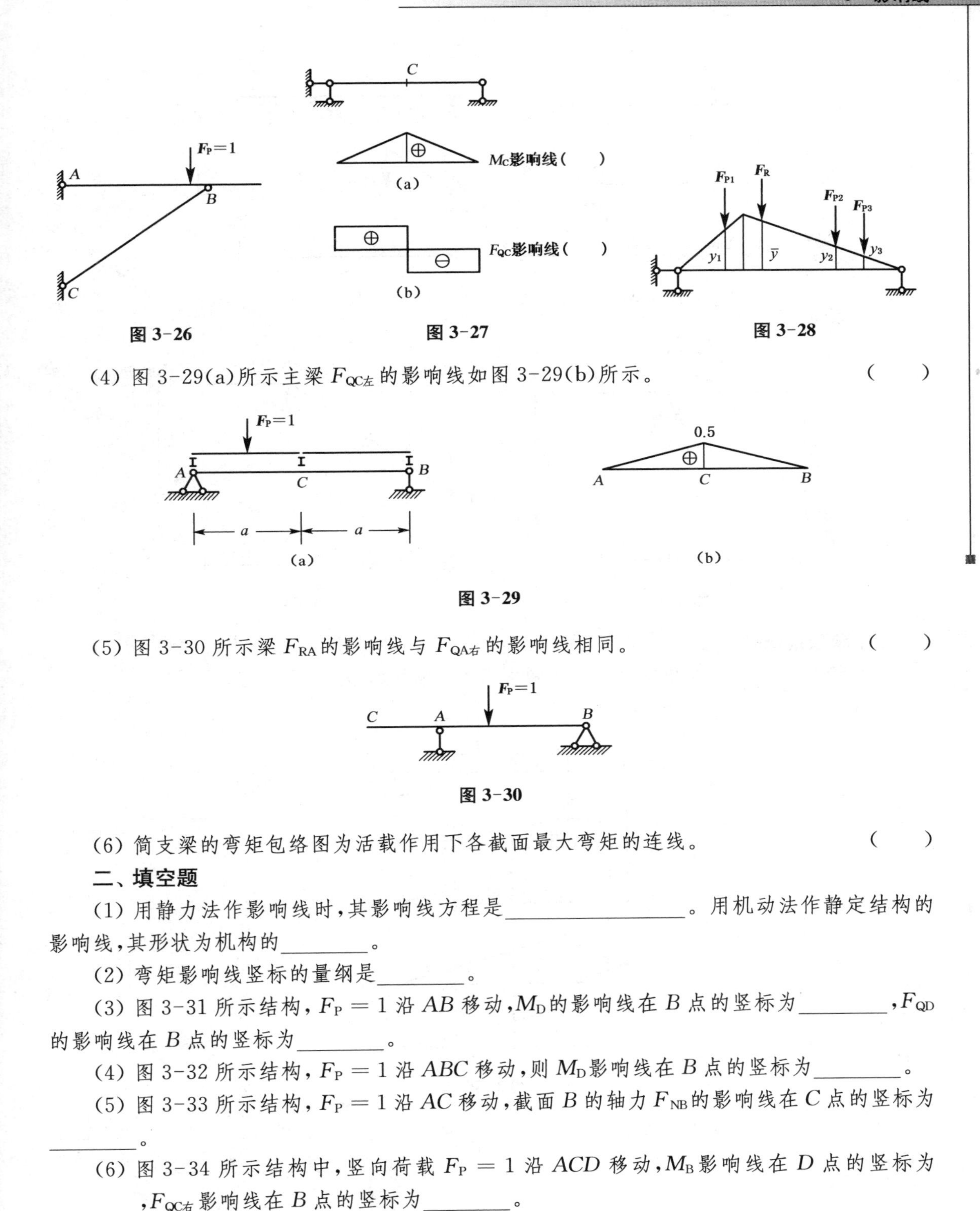

图 3-26　　图 3-27　　图 3-28

(4) 图 3-29(a)所示主梁 $F_{QC左}$ 的影响线如图 3-29(b)所示。　（　）

图 3-29

(5) 图 3-30 所示梁 F_{RA} 的影响线与 $F_{QA右}$ 的影响线相同。　（　）

图 3-30

(6) 简支梁的弯矩包络图为活载作用下各截面最大弯矩的连线。　（　）

二、填空题

(1) 用静力法作影响线时，其影响线方程是__________。用机动法作静定结构的影响线，其形状为机构的________。

(2) 弯矩影响线竖标的量纲是________。

(3) 图 3-31 所示结构，$F_P=1$ 沿 AB 移动，M_D 的影响线在 B 点的竖标为________，F_{QD} 的影响线在 B 点的竖标为________。

(4) 图 3-32 所示结构，$F_P=1$ 沿 ABC 移动，则 M_D 影响线在 B 点的竖标为________。

(5) 图 3-33 所示结构，$F_P=1$ 沿 AC 移动，截面 B 的轴力 F_{NB} 的影响线在 C 点的竖标为________。

(6) 图 3-34 所示结构中，竖向荷载 $F_P=1$ 沿 ACD 移动，M_B 影响线在 D 点的竖标为________，$F_{QC右}$ 影响线在 B 点的竖标为________。

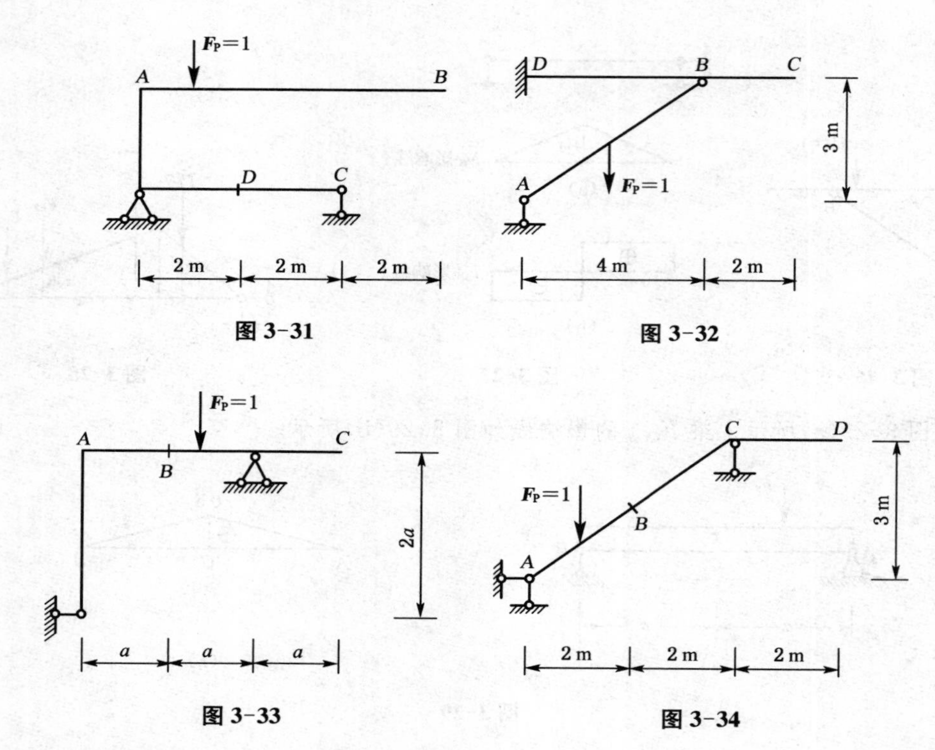

图 3-31　　图 3-32

图 3-33　　图 3-34

三、单项选择题

(1) 图 3-35 所示结构中支座 A 右侧截面剪力影响线的形状为(　　)。

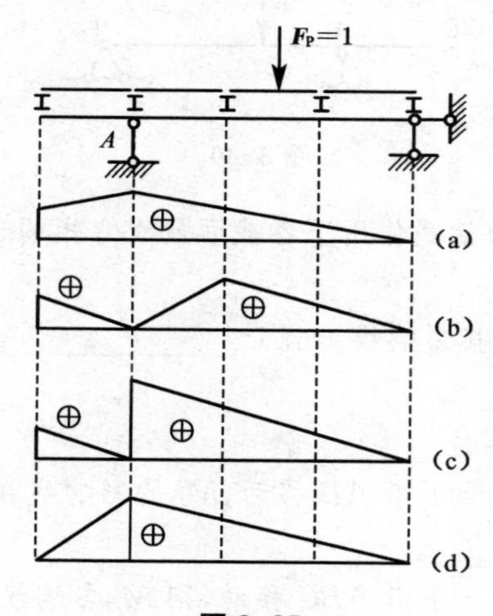

图 3-35

(2) 图 3-36 所示梁在行列荷载作用下,反力 F_{RA} 的最大值为(　　)。

A. 55 kN　　B. 50 kN

C. 75 kN　　D. 90 kN

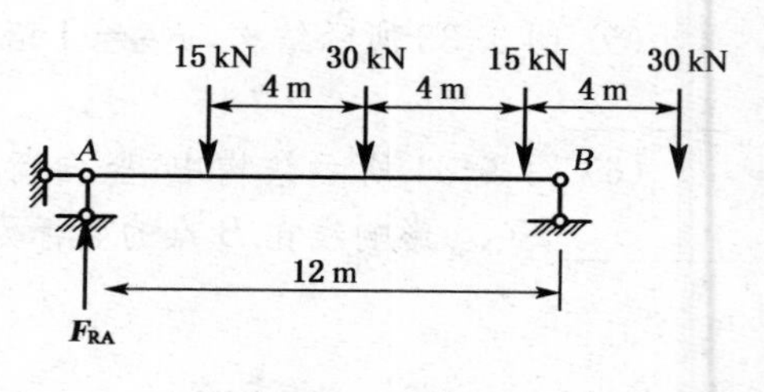

图 3-36

(3) 图 3-37 所示结构 F_{QC} 影响线 ($F_P=1$ 在 BE

上移动)BC、CD 段竖标为(　　)。

A. BC、CD 均不为零　　B. BC、CD 均为零

C. BC 为零,CD 不为零　　D. BC 不为零,CD 为零

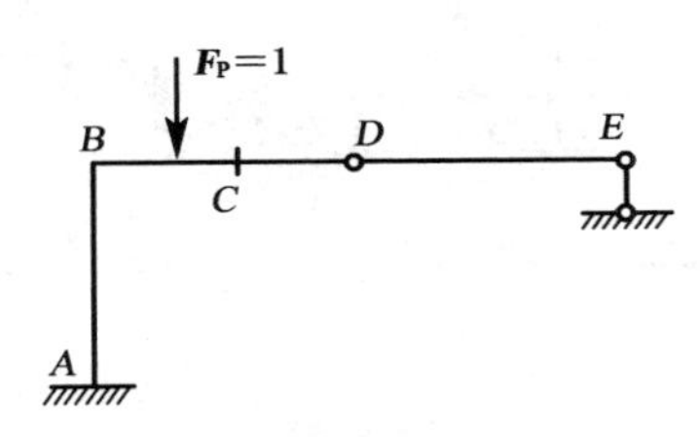

图 3-37

(4) 图 3-38 所示结构中,支座 B 左侧截面剪力影响线形状为(　　)。

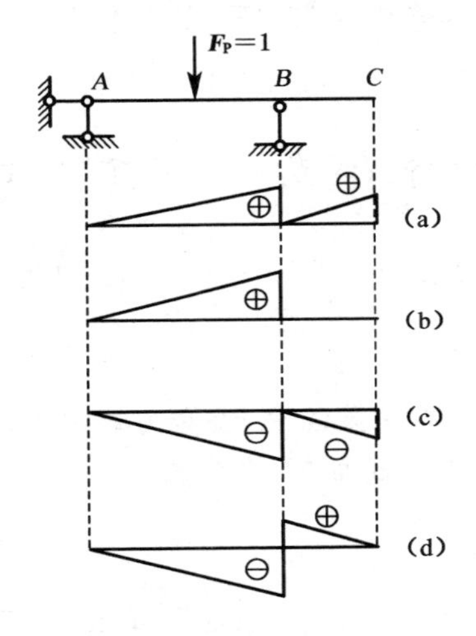

图 3-38

(5) 图 3-39 所示梁在行列荷载作用下,截面 K 的最大弯矩为(　　)。

A. 15 kN·m　　B. 35 kN·m　　C. 30 kN·m　　D. 42.5 kN·m

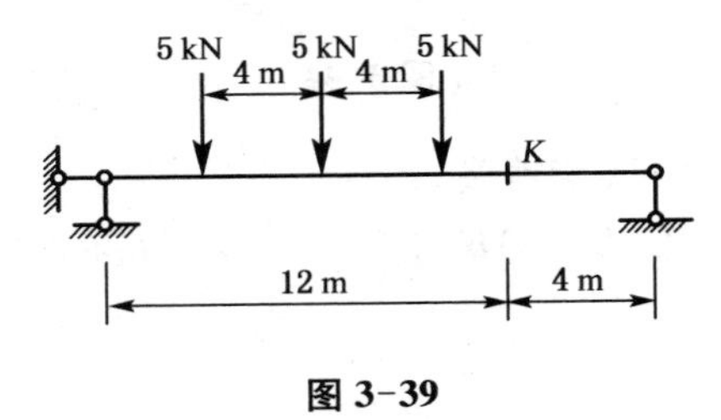

图 3-39

四、作图 3-40 所示悬臂梁 F_{RA}、M_C、F_{QC} 的影响线。

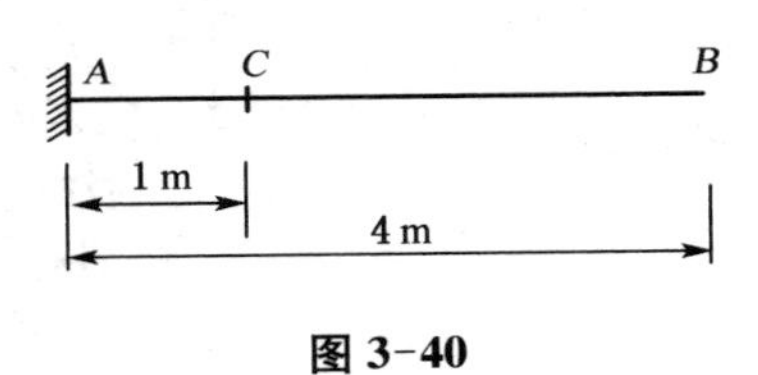

图 3-40

五、(1) 如图 3-41(a)所示,用静力法求结构 F_{SE}、F_{SF}^{L}、F_{SK}、M_K 的影响线。
(2) 如图 3-41(b)所示,用静力法求结构 M_A 影响线。

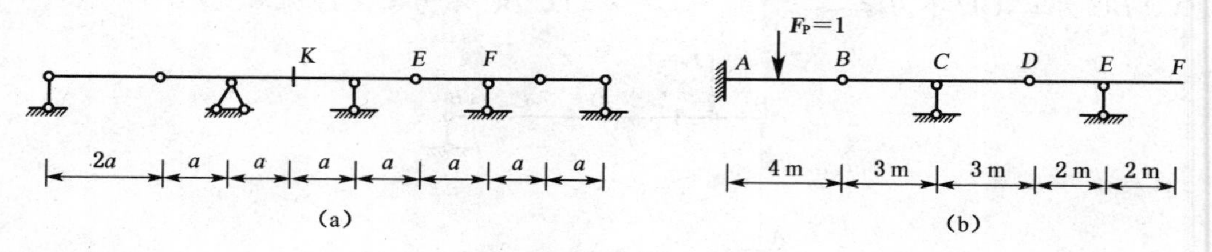

图 3-41

六、如图 3-42 所示,用静力法作外伸梁的 M_C、M_D 影响线。
七、用机动法绘图 3-43 所示连续梁 M_E、F_{Ay} 的影响线轮廓。

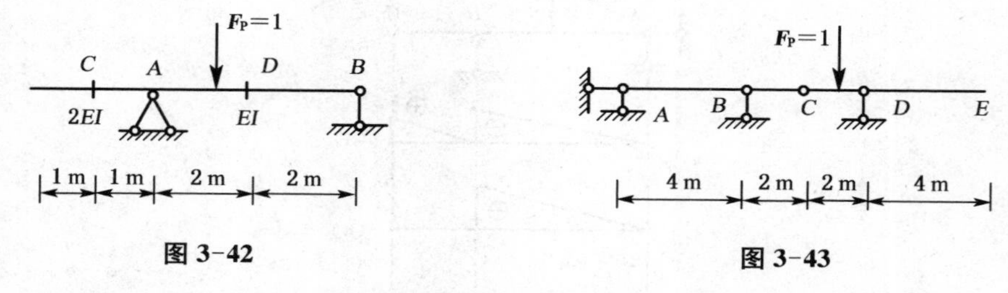

图 3-42　　图 3-43

八、(1) 作图 3-44(a)所示结构主梁截面 F_{SC}^{R} 剪力影响线。
(2) 作图 3-44(b)所示结构主梁截面 M_C 影响线。

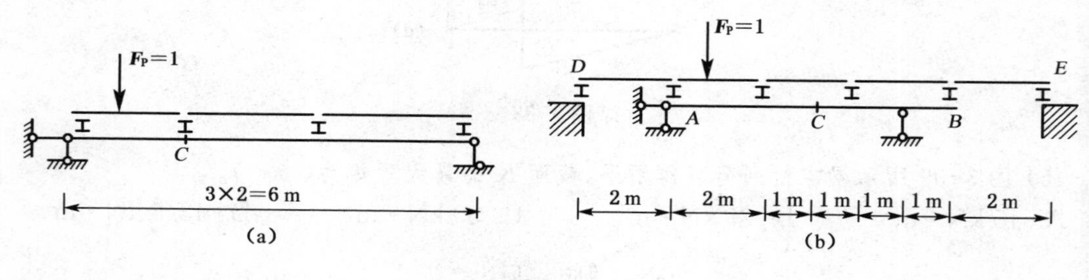

图 3-44

九、作图 3-45 所示桁架的 F_{NA} 影响线。
十、如图 3-46 所示水平单位力在 AE 杆上移动,求 M_B 的影响线(内侧受拉为正)。

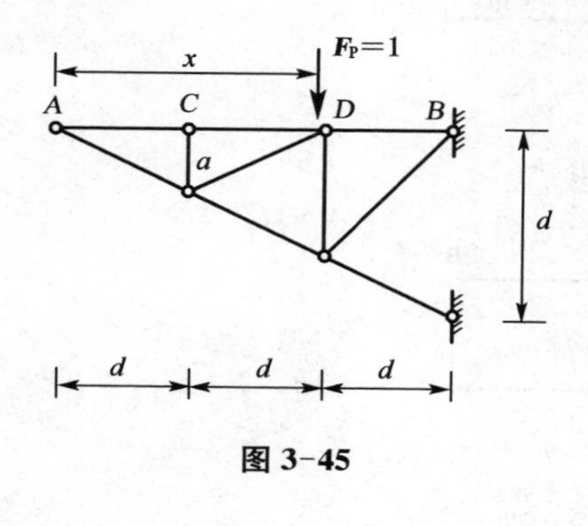

图 3-45

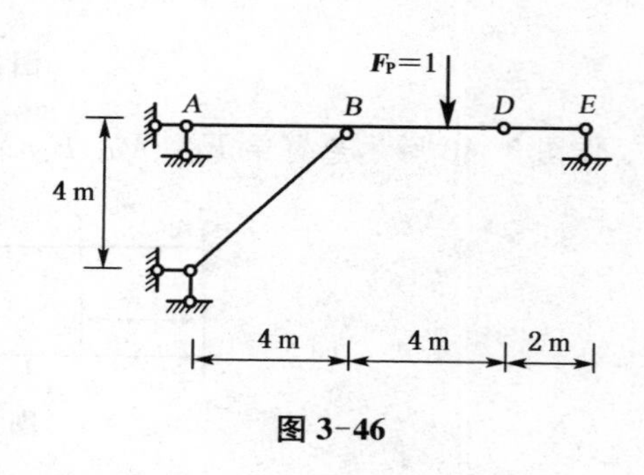

图 3-46

十一、作图 3-47 所示结构的 M_C、F_{SC} 的影响线。

十二、画出图 3-48 所示梁 F_{SC} 的影响线，并利用影响线求出给定荷载下的 $F_{SC左}$ 与 $F_{SC右}$ 的值。

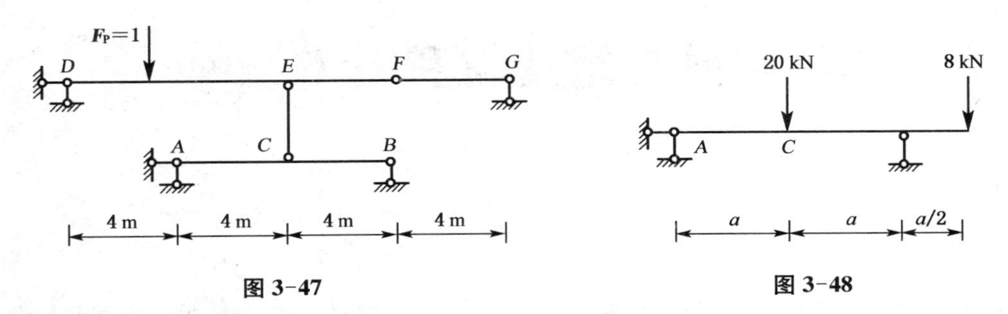

图 3-47　　图 3-48

十三、图 3-49 所示静定梁上有移动荷载组作用，荷载次序不变，试利用影响线求出支座反力 F_{By} 的最大值。

十四、作出图 3-50 所示梁 M_A 的影响线，并利用影响线求出给定荷载下的 M_A 值。

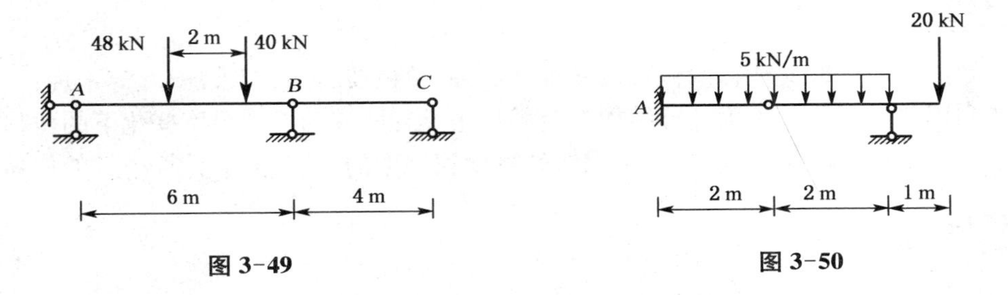

图 3-49　　图 3-50

4 虚功原理与结构位移计算

概　述

本章是静定结构与超静定结构的连接部分，一方面有相对的独立性，另一方面又是学习超静定结构的基础，因此应当有一个正确的学习态度。本章的理论基础是虚功原理，重点是单位荷载法和图乘法的应用，因此应当加强学习和练习。

知识目标

- 理解广义力和广义位移的概念以及虚功原理、单位荷载法、图乘法、互等定理；
- 能利用单位荷载法正确计算结构在荷载作用及支座移动下和温度变化下的位移；
- 掌握图乘法及应用条件，能用图乘法计算梁和刚架的位移，能够计算桁架的位移。

技能目标

- 掌握各种静定结构的位移计算，为超静定结构的内力和位移计算打好基础。

学时建议：10～12 学时

4.1　结构位移计算概述

结构在荷载、温度变化、支座移动与制造误差等各种因素作用下发生变形，因而结构上点的位置会有变动(结构变形)，这种位置的变动称为位移。

结构的位移通常有两种(图 4-1)：截面的移动——线位移；截面的转动——角位移。

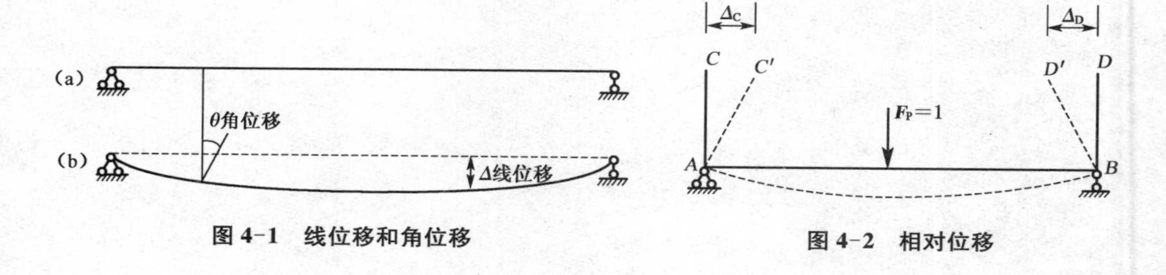

图 4-1　线位移和角位移

图 4-2　相对位移

线位移又分为水平位移和竖向位移。

按位置变化的参照物，分为绝对位移和相对位移。

相对位移：$\Delta_{CD} = \Delta_C + \Delta_D$

4.1.1 结构位移的分类

静定结构位移的类型：

(1) 支座移动产生的位移——刚体位移，因为静定结构支座移动不会产生内力，杆件也就不会产生变形。

(2) 制造误差产生的位移——刚体位移，同样静定结构由于制造误差不会产生内力，杆件也就不会产生变形。

(3) 荷载作用产生的位移——变形体位移，静定结构在荷载作用下杆件会产生内力，也就会产生变形。

(4) 温度改变产生的位移——变形体位移，静定结构由于温度改变虽然杆件不会产生内力，但是会产生变形。

显然支座移动产生的位移、制造误差产生的位移应该用刚体的虚力原理计算。荷载作用产生的位移、温度改变产生的位移应该用变形体的虚力原理计算。

超静定结构位移的类型与静定类似，只是会产生杆件内力和变形。

4.1.2 计算结构位移的目的

结构位移计算的目的：

(1) 验算结构的刚度，校核结构的位移是否超过允许限值，以防止构件和结构产生过大的变形而影响结构的正常使用。我们知道，结构在荷载作用下如果变形太大，也就是没有足够的刚度，则即使不破坏也是不能正常使用的。例如列车通过桥梁时，若桥梁的挠度(即竖向线位移)太大，则线路将不平顺，以致引起过大的冲击、振动，影响行车。因此，铁路桥涵设计规范规定，在竖向静荷载作用下桥梁的最大挠度，简支钢板梁不得超过跨度的 1/800，简支钢桁梁不得超过跨度的 1/900。

又如钢筋混凝土高层建筑的水平位移如果过大，将可能导致混凝土开裂或次要结构及装饰的破坏，此外人也感觉不舒服。因此，有关规范规定，在风力或地震作用下，相邻两层间的相对水平线位移(简称层间位移)的最大值与层高之比，不宜大于 1/500 至 1/1 000。

(2) 为超静定结构的内力计算打下基础。位移计算是计算超静定结构的一个组成部分。因为超静定结构的内力单凭静力平衡条件还不能全部确定，还必须考虑变形条件，而建立变形条件时就必须计算结构的位移。

(3) 在结构的施工过程中，也常常需要知道结构的位移。例如进行悬臂拼装时，在梁的自重、临时轨道、吊机等荷载作用下，悬臂部分将下垂，而发生竖向位移若太大，则吊机容易滚走，同时梁也不能按设计要求就位。因此，必须先行计算竖向位移的数值，以便采取相应措施，确保施工安全和拼装就位。

(4) 在结构的动力计算和稳定计算中，也需要计算结构的位移。

可见,结构的位移计算在工程上是具有重要意义的。

结构力学中计算位移的一般方法是以虚功原理为基础的。本章首先介绍变形体系的虚功原理,然后讨论静定结构的位移计算。至于超静定结构的位移计算,在学习了超静定结构的内力分析后,仍可用这一章的方法进行。

4.2 变形体虚功原理及应用

在理论力学中已讨论过质点系的虚位移原理(或称为虚功原理),它表述为:具有理想约束的质点系在某一位置处于平衡的必要和充分的条件下,对于任何虚位移,作用于质点系的主动力所作的虚功总和为零。

这里,所谓虚位移是指为约束条件所允许的任意微小位移。理想约束是指其约束反力在虚位移上所做的功恒等于零的约束,例如光滑铰结、刚性链杆等。

在刚体中,因任何两点间距离均保持不变,可以认为任何两点间由刚性链杆相连,故刚体是属于具有理想约束的质点系。由若干个刚体用理想约束连接起来的体系自然也是具有理想约束的质点系。此外,作用于体系的外力通常包括荷载(主动力)和约束反力,而对于任何约束,当我们去掉该约束而以相应的反力代替其对体系的作用时,其反力便可当作荷载(主动力)看待。因此,虚功原理应用于刚体体系时又可表述为:刚体体系处于平衡的必要和充分条件是,对于任何虚位移,所有外力所做虚功总和为零。

4.2.1 虚功原理

虚功原理应用于变形体系时,外力虚功总和则不等于零。对于杆件结构,变形体系的虚功原理可表述为:变形体系处于平衡的必要和充分条件是,对于任何虚位移,外力所作虚功总和等于各微段上的内力在其变形上所做的虚功总和。或者简单地说,外力虚功等于变形虚功。

下面来说明上述原理的正确性。为了简明起见,这里只着重从物理概念上来论证其必要条件,关于更详细的数学推导及充分性的证明,读者可参阅其他书籍。

图 4-3(a)表示一平面杆件结构在力系作用下处于平衡状态,图 4-3(b)表示该结构由于别的原因(图中未示出)而产生的虚位移状态,下面分别称这两个状态为结构的力状态和位移状态,这里,虚位移可以是与力状态无关的其他任何原因(例如另一组力系、温度变化、支座移动等)引起的,甚至是假想的。但虚位移必须是微小的,并为支承约束条件和变形连续条件所允许,即应是所谓协调的位移。

现从图 4-3(a)的力状态中取出一个微段来研究,作用在微段上的力除外力 q 外,还有两侧截面上的内力即轴力、弯矩和剪力(注意,这些力对整个结构而言是内力,对于所取微段而言则是外力,由于习惯,同时也为了与整个结构的外力即荷载和支座反力相区别,这里仍称这些力为内力)。在图 4-3(b)的位移状态中此微段由 $ABCD$ 移到了 $A'B'C'D'$,于是上述作用在微段上的各力将在相应的位移上作虚功。把所有微段的虚功总加起来,便是整个结构的虚功。下面按两种不同的途径来计算虚功。

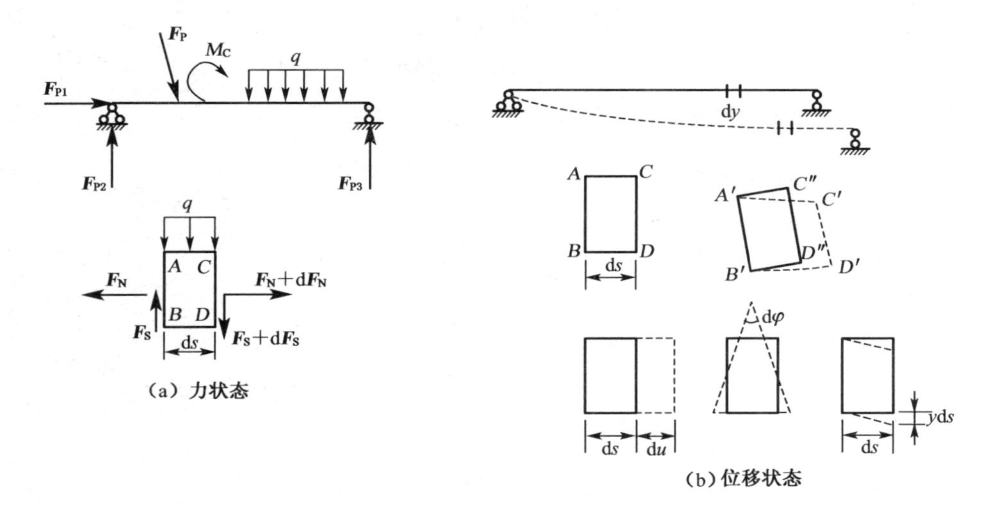

图 4-3　截面的力状态和位移状态

(1) 按外力虚功与内力虚功计算

设作用于微段上所有各力所做虚功总和为 dW，它可以分为两部分：一部分是外力所做的功 dW_c，另一部分是截面上的内力所做的功 dW_t，即

$$dW = dW_c + dW_t$$

将其沿杆段积分并将各杆段积分总和起来，得整个结构的虚功为

$$\sum\int dW = \sum\int dW_c + \sum\int dW_t$$

或简写为

$$W = W_c + W_t$$

这里，W_c便是整个结构的所有外力(包括荷载和支座反力)在其相应的虚位移上所做虚功的总和，即上面简称的外力虚功；W_t则是所有微段截面上的内力所做虚功的总和。由于任何两相邻微段相邻截面上的内力互为作用力与反作用力，它们大小相等方向相反；又由于虚位移是协调的，满足变形连续条件，两微段相邻的截面总是密贴在一起而具有相同的位移，因此每一对相邻截面上的内力所做的功总是大小相等正负号相反而互相抵消。由此可见，所有微段截面上内力所做功的总和必然为零，即

$$W_t = 0$$

于是整个结构的总虚功便等于外力虚功

$$W = W_c \qquad ①$$

(2) 按刚体虚功与变形虚功计算

另一方面，又可以把微段的虚位移分解为两步：先只发生刚体位移(由 $ABCD$ 移到 $A'B'C''D''$)，然后再发生变形位移(截面 $A'B'$不动，$C''D''$再移到 $C'D'$)。作用在微段上的所有各力在刚体位移上所做虚功为 dW_s，在变形位移上所做虚功为 dW_v，于是微段总的虚功又可写为

$$dW = dW_s + dW_v$$

由于微段处于平衡状态，故由刚体的虚功原理可知

$$dW_s = 0$$

于是

$$dW = dW_v$$

对于全结构有

$$\sum\int dW = \sum\int dW_v$$

即

$$W = W_v \qquad ②$$

现在来讨论 W_v的计算。对于平面杆系结构，微段的变形可以分为轴向变形 du、弯曲变形 $d\varphi$ 和剪切变形 γds。不难看出，微段上轴力、弯矩和剪力的增量 dF_N、dM 和 dF_Q以及分布荷载 q 在这些变形上所做虚功为高阶微量而可略去不计，因此微段上各力在其变形上所做的虚功可写为

$$dW_v = F_N du + M d\varphi + F_Q \gamma ds$$

此外，假若此微段上还有集中荷载或力偶荷载作用时，可以认为它们作用在截面 AB 上，因而当微段变形时它们并不做功。总之。仅考虑微段的变形而不考虑其刚体位移，外力不做功，只有截面上的内力做功。对于整个结构有

$$W_v = \sum\int dW_v = \sum\int F_N du + \sum\int M d\varphi + \sum\int F_Q ds$$

可见，W_v是所有微段两侧截面上的内力（对微段而言是外力）在微段的变形上所做虚功的总和，称为变形虚功。

比较式①、式②可得

$$W_c = W_v$$

故虚功方程为

$$W = \sum\int dW_v = \sum\int F_N du + \sum\int M d\varphi + \sum\int F_Q ds \qquad (4\text{-}1)$$

注意：上面的讨论过程中，并没有涉及材料的物理性质，因此无论对于弹性、非弹性、线性、非线性的变形体系，虚功原理都适用。

上述变形体系的虚功原理对于刚体体系自然也适用，由于刚体体系发生虚位移时，各微段不产生任何变形，故变形虚功 $W_v = 0$，此时

$$W = 0$$

即外力虚功为零。可见刚体体系的虚功原理可看作是变形体系虚功原理的一个特例。

4.2.2 虚功原理的两种应用

虚功原理的关键：平衡力系与位移的相互独立性，二者都可以进行假设，根据不同的问题进行不同的假设。

利用虚功原理和虚功的力以及位移不相关的特性，虚功原理有两种应用：

1）虚设位移，求实际的力——虚位移原理

对于给定的力状态，另虚设一个位移状态，利用虚功方程来求解力状态中的未知力，这时的虚功原理可称为虚位移原理。

如图 4-4(a)所示杠杆，在 B 点作用已知荷载 F_{PB}，求杠杆平衡时在 A 点需加的未知力 F_{PA}。把刚体取虚位移，如图 4-4(b)所示，根据刚体虚功原理得

$$F_{PA}\Delta_A + F_{PB}\Delta_B = 0 \qquad ③$$

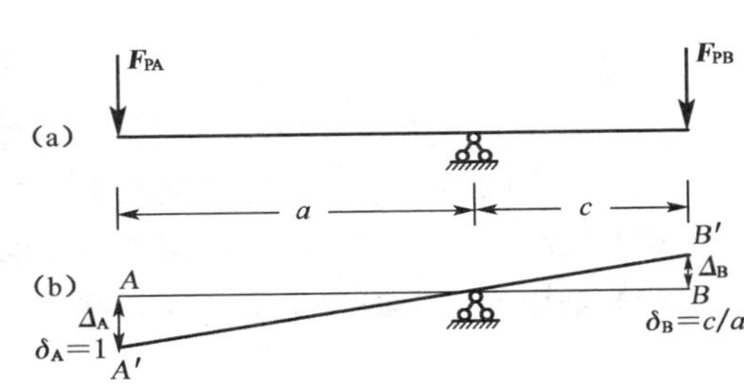

图 4-4 虚位移图

其中：Δ_A 和 Δ_B 分别是沿 F_{PA} 和 F_{PB} 方向的虚位移。令 $\delta_A=1$，且令 δ_B 表示位移 Δ_A 和 Δ_B 之间的比例系数：

$$\delta_B = \frac{\Delta_B}{\Delta_A}$$

由图中几何关系得

$$\delta_B = \frac{\Delta_B}{\Delta_A} = -\frac{c}{a}$$

将式③除以 ΔA，得

$$F_{PA} = \frac{c}{a}F_{PB}$$

单位位移法步骤：

(1) 去掉与拟求力相应的约束，并代以拟求力(力的方向是先假定的)，并使得到的体系(机构)沿拟求力的方向发生单位虚位移。

(2) 令所有外力在体系的虚位移上作虚功，建立虚位移方程并求解。

结果为正，所得力的方向与假定的方向相同；结果为负，所得力的方向与假定的方向相反。

2）虚设力状态，求位移——虚力原理

对于给定的位移状态，另虚设一个力状态，利用虚功方程来求解位移状态中的位移，这时的虚功原理又可称为虚力原理，本章就是讨论用这种方法来计算结构的位移。

在拟求位移 Δ 的方向设置单位位移，而在其他地方不再设置荷载。这个单位位移与相应的支座反力组成一个虚设的平衡力系。

静定梁支座 A 向上移动距离 c_1，拟求 B 点的竖向位移 Δ。

(1) 虚设的平衡力系

$$\overline{R}_1 = -\frac{b}{a}$$

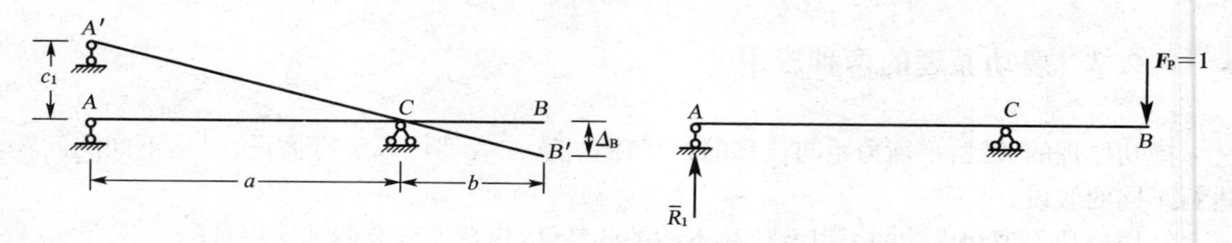

图 4-5　虚位移图

(2) 虚功方程　　$\Delta\times 1+c_1\overline{R}_1=0$

(3) 竖向位移　　$\Delta=-c_1\overline{R}_1=\dfrac{b}{a}c_1$

注意：

(1) 所建立的虚功方程，实质上是几何方程。

(2) 虚设的力状态与实际位移状态无关，故可设单位广义力 $F_P=1$。

(3) 求解时关键一步是找出虚力状态的静力平衡关系。

(4) 是用静力平衡法来解几何问题。

4.3　荷载作用下静定结构的位移计算

现在讨论结构在荷载作用下的位移计算。需要指出的是，下面仅限于研究线弹性结构，即结构的位移与荷载是成正比的，因而计算位移时荷载的影响可以叠加，而且当荷载全部撤除后位移也完全消失。这样的结构，位移应是微小的，应力与应变的关系须符合胡克定律。

4.3.1　荷载作用下静定结构位移计算的一般公式

计算变形虚功时，设虚力状态中由单位荷载 $F_P=1$ 作用而引起的某微段上的内力为 $\overline{F}_N$、$\overline{M}$、$\overline{F}_Q$，而实际状态中微段相应的变形为 du、$d\varphi$、γds，则变形虚功为

$$W_V=\sum\int \overline{F}_N du+\sum\int \overline{M}d\varphi+\sum\int \overline{F}_Q \gamma ds$$

由虚功原理 $W=W_V$，有

$$1\cdot\Delta_K+\sum\overline{R}c=\sum\int \overline{F}_N du+\sum\int \overline{M}d\varphi+\sum\int \overline{F}_Q \gamma ds$$

可得

$$\Delta_K=\sum\int \overline{F}_N du+\sum\int \overline{M}d\varphi+\sum\int \overline{F}_Q \gamma ds-\sum\overline{R}c \tag{4-2}$$

这就是平面杆件结构位移计算的一般公式。如果确定了虚力状态的反力 $\overline{R}$ 和 $\overline{F}_N$、$\overline{M}$、$\overline{F}_Q$，同时已知实际状态的支座位移 c，并求得了微段的变形 du、$d\varphi$、γds，则由上式可算出位移

Δ_K。若计算结果为正，表示单位荷载所作虚功为正，故所求位移 Δ_K 的实际指向与所假设的单位荷载 $F_P=1$ 的指向相同，为负则相反。

由以上情况可以看出，利用虚功原理来求结构的位移，关键就在于虚设恰当的力状态。而方法的巧妙之处在于虚力状态中只在所求位移地点沿所求位移方向加一个单位荷载，以使荷载虚功恰好等于所求位移。这种计算位移的方法称为单位荷载法。

设图 4-6(a)所示结构只受到广义荷载 F_P（包括 F、M、q 等）作用，现要求 K 点沿指定方向（比如竖向）的位移 Δ_{KP}，这里，位移 Δ_{KP} 用了两个下标：第一个下标 K 表示该位移的地点和方向，即 K 点沿指定方向；第二个下标 P 表示引起该位移的原因，即是由于广义荷载引起的。

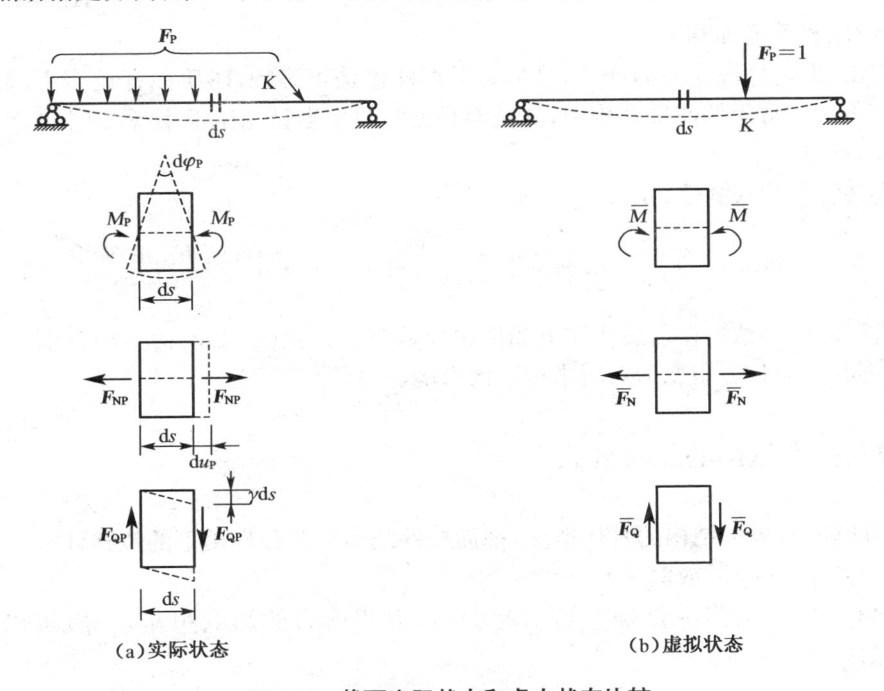

图 4-6　截面实际状态和虚力状态比较

此时，由于没有支座移动，故式(4-2)中的 $\sum \overline{R}c$ 一项为零，因而位移计算公式为

$$\Delta_K=\sum\int \overline{F}_N\mathrm{d}u+\sum\int \overline{M}\mathrm{d}\varphi+\sum\int \overline{F}_Q\mathrm{d}s \quad ④$$

式中：$\overline{F}_N$、$\overline{M}$、$\overline{F}_Q$——虚力状态中微段上的内力(图 4-6(b))；

$\mathrm{d}u$、$\mathrm{d}\varphi$、$\gamma\mathrm{d}s$——实际状态中微段的变形。

若实际状态中微段上的内力为 M_P、F_{NP}、F_{QP}，则由材料力学可知，由 M_P 和 F_{NP} 分别引起的微段的弯曲变形和轴向变形为

$$\mathrm{d}\varphi_P=\frac{M_P\mathrm{d}s}{EI} \quad ⑤$$

$$\mathrm{d}u_P=\frac{F_{NP}\mathrm{d}s}{EA} \quad ⑥$$

式中：E——材料的弹性模量；

I、A——杆件截面二次矩(惯性矩)和面积。

F_{QP}引起的剪切变形可表示为

$$\gamma_P ds = \frac{kF_{QP}ds}{GA} \quad ⑦$$

式中:G——材料的切变模量;

k——切应力沿截面分布不均匀而引用的修正系数,其值与截面形状有关,对于矩形截面 $k=\frac{6}{5}$,圆形截面 $k=\frac{10}{9}$,薄壁圆环截面 $k=2$,工字形截面 $k\approx\frac{A}{A'}$;

A'——腹板截面面积。

应该指出,上述微段变形的计算,只是对于直杆才是正确的,对于曲杆还需考虑曲率对变形的影响。不过在常用的曲杆结构中,其截面高度与曲率半径相比很小(称为小曲率杆),曲率的影响不大,可以略去不计。

将式⑤、⑥、⑦代入式④,得

$$\Delta_{KP} = \sum\int\frac{\overline{F}_N F_{NP}ds}{EA} + \sum\int\frac{\overline{M}M_P ds}{EI} + \sum\int\frac{k\overline{F}_Q F_{QP}ds}{GA} \tag{4-3}$$

这就是平面杆件结构在荷载作用下的位移计算公式。式(4-3)右边三项分别代表结构的轴向变形、弯曲变形和剪切变形对所求位移的影响。

4.3.2 各类结构的位移公式

在实际计算中,根据结构的具体情况,平面杆件结构在荷载作用下的位移计算常常可以只考虑式(4-3)其中的一项(或两项)。

对于梁和刚架,位移主要是弯矩引起的,轴力和剪力的影响很小,一般可以略去,故式(4-3)可简化为

$$\Delta_{KP} = \sum\int\frac{\overline{M}M_P ds}{EI} \tag{4-4}$$

在桁架中,因只有轴力作用,若同一杆件的轴力 $\overline{F}_N$、F_N 及 EA 沿杆长 l 均为常数,故式(4-3)可简化为

$$\Delta_{KP} = \sum\int\frac{\overline{F}_N F_{NP}ds}{EA} \tag{4-5}$$

在组合结构中,受弯杆件可只计算弯矩一项的影响,对链杆则只计轴力影响,故其位移计算公式为

$$\Delta_{KP} = \sum\int\frac{\overline{F}_N F_{NP}ds}{EA} + \sum\int\frac{\overline{M}M_P ds}{EI} \tag{4-6}$$

在曲梁和一般拱结构中,杆件的曲率对结构的影响都很小,可以略去不计,其位移仍可近似的按式(4-3)计算,通常只需考虑弯曲变形的影响。但在扁平拱中(跨度 l 大于 5 倍的拱高),除弯矩外,有时还需考虑轴力对位移的影响。

$$\Delta_{KP}=\sum\int\frac{\overline{F}_N F_{NP}\mathrm{d}s}{EA}+\sum\int\frac{\overline{M}M_P\mathrm{d}s}{EI} \tag{4-6}$$

4.3.3 静定结构在荷载作用下的位移计算举例

【例 4-1】 求图 4-7(a)简支梁中点 C 的竖向位移 Δ_{CV}。

【解】 (1) 取虚力状态如图 4-7(b)

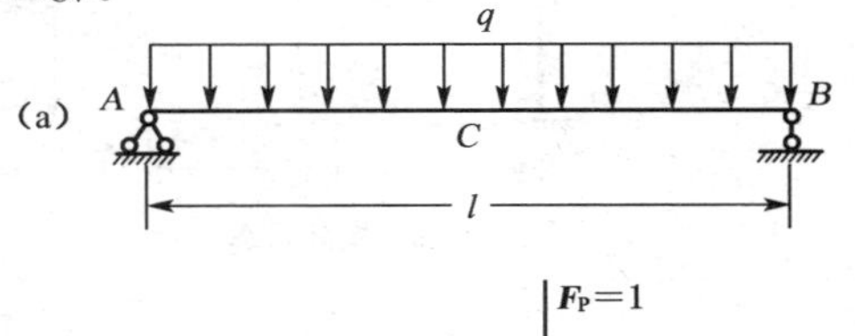

图 4-7 荷载分布

(2) 写出弯矩、剪力的方程

当 $0\leqslant x\leqslant\frac{l}{2}$ 时，$\overline{M}=\frac{1}{2}x$，$\overline{F}_Q=\frac{1}{2}$，

$M_P=\frac{q}{2}lx-\frac{q}{2}x^2$，$F_{QP}=\frac{1}{2}ql-qx$

(3) 计算

考虑对称性

$$\Delta_{CV}=2\int_0^{\frac{l}{2}}\frac{\frac{1}{2}x\left(\frac{q}{2}lx-\frac{q}{2}x^2\right)}{EI}\mathrm{d}x+2\int_0^{\frac{l}{2}}\frac{1.2\times\frac{1}{2}\left(\frac{ql}{2}-ql\right)}{GA}\mathrm{d}x$$

$$=\frac{5ql^4}{384EI}+\frac{kql^2}{8GA}$$

(4) 比较弯曲变形与剪切变形的影响

弯曲变形：$\Delta_M=\frac{5ql^4}{384EI}$　　剪切变形：$\Delta_Q=\frac{kql^2}{8GA}$

两者的比值：$\frac{\Delta_Q}{\Delta_M}=11.52\frac{EI}{GAl^2}=2.56\left(\frac{h}{l}\right)^2$

若高跨比为 $\frac{h}{l}=\frac{1}{10}$，则$\frac{\Delta_Q}{\Delta_M}=2.56\%$

结论：在计算受弯构件时，若截面的高度远小于杆件的长度的话，一般可以不考虑剪切变形及轴向变形的影响；但是对于深梁(梁的跨度与高度之比 $l/h\leqslant2$ 的简支梁和 $l/h\leqslant2.5$ 的连续梁)，剪切变形的影响不可以忽略。

【例 4-2】 求图 4-8(a)所示刚架 A 点的竖向位移 ΔA_y。E、A、I 为常数。

【解】 设置虚力状态，选取坐标如图 4-8(b)。则各杆弯矩方程为

$$AB\text{ 段}:\overline{M}=-x\qquad BC\text{ 段}:\overline{M}=-l$$

实际状态中各杆弯矩方程为

$$AB\text{ 段}:M_P=-\frac{qx^2}{2}\qquad BC\text{ 段}:M_P=-\frac{ql^2}{2}$$

代入公式得

$$\Delta_{Ay}=\sum\int\frac{\overline{M}M_P\mathrm{d}s}{EI}=\int_0^l(-x)\left(-\frac{qx^2}{2}\right)\frac{\mathrm{d}x}{EI}+\int_0^l(-l)\left(-\frac{qL^2}{2}\right)\frac{\mathrm{d}x}{EI}=\frac{5ql^4}{EI}(\downarrow)$$

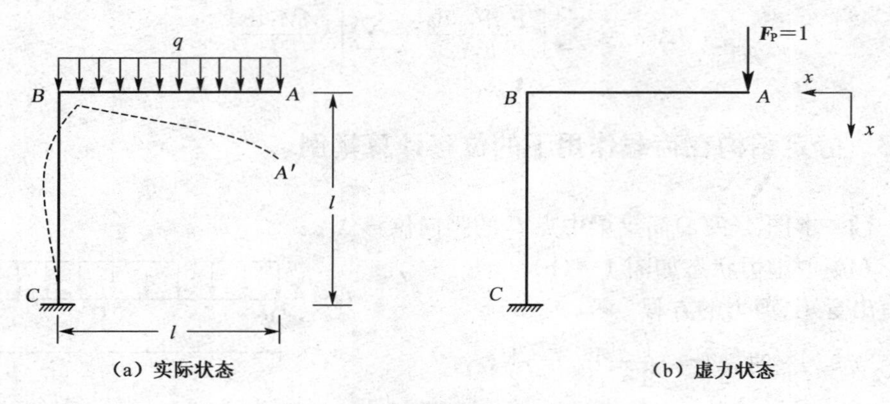

(a) 实际状态　　　　(b) 虚力状态

图 4-8　荷载分布

【例 4-3】　如图 4-9(a)所示桁架,已知各杆 EA 相等,并为常数。求:(1)D 结点的竖向位移;(2)CD 杆的转角位移。

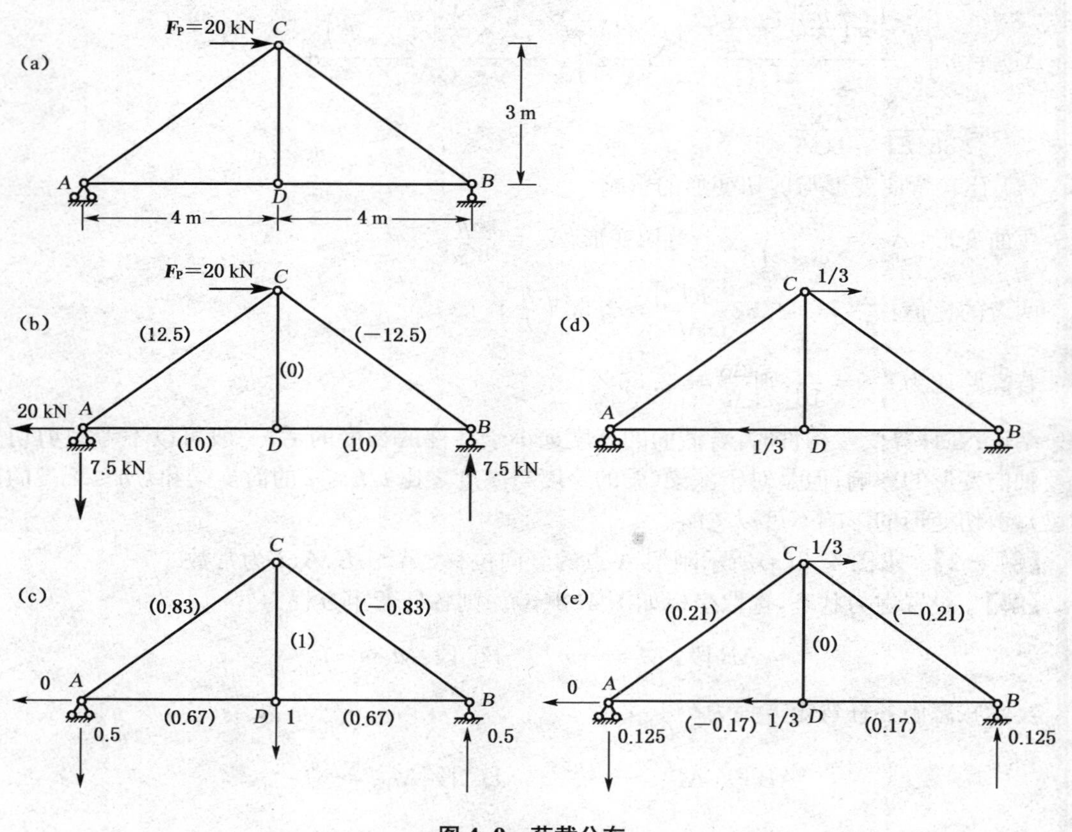

图 4-9　荷载分布

【解】　(1) 求 D 结点的竖向位移 Δ_{DV}

① 计算 F_{NP}

通过求解得到各杆的轴力如图 4-9(b)所示(单位:kN)。

② 计算 $\overline{F}_N$

在 D 点虚设单位竖向荷载，相应各杆的轴力如图 4-9(c)所示。

③ 求 D 结点的竖向位移 Δ_{DV}

根据桁架位移计算公式得

$$\Delta_{DV}=\sum_1^5\frac{\overline{F}_N F_{NP}}{EA}L=\frac{1}{EA}(2\times0.67\times10\times4+1\times0\times3+0.83\times12.5\times5$$
$$-0.83\times12.5\times5)=\frac{53.6}{EA}\text{m}(\downarrow)$$

(2) 求 CD 杆的转角位移 θ

设置虚力状态如图 4-9(d)，求得相应虚力状态的各杆内力如图 4-9(e)，根据桁架位移计算公式得

$$\theta=\sum_1^5\frac{\overline{F}_N F_{NP}}{EA}L=\frac{1}{EA}(-0.17\times10\times4+0.17\times10\times4+2\times0.21\times12.5\times5)$$
$$=\frac{26.25}{EA}\text{ rad(顺时针)}$$

4.4 静定结构由于支座移动和温度改变引起的位移计算

4.4.1 支座移动产生的位移计算

支座移动产生的位移应采用刚体的虚力原理来计算。

图示简支梁 B 支座往下位移了 Δ，求由此产生的 A 点转角 φ_A。

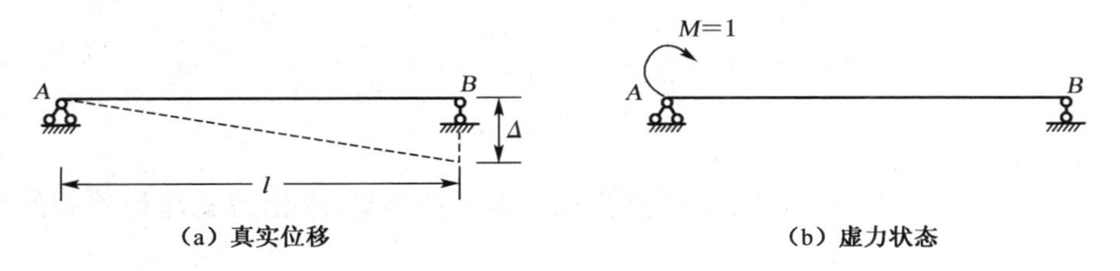

图 4-10 虚位移与实位移

运用刚体的虚功原理，把简支梁发生位移的情况称为真实的位移状态，然后虚设一个力状态，即在原结构要求转角处(A 点)虚设一个单位力矩。让虚设力状态上的所有外力到真实的位移状态上去做虚功，而这个虚功应该等于零，即

$$1\times\varphi_A-\frac{\Delta}{l}=0$$

得

$$\varphi_A=\frac{\Delta}{l}$$

可以得出由支座移动引起的位移计算公式如下：

$$\Delta = -\sum \overline{R} \times c \tag{4-7}$$

其中：$\overline{R}$——由虚设力产生的在有支座位移处的支座反力；

c——真实的支座位移。

运用以上计算公式时还需注意正负号，反力与支座位移一致时取正，相反取负。

【例 4-4】 图示三铰刚架 A 支座往下位移了 b，B 支座往右位移了 a，求 C 点的竖向位移 Δ_{CV} 和 C 点的相对转角 $\Delta_{C\varphi}$。

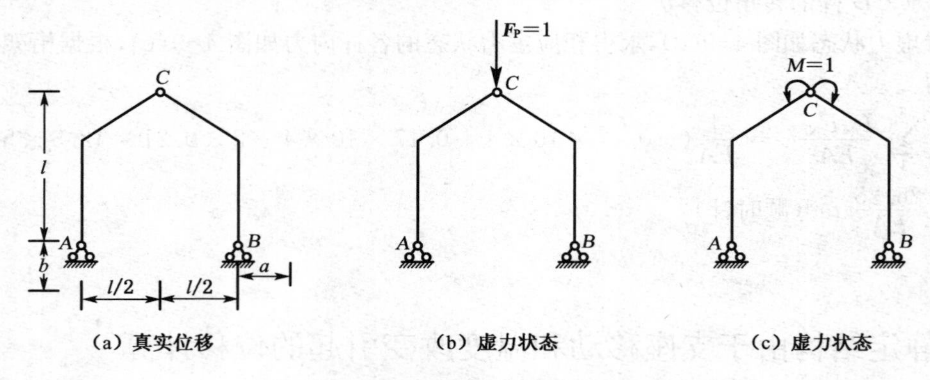

图 4-11　支座位移及虚力图

【解】 (1) 求 C 点的竖向位移 Δ_{CV}

虚设一个力状态见图 4-11(b)：在 C 点作用一个竖向单位力，求出有支座位移处的反力 F_{AY} 和 F_{BX}。

求得：$F_{AY} = \frac{1}{2}, F_{BX} = \frac{1}{4}$

运用位移计算公式可得

$$\Delta_{cv} = -\left(-\frac{1}{2} \times b - \frac{1}{4} \times a\right) = \frac{b}{2} + \frac{a}{4}$$

(2) C 点的相对转角 $\Delta_{C\varphi}$

虚设一个力状态见图 4-11(c)：在 C 点作用一对单位力矩，求出有支座位移处的反力 F_{AY} 和 F_{BX}。

求得：$F_{AY} = 0, F_{BX} = \frac{1}{l}$

运用位移计算公式可得

$$\Delta_{C\varphi} = -\left(\frac{1}{l} \times a\right) = \frac{a}{l}$$

4.4.2　制造误差产生的位移计算

制造误差产生的位移应采用刚体的虚力原理计算。

如图 4-12 所示桁架 AC 杆比要求的短了 2 cm，求由此产生的 C 点水平位移。

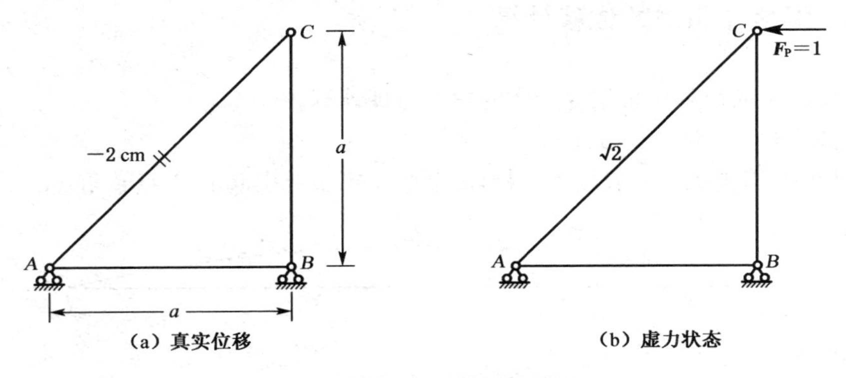

(a) 真实位移　　(b) 虚力状态

图 4-12　虚位移与实位移

虚设一力的状态：在 C 点作用一水平单位力，方向朝左（随意假设）。求出桁架各杆的内力，把有制造误差的杆件砍断，让内力暴露出来，变成外力，由于它是压力，方向如图所示。

令虚设的力到真实的位移上去做功。

利用虚功方程有：$1\times\Delta_{CH}-\sqrt{2}\times 2=0$

得：$\Delta_{CH}=2\sqrt{2}\ \text{cm}$

【例 4-5】 图 4-13 所示悬臂梁 C 点由于制造误差有一转角 α，求由此引起的 B 点竖向位移 Δ_{BV}。

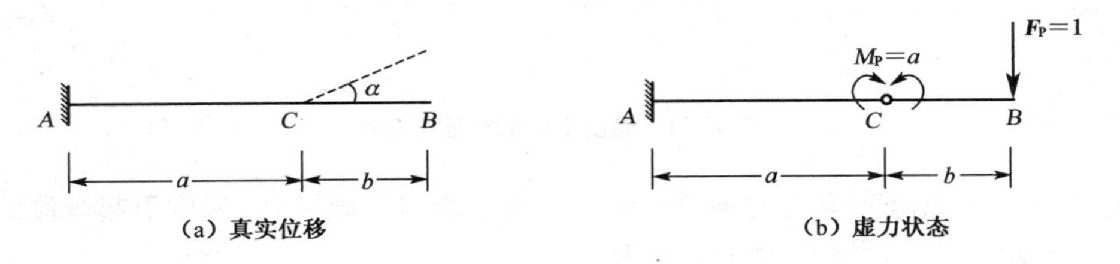

(a) 真实位移　　(b) 虚力状态

图 4-13　位移及虚力图

【解】 虚设一力状态：在 B 点加一竖向单位力，求出 C 点的弯矩，并把 C 点的抗弯连系去掉，用弯矩 M_C 表示。令虚设的力到真实的位移上去做功：

利用虚功方程有　　$1\times\Delta_{BV}+M_C\times\alpha=0$

得　　$\Delta_{BV}=-M_C\times\alpha$

负的说明真实的位移（向上）与假设的（向下）相反。

由以上讨论可以得出制造误差引起的位移计算公式如下：

$$\Delta=\sum\overline{F}_N\lambda+\sum\overline{M}\alpha+\sum\overline{F}_Q\eta \tag{4-8}$$

式中：$\overline{F}_N$、$\overline{M}$、$\overline{F}_Q$——虚设单位力作用下，杆件在有制造误差处产生的轴力、剪力和弯矩。

λ、α、η——制造产生的轴向误差、弯曲误差和剪切误差。

正负号规定：虚内力与误差方向一致为正，方向相反为负。

4.4.3 温度作用时的位移计算

温度作用产生的位移应采用变形体的虚力原理计算。

计算公式推导：

图 4-14 所示简支梁上下温度不一样，$t_1 > t_2$，求由此引起的 A 点转角 φ_A。

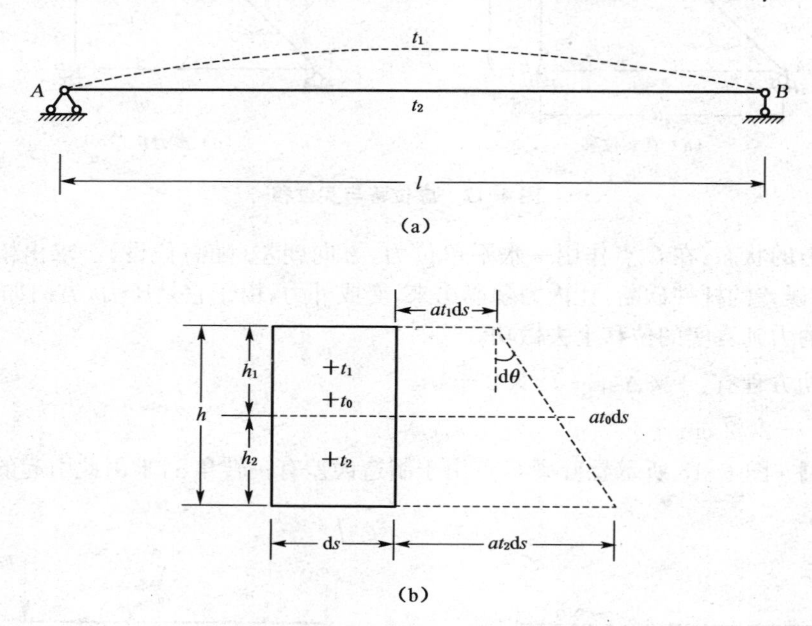

图 4-14 温度变化时截面变形图

先讨论一下，由温度变化引起的梁变形。从梁上取出一微段 ds，温度引起微段的变形如图 4-14(b)所示。其中，微段发生的转角为

$$\mathrm{d}\theta = \frac{at_1\mathrm{d}s - at_2\mathrm{d}s}{h} = \frac{a\Delta t\mathrm{d}s}{h}$$

微段发生的轴向变形为

$$\mathrm{d}\lambda = at_0\mathrm{d}s$$

式中：$\Delta t = t_1 - t_2$ ——杆件上下边缘的温度差值；

t_0——杆件轴线处的温度变化值。

注意：温度变化不会产生剪切变形。

然后以梁由于温度变化引起变形的情况作为真实的位移状态，在原结构要求转角处施加一个单位力矩的情况作为虚设的力状态。

运用变形体的虚功原理，所有外力所做的虚功等于内力所做的虚功。

$$\Delta = \int \overline{F}_N \mathrm{d}u + \int \overline{M}\mathrm{d}\theta = \int \overline{F}_N at_0\mathrm{d}u + \int \overline{M}\frac{a\Delta t}{h}\mathrm{d}u$$

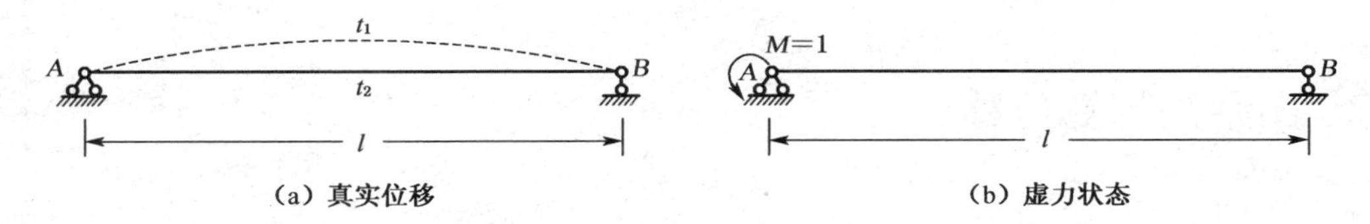

(a) 真实位移　　(b) 虚力状态

图 4-15　虚力与实位移图

以上结构只有一根杆件，若结构有 n 根杆件，则公式为

$$\Delta=\sum\int\overline{F}_{\mathrm{N}}\mathrm{d}u+\sum\int\overline{M}\mathrm{d}\theta=\sum\int\overline{F}_{\mathrm{N}}at_{0}\mathrm{d}u+\sum\int\overline{M}\frac{a\Delta t}{h}\mathrm{d}u$$

若温度沿杆长变化相同，且截面高度不变，则上式可写成

$$\Delta=\sum\int\overline{F}_{\mathrm{N}}\mathrm{d}u+\sum\int\overline{M}\mathrm{d}\theta=\sum at_{0}\omega_{\overline{\mathrm{N}}}+\sum\frac{a\Delta t}{h}\omega_{\overline{\mathrm{M}}}\tag{4-9}$$

式中：$\omega_{\overline{\mathrm{N}}}$——由虚设单位力产生的轴力图面积；

$\omega_{\overline{\mathrm{M}}}$——由虚设单位力产生的弯矩图面积。

正负号的规定：虚力状态中的变形与温度改变产生的变形方向一致时，取正号，反之取负号。

【例 4-6】 图 4-16 所示三铰刚架，室内温度比原来升高了 30°，室外温度没有变化，求 C 点的竖向位移 Δ_{CV}，杆件的截面为矩形，高度 h 为常数，材料的膨胀系数 α。

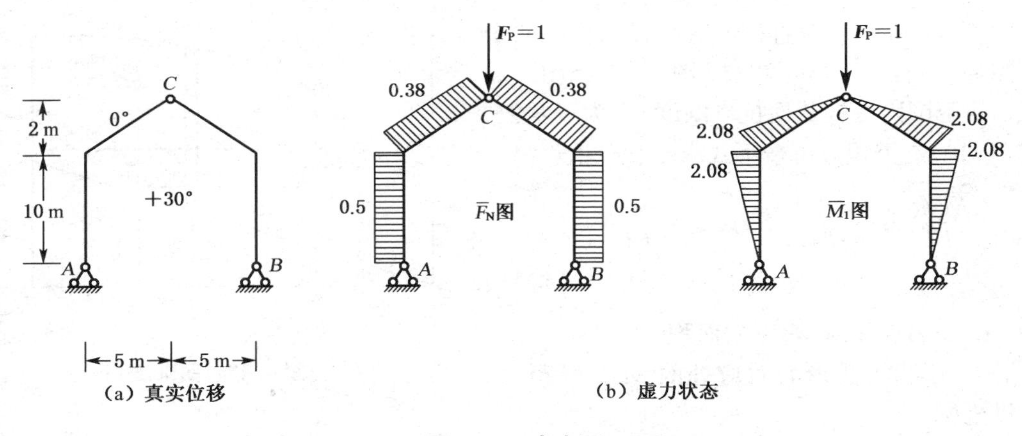

(a) 真实位移　　(b) 虚力状态

图 4-16　内力图

【解】 (1) 在 C 点作用一竖向单位力画出弯矩 $\overline{M}$ 和轴力 $F_{\overline{\mathrm{N}}}$ 图。

(2) 运用公式求 Δ_{CV}

$$\Delta t=30^{0}-0^{0}=30^{0}$$

$$\begin{aligned}\Delta_{\mathrm{CV}}=&-a\times15(0.5\times10\times2+0.38\times5.38\times2)\\&-a\times\frac{30}{h}\left(0.208\times\frac{10}{2}\times2+2.08\times5.38\right)=-a\left(211.2+\frac{960}{h}\right)\end{aligned}$$

4.5 图乘法计算位移

从上节可知，计算梁和刚架在荷载作用下的位移时，先要写出 $\overline{M}$ 和 M_P 的方程式，然后代入公式

$$\Delta_{KP}=\sum\int\frac{\overline{M}M_P}{EI}ds \tag{4-10}$$

求积分项的值时，除采用各种积分方法求出精确的显式表示式外，还可采用数值积分方法求出精确的或近似的数值解。

一种常用的数值积分方法是高斯数值积分法，在有限元法书籍中一般都有介绍，可以参考。

本书介绍另一种求这类积分值的方法——图乘法。在一定的应用条件下，图乘法可给出积分的数值解，而且是精确解。图乘法是 Vereshagin 于 1925 年提出的，他当时为莫斯科铁路运输学院的学生。对直杆或直杆一段，当 EI 沿杆长度不变，且积分号内两个弯矩图形有一个是直线图时，采用图乘法计算积分比较方便。

4.5.1 图乘法的原理

图 4-17 所示为一直杆或直杆段 AB 的两个弯矩图，其中有一个弯矩图（$\overline{M}$ 图）是直线图。如果在 AB 范围内该杆截面抗弯刚度 EI 为一常数，则式(4-10)这类积分可按下式求出积分值：

$$\int\frac{\overline{M}M_P}{EI}ds=\frac{1}{EI}\int\overline{M}M_P dx=\frac{1}{EI}Ay_0 \tag{4-11}$$

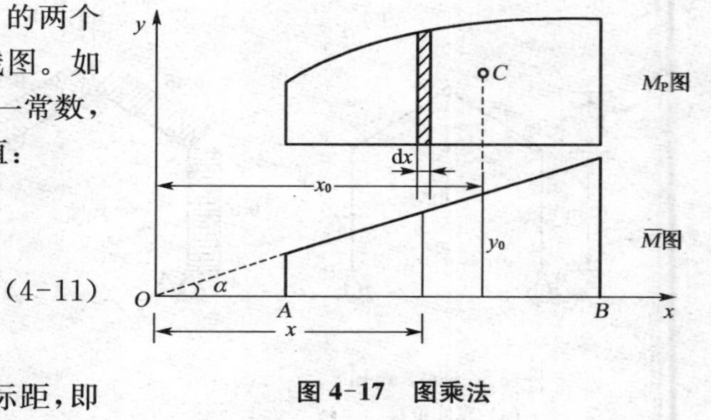

图 4-17 图乘法

式中：A——AB 段内 M_P 图的面积；

y_0——与 M_P 图形心对应处的 $\overline{M}$ 图标距，即纵坐标。

式(4-11)，可证明如下：

先看直线图形（$\overline{M}$ 图），以 $\overline{M}$ 图中两直线的交点 O 作为坐标原点，以 α 表示 $\overline{M}$ 图直线的倾角，则 $\overline{M}$ 图任一点标距可表示为

$$\overline{M}=x\tan\alpha \tag{4-12a}$$

因此

$$\int_A^B\overline{M}M_P dx=\tan\alpha\int_A^B xM_P dx \tag{4-12b}$$

式中 dx 可看作 M_P 图的微分面积（图 4-17 中画阴影线的部分）；$xM_P dx$ 是这个微分面积对 y

轴的面积矩。于是 $\int_A^B xM_P\mathrm{d}x$ 就是 M_P 图的面积 A 对 y 轴的面积矩。以 x_0 表示 M_P 图的形心 C 到 y 轴的距离，则

$$\int_A^B xM_P\mathrm{d}x = Ax_0 \tag{4-12c}$$

将上式代入式(4-12b)，得到

$$\int_A^B \overline{M}M_P\mathrm{d}x = \tan\alpha \cdot Ax_0 = Ay_0 \tag{4-12d}$$

式中：y_0——在 M_P 图形心 C 对应处的 $\overline{M}$ 图标距。

利用式(4-12d)，即可导出式(4-11)，证毕。

式(4-11)是图乘法所使用的公式，它将式(4-10)形式的积分运算问题简化为求图形的面积、形心和标距的问题。

应用图乘法计算时要注意两点：

(1) 应用条件：杆段应是等截面直杆段，两个图形中至少应有一个是直线，标距 y_0 应取自直线图中。

(2) 正负号规则：面积 A 与标距 y_0 在杆的同一边时，乘积 Ay_0 取正号，不在同一边时取负号。

4.5.2 图乘法的注意事项

1）几种常见图形的图积和形心位置

在图 4-18 中，给出了位移计算中几种常见图形的面积公式和形心位置，此部分图应当熟记于心，在图乘法中需要使用。

应当注意，在所示的各次抛物线图形中，抛物线顶点处的切线都是与基线平行的。这种图形可称为抛物线标准图形，应用图中有关公式时，应注意这个特点。

2）应用图乘法时的几个具体问题

(1) 如果两个图形都是直线图形，则标距 y_0 可取自其中任一个图形。

(2) 如果一个图形是曲线，另一个图形是由几段直线组成的折线，则应分段考虑。对于图 4-19 所示的情形，则有

$$\int \overline{M}M_P\mathrm{d}x = A_1y_1 + A_2y_2 + A_3y_3$$

(3) 如果图形比较复杂，则应将其分解为几个简单图形，分项计算后再进行叠加。

这几点非常重要，标距 y_0 必取自直线部分，否则计算的结果就是错误的。

首先，考虑梯形的分解。

例如，图 4-20 中两个图形都是梯形，可以不求梯形面积的形心，而将其中一个梯形(M_P 图)分为两个三角形(也可分为一个矩形和一个三角形)再应用图乘法。因此

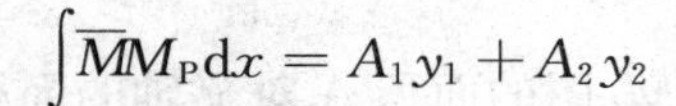

$$\int \overline{M} M_{\mathrm{P}} \mathrm{d}x = A_1 y_1 + A_2 y_2$$

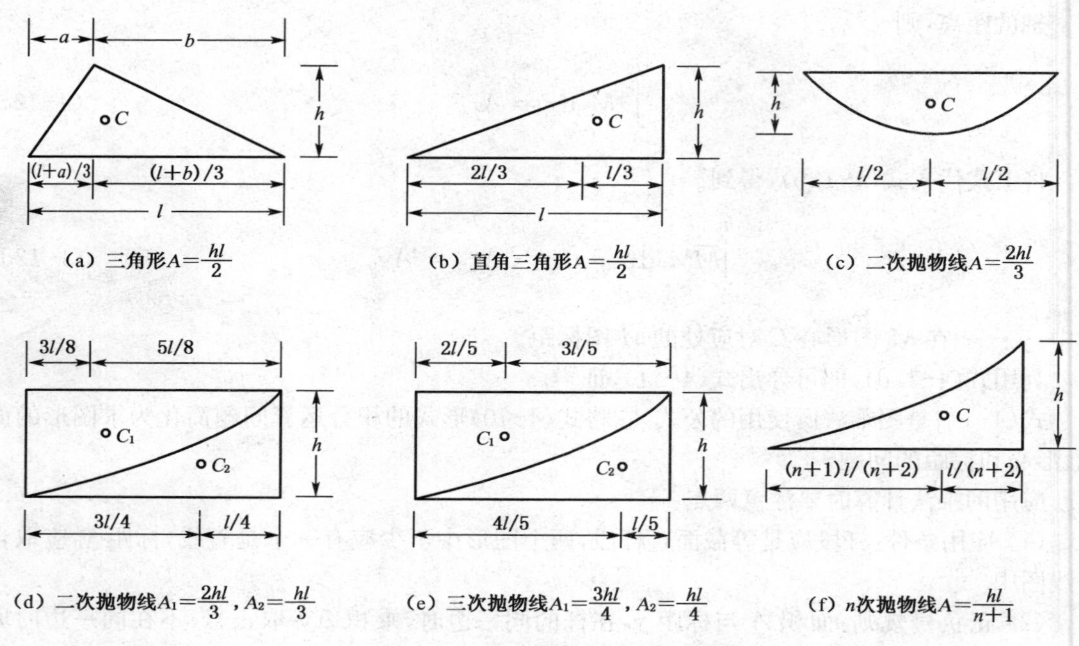

(a) 三角形$A=\frac{hl}{2}$　(b) 直角三角形$A=\frac{hl}{2}$　(c) 二次抛物线$A=\frac{2hl}{3}$

(d) 二次抛物线$A_1=\frac{2hl}{3}$，$A_2=\frac{hl}{3}$　(e) 三次抛物线$A_1=\frac{3hl}{4}$，$A_2=\frac{hl}{4}$　(f) n次抛物线$A=\frac{hl}{n+1}$

图 4-18　常用图形形心和面积

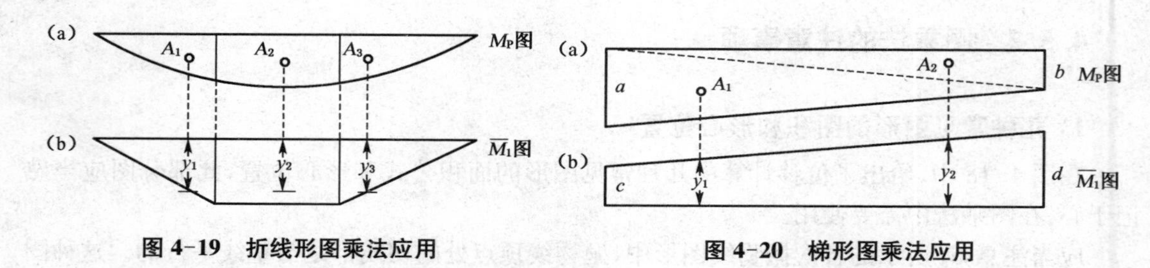

图 4-19　折线形图乘法应用　**图 4-20　梯形图乘法应用**

其次，考虑抛物线非标准图形的分解。

例如，图 4-21 所示结构中的一段直杆 AB 在均布荷载 q 作用下的 M_{P}图，在一般情况下，这是一个抛物线非标准图形。由第 2 章可知，M_{P}图是由两端弯矩 M_{A}、M_{B}组成的直线图(图 4-21 中的 M_1图)和简支梁在均布荷载 q 作用下的弯矩图(图 4-21 中的 M_0图)叠加而成的。因此，可将 M_{P}图分解为直线的 M_1图和标准抛物线的 M_0图，然后再应用图乘法。

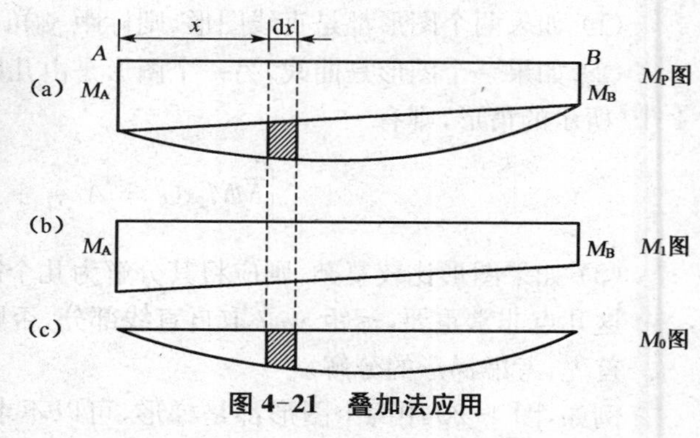

图 4-21　叠加法应用

还要指出，所谓弯矩图的叠加是指弯矩图纵坐标的叠加。所以虽然图 4-21 中的 M_1图与图 4-21 中的 M_0图形状不相似，

但在同一横坐标 x 处，二者的纵坐标是相同的，微段 $\mathrm{d}x$ 的微小面积（图中带阴影的面积）是相同的。因此，两图的面积和形心的横坐标也是相同的。

4.5.3 图乘法的计算举例

下面通过例题来熟悉图乘法的应用。

【例 4-7】 试求图 4-22 所示刚架 C 点的竖向位移 Δ_{CV}。

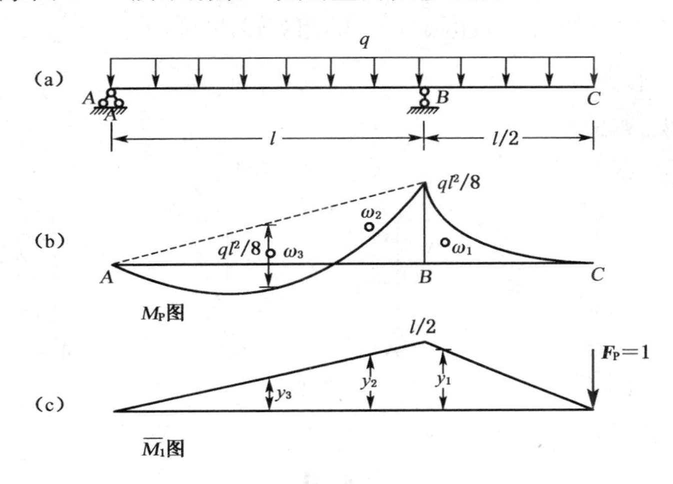

图 4-22

【解】 (1) 作实际状态的 M_P 图。

(2) 建立虚力状态，并作图 $\overline{M}$。

(3) 进行图形相乘，求 C 点竖向位移 Δ_{Cy}。

$$\Delta_{Cy} = \sum \frac{\omega \cdot y_c}{EI} = \frac{1}{EI}\left(\frac{1}{3}lh \times y_1 + \frac{1}{2}lh \times y_2 - \frac{2}{3}lh \times y_3\right)$$

$$= \frac{1}{EI}\left[\left(\frac{1}{3} \times \frac{ql^2}{8} \times \frac{l}{2}\right)\frac{3l}{8} + \left(\frac{1}{2} \times \frac{ql^2}{8} \times l\right)\frac{2}{3} \cdot \frac{l}{2} - \left(\frac{2}{3} \times \frac{ql^2}{8} \times l\right)\frac{l}{4}\right]$$

$$= \frac{ql^4}{128EI}(\downarrow)$$

【例 4-8】 如图 4-23 所示，求 A 点的转角和 C 点的竖向位移。

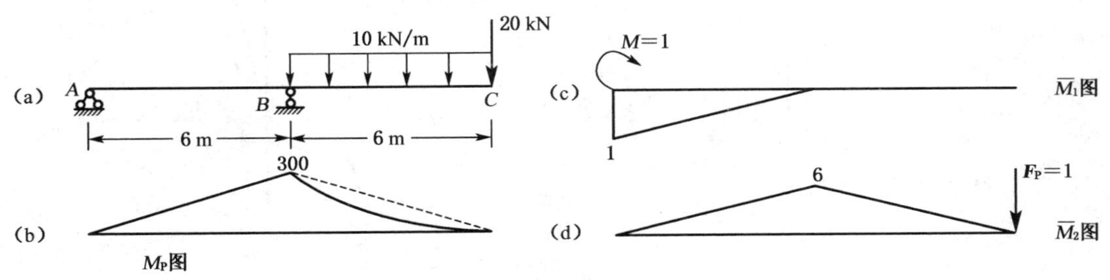

图 4-23

【解】 (1) 求 A 点的转角

$$\Delta_{A\varphi}=\frac{-\frac{300\times 6}{2}\times\frac{1}{3}\times 1}{EI}=-\frac{300}{EI}$$

(2) 求 C 点的竖向位移

$$\Delta_{CV}=\frac{\frac{300\times 6}{2}\times\frac{2}{3}\times 6\times 2-\frac{2}{3}\times 6\times 45\times 3}{EI}=\frac{6\ 660}{EI}$$

【例 4-9】 求图 4-24 所示三铰刚架 C 点的相对转角。

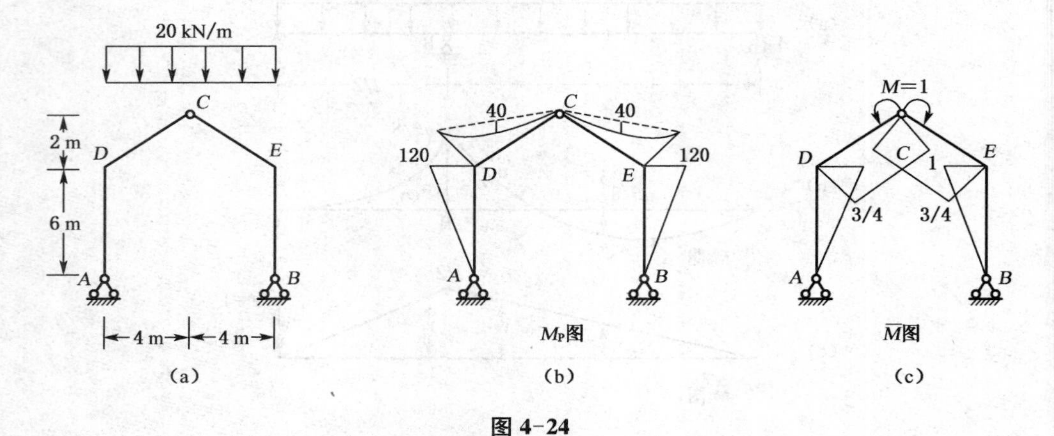

图 4-24

【解】 荷载作用下的弯矩图和虚设力作用下的弯矩图如图 4-24 所示。

图乘过程如下：

$$\Delta_{C\varphi}=-\frac{1}{EI}\left(\frac{1}{2}\times 120\times 6\times\frac{2}{3}\times\frac{3}{4}\right)\times 2-\frac{1}{EI}\left(\frac{1}{2}\times 120\times\sqrt{20}\times\frac{3}{4}+\frac{1}{2}\times 120\times\sqrt{20}\times\frac{1}{4}\times\frac{1}{3}\right)\times 2+\frac{1}{EI}\left[\frac{2}{3}\times\frac{20\times 4^2}{8}\times\sqrt{20}\times\frac{\left(\frac{3}{4}+1\right)}{2}\right]\times 2$$

【例 4-10】 试求图 4-25(a)所示刚架结点 B 的水平位移 Δ_C，各杆截面为矩形 bh，惯性矩相等，只考虑弯曲变形的影响。

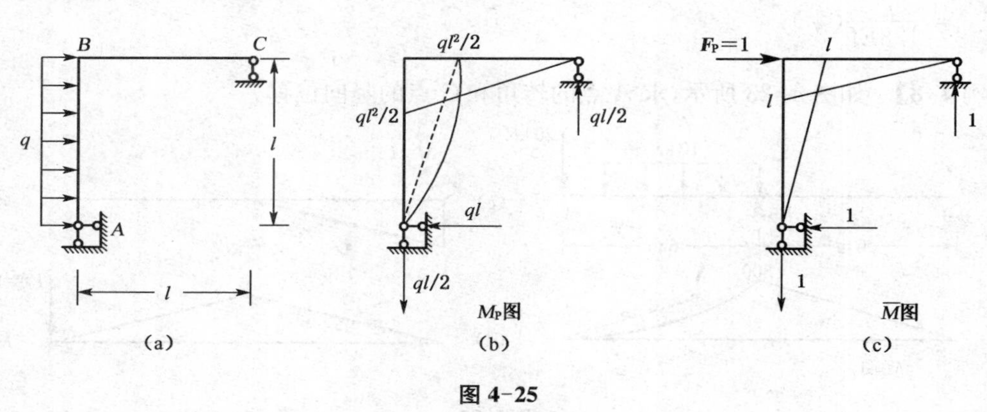

图 4-25

【解】 作 M_P图和 $\overline{M}$ 图，如图 4-25(b)、(c)所示。

M_P图的面积可分为 A_1、A_2、A_3三块计算

$$A_1=\frac{1}{2}\times\frac{ql^2}{2}\times l=\frac{ql^3}{4},\ A_2=\frac{ql^3}{4},\ A_3=\frac{2}{3}\times\frac{ql^2}{8}\times l=\frac{ql^3}{12}$$

$\overline{M}$ 图上相应的标距为

$$y_1=\frac{2}{3}l,y_2=\frac{2}{3}l,y_3=\frac{1}{2}l$$

求得

$$\Delta=\sum\int\frac{\overline{M}M_P}{EI}\mathrm{d}s=\frac{1}{EI}\left(\frac{ql^3}{4}\times\frac{2l}{3}+\frac{ql^3}{4}\times\frac{2l}{3}+\frac{ql^3}{4}\times\frac{l}{2}\right)=\frac{3ql^4}{8EI}(\rightarrow)$$

注意：以上几个例题中的公式应用，面积和标距的取值要符合图乘法的应用条件，对于部分题目，合理地选择面积和标距的取值能简化计算。

4.6 互等定理

本节介绍线性变形体系的四个互等定理，其中最基本的是功的互等定理，其它三个定理均可由此推导出来。

互等定理只适用于线性变形体系，其应用条件为：

(1) 材料处于弹性阶段，应力与应变成正比。

(2) 结构变形很小，不影响力的作用。

4.6.1 虚功互等定理

设有两组外力 F_{P1}和 F_{P2}分别作用于同一线弹性结构上，如图 4-26(a)、(b)所示，分别称为结构的第一状态和第二状态。

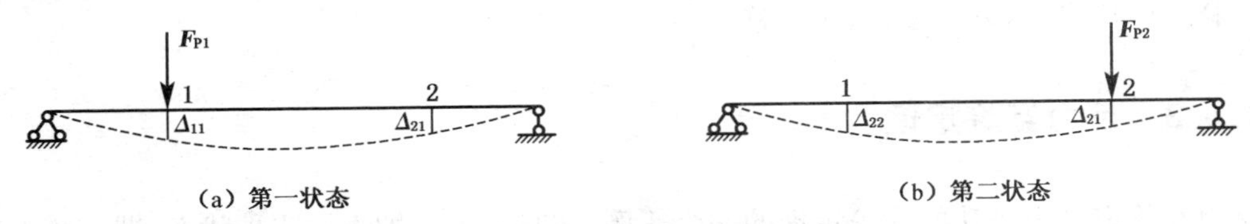

图 4-26 虚功互等

这两组力按不同次序先后作用于同一结构上时所做的总功分别为

(1) 先加 F_{P1}后加 F_{P2}，外力的总功

$$W_1=\frac{1}{2}F_{P1}\cdot\Delta_{11}+F_{P1}\cdot\Delta_{12}+\frac{1}{2}F_{P2}\cdot\Delta_{22} \quad ①$$

(2) 先加 F_{P2}后加 F_{P1}，外力的总功

$$W_2 = \frac{1}{2}F_{P2} \cdot \Delta_{22} + F_{P2} \cdot \Delta_{21} + \frac{1}{2}F_{P1} \cdot \Delta_{11} \quad ②$$

由于外力所做总功与加载次序无关，即

$$W_1 = W_2 \quad ③$$

所以由式①、②、③可得

$$F_{P1} \cdot \Delta_{12} = F_{P2} \cdot \Delta_{21} \tag{4-13a}$$

上式称为功的互等定理。即第一状态的外力在第二状态的位移上所做的虚功，等于第二状态的外力在第一状态的位移上所做的虚功。

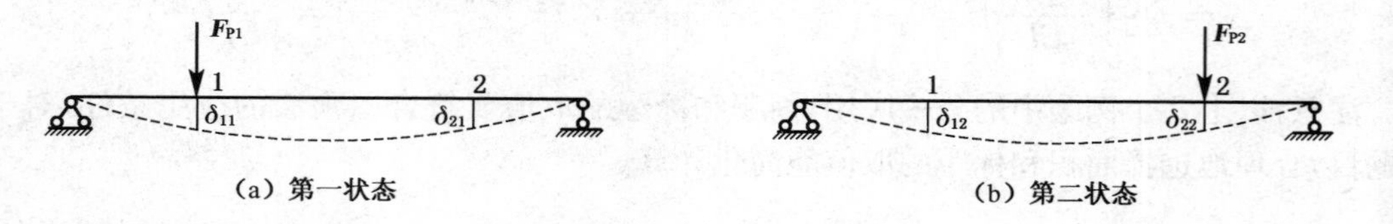

图 4-27　位移互等

4.6.2　位移互等定理

在功的互等定理中，令 $F_{P1} = F_{P2} = 1$，由功的互等定理式(4-13a)则有

$$1 \times \delta_{12} = 1 \times \delta_{21}$$

即

$$\delta_{12} = \delta_{21} \tag{4-13b}$$

上式称为位移互等定理。即由第二个单位力所引起的第一个单位力作用点沿其方向上的位移，等于由第一个单位力所引起的第二个单位力作用点沿其方向上的位移。

在位移互等定理中：

单位力——广义力(单位力偶、单位集中力)。

位移——广义位移(线位移、角位移)。

4.6.3　反力互等定理

反力互等定理也是功的互等定理的一个特例。图 4-28 分别表示两种状态，即支座 1 发生单位位移 $\Delta_1 = 1$ 时，使支座 2 产生了反力 r_{21} 为第一状态；第二状态为支座 2 发生单位位移 $\Delta_2 = 1$ 时，使支座 1 产生了反力 r_{12}。

根据功的互等定理，有

$$r_{12} \cdot \Delta_2 = r_{21} \cdot \Delta_1$$

$$r_{12} = r_{21} \tag{4-13c}$$

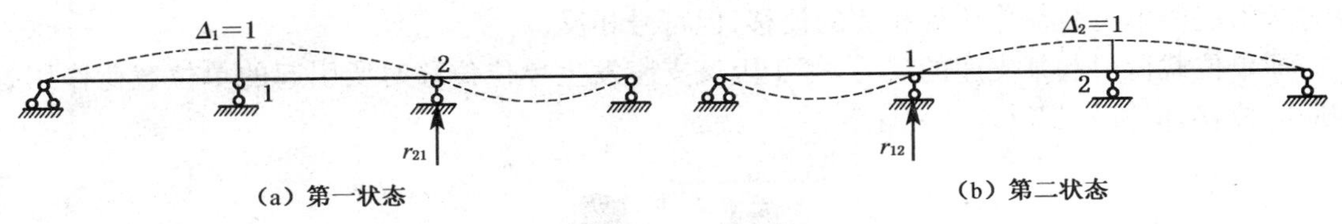

图 4-28 反力互等

上式称为反力互等定理。即支座 1 发生单位位移所引起支座 2 的反力，等于支座 2 发生单位位移所引起支座 1 的反力。

注意：该定理对结构上任何两支座都适用，但应注意反力与位移在做功的关系上应相对应，即力对应线位移，力偶对应角位移。

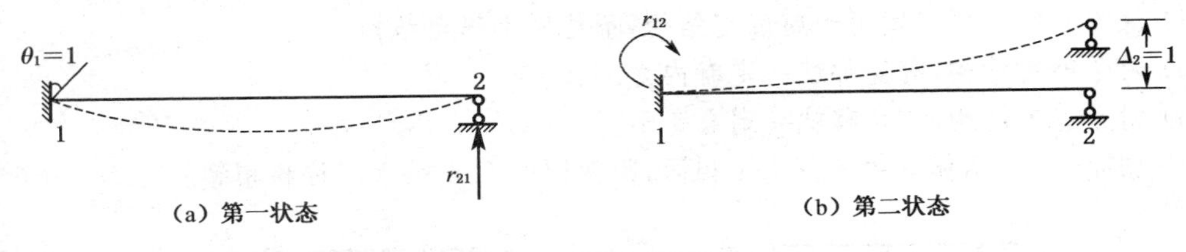

图 4-29 两个受力状态

由反力互等定理，则有

$$r_{12}=r_{21}$$

即反力偶 r_{12} 等于反力 r_{21}（数值上相等，量纲不同）。

4.6.4 反力位移互等定理

这个定理同样是功的互等定理的一种特殊情况。

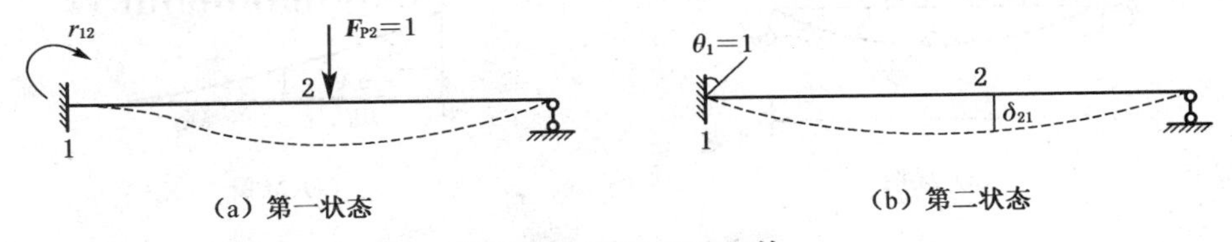

图 4-30 反力位移互等

应用功的互等定理，则有

$$r_{12}\times\varphi_1+F_{P2}\times\delta_{21}=0$$

因为

$$F_{P2}=\varphi_2$$

所以

$$r_{12}=-\delta_{21} \tag{4-13d}$$

上式称为反力位移互等定理。即单位载荷引起某支座的反力，等于因该支座发生单位位移时所引起的单位载荷作用处相应的位移，但符号相反。

即单位载荷引起某支座的反力，等于因该支座发生单位位移时所引起的单位载荷作用处相应的位移，但符号相反。

一、判断题

(1) 变形体虚功原理仅适用于弹性体系，不适用于非弹性体系。（　　）

(2) 虚功原理中的力状态和位移状态都是虚设的。（　　）

(3) 功的互等定理仅适用于线弹性体系，不适用于非线弹性体系。（　　）

(4) 反力互等定理仅适用于超静定结构，不适用于静定结构。（　　）

(5) 对于静定结构，有变形就一定有内力。（　　）

(6) 对于静定结构，有位移就一定有变形。（　　）

(7) 图 4-31 所示体系中各杆 EA 相同，则两图中 C 点的水平位移相等。（　　）

(a)

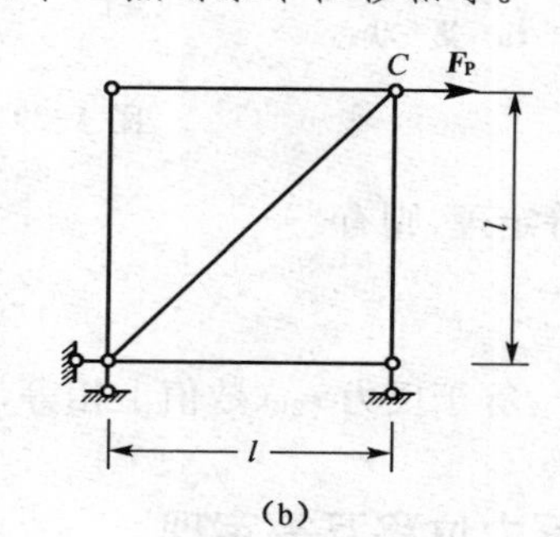

(b)

图 4-31

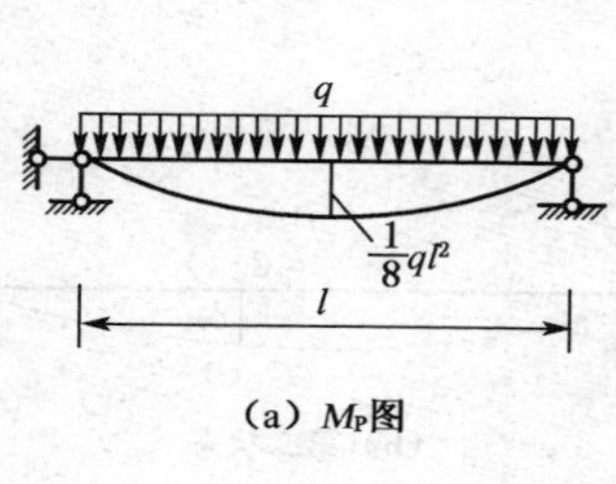

(a) M_P图

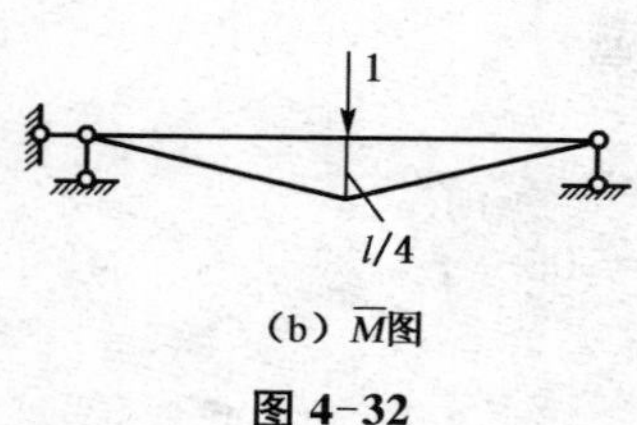

(b) $\overline{M}$图

图 4-32

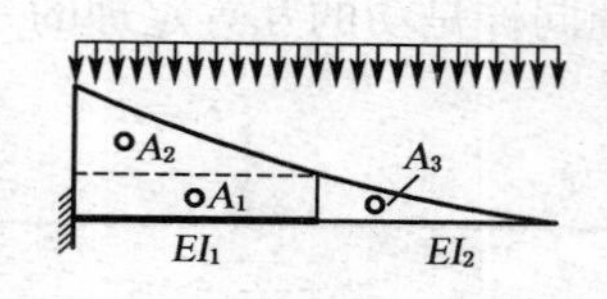

(a) M_P图

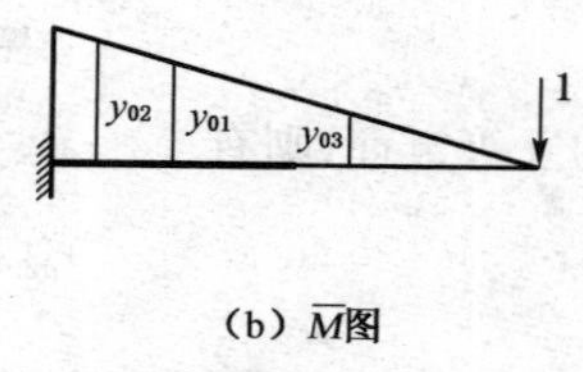

(b) $\overline{M}$图

图 4-33

(8) M_P图、$\overline{M}$ 图如图 4-32 所示，EI=常数。下列图乘结果是正确的：

$$\frac{1}{EI}\left(\frac{2}{3}\times\frac{ql^2}{8}\times l\right)\times\frac{l}{4}$$（　　）

(9) M_P图、$\overline{M}$ 图如图 4-33 所示，下列图乘结果是正确的：

$$\frac{1}{EI_1}(A_1 y_{01}+A_2 y_{02})+\frac{1}{EI_2}A_3 y_{03}$$　（　　）

(10) 图 4-34 所示结构的两个平衡状态中，有一个为温度变化，此时功的互等定理不成立。　（　　）

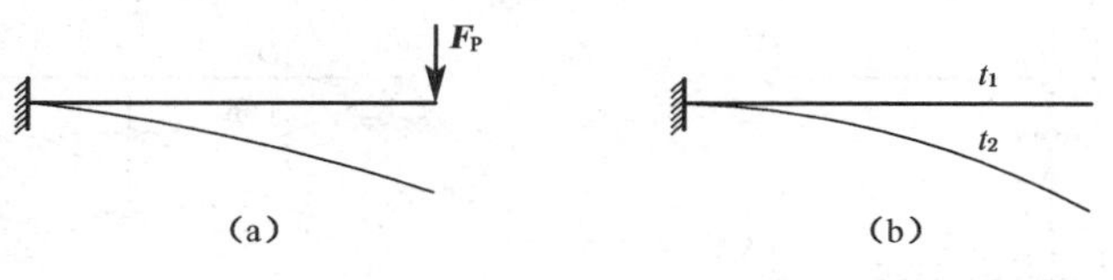

图 4-34

二、填空题

(1) 如图 4-35 所示刚架，由于支座 B 下沉 D 所引起 D 点的水平位移 $D_{DH}=$________。

(2) 虚功原理有两种不同的应用形式，即________原理和________原理。其中，用于求位移的是________原理。

(3) 用单位荷载法计算位移时，虚力状态中所加的荷载应是与所求广义位移相应的________。

(4) 图乘法的应用条件是________，且 M_P 与 $\overline{M}$ 图中至少有一个为直线图形。

(5) 已知刚架在荷载作用下的 M_P 图如图 4-36 所示，曲线为二次抛物线，横梁的抗弯刚度为 $2EI$，竖杆为 EI，则横梁中点 K 的竖向位移为________。

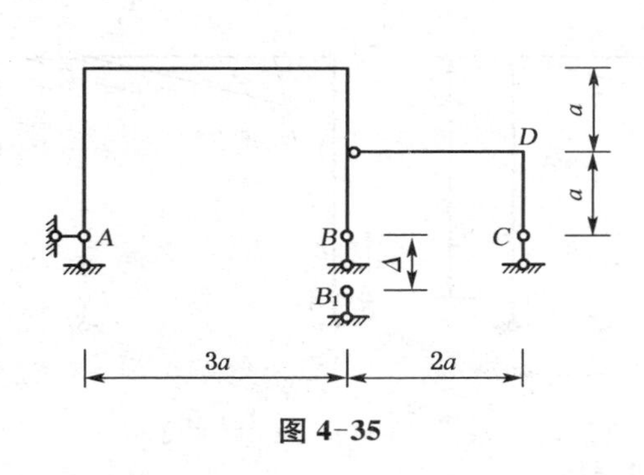

图 4-35

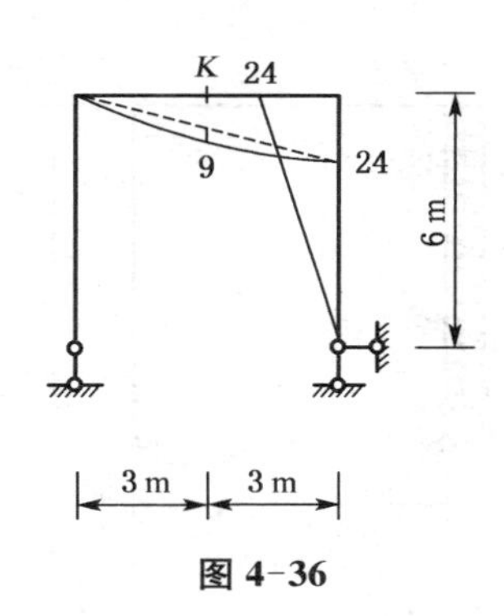

图 4-36

(6) 如图 4-37 所示拱中拉杆 AB 比原设计长度短了 1.5 cm，由此引起 C 点的竖向位移为________，引起支座 A 的水平反力为________。

(7) 如图 4-38 所示结构，当 C 点有 $F_P=1(\downarrow)$ 作用时，D 点竖向位移等于 $D(\uparrow)$，当 E 点有图示荷载作用时，C 点的竖向位移为________。

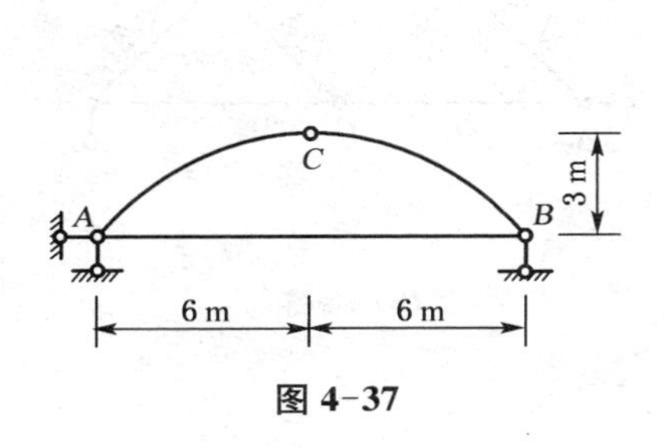

图 4-37

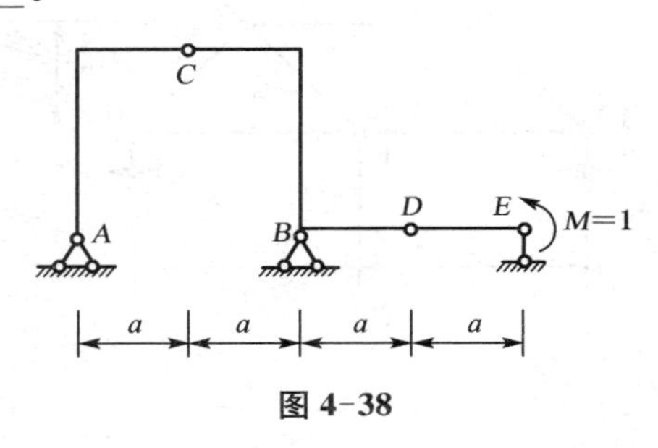

图 4-38

(8) 如图 4-39(a)所示连续梁支座 B 的反力为 $F_{RB}=\frac{11}{16}(\uparrow)$，则该连续梁在支座 B 下沉 $D_B=1$ 时(如图 4-39(b) 所示)，D 点的竖向位移 $\delta_D=$ ________。

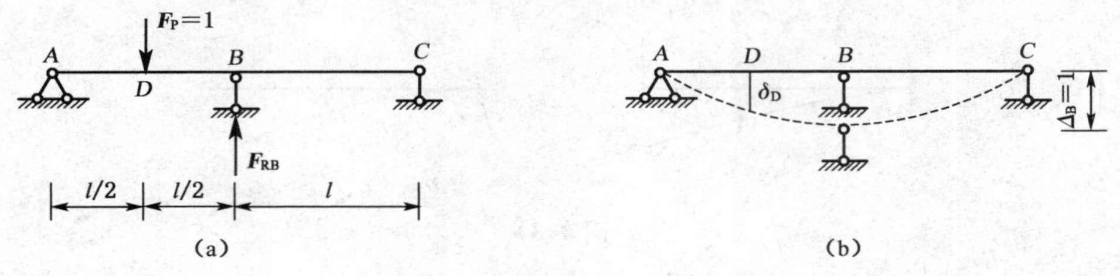

图 4-39

三、分别用积分法和图乘法求图 4-40 所示各指定位移 D_{CV}。EI 为常数。

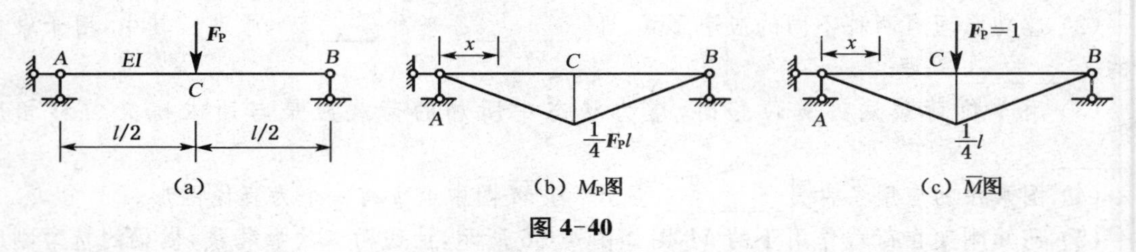

图 4-40

四、分别用积分法和图乘法求图 4-41 所示刚架 C 点的水平位移 D_{CH}。已知 $EI=$ 常数。

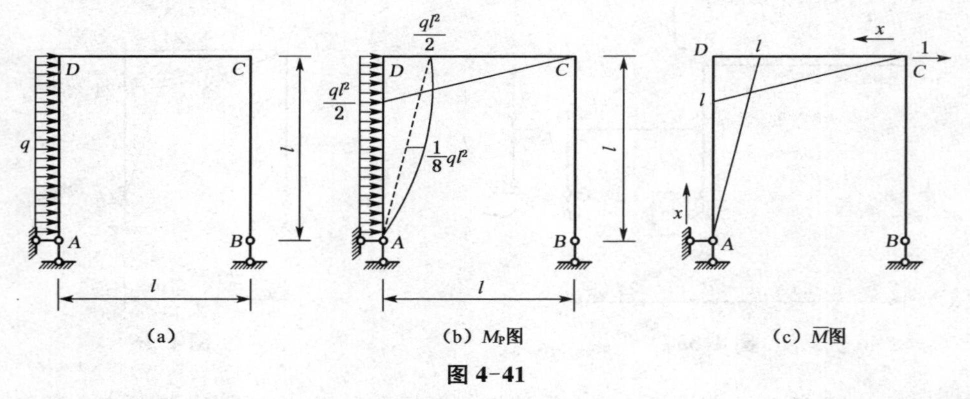

图 4-41

五、图 4-42 所示桁架各杆截面均为 $A=2\times10^{-3}\ \mathrm{m}^2$，$E=2.1\times10^8\ \mathrm{kN/m}^2$，$F_P=30\ \mathrm{kN}$，$d=2\ \mathrm{m}$。试求 C 点的竖向位移 Δ_{CV}。

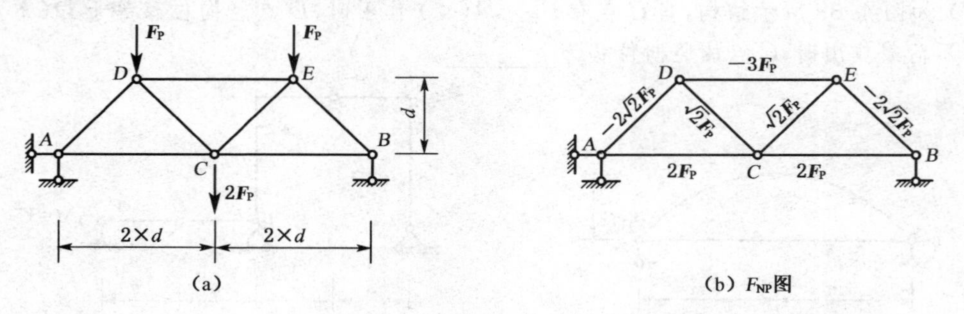

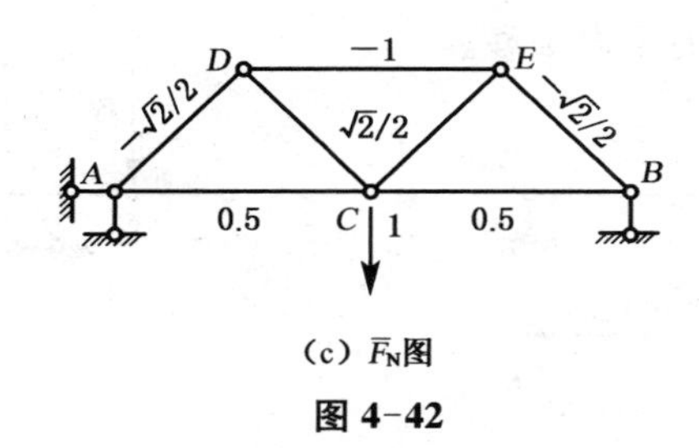

(c) $\overline{F}_N$图

图 4-42

六、分别用图乘法计算习题三和习题四中各位移(见以上各题)。

七、用图乘法求图 4-43 所示各结构的指定位移。EI 为常数。

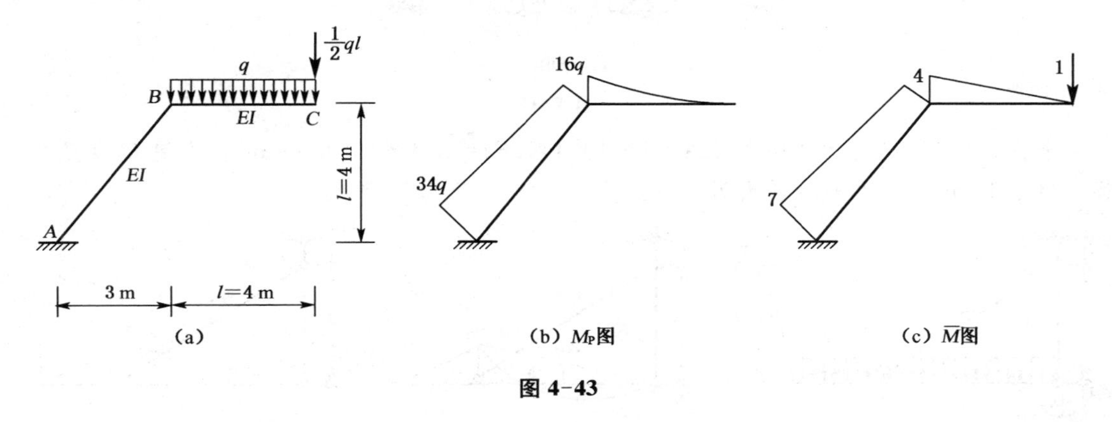

(a)　　(b) M_P图　　(c) $\overline{M}$图

图 4-43

八、求图 4-44 所示刚架 A、B 两点间水平相对位移,并勾绘变形曲线。已知 EI = 常数。

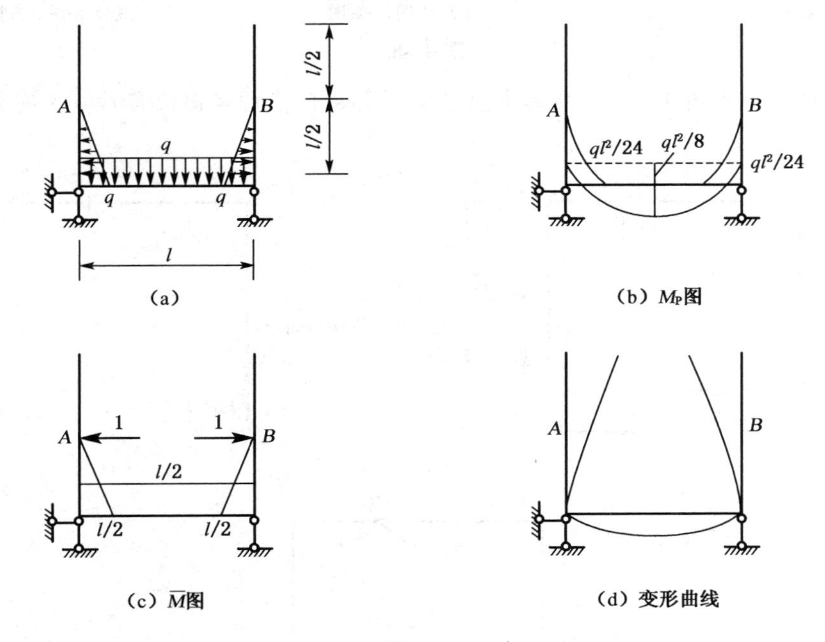

(a)　　(b) M_P图

(c) $\overline{M}$图　　(d) 变形曲线

图 4-44

九、图 4-45(a)所示梁的 EI = 常数,在荷载 F_P 作用下,已测得截面 B 的角位移为

0.001 rad(顺时针),试求 C 点的竖向位移。

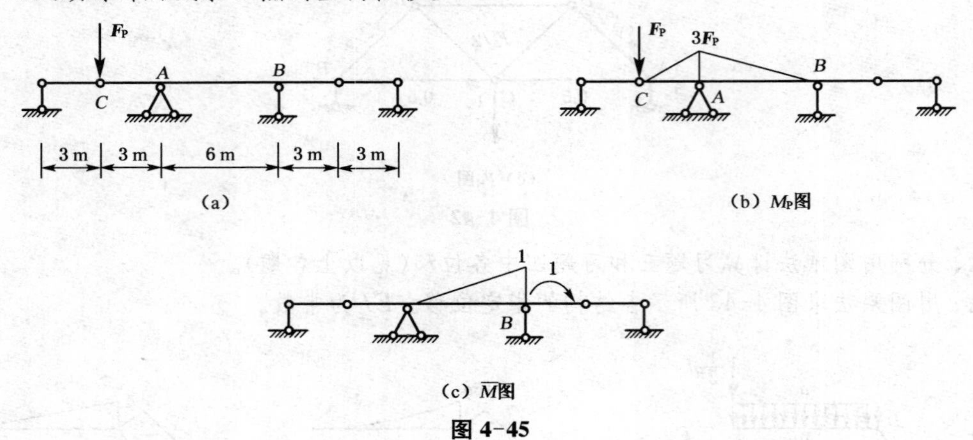

图 4-45

十、图 4-46(a)所示结构中,$EA=4\times10^5$ kN,$EI=2.4\times10^4$ kN·m²。为使 D 点竖向位移不超过 1 cm,所受荷载 q 最大为多少?

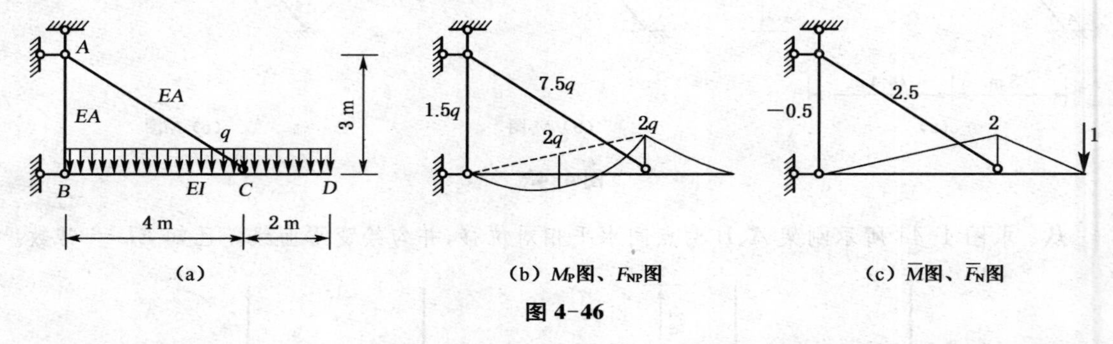

图 4-46

十一、试计算由于图 4-47(a)所示支座移动所引起 C 点的竖向位移 D_{CV} 及铰 B 两侧截面间的相对转角 $\varphi_{B_1B_2}$。

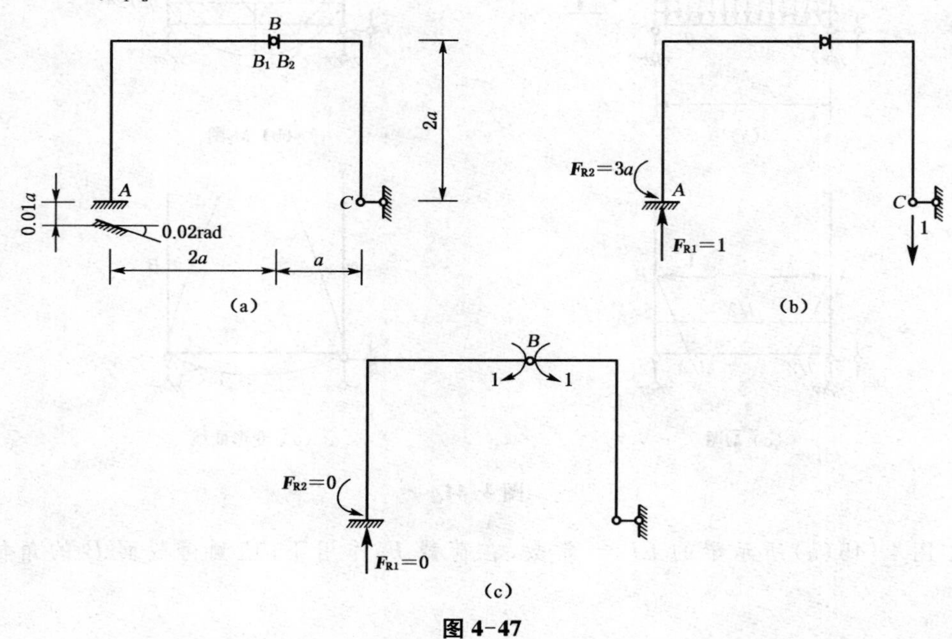

图 4-47

十二、图 4-48(a)、(b)所示刚架各杆为等截面，截面高度 $h=0.5\ \mathrm{m}$，$a=10^{-5}$，刚架内侧温度升高了 40℃，外侧升高了 10℃。试求：

(1) 图(a)中 A、B 间的水平相对线位移 D_{AB}。

(2) 图(b)中 B 点的水平位移 D_{BH}。

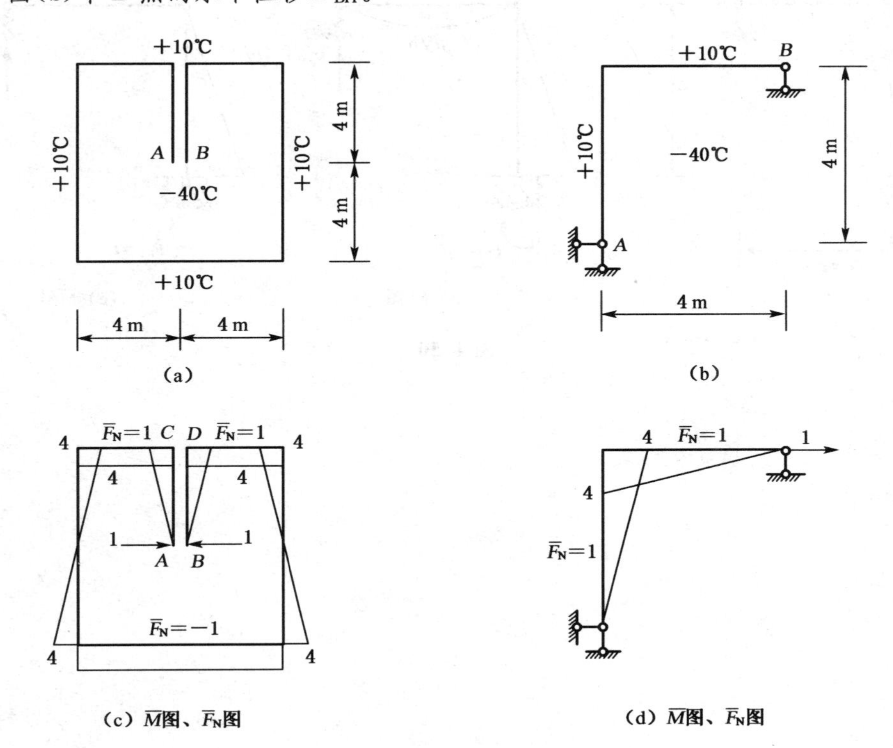

图 4-48

十三、由于制造误差，图 4-49(a)所示桁架中 HI 杆长了 0.8 cm，CG 杆短了 0.6 cm，试求装配后中间结点 G 的水平偏离值 D_{GH}。

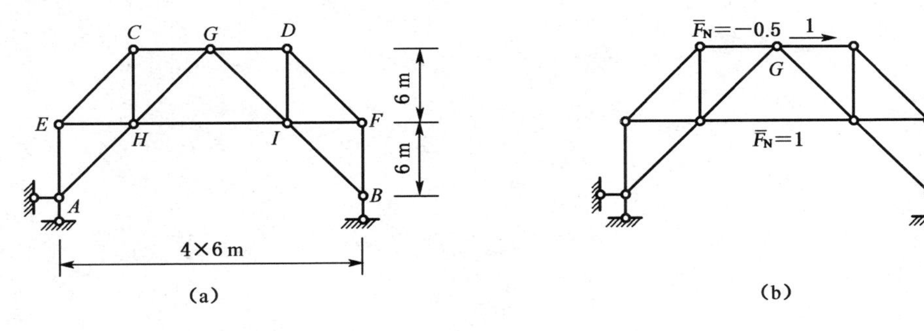

图 4-49

十四、求图 4-50(a)所示结构中 B 点的水平位移 D_{BH}。已知弹性支座的刚度系数 $k_1 = EI/l, k_2 = 2EI/l^3$。

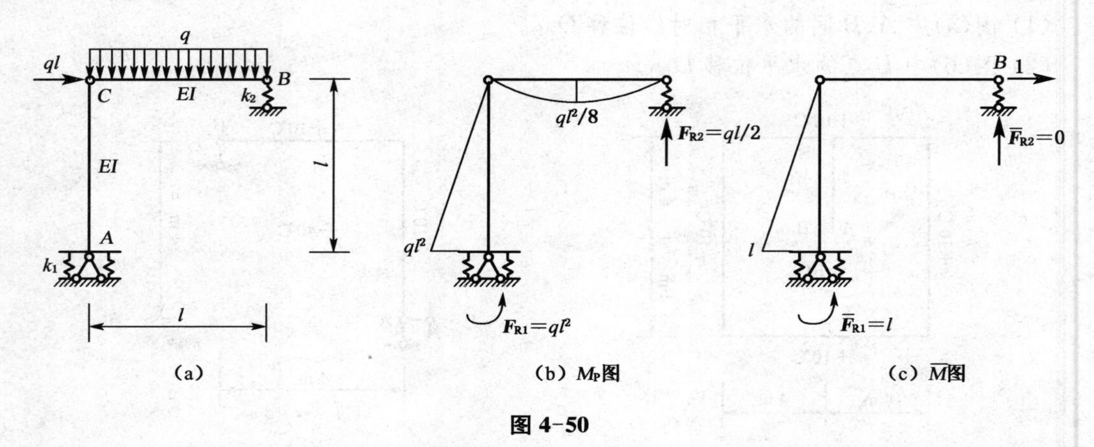

(a)　　(b) M_P图　　(c) $\overline{M}$图

图 4-50

5 力 法

概 述

本章主要介绍了力法的基本原理及其应用，要掌握力法基本原理首先应深刻理解将超静定问题转化为静定问题解决的基本思想，理解基本体系的桥梁作用，这是掌握力法的基础，同时了解超静定结构与静定结构在受力上的异同点。主要内容有超静定结构的性质，超静定次数的确定，超静定结构的计算思想与基本方法，力法基本概念，荷载作用下用力法计算超静定梁、刚架、排架、桁架和组合结构。超静定梁和刚架在支座移动、温度改变情况下如何用力法进行计算、对称结构的特性及对称性的利用，超静定结构的位移计算及力法校核等。

知识目标

- 能灵活运用几何构造分析的知识确定超静定次数，掌握力法的基本原理；
- 理解力法基本方程的物理意义，能熟练运用力法计算简单超静定结构（梁、刚架、桁架、排架、组合结构和拱结构）在荷载作用力下产生的内力；
- 会计算超静定结构在温度改变和支座移动影响下的内力，会计算超静定结构的位移；
- 了解超静定结构内力图的校核方法及超静定结构的力学特性。

技能目标

- 会对一般的超静定结构进行受力分析，能快速绘制超静定结构的内力图；
- 能利用所学知识解决实际工程问题；
- 会求解温度改变和支座移动下超静定结构的内力。

课时建议：6～8 学时

5.1 超静定结构的概念和超静定次数

5.1.1 超静定结构的概念

在前面各章节中，介绍了静定结构的内力及变形的计算。从受力分析角度看，静定结构的支座反力及内力可根据静力平衡条件全部确定;从几何构造分析角度看,静定结构为几何不变体系且无多余约束,如图 5-1(a)所示。

在工程应用中还有另一类结构,从受力分析角度看,其支座反力及内力通过平衡条件无法完全确定;从几何构造分析角度看,结构为几何不变体系,但体系内存在多余约束,如图 5-1(b)所示结构。我们把这类结构称为超静定结构。

内力是超静定的,且结构内有多余约束是超静定结构区别于静定结构的基本特征。

(a) 静定梁结构　　(b) 超静定梁结构

图 5-1　静定与超静定梁结构

在工程应用中,超静定结构大致分为以下几种类型:

(1) 超静定梁结构。

分为超静定单跨梁结构和超静定多跨连续梁结构,如图 5-1 和图 5-2 所示。

图 5-2　超静定梁结构

(2) 超静定刚架(图 5-3)。

(3) 超静定桁架(图 5-4)。

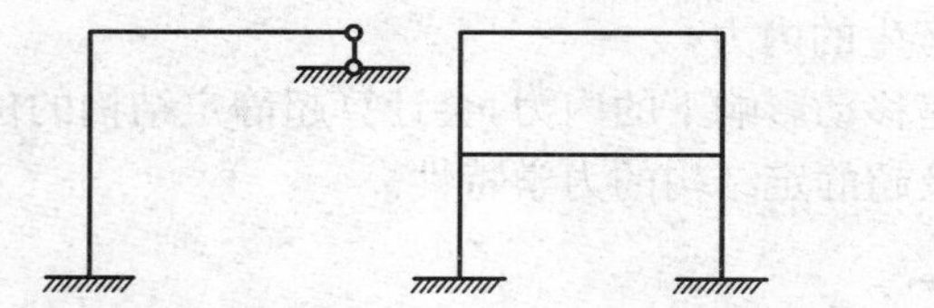

图 5-3　超静定刚架

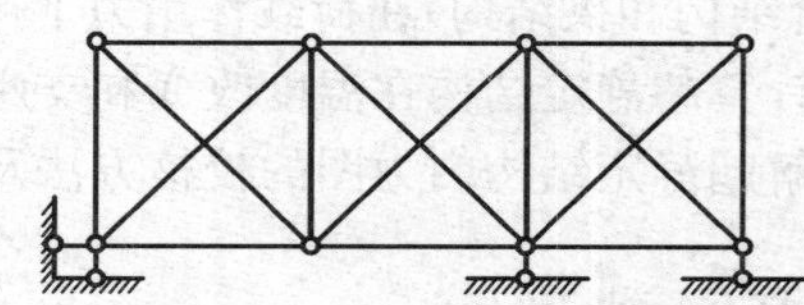

图 5-4　超静定桁架

(4) 超静定组合结构(图 5-5)。

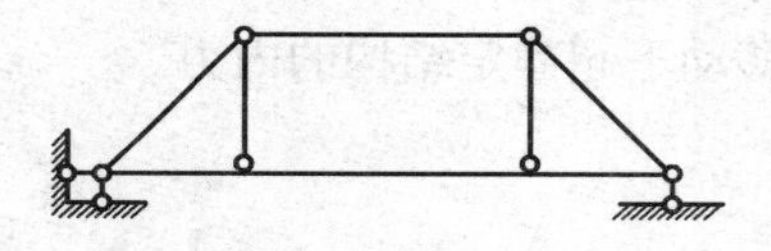

图 5-5　超静定组合结构

(5) 超静定拱结构(图 5-6)。

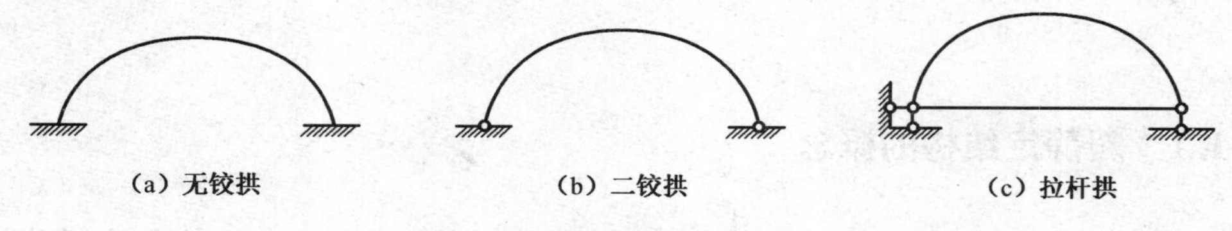

(a) 无铰拱　　(b) 二铰拱　　(c) 拉杆拱

图 5-6　几种超静定拱结构

5.1.2 超静定次数

超静定结构中多余约束的个数，称为超静定次数。

确定超静定次数最直接的方法是去除多余约束法。去除结构中的多余约束使原超静定结构变成一个几何不变且无多余约束的体系。此时，去除的多余约束的个数即为原结构的超静定次数。

去除多余约束的方法以几何组成分析的基本规则为基础，大致有下列几种方法：

(1) 去除或切断一根链杆，相当于去除一个约束。

(2) 去除一个固定铰支座或去除一个单铰，相当于去除两个约束。

(3) 去除一个固定支座或切断一根梁式杆，相当于去除三个约束。

(4) 将刚性联结变为单铰联结，相当于去除一个约束。

对同一超静定结构，去除多余约束的方式是多种多样的，相应得到的静定结构的形式也不相同。但无论采用何种方法，所得到的超静定次数是相同的，如图 5-7 所示。

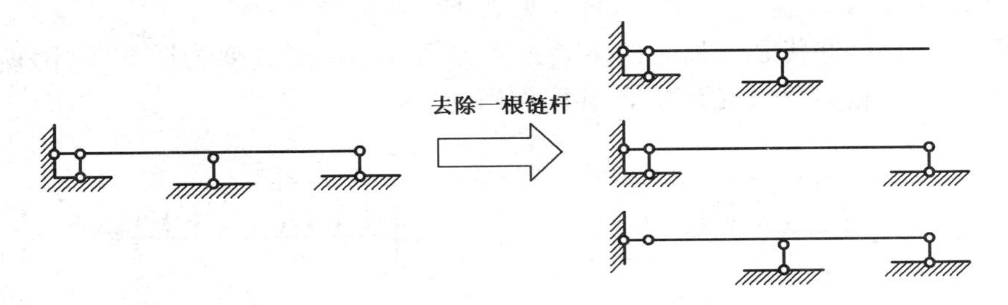

图 5-7 除去多余约束的方式

去除多余约束时，应特别注意以下两点：

(1) 所去除的约束必须是多余的，去除约束后所得到的结构不能为几何可变体系。如图 5-7 中的结构，如错误地去掉该结构左端的水平约束链杆，则结构变为几何可变体系。

(2) 必须去除结构内所有的多余约束。在图 5-8(a)中，如果只去除一根链杆，如图 5-8(b)所示，其闭合框结构中，仍含有三个多余约束。因此，必须断开闭合框的刚性连接，如图 5-8(c)所示，才能去除全部多余约束。

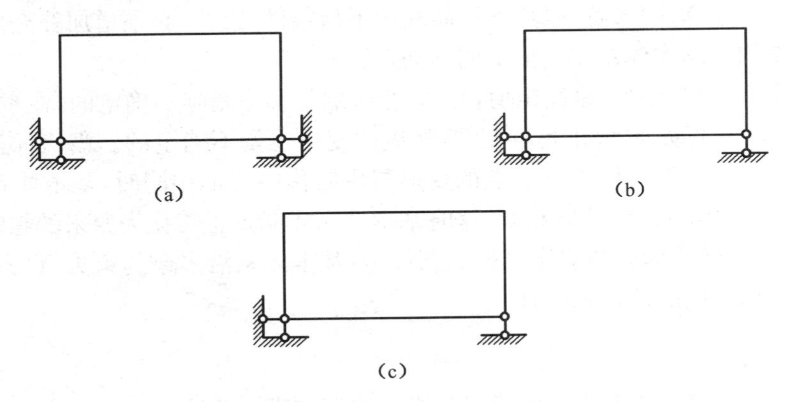

图 5-8 几种常见的结构形式

5.2 力法的基本方程

超静定结构的内力计算最基本的两种方法为力法和位移法，此外还有派生出的一些方法，如力矩分配法等。本章介绍力法的基本原理。

5.2.1 力法的基本方程

在采用力法解超静定问题时，我们不是孤立地研究超静定问题，而是利用静定结构与超静定结构之间的联系，从中找到由静定问题过渡到超静定问题的途径，从已知的静定结构问题过渡到未知的超静定结构问题。

下面以一次超静定梁为例，说明力法的基本原理。

图 5-9(a)所示一次超静定梁结构，杆长为 l，EI = 常数。

去除多余约束后，并代之以相应的多余约束力 X_1，结构形式变为图 5-9(b)所示的悬臂梁，承受均布荷载 q 和多余约束力 X_1 的共同作用。

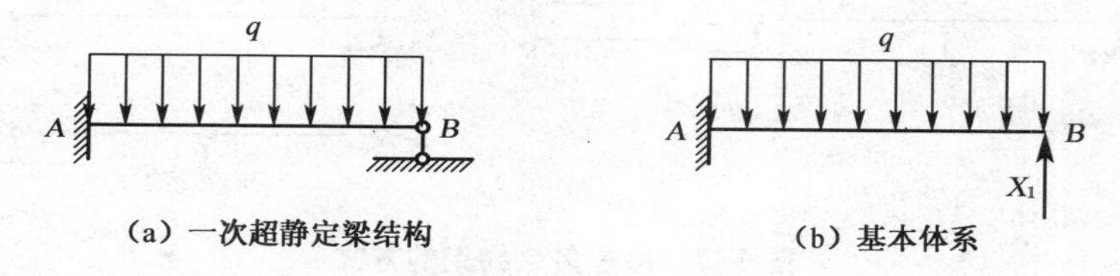

(a) 一次超静定梁结构　　(b) 基本体系

图 5-9　选取基本体系

这种去除多余约束并以相应多余约束力来代替所得到的静定结构称为力法的基本体系。基本体系本身既为静定结构，又可代表原超静定结构的受力特点，它是从静定结构过渡到超静定结构的桥梁。

在基本体系中，如果多余约束力 X_1 的大小可以确定，则基本体系的内力可解。此时，多余约束力 X_1 的求解成为解超静定问题的关键，称之为力法的基本未知量。

力法基本未知量 X_1 的求解，显然已不能利用平衡条件，因此，必须增加补充条件——变形协调。考虑原结构与基本体系在变形上的异同点：

在原结构中 X_1 为被动力，是固定值，与 X_1 相应的位移也是唯一确定的，在本例题中为零。在基本体系中，X_1 为主动力，大小是可变的，相应的变形也是不确定的。当 X_1 值过大时，B 点上翘；如果过小，B 点下垂。只有当 B 点的变形与原结构的变形相同时，基本体系中的主动力 X_1 大小才与原结构中的被动力 X_1 相等，这时基本体系才能真正转化为原来的超静定结构。

因此，基本体系转化为原超静定结构的条件是：基本体系沿多余约束力 X_1 方向的位移 Δ_1 应与原超静定结构相应的位移相同，即

$$\Delta_1 = 0 \tag{5-1}$$

这个条件就是计算力法基本未知量时的变形协调方程。

在线性体系条件下，基本体系沿基本未知量 X_1 方向的位移可利用叠加原理展开为基本体系在荷载 q 和 X_1 单独作用下的两种受力状态，如图 5-10 所示。因此，变形条件可表示为

$$\Delta_1 = \Delta_{1P} + \Delta_{11} = 0 \tag{5-2}$$

其中：Δ_1——基本结构在荷载和基本未知量 X_1 共同作用下沿 X_1 方向的总位移；

Δ_{1P}——基本结构在荷载单独作用下沿 X_1 方向产生的位移；

Δ_{11}——基本体系在基本未知量 X_1 单独作用下沿 X_1 方向产生的位移，根据叠加原理，位移与力成正比，将其比例系数用 δ_{11}（在 $X_1 = 1$ 单独作用下，基本结构沿 X_1 方向产生的位移）来表示，可写成

$$\Delta_{11} = \delta_{11} X_1 \tag{5-3}$$

将式(5-3)代入式(5-2)，可得

$$\delta_{11} X_1 + \Delta_{1P} = 0 \tag{5-4}$$

式(5-4)即为一次超静定结构的力法基本方程。方程中的系数 δ_{11} 和自由项 Δ_{1P} 均为基本结构的位移。在第 4 章中，我们已经学习了其计算方法——单位荷载法。

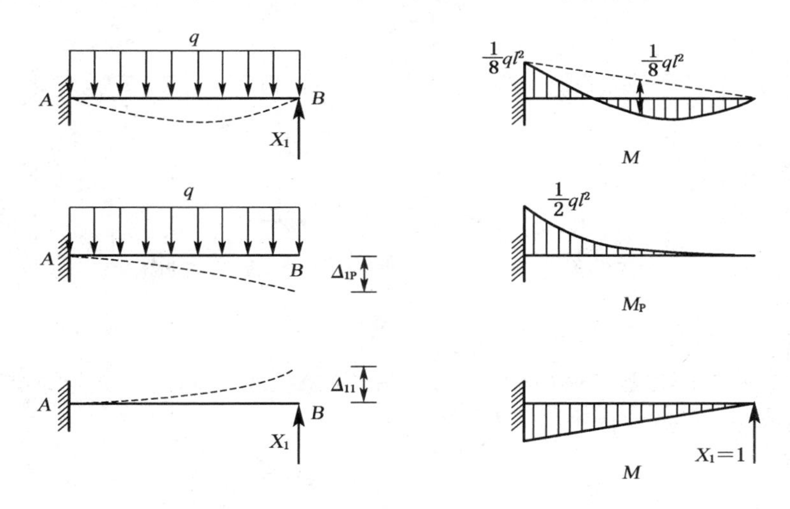

图 5-10　力法分析过程

作出基本结构在荷载作用下的弯矩图 M_P 和单位力 $X_1 = 1$ 作用下的弯矩图 $\overline{M}_1$，应用图乘法，可得

$$\delta_{11} = \sum \int \frac{\overline{M}_1{}^2}{EI} ds = \frac{l^3}{3EI}$$

$$\Delta_{1P} = \sum \int \frac{\overline{M}_1 M_P}{EI} ds = -\frac{ql^4}{8EI}$$

代入式(5-4)求解，可得

$$X_1 = -\frac{\Delta_{1P}}{\delta_{11}} = \frac{3}{8} ql$$

所得 X_1 为正值时，表示基本未知量的方向与假设方向相同；如为负值，则方向相反。

基本未知量确定后，基本体系的内力状态即可利用平衡方程求解，作出内力图。由于已经作出 M_P 和 $\overline{M}_1$ 图，所以利用叠加原理绘制原超静定结构的内力图更为方便快捷。

$$M = \overline{M}_1 X_1 + M_P$$

同理，可得剪力图 $$Q = \overline{Q}_1 X_1 + Q_P$$

5.2.2 典型方程

上面以一次超静定问题为例介绍了力法的基本原理。在力法解超静定问题中，力法的基本未知量——多余约束力的求解是解决超静定问题的关键。对于多次超静定问题，力法的基本原理也完全相同。

如图 5-11(a)所示三次超静定结构，杆长均为 l。

选取支座 B 点处的三个多余约束力作为基本未知量 X_1、X_2 及 X_3，则力法的基本体系如图 5-11(b)所示。

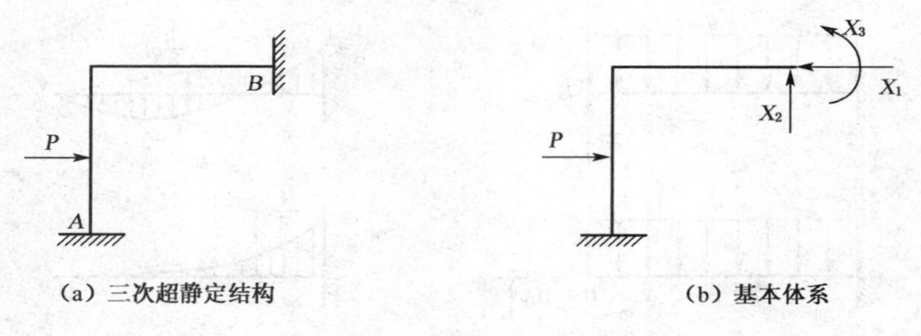

(a) 三次超静定结构　　(b) 基本体系

图 5-11　基本体系的选取

此时，变形协调条件为基本体系在点 B 处，沿 X_1、X_2、X_3 方向的位移与原结构相同，均为零。因此，可写成

$$\Delta_1 = 0 \qquad \Delta_2 = 0 \qquad \Delta_3 = 0 \tag{5-5}$$

其中：Δ_i——基本体系沿 X_i 方向的位移（$i = 1,2,3$）。

应用叠加原理，将式(5-5)展开(图 5-12)，并设

Δ_{iP}——荷载单独作用下，沿 X_i 方向产生的位移($i=1,2,3$)；

δ_{ji}——基本未知量 $X_i = 1(i = 1,2,3)$ 单独作用下，沿 $X_j(j = 1,2,3)$ 方向产生的位移，根据叠加原理，X_i 单独作用下，相应产生的位移为 $\delta_{ji}X_i$。

则式(5-5)可展开为

$$\left.\begin{aligned} \Delta_1 &= \delta_{11}X_1 + \delta_{12}X_2 + \delta_{13}X_3 + \Delta_{1P} = 0 \\ \Delta_2 &= \delta_{21}X_1 + \delta_{22}X_2 + \delta_{23}X_3 + \Delta_{2P} = 0 \\ \Delta_3 &= \delta_{31}X_1 + \delta_{32}X_2 + \delta_{33}X_3 + \Delta_{3P} = 0 \end{aligned}\right\} \tag{5-6}$$

上式即为三次超静定结构的力法基本方程。

解方程，求出基本未知量后，即可求解原结构的内力状态，作出内力图。

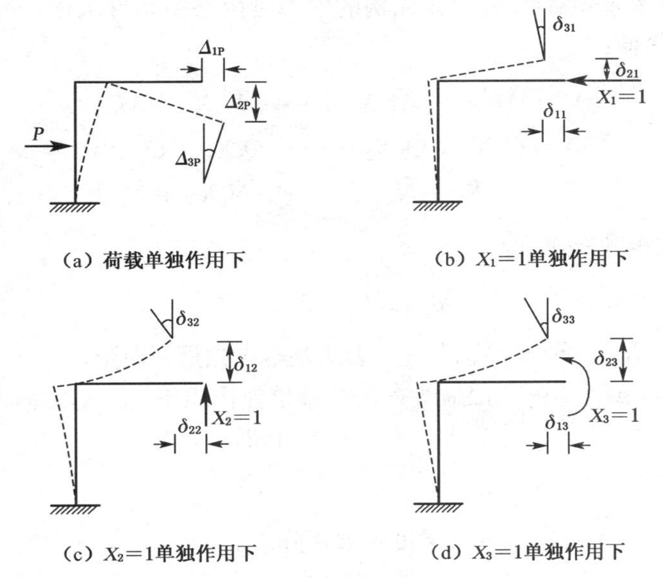

（a）荷载单独作用下　　（b）$X_1=1$单独作用下

（c）$X_2=1$单独作用下　　（d）$X_3=1$单独作用下

图 5-12　单位荷载作用下结构的内力图

利用叠加原理，原结构弯矩图可由下式计算：

$$\left.\begin{aligned} M &= \overline{M}_1X_1+\overline{M}_2X_2+\overline{M}_3X_3+M_P \\ N &= \overline{N}_1X_1+\overline{N}_2X_2+\overline{N}_3X_3+N_P \\ Q &= \overline{Q}_1X_1+\overline{Q}_2X_2+\overline{Q}_3X_3+Q_P \end{aligned}\right\}$$

在超静定结构的力法计算中，同一结构可按不同方式选取基本体系和基本未知量。此时，力法的基本方程虽然形式相同，但由于基本未知量不同，因而所提供的变形条件也不同。相应地，建立的力法基本方程的物理意义也有所区别。在选取基本体系时，应尽量使系数 δ_{ji} 及自由项 Δ_{iP} 的计算简化。

同理，推广至 n 次超静定结构，此时的力法基本未知量为 n 个多余约束力 $X_i(i=1,2,\cdots,n)$；力法的基本结构是从原结构中去掉相应的多余约束力后得到的静定结构；力法的基本方程为在 n 个多余约束处的变形条件：基本体系沿多余约束力方向的位移与原结构相同，即 $\Delta_i=0(i=1,2,\cdots,n)$。

在线性结构中，利用叠加原理，力法的典型方程可写为

$$\left.\begin{aligned} \Delta_1 &= \delta_{11}X_1+\delta_{12}X_2+\cdots+\delta_{1n}X_n+\Delta_{1P}=0 \\ \Delta_2 &= \delta_{21}X_1+\delta_{22}X_2+\cdots+\delta_{2n}X_n+\Delta_{2P}=0 \\ &\cdots \\ \Delta_n &= \delta_{n1}X_1+\delta_{n2}X_2+\cdots+\delta_{nn}X_n+\Delta_{nP}=0 \end{aligned}\right\} \tag{5-7}$$

式中：$\Delta_{iP}(i=1,2,\cdots,n)$——基本结构在荷载单独作用下，产生的沿 X_i 方向的位移；

$\delta_{ij}(i=1,2,\cdots,n;j=1,2,\cdots,n)$——基本结构在 $X_j=1$ 单独作用下，产生的沿 X_i 方向的位移，称之为柔度系数。由叠加原理，X_j 作用下产生的位移为 $\delta_{ij}X_j$。

解方程，得出基本未知量后，超静定结构的内力可由平衡条件求出。一般情况下，按叠加原理作内力图较为简便：

$$\left.\begin{aligned} M &= \overline{M}_1 X_1 + \overline{M}_2 X_2 + \cdots + \overline{M}_n X_n + M_P \\ Q &= \overline{Q}_1 X_1 + \overline{Q}_2 X_2 + \cdots + \overline{Q}_n X_n + Q_P \\ N &= \overline{N}_1 X_1 + \overline{N}_2 X_2 + \cdots + \overline{N}_n X_n + \overline{N}_P \end{aligned}\right\}$$

将式(5-7)写成矩阵形式，得

$$[\delta]\{X\} + \{\Delta_P\} = 0$$

式中：$\{X\} = \{X_1, \quad X_2, \quad \cdots \quad, X_n\}^T$——力法基本未知量列向量；

$\{\Delta_P\} = \{\Delta_{1P}, \quad \Delta_{2P}, \quad \cdots \quad, \Delta_{nP}\}^T$——荷载单独作用下，沿 X_i 方向产生的位移列向量 $(i = 1, 2, \cdots, n)$；

$$[\delta] = \begin{bmatrix} \delta_{11} & \delta_{21} & \cdots & \delta_{n1} \\ \delta_{12} & \delta_{22} & \cdots & \delta_{n2} \\ \cdots & & & \\ \delta_{1n} & \delta_{2n} & \cdots & \delta_{nn} \end{bmatrix}$$——柔度系数矩阵。

根据位移互等定理，系数 $\delta_{ij} = \delta_{ji}$，所以该矩阵为对称阵。主对角线上元素 δ_{ii} 称为主元素，值恒为正。非对角线元素 δ_{ij} 称为副系数，可为正值、负值或零。

5.3 荷载作用下超静定结构的力法计算

应用力法计算超静定结构，一般步骤为：

(1) 选择力法的基本未知量。

(2) 建立力法典型方程。

(3) 计算系数及自由项。

(4) 求解典型方程，得出基本未知量。

(5) 作内力图。

5.3.1 超静定梁

计算静定梁位移时，通常忽略轴力和剪力的影响，只考虑弯矩的影响，因而系数及自由项按下列公式计算：

$$\delta_{ii} = \sum \int \frac{\overline{M}_i^{\ 2}}{EI} ds, \ \delta_{ij} = \sum \int \frac{\overline{M}_i \overline{M}_j}{EI} ds, \ \Delta_{iP} = \sum \int \frac{\overline{M}_i M_P}{EI} ds$$

【例 5-1】 试作图 5-13(a)所示超静定连续梁的弯矩图，EI = 常数。

【解】 (1) 选择力法基本未知量。

图示结构为一次超静定，基本未知量选择支座 C 处的多余约束，则基本体系如图 5-13(b)

所示。

（2）力法典型方程为

$$\delta_{11}X_1+\Delta_{1P}=0$$

（3）计算系数及自由项，作出 M_P、$\overline{M}_1$ 图。

$$\delta_{11}=\frac{1}{EI}\left(\frac{1}{2}\times 2l\times\frac{2}{3}l\times\frac{2}{3}\times\frac{2}{3}l+\frac{1}{2}\times l\times\frac{2}{3}l\times\frac{2}{3}\times\frac{2}{3}l\times 2\right)=\frac{16l^3}{27EI}$$

$$\Delta_{1P}=-\frac{1}{EI}\left(\frac{1}{2}\times\frac{1}{3}Pl\times l\times\frac{4}{9}l+\frac{1}{2}\times\frac{1}{3}Pl\times l\times\frac{4}{9}l+\frac{1}{2}\times\frac{2}{3}Pl\times l\times\frac{2}{9}l+\right.$$

$$\left.+l\times\frac{1}{3}Pl\times\frac{1}{2}l+\frac{1}{2}\times\frac{1}{3}Pl\times l\times\frac{4}{9}l\right)$$

$$=-\frac{25Pl^3}{54EI}$$

（4）求解典型方程，得出基本未知量

$$X_1=-\frac{\Delta_{1P}}{\delta_{11}}=0.781P$$

正值说明基本未知量方向与假设方向一致。

（5）作弯矩图，见图 5-13(e)。

$$M=\overline{M}_1X_1+M_P$$

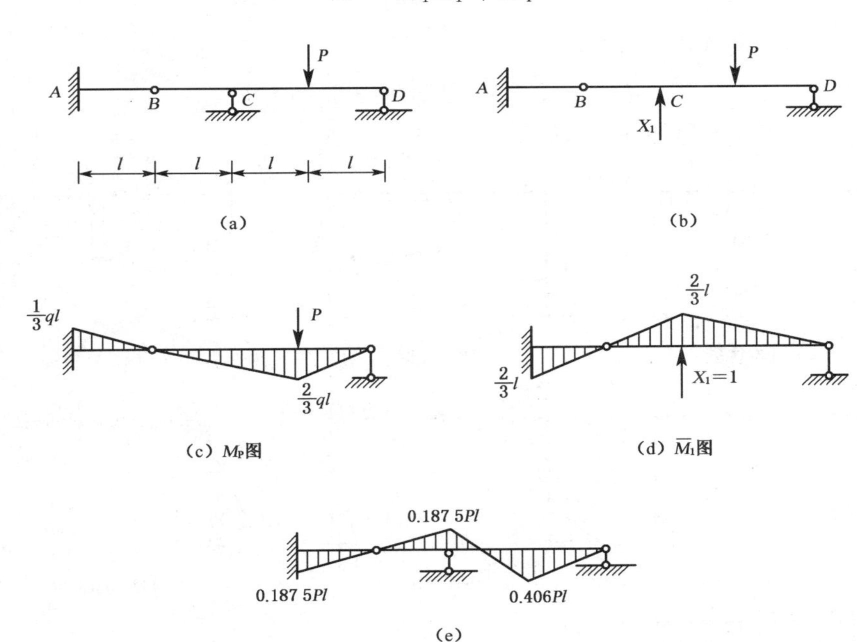

图 5-13

5.3.2 超静定刚架

计算刚架位移时，通常忽略轴力和剪力的影响，只考虑弯矩的影响，因而系数及自由项可按下式计算：

$$\delta_{ii}=\sum\int\frac{\overline{M}_i^{\ 2}}{EI}\mathrm{d}s,\ \delta_{ij}=\sum\int\frac{\overline{M}_i\overline{M}_j}{EI}\mathrm{d}s,\ \Delta_{iP}=\sum\int\frac{\overline{M}_iM_P}{EI}\mathrm{d}s$$

在某些特殊情况下，当轴力及剪力的影响较大时应特殊处理，考虑剪力及轴力的影响。如在高层刚架的柱中轴力通常较大，当柱短而粗时剪力影响较大。

【例 5-2】 试作图 5-14 所示超静定刚架的内力图。

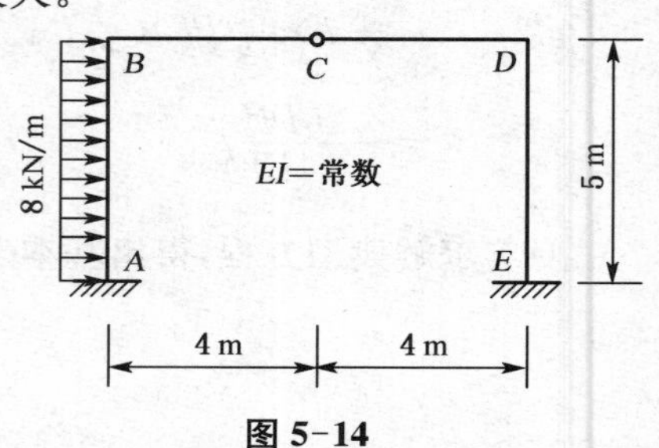

图 5-14

【解】 (1) 原结构为二次超静定结构，选取基本体系如图 5-15(a)所示。

(2) 力法典型方程为

$$\left.\begin{aligned}\delta_{11}X_1+\delta_{12}X_2+\Delta_{1P}=0\\ \delta_{21}X_1+\delta_{22}X_2+\Delta_{2P}=0\end{aligned}\right\}$$

(3) 计算系数及自由项，作出 $\overline{M}_1$、$\overline{M}_2$、M_P 图，分别如图 5-15(b)、(c)、(d)所示。

$$\delta_{11}=\frac{250}{3EI},\ \delta_{12}=\delta_{21}=0,\ \delta_{22}=\frac{608}{3EI},\ \Delta_{1P}=\frac{625}{EI},\ \Delta_{2P}=\frac{2\,000}{3EI}$$

(4) 代入力法典型方程，解得

$$X_1=-7.5\ \mathrm{kN},\ X_2=-3.29\ \mathrm{kN}$$

内力图分别如图 5-15(e)～(g)所示。

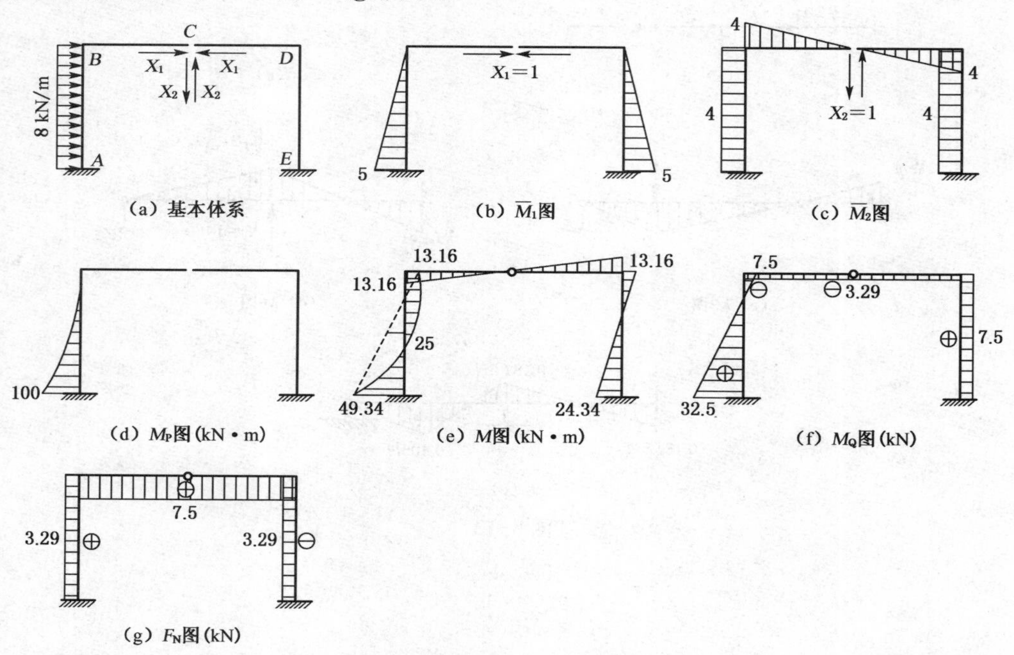

图 5-15

5.3.3 超静定桁架

由于桁架杆件中只产生轴力，因此，在计算系数和自由项时只需考虑轴力的影响，故

$$\delta_{ii}=\sum\frac{\overline{N}^2{}_i l}{EA},\ \delta_{ij}=\sum\frac{\overline{N}_i\overline{N}_j l}{EA},\ \Delta_{iP}=\sum\frac{\overline{N}_i N_P l}{EA}$$

桁架杆件的轴力图，同样可由叠加原理求得

$$N=\overline{N}_1X_1+\overline{N}_2X_2+\cdots+\overline{N}_nX_n+N_P$$

【例 5-3】 求解图 5-16(a)所示超静定桁架结构的内力，各杆 $EA=$ 常数。

【解】 (1) 选择基本未知量，见图 5-16(b)。

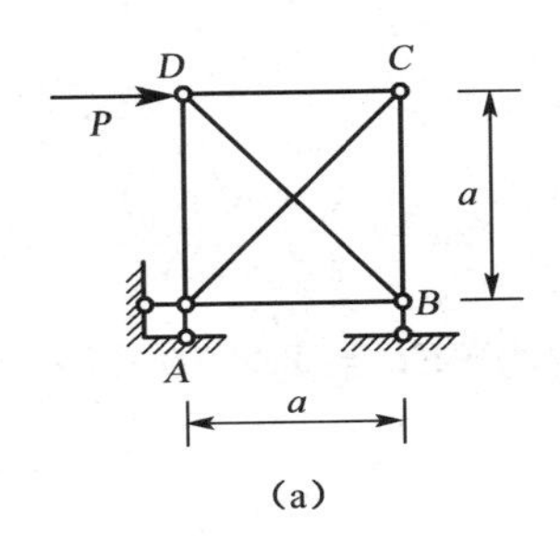

(a)

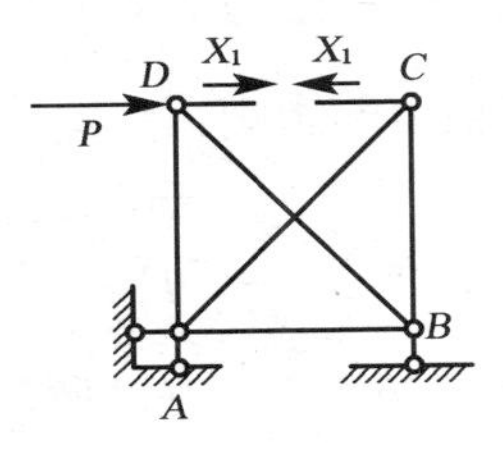

(b) 基本体系

图 5-16

(2) 力法典型方程为：$\delta_{11}X_1+\Delta_{1P}=0$。

(3) 计算系数及自由项，由于桁架结构通常由多根杆件组成，为便于计算及检验，采用表格形式计算系数及自由项，求出 N_P、$\overline{N}_1$ 后填入表 5-1 中。

表 5-1

杆件	$\overline{N}_1$	N_P	l	$\overline{N}_1N_Pl$	$\overline{N}_1{}^2$	$N=\overline{N}_1X_1+N_P$
AB	1	P	a	Pa	a	$0.5P$
BC	1	0	a	0	a	$-0.5P$
CD	1	0	a	0	a	$-0.5P$
DA	1	P	a	Pa	a	$0.5P$
AC	$-\sqrt{2}$	0	$\sqrt{2}a$	0	$2\sqrt{2}a$	$0.707P$
BD	$-\sqrt{2}$	$-\sqrt{2}P$	$\sqrt{2}a$	$2\sqrt{2}Pa$	$2\sqrt{2}a$	$-0.707P$
Σ				$(2\sqrt{2}+2)Pa$	$(4\sqrt{2}+4)a$	

(4) 求解典型方程，得出基本未知量：

$$X_1=-\frac{\Delta_{1P}}{\delta_{11}}=\frac{(2\sqrt{2}+2)P_a}{(4\sqrt{2}+4)a}=-\frac{1}{2}P\ (\text{压力})$$

(5) 叠加法求轴力,见表 5-1 最后一列。

$$N = \overline{N}_1 X_1 + N_P$$

5.3.4 超静定组合结构

在实际工程中,为节约材料,提高结构的刚度,有时会采用超静定组合结构。结构中一部分杆件主要承受弯曲变形,称为梁式杆;另一部分杆件主要承受拉压变形,称为桁架杆。

计算系数及自由项时应根据杆件的类型,采用不同的计算方式。

梁式杆,主要考虑弯矩的影响:

$$\delta_{ii} = \sum \int \frac{\overline{M}_i^{\ 2}}{EI} ds,\ \delta_{ij} = \sum \int \frac{\overline{M}_i \overline{M}_j}{EI} ds,\ \Delta_{iP} = \sum \int \frac{\overline{M}_i M_P}{EI} ds$$

桁架杆,考虑轴力的影响:

$$\delta_{ii} = \sum \frac{\overline{N}^2{}_i l}{EA},\ \delta_{ij} = \sum \frac{\overline{N}_i \overline{N}_j l}{EA},\ \Delta_{iP} = \sum \frac{\overline{N}_i N_p l}{EA}$$

【例 5-4】 试分析图 5-17(a)所示组合结构的内力,$EI = 2 \times 10^7\ \text{N} \cdot \text{m}^2$,$EA = 2.4 \times 10^8\ \text{N} \cdot \text{m}^2$。

【解】

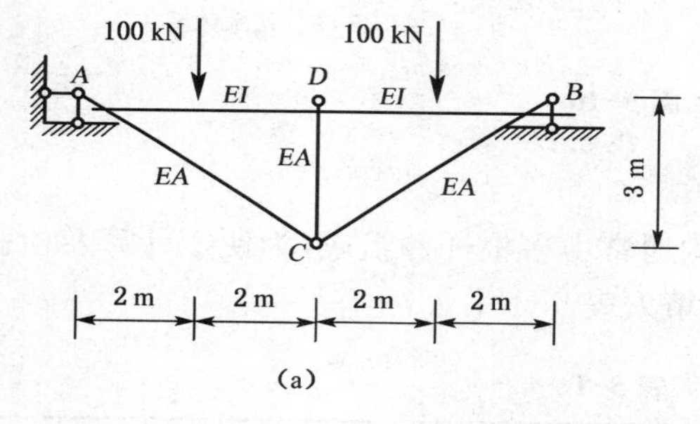

(a)

(b) 基本体系

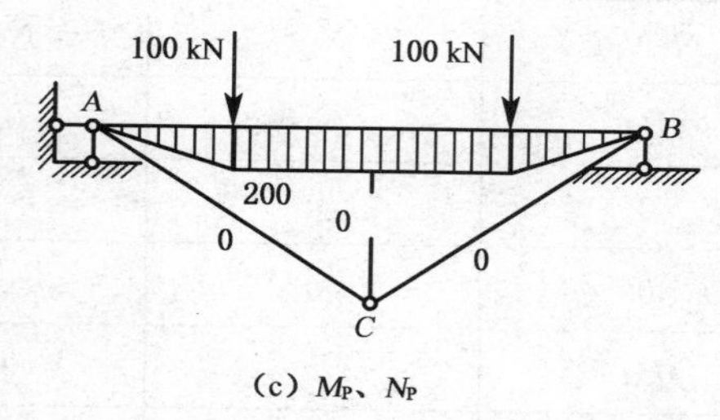

(c) M_P、N_P

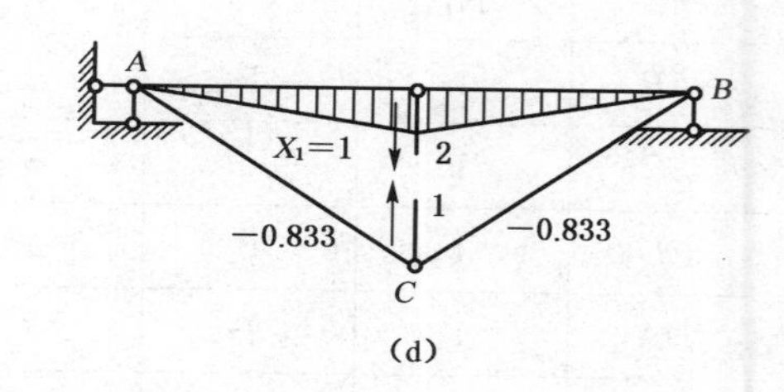

(d)

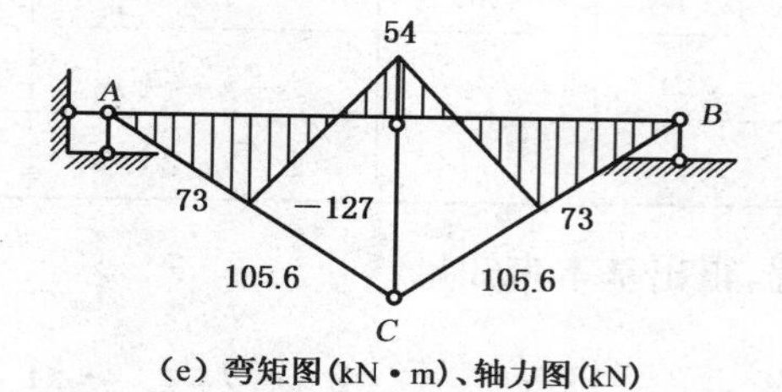

(e) 弯矩图(kN・m)、轴力图(kN)

图 5-17

(1) 选择基本未知量如图 5-17(b)所示。

(2) 力法典型方程为：$\delta_{11}X_1+\Delta_{1P}=0$。

(3) 计算系数及自由项，作出 M_P、N_P、$\overline{M}_1$、$\overline{N}_1$ 图，如图 5-17(c)和图 5-17(d)所示。

$$\delta_{11}=\frac{1}{EI}\left(\frac{1}{2}\times4\times2\times\frac{4}{3}\times2\right)+\frac{1}{EA}(0.833\times0.833\times5\times2+1\times1\times3)$$
$$=5.71\times10^{-7}$$

$$\Delta_{1P}=\frac{1}{EI}\left(\frac{1}{2}\times2\times200\times\frac{2}{3}\times2+200\times2\times\frac{3}{2}\times2\right)=7.3\times10^{-5}$$

(4) 求解典型方程，得出基本未知量：

$$X_1=-\frac{\Delta_{1P}}{\delta_{11}}=-127\ \text{kN}\ (\text{压力})$$

(5) 叠加法作内力图，如图 5-17(e)所示。

$$M=\overline{M}_1X_1+M_P$$

$$N=\overline{N}_1X_1+N_P$$

5.4 对称性的利用

采用力法计算超静定结构时，典型方程的个数等于超静定次数，超静定次数越高，需计算的系数及自由项个数越多。通常情况下，力法典型方程组为耦合的，计算工作量较大。因此，力法适合计算超静定次数较低的结构。

在工程实际中，很多结构存在如下特征：结构的几何形状、支座情况、杆件的截面以及材料特性等均关于某一几何轴线对称，这类结构称为对称结构，该几何轴线称为对称轴。利用结构的对称性，超静定问题的计算工作可得到简化。

如图 5-18(a)所示刚架，沿轴 Ⅰ-Ⅰ 对称。在选取力法基本体系时，沿对称轴处将杆件切开，并代之以相应多余约束力，如图 5-18(b)所示。力法基本未知量为正对称的轴力 X_1、弯矩 X_2 以及反对称的剪力 X_3。基本未知量作用下的弯矩图，如图 5-18(c)、(d)、(e)所示。

可以看出，对称性基本未知量 X_1、X_2 作用下的弯矩图为对称图形，而反对称性基本未知量 X_3 作用下弯矩图为反对称的。由此特性，副系数

$$\delta_{13}=\delta_{13}=\int\frac{\overline{M}_1\overline{M}_3}{EI}\mathrm{d}s=0$$

$$\delta_{23}=\delta_{32}=\int\frac{\overline{M}_2\overline{M}_3}{EI}\mathrm{d}s=0$$

则三次力法典型方程可简化为

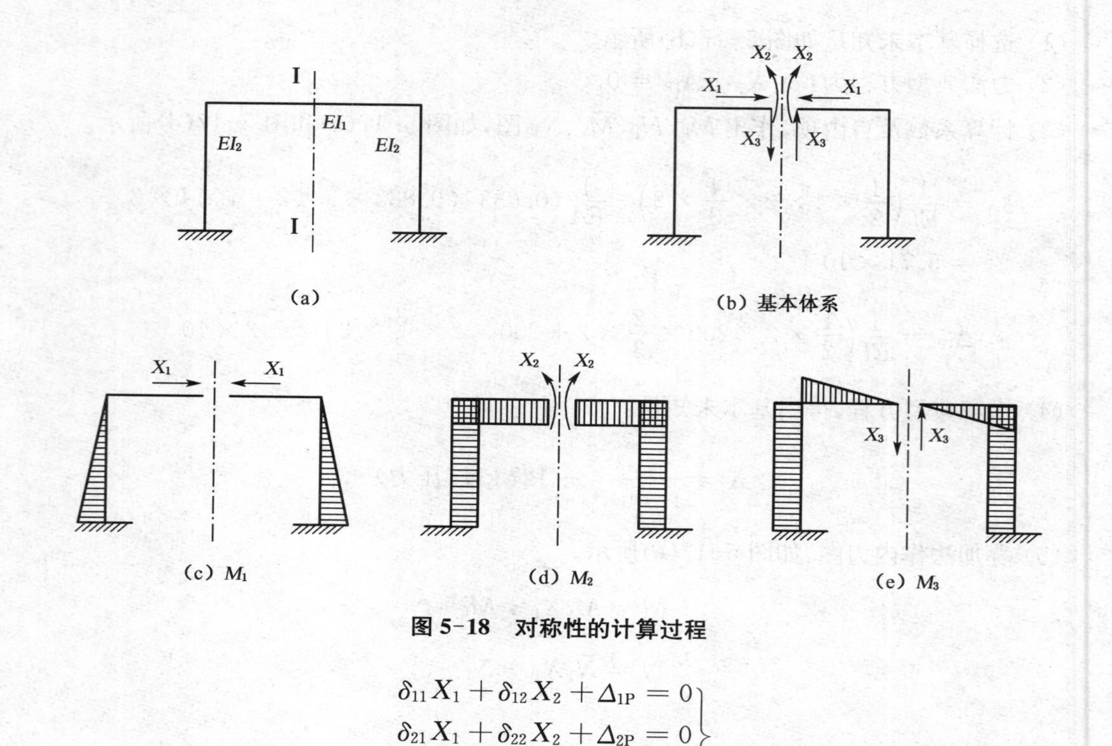

图 5-18　对称性的计算过程

$$\left.\begin{aligned}\delta_{11}X_1+\delta_{12}X_2+\Delta_{1P}=0\\ \delta_{21}X_1+\delta_{22}X_2+\Delta_{2P}=0\\ \delta_{33}X_3+\Delta_{3P}=0\end{aligned}\right\}$$

原耦合的方程组已简化为一个两元一次方程组和一元一次方程组，计算工作量已得到减少。

再来考虑结构所承受的荷载特性。

(1) 当结构承受对称荷载时，荷载作用下基本结构的弯矩图为对称图形，如图 5-19(a)所示。则自由项

$$\Delta_{3P}=\int\frac{\overline{M}_3M_P}{EI}ds=0$$

代入力法典型方程第三式，力法基本未知量 $X_3=0$，即反对称性基本未知量为零。因此，只有对称性基本未知量 X_1、X_2。最后弯矩图可由叠加法得

$$\left.\begin{aligned}M=\overline{M}_1X_1+\overline{M}_2X_2+M_P\\ N=\overline{N}_1X_1+\overline{N}_2X_2+N_P\\ Q=\overline{Q}_1X_1+\overline{Q}_2X_2+Q_P\end{aligned}\right\}$$

弯矩图为对称图形，但剪力图为反对称图形。

(2) 当结构承受反对称荷载时，荷载作用下基本结构的弯矩图为反对称图形，如图 5-19(b)所示。则自由项

$$\Delta_{1P}=\int\frac{\overline{M}_1M_P}{EI}ds=0\qquad\Delta_{2P}=\int\frac{\overline{M}_2M_P}{EI}ds=0$$

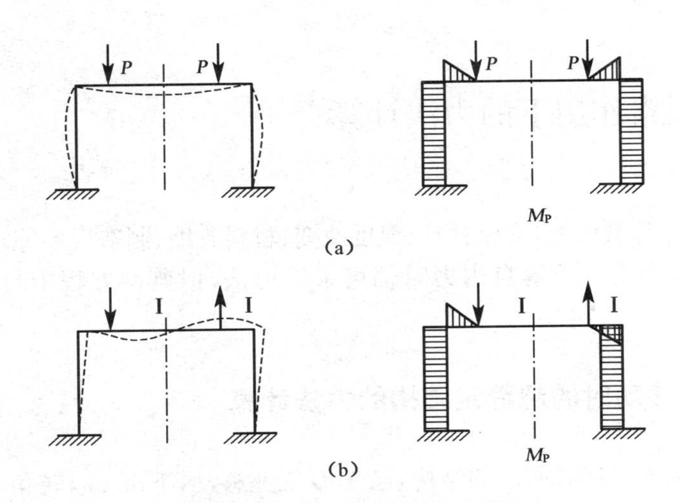

图 5-19 对称和反对称荷载作用下变形图

代入力法典型方程,可得力法基本未知量 $X_1=0, X_2=0$,即对称性基本未知量为零。此时,只有反对称性基本未知量 X_3。

最后内力图:

$$M=\overline{M}_3X_3+M_P$$

$$N=\overline{N}_3X_3+N_P$$

$$Q=\overline{Q}_3X_3+Q_P$$

弯矩图、轴力图为反对称图形,但剪力图为对称图形。

综上所述,可得如下结论:

(1) 对称结构在对称荷载作用下,对称轴截面上的反对称性内力为零;弯矩图、轴力图及位移图是对称图形,剪力图为反对称图形。

(2) 对称结构在反对称荷载作用下,对称轴截面上的对称性内力为零;剪力图为对称图形,弯矩图、轴力图及位移图为反对称性图形。

当结构承受一般荷载作用时,可利用叠加原理将荷载分解为对称性荷载与反对称性荷载,利用对称性进行计算,如图 5-20 所示。

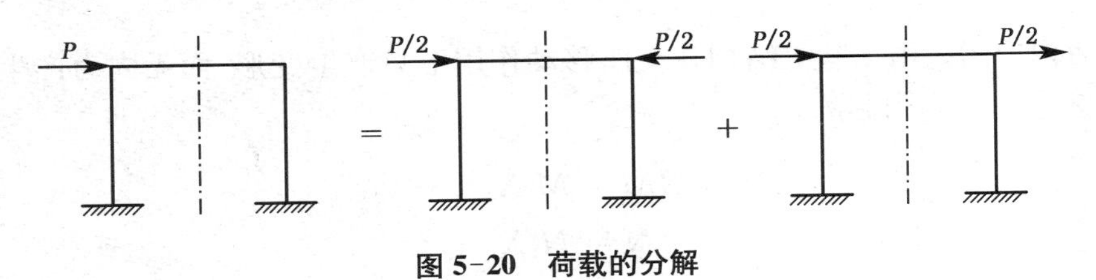

图 5-20 荷载的分解

5.5 非荷载因素作用下的力法计算

超静定结构在非荷载因素(支座移动、温度改变、材料收缩、制造误差等)作用下,结构将产生内力,通常称为自内力。求解自内力时仍可采用力法,但典型方程中自由项的计算有所区别。

5.5.1 支座移动时的超静定结构的力法计算

【例 5-5】 如图 5-21(a)所示的结构,已知 B 支座移动,下沉 C_B,转角 θ_B,各杆 $EI=$ 常数,试求解结构自内力。

【解】 (1) 选择力法基本未知量,如图 5-21(b)所示。

(2) 力法典型方程。

此时,变形协调条件为:基本结构沿 X_1 方向产生的位移与原结构的位移相同。而基本结构沿 X_1 方向的位移是由支座移动引起的,用 Δ_{1C} 表示。因此典型方程为

$$\delta_{11}X_1+\Delta_{1C}=0$$

Δ_{1C} 为由支座移动引起的基本结构沿 X_1 方向的位移,可利用单位荷载法进行计算。

(3) 计算系数及自由项。

$$\delta_{11}=\sum\int\frac{\overline{M}_1^2}{EI}\mathrm{d}s=\frac{4l^3}{3EI}$$

$$\Delta_{1C}=-\sum R_iC_i=\theta_B l-C_B$$

(4) 力法基本未知量:

$$X_1=-\frac{\Delta_{1C}}{\delta_{11}}=-\frac{\theta_B l-C_B}{\dfrac{4l^3}{3EI}}=\frac{3EI}{4l^3}(C_B-\theta_B l)$$

(5) 最后内力图。由于基本结构在支座移动作用下只产生变形,而无内力产生,因此,内力全部是由多余约束力引起的。

$$M=\overline{M}_1X_1$$
$$N=\overline{N}_1X_1$$
$$Q=\overline{Q}_1X_1$$

如基本体系选择为图 5-21(d)所示的结构,则力法典型方程为

$$\delta_{11}X_1+\Delta_{1C}=\theta_A$$

力法典型方程中的右边项根据实际变形条件可不为零。

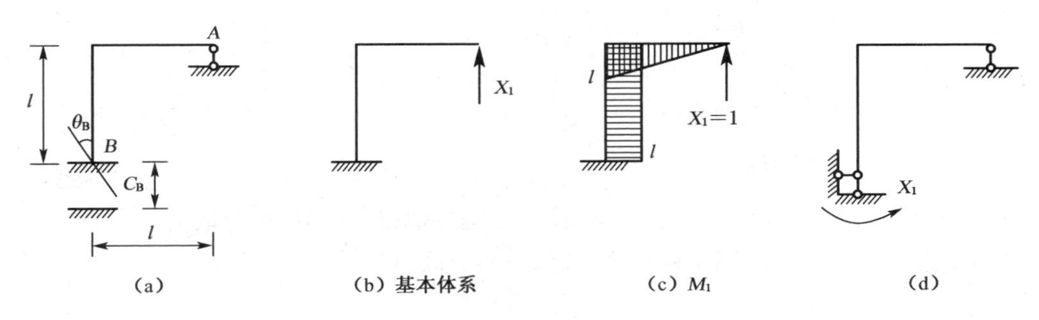

图 5-21

从上例中可以看出,由支座移动引起的超静定结构内力计算问题具有如下特点:

(1) 力法典型方程的右边项根据所选取的基本体系的不同可不为零,应根据实际位移条件确定。

(2) 力法典型方程中,自由项是由支座移动引起的。

(3) 内力与结构的刚度绝对值有关,因此在计算中必须采用刚度绝对值。

5.5.2 温度改变时的超静定结构的力法计算

温度改变时超静定结构的内力计算与支座移动时的计算相似,典型方程中自由项是由温度改变引起的基本结构的位移,其计算公式为

$$\Delta_{it} = \sum\int \frac{\overline{M}_i \alpha \Delta t}{h} \mathrm{d}s + \sum\int \overline{N}_i \alpha t_0 \mathrm{d}s$$

式中:α——材料的温度膨胀系数;

t_0——轴线平均温度,$t_0 = \frac{(t_1 + t_2)}{2}$;

Δt——结构内外温差,$\Delta t = (t_{内} - t_{外})$。

【例 5-6】 图 5-22(a)所示刚架,EI = 常数,温度膨胀系数为 α,截面尺寸为 300 mm × 600 mm,原工作环境温度 20℃,当刚架内侧温度升高至 50℃时,试求结构内力。

【解】 (1) 选择力法基本未知量,如图 5-22(b)所示。

(2) 力法典型方程:

$$\delta_{11} X_1 + \Delta_{1t} = 0$$

(3) 计算系数及自由项:

$$\delta_{11} = \sum\int \frac{\overline{M}_1^2}{EI} \mathrm{d}s = \frac{1}{EI}\left[1 \times 12 \times 1 + 2 \times \left(\frac{1}{2} \times 12 \times 1 \times \frac{2}{3}\right)\right] = \frac{20}{EI}$$

$$\Delta t = 50℃ - 20℃ = 30℃$$

$$t_0 = \frac{(50 - 20)}{2} = 15℃$$

$$\Delta_{it} = \sum\int \frac{\overline{M}_i \alpha \Delta t}{h} ds + \sum\int \overline{N}_i \alpha t_0 ds$$
$$= -\frac{\alpha \times 30}{0.6} \times \left(1 \times 12 + \frac{1}{2} \times 12 \times 1 \times 2\right) + \alpha \times 15 \times \left(-\frac{1}{12} \times 12\right)$$
$$= -1\,215\alpha$$

温差 Δt 为正，即内侧温度较高，而 $\overline{M}_1$ 图为结构外侧受拉，因此积分取负号。

温度变化 t_0 为正，而 $\overline{N}_1$ 图中横梁受压，因此积分取负号。

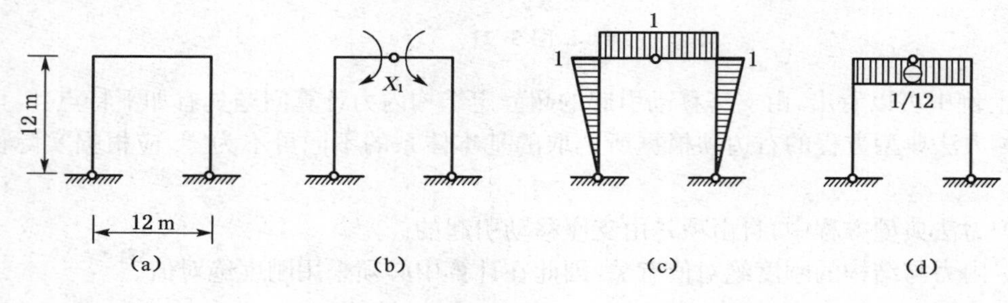

图 5-22

(4) 力法基本未知量：

$$X_1 = -\frac{\Delta_{1t}}{\delta_{11}} = \frac{1215\alpha}{\frac{20}{EI}} = 60.75\alpha EI$$

(5) 作内力图

基本结构在温度变化作用下不产生内力，因此，最后内力全部是由多余约束力引起的。

$$\left.\begin{aligned} M &= \overline{M}_1 X_1 \\ N &= \overline{N}_1 X_1 \\ Q &= \overline{Q}_1 X_1 \end{aligned}\right\}$$

温度变化引起的结构自内力大小与结构刚度绝对值有关，成正比。刚度愈大，则自内力愈大。且在低温面产生拉力，在高温面产生压力。因此，在钢筋混凝土结构中，应特别注意由于温度变化有可能产生的裂缝。

5.6 超静定结构的位移计算

超静定结构的位移计算仍可采用在第 4 章中介绍的单位荷载法，但计算较为繁琐。在力法基本原理的介绍中，我们已经知道当求出力法基本未知量——多余约束力，并将其作为主动力施加在基本体系上后，基本体系的受力和变形状态与原超静定结构完全相同。因此原超静定结构的位移计算可以转换为求基本体系这一静定结构的位移计算问题。

一般的计算步骤如下：

(1) 选择力法基本未知量,确定力法基本体系。
(2) 求解力法基本未知量及内力。
(3) 在拟求位移处施加相应的单位荷载,并作出内力图 $\overline{M}$、$\overline{N}$ 及 $\overline{Q}$。
(4) 根据位移计算公式计算位移。

$$\Delta = \sum\int \frac{M\overline{M}}{EI}\mathrm{d}s + \sum\int \frac{N\overline{N}}{EA}\mathrm{d}s + \sum\int k\frac{Q\overline{Q}}{GA}\mathrm{d}s$$

【例 5-7】 试求图 5-23(a)所示超静定梁的跨中挠度,EI=常数。

【解】 前例中本题的内力状态已经求解:

力法基本未知量—— $X_1 = \frac{3}{8}ql$

弯矩图—— $M = \overline{M}_1 X_1 + M_P$

再拟求位移点 C 处施加单位荷载,并作弯矩图 $\overline{M}$,如图 5-23(d)所示。

位移计算公式为:$\Delta = \int \frac{M\overline{M}}{EI}\mathrm{d}s = \int \frac{(\overline{M}_1 X_1 + M_P)\overline{M}}{EI}\mathrm{d}s$

$\overline{M}_1$、M_P 如图 5-23(c)和图 5-23(d)所示,进行图乘计算:

$$\Delta = \frac{1}{EI}\left(\frac{1}{2}\times\frac{l}{2}\times\frac{l}{2}\times\frac{5l}{6}\times\frac{3}{8}ql\right) - \frac{1}{EI}\left(\frac{1}{8}ql^2\times\frac{l}{2}\times\frac{l}{4} + \frac{1}{2}\times\frac{l}{2}\times\frac{3}{8}ql^2\times\frac{l}{3} - \frac{2}{3}\times\frac{1}{32}ql^2\times\frac{l}{2}\times\frac{l}{4}\right)$$

$$= -0.046\frac{ql^4}{EI}$$

结果为负值,说明位移方向与假设力方向相反,实际位移方向向下。

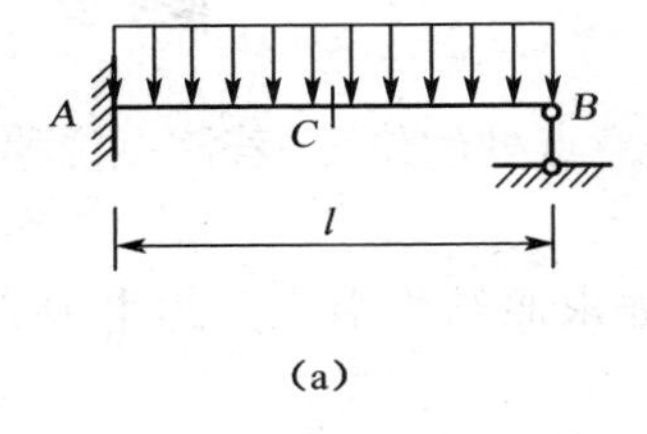

(a)

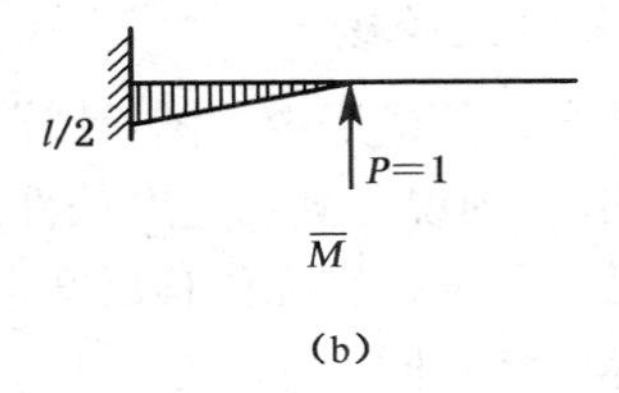

(b)

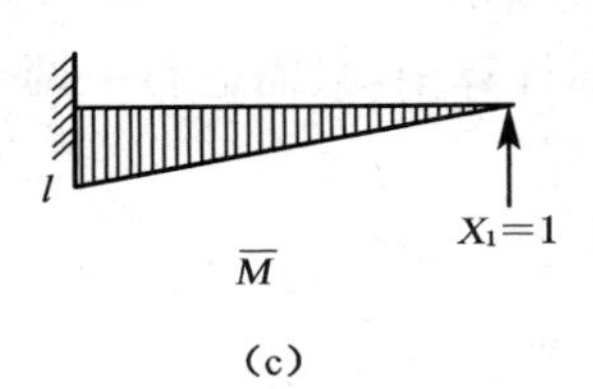

(c)

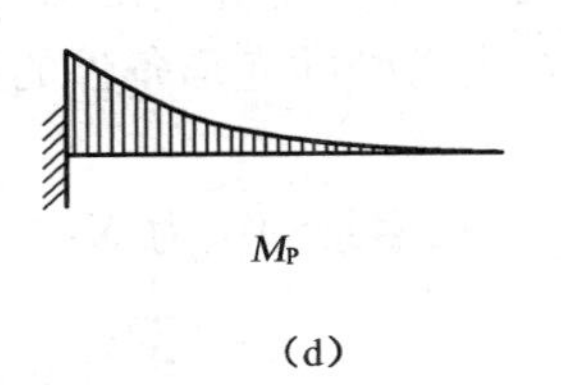

(d)

图 5-23

5.7 超静定结构最后内力图的校核

与静定结构的计算相同，超静定结构同样需进行最后内力图的校核。由于采用力法计算超静定结构时，需首先计算力法基本未知量，再由多个内力图的叠加或直接平衡条件作出最后内力图，任何一个环节有错误的话，都会导致最后内力图的错误。因此，计算完毕后，应进行校核工作。

在校核过程中，应特别注意以下几点：

(1) 基本体系的选择是否正确。

(2) 系数及自由项的值是否正确。

(3) 力法基本未知量的值是否正确。

(4) 最后内力图的校核。

最后内力图的校核要从平衡条件和变形条件两方面进行。这是由于采用力法计算过程中，力法典型方程的建立是以变形协调为基础的。某些情况下，如力法基本未知量计算错误，叠加后得到的内力图可以满足平衡条件的，但是却是错误的。

1）平衡条件的校核

从结构内任意截取一部分，该部分的受力状态均可以满足平衡条件。通常在校核中是选取结点或某段杆件作为研究对象。

如例 5-2 中的结点 C，结点受力图如图 5-24 所示，经校验满足平衡条件。

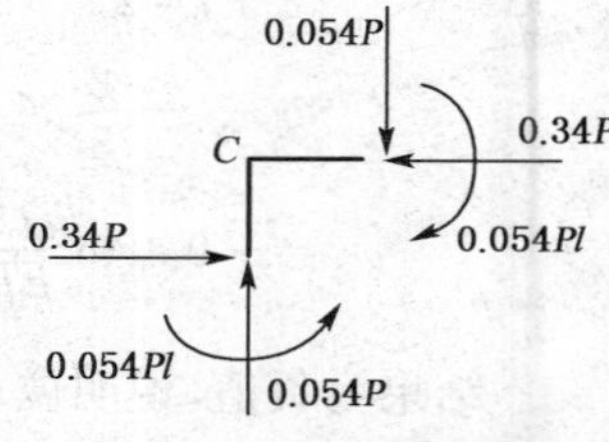

图 5-24　结点 C 受力图

2）变形条件的校核

即利用已求得的最后内力图，计算超静定结构任意点处的位移，若该点位移与超静定结构的实际位移相同，则说明满足变形条件。

通常的做法是选择实际位移已知点进行计算。如求原结构沿多余约束力方向的位移，看其是否与实际位移相同。

一般来说，对于 n 次超静定结构在采用力法计算时采用了 n 个变形协调条件，校核时也应进行 n 个多余约束力处的变形条件的校核。但在实际计算中，只需进行一两个变形条件的校核即可。

如例 5-7 中，沿多余约束力 X_1 方向的位移

$$\begin{aligned}\Delta &= \sum\int\frac{\overline{M}M}{EI}\mathrm{d}s \\ &= \frac{1}{EI}\left(\frac{3}{8}ql^2\times\frac{1}{2}\times l\times l\times\frac{2}{3}l-\frac{1}{3}\times\frac{1}{2}ql^2\times l\times\frac{3}{4}l\right) \\ &= 0\end{aligned}$$

实际结构在该点处受链杆约束，沿竖直方向位移为零，因此，满足变形条件。

5.8 超静定拱的计算

拱结构在土木工程中广泛应用于桥梁工程、水利工程、隧道工程、房屋建筑中的拱式屋架等。常用的拱结构一般均为超静定拱，常见的有二铰拱和无铰拱。

5.8.1 二铰拱

二铰拱为一次超静定结构(图 5-25(a))，选取力法基本体系(图 5-25(b))，力法典型方程为

$$\delta_{11}X_1 + \Delta_{1P} = 0$$

由于基本体系为简支曲梁，所以系数及自由项的计算需采用直接积分法。列出在基本未知量及荷载作用下的任一截面的内力方程，因拱结构截面上轴力以压力为主，因此，假设压力为正。

基本未知量 $X_1 = 1$ 作用下，内力方程为

$$\left.\begin{aligned} \overline{M}_1 &= -y \\ \overline{N}_1 &= \cos\varphi \\ \overline{Q}_1 &= -\sin\varphi \end{aligned}\right\}$$

荷载作用下，内力方程为

$$\left.\begin{aligned} M_P &= M_P^0 \\ N_P &= Q_P^0 \sin\varphi \\ Q_P &= Q_P^0 \cos\varphi \end{aligned}\right\}$$

式中：M_P^0、Q_P^0——与曲梁相同跨度、相同荷载作用下的简支梁的弯矩及剪力。

在一般常用的二铰拱中，当高跨比 $\frac{f}{l} < \frac{1}{3}$ 时，计算系数 δ_{11} 可以忽略剪力的影响，而计算自由项 Δ_{1P}时，则只需考虑弯矩的影响。

$$\delta_{11} = \int \frac{y^2}{EI}\mathrm{d}s + \int \frac{\cos^2\varphi}{EA}\mathrm{d}s$$

$$\Delta_{1P} = \int \frac{-yM_P^0}{EI}\mathrm{d}s$$

力法基本未知量

$$X_1 = -\frac{\Delta_{1P}}{\delta_{11}} = \frac{\int \frac{-yM_P^0}{EI}\mathrm{d}s}{\int \frac{y^2}{EI}\mathrm{d}s + \int \frac{\cos^2\varphi}{EA}\mathrm{d}s}$$

最后内力图由叠加法可得

$$M = \overline{M}_1 X_1 + M_P = M_P^0 + H_y$$
$$Q = \overline{Q}_1 X_1 + Q_P = Q_P^0 \cos\varphi - H\sin\varphi$$
$$N = \overline{N}_1 X_1 + N_P = Q_P^0 \cos\varphi + H\cos\varphi$$

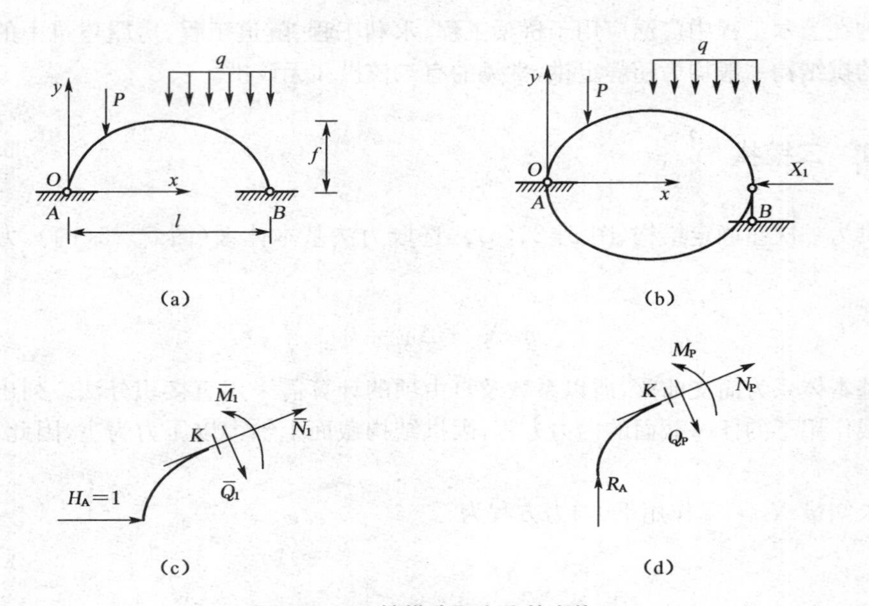

图 5-25　二铰拱选取力法基本体系

上式与在静定三铰拱中得出的内力表达式相同，说明二铰拱与三铰拱的基本受力特性是相同的，但二者之间存在根本上的区别。三铰拱的水平推力可由平衡条件直接求出，而二铰拱的水平推力是通过变形协调条件求出的。

超静定拱结构任意截面的内力与荷载、材料性质、截面几何形状以及轴线的形状有关。在设计中拱轴线的选取应尽量接近合理拱轴，以降低截面上的弯矩，提高材料的利用率。

由于只有当超静定拱结构的内力计算出后，才能求出压力线，而二者之间又相互制约。因此，在设计中只能采取反复计算、逐步逼近的方法。

当基础或支座承载水平推力的条件较差时，可采用拉杆拱设计。水平推力由拉杆承担，如图 5-26(a)所示。

以多余约束拉杆的轴力为力法基本未知量，基本体系如图 5-26(b)所示。

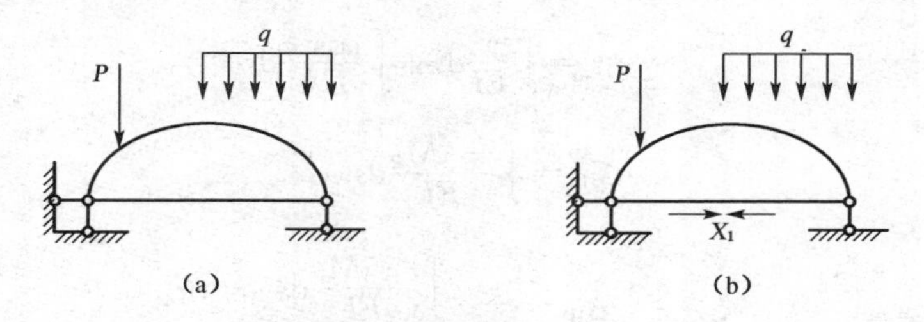

图 5-26　基本体系的选取

则基本未知量为

$$X_1=-\frac{\Delta_{1P}}{\delta_{11}}=\frac{\int\frac{-yM_P^0}{EI}ds}{\int\frac{y^2}{EI}ds+\int\frac{\cos^2\varphi}{EA}ds+\frac{l}{E_1A_1}}$$

E_1A_1 为拉杆的抗拉刚度。当拉杆刚度趋于无穷大时，没有轴向变形，相当于刚性支座链杆，结构的受力状态与二铰拱相同。若拉杆刚度较小且趋于零，则拉杆不起水平约束作用，结构受力状态与简支曲梁受力状态相同。

5.8.2 对称无铰拱

无铰拱为三次超静定结构。工程中常用无铰拱通常为对称结构，计算时可利用这一特性简化计算。沿对称轴处将拱顶切开，选取对称的力法基本结构，如图 5-27(b)所示。基本未知量中，X_1、X_2为对称性内力，X_3为反对称性内力。由对称性，力法的典型方程为

$$\left.\begin{aligned}\delta_{11}X_1+\delta_{12}X_2+\Delta_{1P}=0\\\delta_{21}X_1+\delta_{22}X_2+\Delta_{2P}=0\\\delta_{33}X_3+\Delta_{3P}=0\end{aligned}\right\}$$

该方程组仍然是相互耦连的，需联立求解。再进一步设法简化计算，如可使副系数 $\delta_{12}=\delta_{21}$ 为零，则方程组可简化为三个独立方程，使计算简化。

假设沿拱顶处固定一段长度为 y_c的刚臂，如图 5-27(c)所示，由于刚臂是绝对刚性的，不产生任何相对位移，因此带刚臂的无铰拱与原无铰拱是相互等效的。

取基本体系时沿对称截面将刚臂底端切开，基本未知量如图 5-27(d)所示。

此时，基本未知量作用下内力方程为

$$\left.\begin{aligned}&X_1=1: &&\overline{M}_1=y-y_c &&\overline{N}_1=-\cos\varphi &&\overline{Q}_1=-\sin\varphi\\&X_2=1: &&\overline{M}_1=1 &&\overline{N}_1=0 &&\overline{Q}_1=0\\&X_3=1: &&\overline{M}_1=-x &&\overline{N}_1=-\sin\varphi &&\overline{Q}_1=\cos\varphi\end{aligned}\right\}$$

副系数 $$\delta_{12}=\delta_{21}=\int\frac{\overline{M}_1\overline{M}_2}{EI}ds=\int\frac{1\times(y-y_c)}{EI}ds$$

令 $\delta_{12}=\delta_{21}$ 为零，则可得

$$\int\frac{1\times(y-y_c)}{EI}ds=0\quad\Rightarrow\quad y_c=\frac{\int\frac{y}{EI}ds}{\int\frac{1}{EI}ds}$$

由此，力法典型方程简化为

$$\left.\begin{aligned}\delta_{11}X_1+\Delta_{1P}=0\\\delta_{22}X_2+\Delta_{2P}=0\\\delta_{33}X_3+\Delta_{3P}=0\end{aligned}\right\}$$

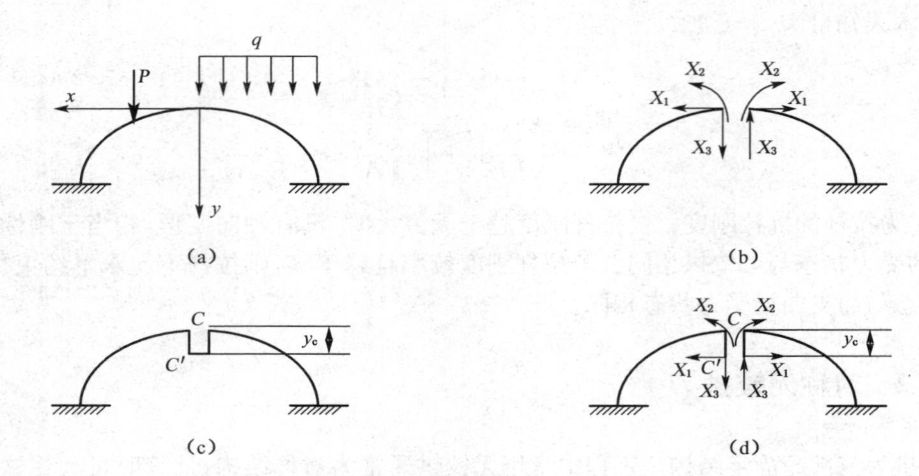

图 5-27　基本体系的选取

方程组由三个独立一元一次方程组成，计算工作得到大幅度简化。

以上的简化方法称为弹性中心法。刚臂的长度 y_c 称为弹性中心。沿拱轴线两侧分别取距轴$\frac{1}{2EI}$远的两条曲线，由此曲线围成的面积称为拱的弹性面积。y_c 即为该弹性面积的形心。

5.9　超静定结构的特性

与静定结构相比，超静定结构具有如下特性：

(1) 超静定结构内有多余约束存在，这是与静定结构的根本区别。超静定结构在多余约束破坏后，结构仍然可以保持其几何不变的特性；而静定结构任一约束破坏后，便立即变成几何可变体系而失去承载能力。因此，与静定结构相比，超静定结构具有更好的抗震性能。

(2) 静定结构的内力计算只需通过平衡条件即可确定，其内力大小与结构的材料性质及截面尺寸无关。而超静定结构的内力计算除需考虑平衡条件外，还必须同时考虑变形协调条件，超静定结构的内力与材料的性质以及截面尺寸等有关。

(3) 静定结构在非荷载因素(支座移动、温度改变、材料收缩、制造误差等)的作用下，结构只产生变形，而不引起内力。而超静定结构在承受非荷载因素作用时，由于多余约束的存在使结构不能自由变形，在结构内部会产生自内力。在实际工程中，应特别注意由于支座移动、温度改变引起的超静定结构的内力。

(4) 由于多余约束的存在，超静定结构的刚度一般较相应的静定结构的刚度大，因此内力和变形也较为均匀，峰值较静定结构低。

习 题

一、判断题

(1) 图 5-28 所示结构，当支座 A 发生转动时，各杆均产生内力。 ( )

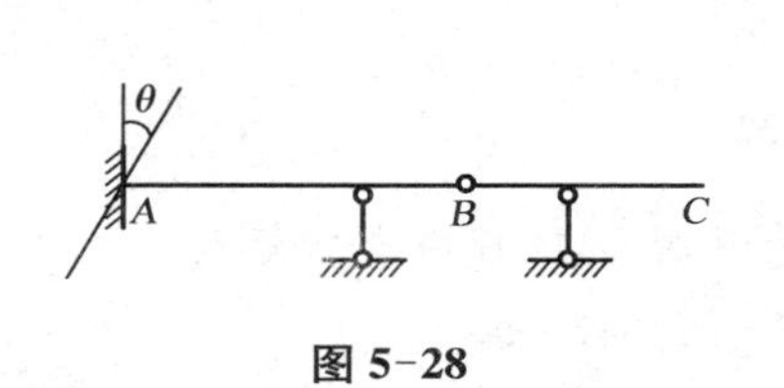

图 5-28

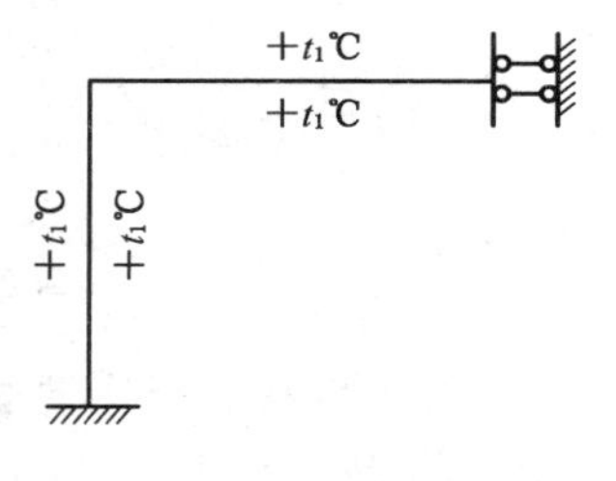

图 5-29

(2) 图 5-29 所示结构，当内外侧均升高 t_1℃时，两杆均只产生轴力。 ( )

(3) 图 5-30(a)、(b)所示两结构的内力相同。 ( )

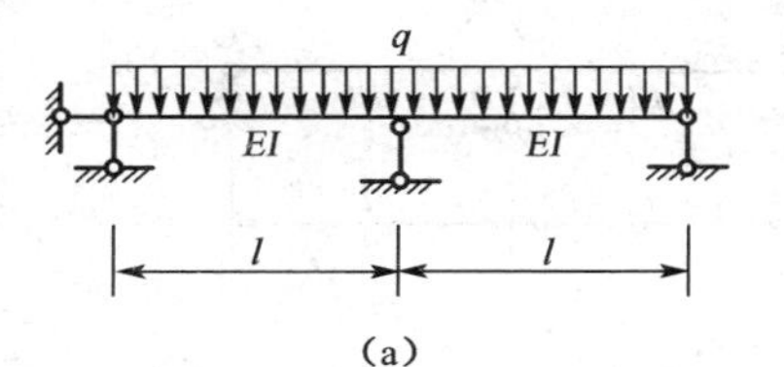

(a)

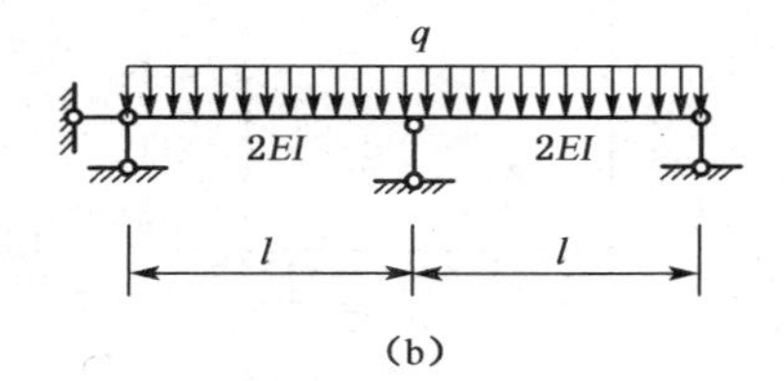

(b)

图 5-30

(4) 图 5-30(a)、(b)所示两结构的变形相同。 ( )

二、填空题

(1) 图 5-31(a)所示超静定梁的支座 A 发生转角 q，若选图(b)所示力法基本结构，则力法方程为________________，代表的位移条件是________________，其中 $\Delta_{1C}=$________；若选图(c)所示力法基本结构时，力法方程为________________，代表的位移条件是________________，其中 $D_{1C}=$________。

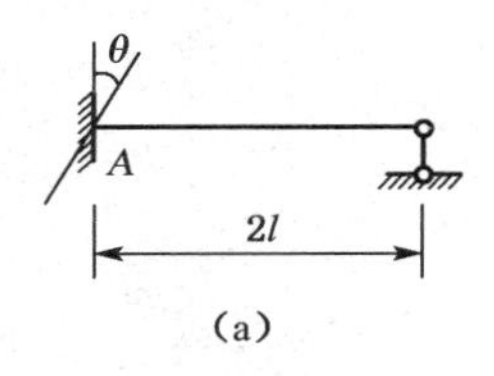

(a)

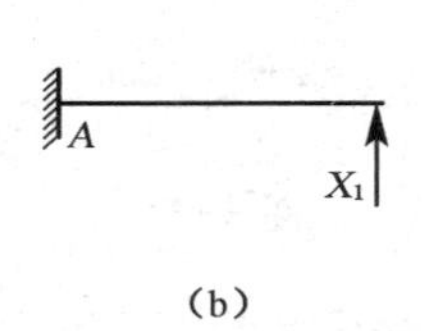

(b)

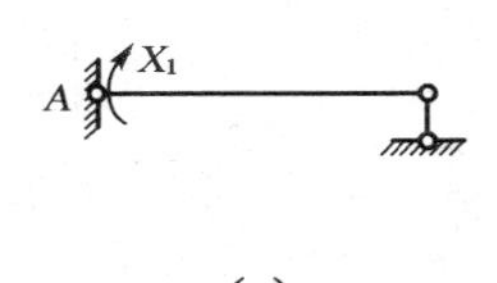

(c)

图 5-31

(2) 图 5-32(a)所示超静定结构，当基本体系为图(b)时，力法方程为________________，$D_{1P}=$________；当基本体系为图(c)时，力法方程为________________，$D_{1P}=$________。

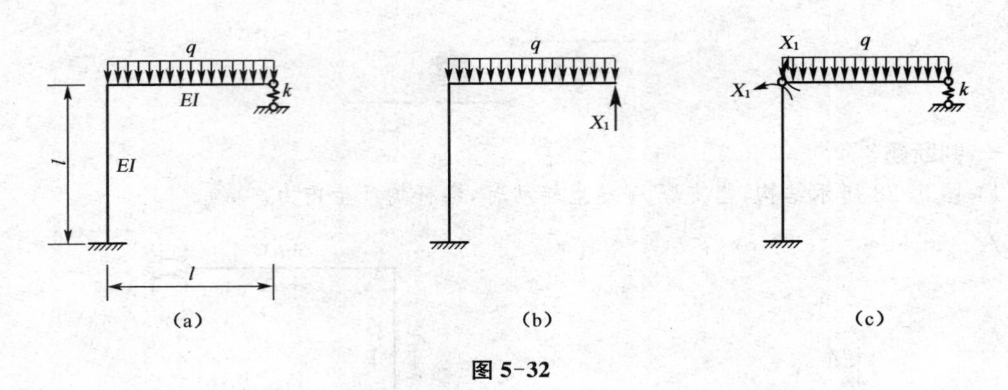

图 5-32

(3) 图 5-33(a)所示结构各杆刚度相同且为常数，AB 杆中点弯矩为________，________侧受拉；图(b)所示结构 M_{BC}＝________，________侧受拉。

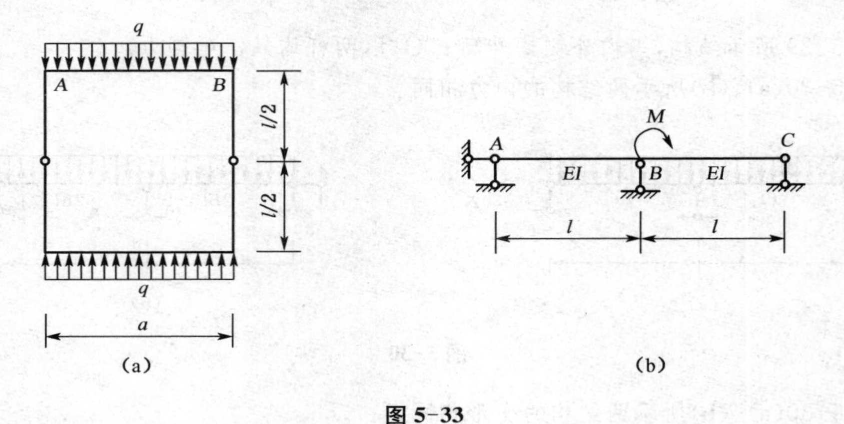

图 5-33

(4) 连续梁受荷载作用时，其弯矩图如图 5-34 所示，则 D 点的挠度为________，位移方向为________。

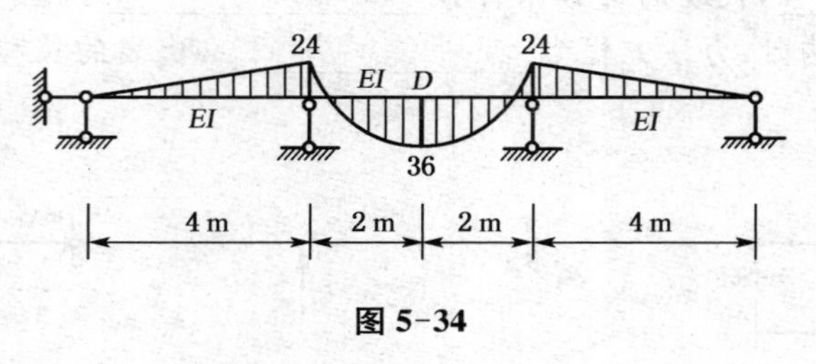

图 5-34

三、试确定图 5-35 所示结构的超静定次数。

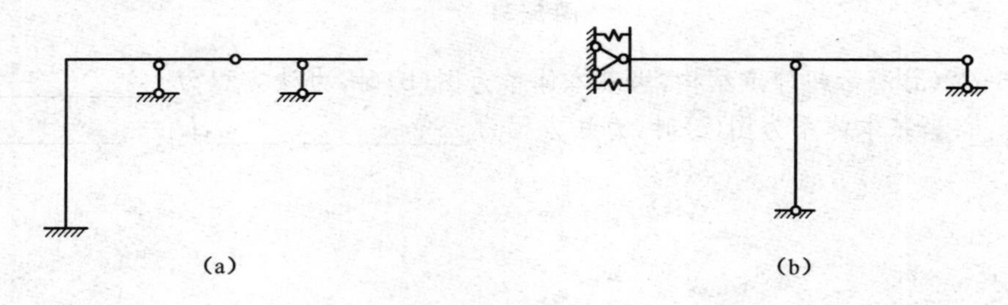

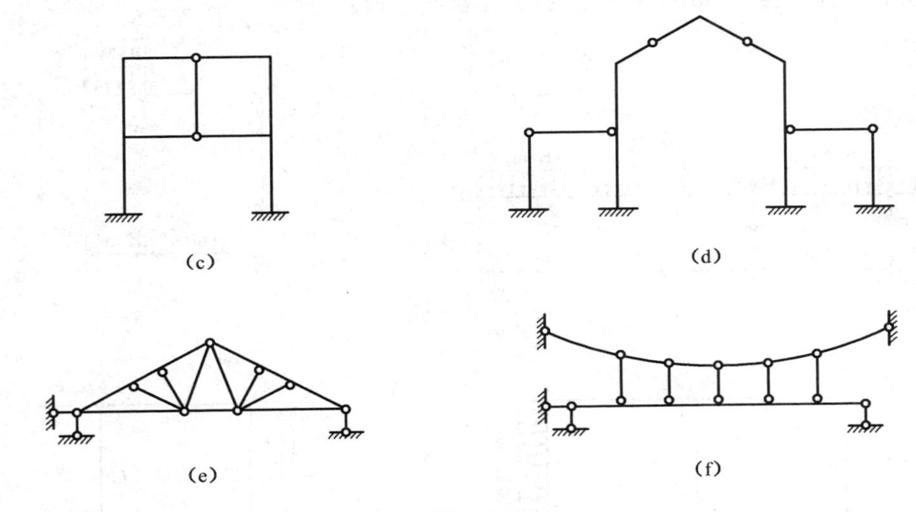

图 5-35

四、用力法计算图 5-36 所示各超静定梁，并作出弯矩图和剪力图。

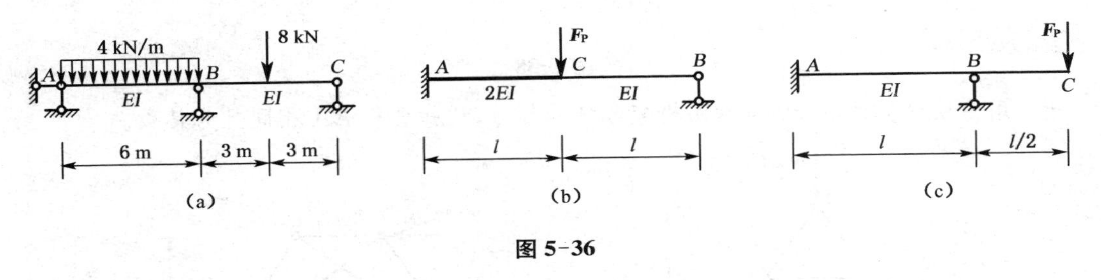

图 5-36

五、用力法计算图 5-37 所示各超静定刚架，并作出内力图。

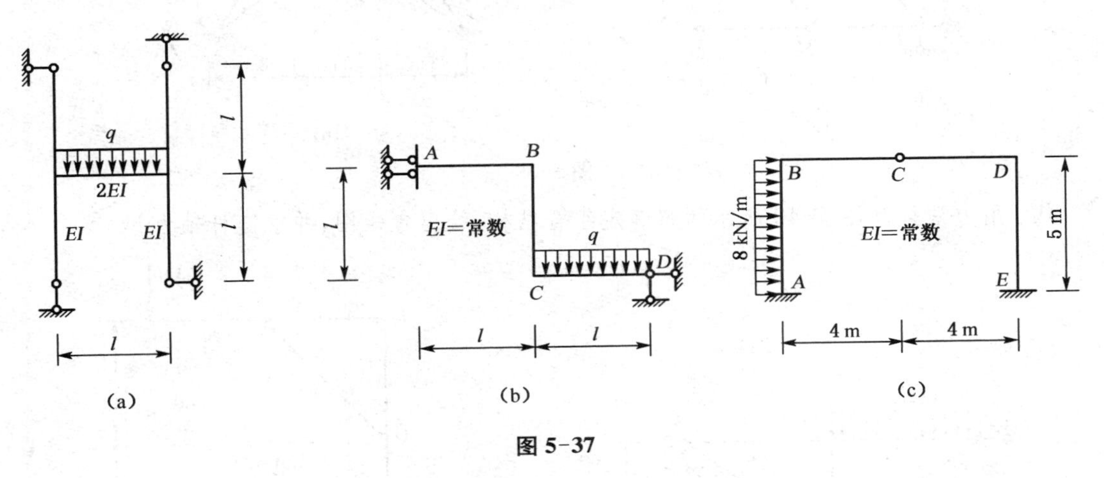

图 5-37

六、用力法计算图 5-38 所示各结构，并作出弯矩图。

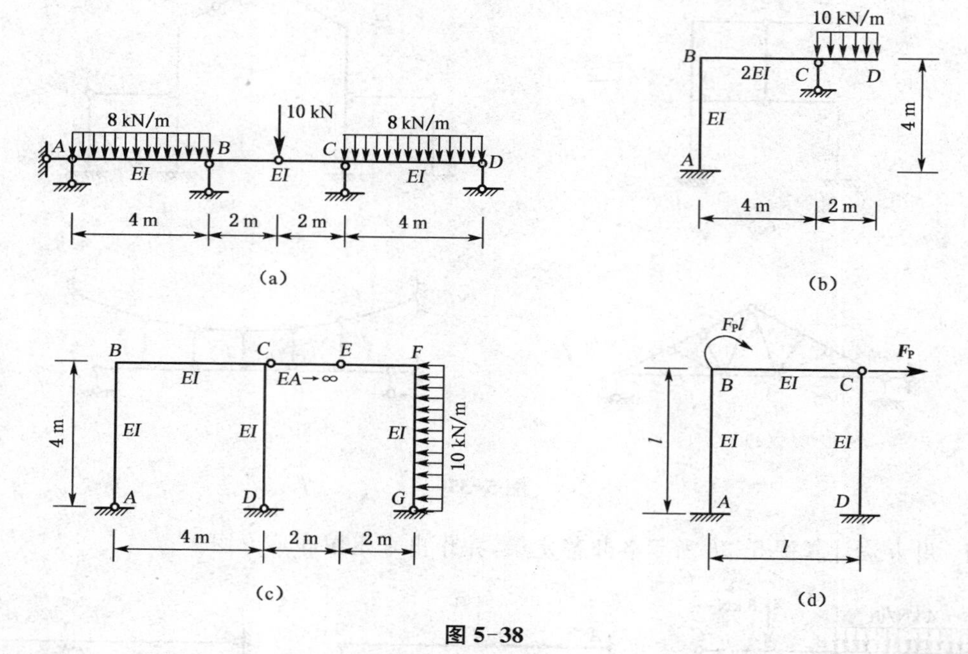

图 5-38

七、用力法计算图 5-39 所示两桁架各杆的轴力，已知各杆 EA 相同且为常数。

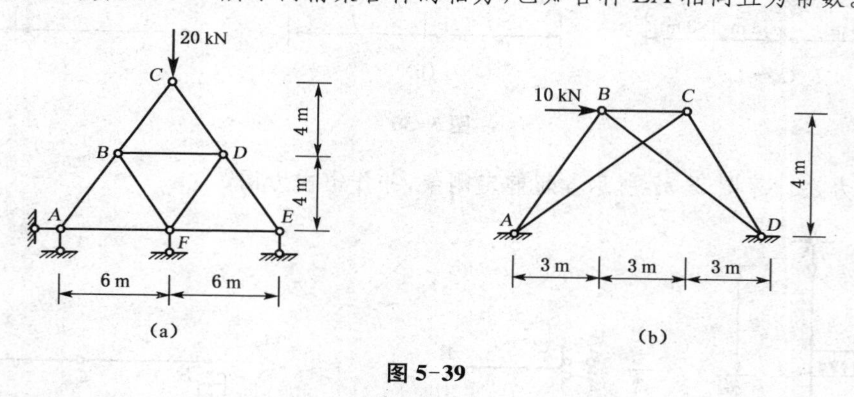

图 5-39

八、用力法计算图 5-40 所示两超静定组合结构，绘出弯矩图，并求链杆轴力。

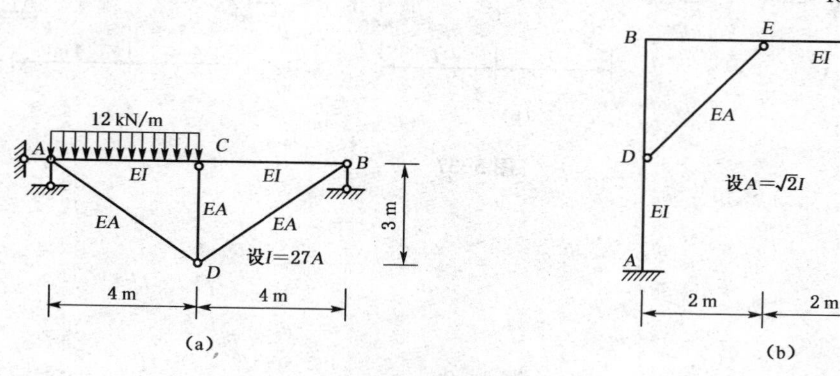

图 5-40

九、用力法计算图5-41所示两排架，并绘出弯矩图。

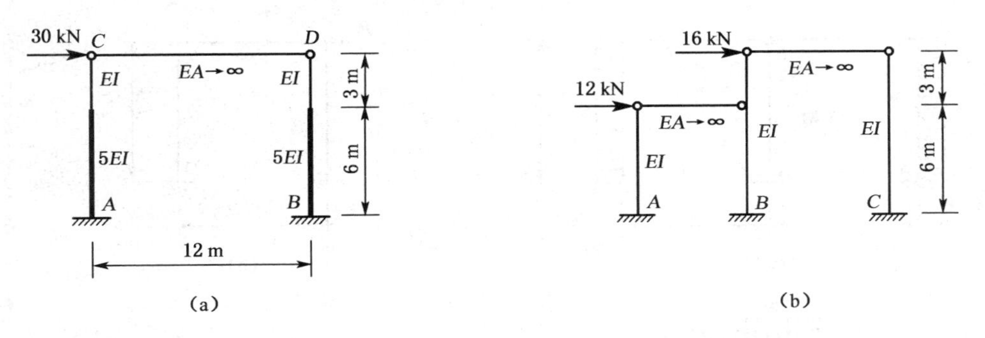

图5-41

十、用力法计算图5-42所示各结构由于支座移动引起的内力，并绘弯矩图。

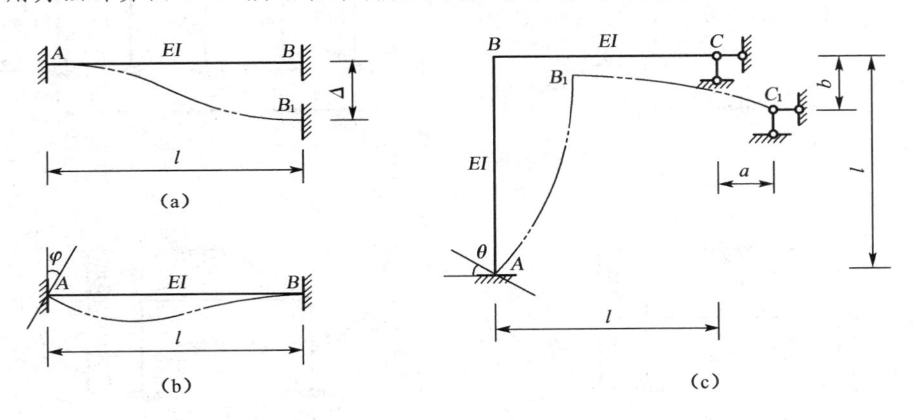

图5-42

十一、用力法计算图5-43所示两结构由于温度变化引起的内力，并绘弯矩图（设杆件为矩形截面，截面高为h，线膨胀系数为a）。

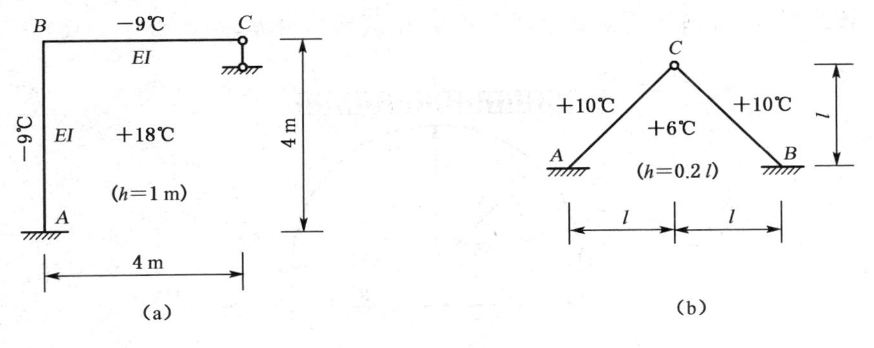

图5-43

十二、利用对称性,计算图 5-44 所示各结构的内力,并绘弯矩图。

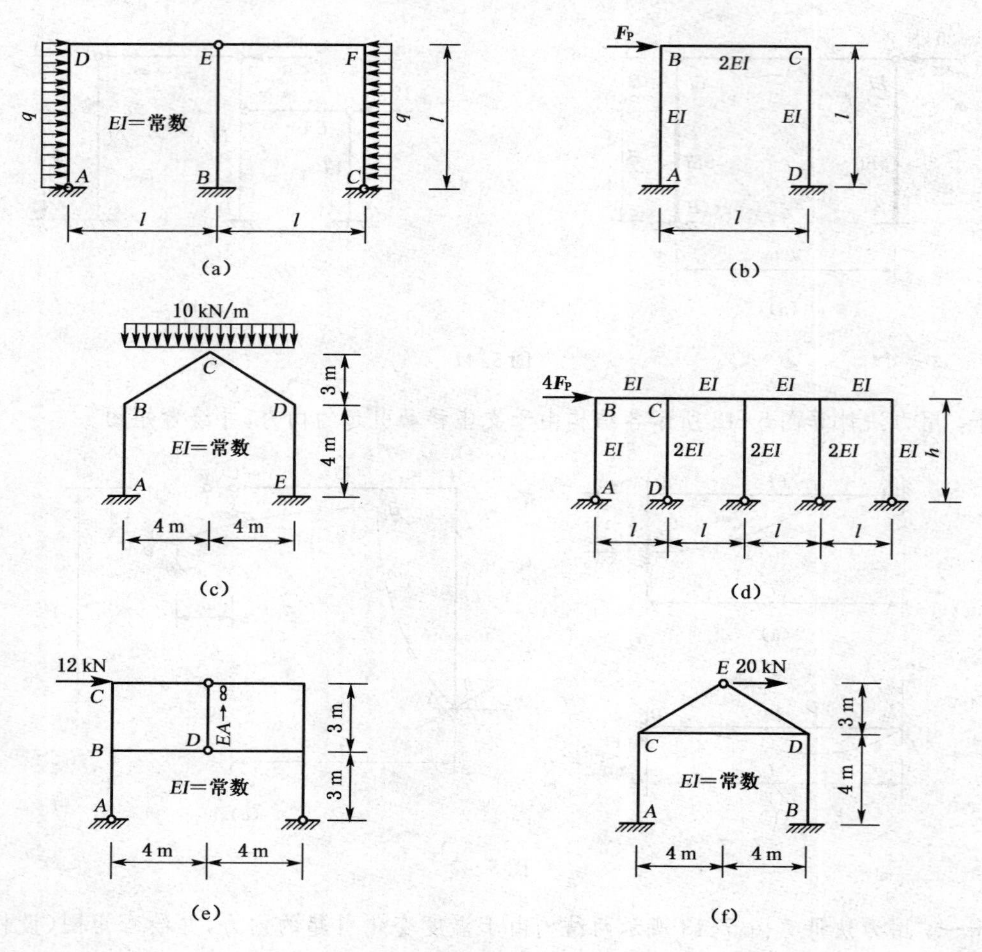

图 5-44

十三、计算图 5-45 所示的对称半圆无铰拱 K 截面的内力。

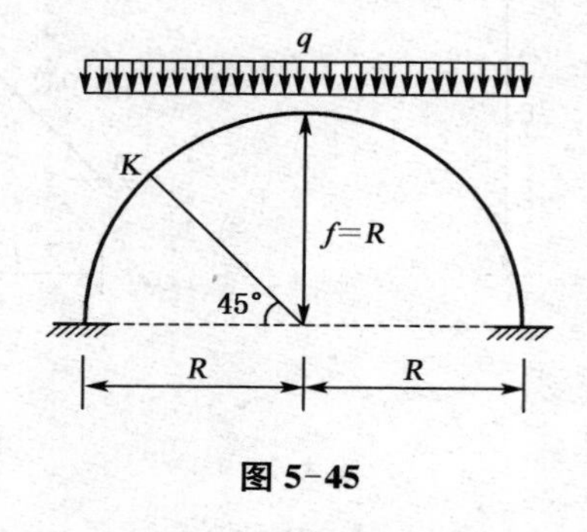

图 5-45

十四、计算图 5-38(d)所示结构结点 B 的水平位移。

十五、计算图 5-41(a)所示结构 D 截面的水平位移。

十六、画出图 5-46 所示各结构弯矩图的大致形状，已知各杆 EI = 常数。

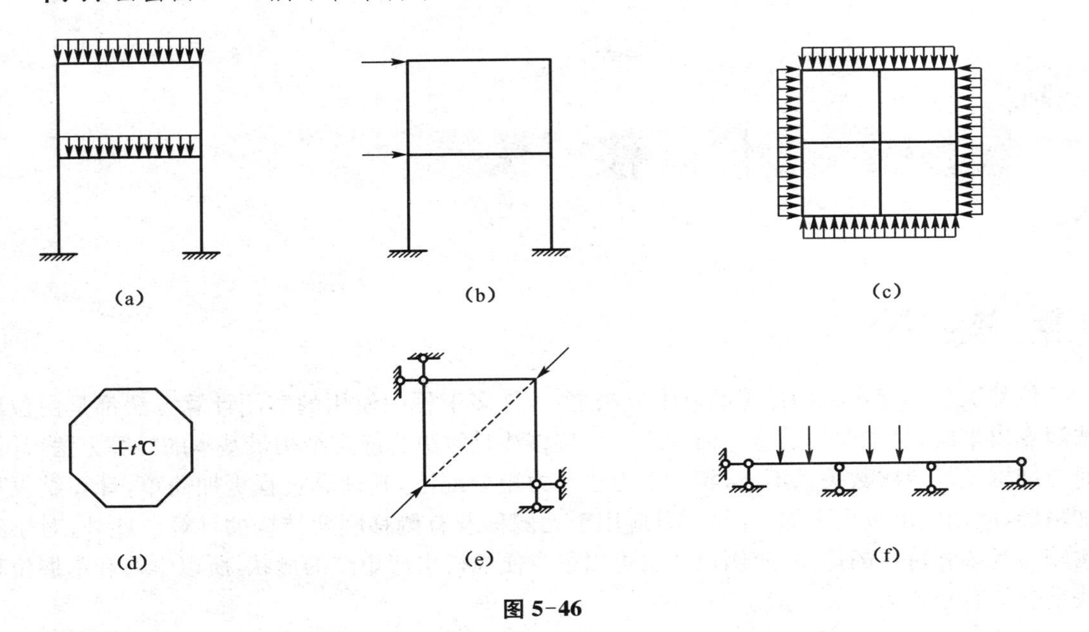

图 5-46

6 位 移 法

概 述

位移法是超静定结构计算的基本方法之一，许多工程中使用的实用计算方法都是由位移法演变出来的，是本课程的重点内容之一。位移法是解决超静定结构最基本的计算方法，计算时与结构超静定次数关系不大，相对于力法及力矩分配法，其计算过程更加简单，计算结果更加精确，应用的范围也更加广泛，可以应用于无侧移及有侧移刚架结构的计算。此外，对于结构较为复杂和特殊的体系，应用位移法可以很方便地得出弯矩图的形状，所以学习和掌握位移法是非常有必要的。

知识目标

- 熟练掌握位移法基本未知量和基本结构的确定、位移法典型方程的建立及其物理意义、位移法方程中的系数和自由项的物理意义及其计算、最终弯矩图的绘制方法等；
- 熟记一些常用的形常数和载常数，熟练掌握由弯矩图绘制剪力图和轴力图的方法；
- 会利用结构的对称性简化计算，重点掌握一般荷载作用下的计算方法，了解其它因素下的计算步骤；
- 熟练掌握位移法方程的两种建立方法，即写典型方程法和写平衡方程法。

技能目标

- 能利用位移法快速求解实际工程中的超静定结构；
- 能利用位移法进行有侧移刚架的计算，快速绘制其内力图；
- 建立位移法方程的两种方法要熟练掌握。

课时建议：8～10 学时

6.1 位移法的基本概念

下面先看一个简例，以便具体了解位移法的基本思想。

如图 6-1(a)所示结构中，n 根相同材料、等长等截面的杆件支承着刚性横梁，横梁上承受荷载 F_P。结点 A 发生竖向位移 Δ_1 和转角位移 Δ_2。在位移法中，我们把这两个位移 Δ_1 和

Δ_2作为基本未知量。这是因为：如果能设法把位移 Δ_1 和 Δ_2 求出，那么各杆的伸长变形即可求出，从而各杆的内力就可求出，整个问题也就迎刃而解了。由此看出，位移 Δ_1 和 Δ_2 是关键的未知量。

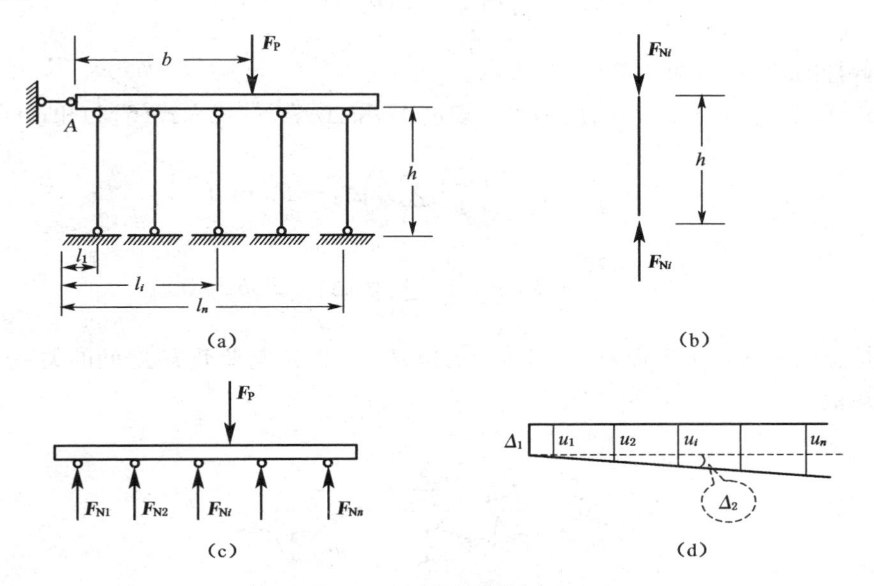

图 6-1　位移法简例

现在进一步讨论如何求基本未知量 Δ_1 和 Δ_2。计算分为两步。

(1) 从结构中取出一个杆件进行分析。

在体系中任取一根杆件，如图 6-1(b)所示，如已知杆件上端沿杆轴向的位移为 u_i(即杆的缩短长度)，则杆端力 F_{Ni}应为

$$F_{Ni}=\frac{EA}{h}u_i \tag{6-1}$$

式中：E、A、h——杆件的弹性模量、截面面积和长度；

系数$\dfrac{EA}{h}$——使杆端产生单位位移时所需施加的杆端力，称为杆件的刚度系数。

式(6-1)表明杆端力 F_{Ni}与杆端位移 u_i之间的关系，称为杆件的刚度方程。

(2) 把各杆件综合成结构。综合时各杆端的位移可用两个参数 Δ_1 和 Δ_2 描述，称为基本未知量，如图 6-1(d)所示。根据变形协调关系和小变形理论，各杆端位移 u_i与基本位置量Δ_1和 Δ_2之间的关系为

$$u_i=\Delta_1+l_i\Delta_2 \tag{6-2}$$

此式为变形协调条件。

考虑结构的力平衡条件：$\sum F_y=0$，如图 6-1(c)所示，得

$$\sum_{i=1}^{n}F_{Ni}-F_P=0 \tag{6-3}$$

再考虑以结点 A 为矩心列力矩平衡条件：$\sum M_A(F)=0$，得

$$\sum_{i=1}^{n} F_{Ni} l_i - F_P b = 0 \tag{6-4}$$

其中各杆的轴力 F_{Ni} 可由式(6-1)表示。

利用式(6-2)可将杆端力 F_{Ni} 用基本未知量 Δ_1 和 Δ_2 表示，代入式(6-3)和式(6-4)，即得

$$\left(n\frac{EA}{h}\right)\Delta_1 + \left(\frac{EA}{h}\sum_{i=1}^{n} l_i\right)\Delta_2 - F_P = 0 \tag{6-5}$$

$$\left(\frac{EA}{h}\sum_{i=1}^{n} l_i\right)\Delta_1 + \left(\frac{EA}{h}\sum_{i=1}^{n} l_i^2\right)\Delta_2 - F_P b = 0 \tag{6-6}$$

这就是位移法的基本方程，它表明结构的位移 Δ_1 和 Δ_2 与荷载 F_P 之间的关系。由此可求出基本未知量

$$\Delta_1 = \frac{F_P h}{EA}\,\frac{b\sum_{i=1}^{n} l_i - \sum_{i=1}^{n} l_i^2}{\left(\sum_{i=1}^{n} l_i\right)^2 - n\sum_{i=1}^{5} l_i^2} \tag{6-7}$$

$$\Delta_2 = \frac{F_P h}{EA}\,\frac{\sum_{i=1}^{n} l_i - nb}{\left(\sum_{i=1}^{n} l_i\right)^2 - n\sum_{i=1}^{n} l_i^2} \tag{6-8}$$

至此，完成了位移法计算中的关键一步。

基本未知量 Δ_1 和 Δ_2 求出以后，其余问题就迎刃而解了。例如，为了求各杆的轴力，可将式(6-7)和式(6-8)代入式(6-2)，再代入式(6-1)，可得

$$F_{Ni} = F_P\,\frac{b\sum_{i=1}^{n} l_i - \sum_{i=1}^{n} l_i^2 + l_i\sum_{i=1}^{n} l_i - nbl_i}{\left(\sum_{i=1}^{n} l_i\right)^2 - n\sum_{i=1}^{n} l_i^2} \tag{6-9}$$

由上述简例归纳出的位移法要点如下：

(1) 位移法的基本未知量是结构的位移量 Δ_1、Δ_2。

(2) 位移法的基本方程是平衡方程。

(3) 建立方程的过程分两步：

① 把结构拆成杆件，进行杆件分析，得出杆件的刚度方程。

② 再把杆件综合成结构，进行整体分析，得出基本方程。

此过程是一拆一搭，拆了再搭的过程。是把复杂结构的计算问题转变为简单杆件的分拆和综合的问题。这就是位移法的基本思路。

(4) 杆件分拆是结构分拆的基础，杆件的刚度方程是位移法基本方程的基础，因此位移法也称刚度法。

6.2 等截面直杆的转角位移方程

位移法以结点位移(包括线位移及角位移)为基本知量。其基本结构是一组超静定单跨梁,如图 6-2 所示。因为这三种单跨梁能用力法算出所需的各种结果,故以这三种单跨梁作为基本构件。为了给学习位移法打基础,在本节中讨论有关单跨超静定梁由荷载、杆端位移(包括线位移及角位移)产生的杆端力(包括杆端弯矩和杆端剪力)问题。

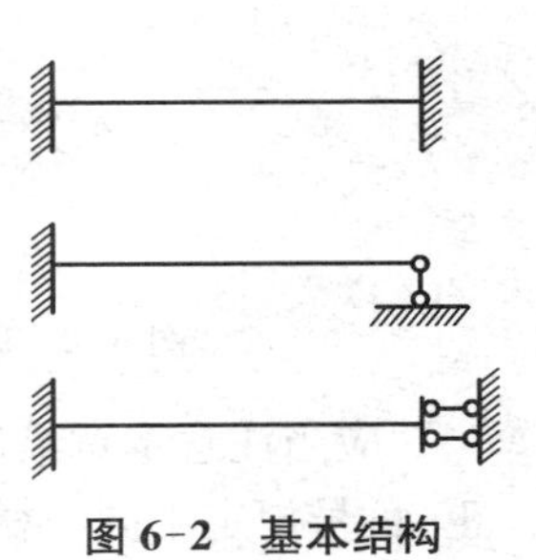

图 6-2 基本结构

6.2.1 杆端力及杆端位移的正、负号规定

现以两端固支的单跨梁为例说明,如图 6-3(a)所示。

1) 杆端弯矩

将图 6-3(a)所示单跨梁从端部截开,如图 6-3(b)所示。对 AB 段杆来说,杆端弯矩绕杆端顺时针转动为正,逆时针转动为负。与此对应,对结点 A(或 B)来说,绕结点逆时针转动为正,顺时针转动为负。

图 6-3(b)所示的杆端弯矩 M_{AB}、M_{BA} 均为正值;而图 6-3(c)所示的杆端弯矩均为负值。

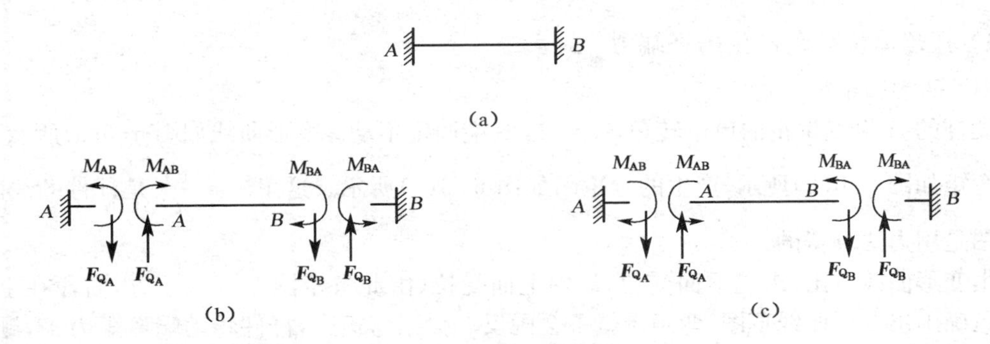

图 6-3 符号规定

2) 杆端剪力

剪力的方向定义为绕着其所作用隔离体顺时针转动为正,逆时针转动为负,图 6-3(b)所示剪力 $F_{Q_{AB}}$ 及 $F_{Q_{BA}}$ 为正,图 6-3(c)所示的 $F_{Q_{AB}}$ 及 $F_{Q_{BA}}$ 则为负。

3) 支座截面转角

截面转角规定为顺时针转动为正,逆时针转动为负。图 6-4(a)所示转角 φ_A 为正(它是顺时针转动),图 6-4(b)示出的转角 φ_A 则为负(它是逆时针转动)。

4) 杆端相对线位移

杆件两端相对线位移的方向规定为使杆端连线顺时针转动为正,逆时针转动为负。图 6-5(a)所示杆端相对线位移 Δ 为正,而图 6-5(b)所示则为负。

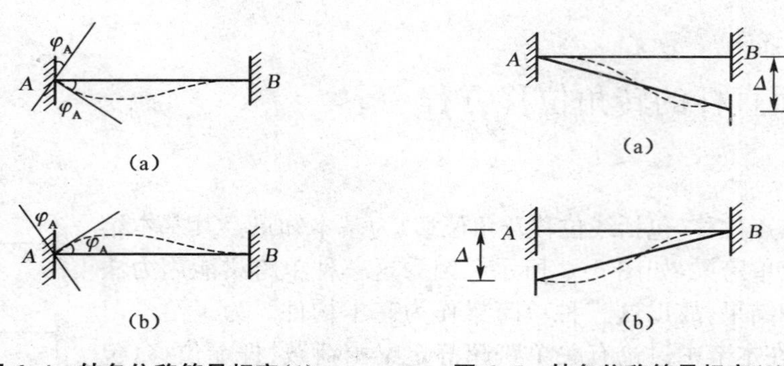

图 6-4　转角位移符号规定(1)　　图 6-5　转角位移符号规定(2)

应当注意本章给出的正负号规定。本章所述杆端的弯矩正、负号与材料力学中梁的弯矩正、负号规定不同。材料力学中规定梁的下侧受拉为正。例如，图 6-3(b)中的 M_{BA} 能使梁的上侧受拉，规定为正，而材料力学中规定为负。尽管正、负号规定不同，其弯矩图都是画在杆件受拉的一侧。剪力符号规定与以前相同。

同时，还应注意作用在杆端的弯矩与作用在结点上的弯矩是作用与反作用的关系。两者大小相等、方向相反，所以作用在结点上的弯矩的正向应是逆时针方向。剪力无论作用在杆端，还是作用在结点，总是以绕着其所作用隔离体内侧附近一点是顺时针转动为正。

6.2.2　各种情况下产生的杆端力

1）杆端单位转角产生的杆端力

(1) 两端固定梁

设杆的 A 端发生正的单位转角 $\varphi_A = 1$，B 端固定不动。变形曲线如图 6-6(a)所示，得到杆端弯矩如图 6-6(b)所示，产生的弯矩图如图 6-6(c)所示。这里 $i = \dfrac{EI}{l}$ 是杆件的线刚度。弯矩图是用力法算得的。

由变形曲线看出，A 端下面受拉，B 端上面受拉（由此弯矩图左段在下方，右段在上方）。只要正确画出变形曲线草图，弯矩图就不会画反。根据弯矩图，杆件转动端弯矩为 $4i$，顺时针方向，是正的；杆件另端弯矩为 $2i$，等于转动端弯矩的一半，也是正的。由平衡条件，如图 6-6(b)所示，可得两端的杆端剪力均为$\dfrac{6i}{l}$，都是负的。这两个杆端剪力形成一个力偶，用以平衡两端的杆端弯矩之和。

于是，由两端固定梁 AB 的 A 端发生单位转角 $\varphi_A = 1$ 后产生的杆端力为

$$
\begin{aligned}
M_{AB} &= 4i \\
M_{BA} &= 2i \\
F_{Q_{AB}} &= F_{Q_{BA}} = -\frac{6i}{l}
\end{aligned}
\tag{6-10}
$$

图 6-6(c)所示的弯矩图必须牢记，有了弯矩图就容易算出杆端弯矩，有了杆端弯矩即可由平衡条件求出杆端剪力。

(2) 一端固定、另一端铰支梁

如图 6-7(a)所示的一端固定、另一端铰支梁结构。设杆的 A 端发生正单位转角 $\varphi_A=1$，支座 B 固定不动，变形曲线如图 6-7(a)所示，杆端弯矩如图 6-7(b)所示，弯矩图如图 6-7(c)所示。由变形曲线草图可见杆件下侧受拉，弯矩图应画在杆的下方。

根据弯矩图，转动端弯矩为 $3i$，另一端为 0。转动端的弯矩为顺时针，是正的。

由图 6-7(b)所示平衡条件可得两端的杆端剪力均为$\dfrac{3i}{l}$，都是负的。

于是，一端固定、另一端铰支的梁 AB，由于 A 端发生单位转角 $\varphi_A=1$ 产生的杆端力为

$$\left.\begin{aligned}&M_{AB}=3i\\&M_{BA}=0\\&F_{Q_{AB}}=F_{Q_{BA}}=-\frac{3i}{l}\end{aligned}\right\}\tag{6-11}$$

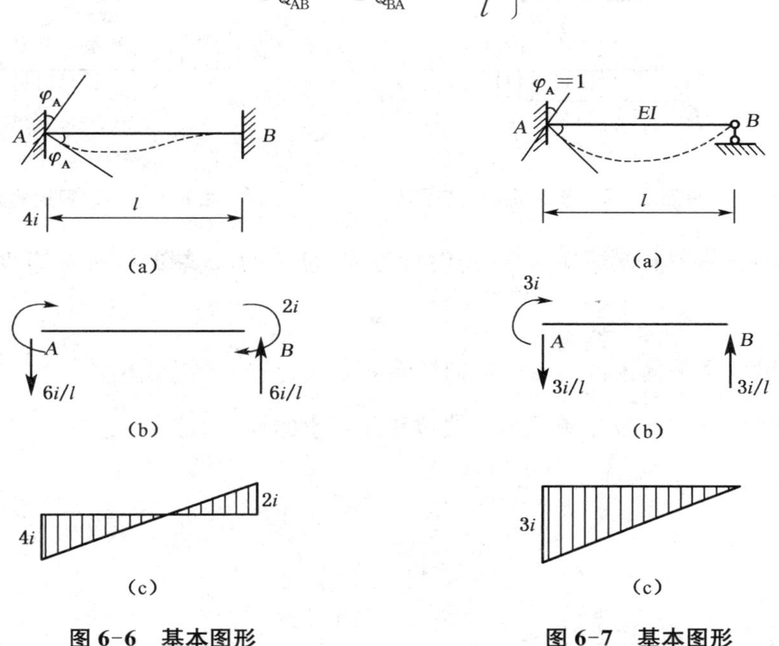

图 6-6　基本图形　　**图 6-7　基本图形**

(3) 一端固定、另一端为定向支座的梁

如图 6-8 所示是一端固定、另一端为定向支座的梁。设杆的 A 端发生正的单位转角 $\varphi_A=1$，变形曲线草图如图 6-8(a)所示，杆端弯矩如图 6-8(b)所示，力法解出的弯矩图如图 6-8(c)所示。

根据弯矩图，转动端的杆端弯矩为 i，顺时针方向，是正的。另一端的杆端弯矩为 $-i$，逆时针方向，是负的。

杆端剪力为零。

于是，一端固定、另一端为定向支座的梁，A 端发生单位转角时产生的杆端力为

$$\left.\begin{aligned}&M_{AB}=-M_{BA}=i\\&F_{Q_{AB}}=F_{Q_{BA}}=0\end{aligned}\right\}\tag{6-12}$$

2）杆端单位相对线位移产生的杆端力

(1) 两端固定梁

如图 6-9 所示两端固定的梁，设杆的 B 端相对于 A 端发生了正的单位线位移 $\Delta=1$，变形曲线如图 6-9(a)所示。杆端弯矩如图 6-9(b)所示，弯矩图如图 6-9(c)所示。

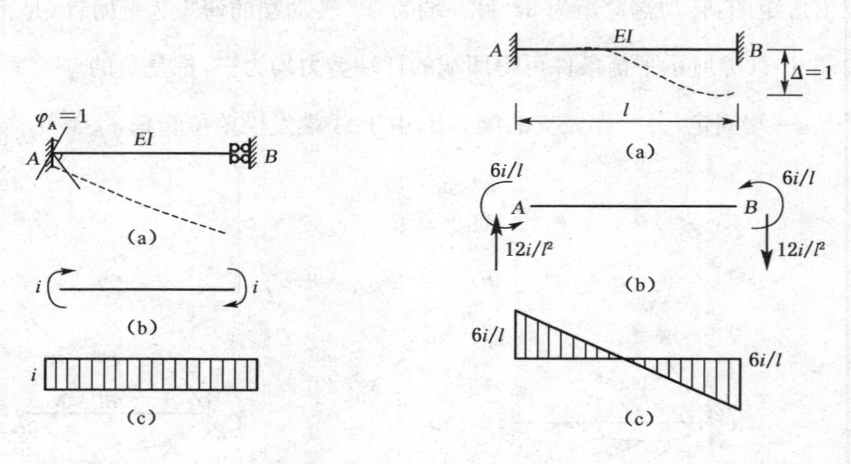

图 6-8　一端固定、另一端为定向支座的梁　　图 6-9　两端固定的梁

根据弯矩图，A 端的杆端弯矩为$\frac{6i}{l}$，逆时针方向，是负的；B 端的杆端弯矩也是$\frac{6i}{l}$，逆时针方向，也为负。

由图 6-9(b)所示平衡条件可得两端的杆端剪力均为$\frac{12i}{l^2}$，都是正的。

于是，两端固定梁由于发生单位相对线位移而产生的杆端力为

$$\left.\begin{aligned} M_{AB} &= M_{BA} = -\frac{6i}{l} \\ F_{Q_{AB}} &= F_{Q_{BA}} = \frac{12i}{l^2} \end{aligned}\right\} \tag{6-13}$$

(2) 一端固定、另一端铰支梁

如图 6-10 所示一端固定、另一端铰支的梁，设 B 端相对于 A 端发生单位线位移 $\Delta=1$，变形曲线如图 6-10(a)所示，杆端力如图 6-10(b)所示，弯矩图如图 6-10(c)所示。

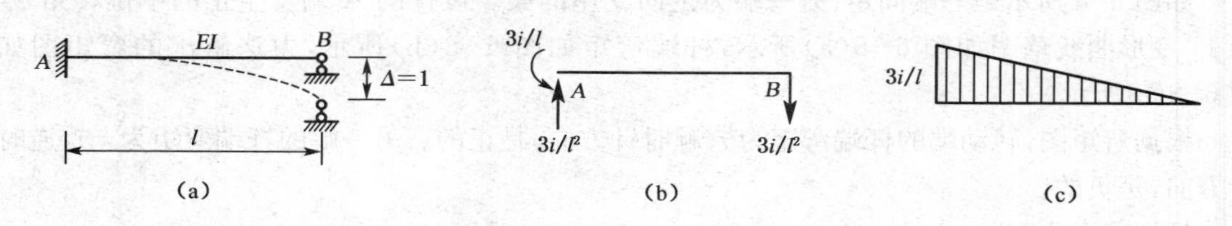

图 6-10　一端固定、另一端铰支的梁

一端固定、另一端铰支的梁发生单位相对线位移 $\Delta=1$ 时产生的杆端力为

$$\left.\begin{aligned} M_{AB} &= \frac{-3i}{l} \\ M_{BA} &= 0 \\ F_{Q_{AB}} &= F_{Q_{BA}} = \frac{3i}{l^2} \end{aligned}\right\} \tag{6-14}$$

（3）一端固定、另一端为定向支座的单跨梁

这种形状如图 6-11 所示，由于支座移动时杆件平移，所以不产生内力。

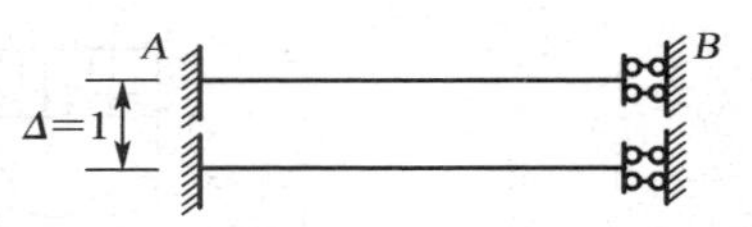

图 6-11　一端固定、另一端为定向支座的梁

上述三种单跨梁，由于杆端转角、相对线位移引起的杆端弯矩要求记住。为便于记忆，现列表 6-1，通常称之为形常数。

表 6-1　等截面杆件位移作用下固定端弯矩和剪力（形常数）

单跨超静定梁简图	M_{AB}	M_{BA}	$F_{Q_{AB}}=F_{Q_{BA}}$
	$4i$	$2i$	$\frac{-6i}{l}$
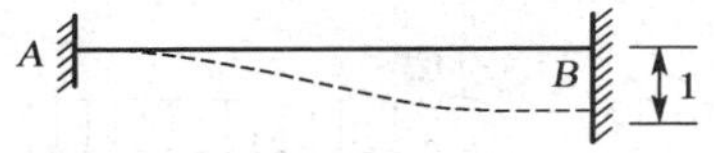	$\frac{-6i}{l}$	$\frac{-6i}{l}$	$\frac{12i}{l^2}$
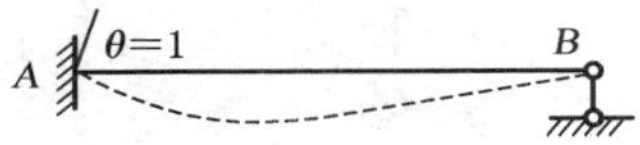	$3i$	0	$\frac{-3i}{l}$
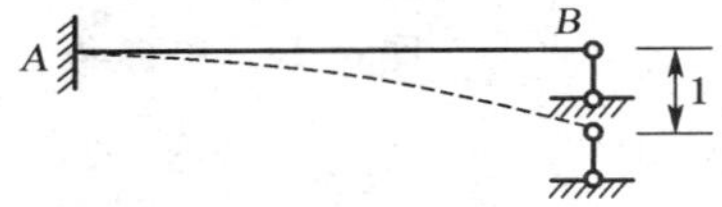	$\frac{-3i}{l}$	0	$\frac{3i}{l^2}$
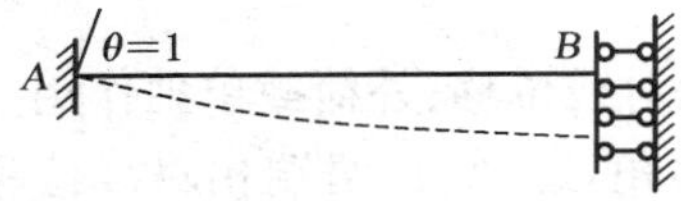	i	$-i$	0

3）外荷载引起的杆端力

外荷载引起的杆端弯矩称为固端弯矩，为了与支座移动引起的杆端弯矩相区别，在其右上角加上一个 F，如 M_{AB}^F、M_{BA}^F，由荷载引起的杆端弯矩称为固端剪力，以 $F_{Q_{AB}}^F$、$F_{Q_{BA}}^F$ 来表示。图 6-12 所示是固端弯矩及固端剪力的正向。

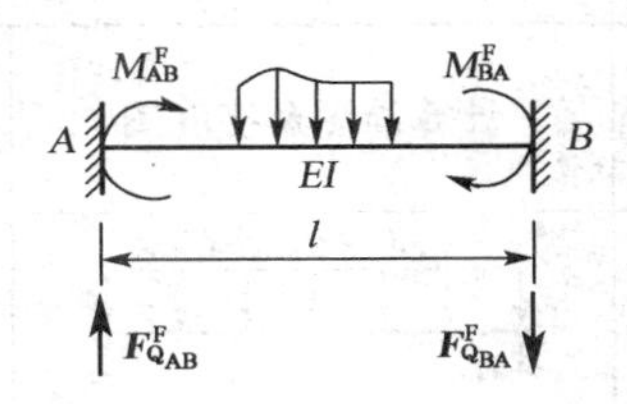

图 6-12　固端弯矩及固端剪力的正向

固端弯矩、固端剪力同样可以用力法求得。为了使用方便，把常用的固端弯矩及固端剪力列入表 6-2 中，通常称之为荷载常数。这个表上的杆端力不要求全部记住，但如图 6-13 所示几种常见情况的杆端弯矩一定要记住，考试时不给出。

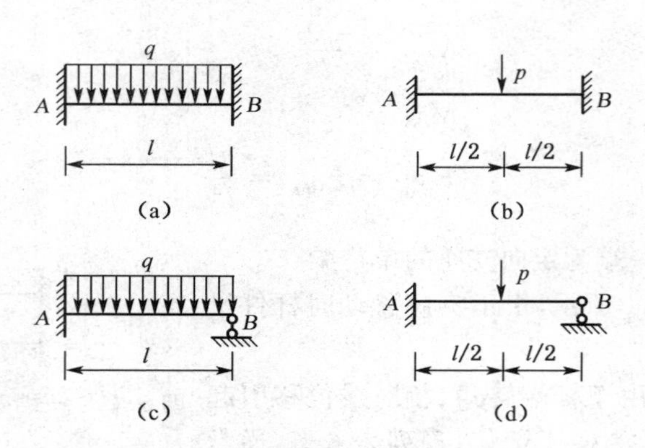

图 6-13　几种常见情况的杆端弯矩

实际上,只要记住固端弯矩,就可以利用平衡条件求出固端剪力。

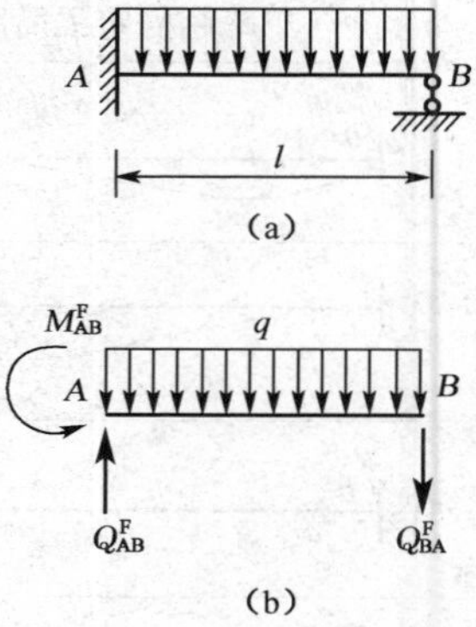

如图 6-14(a)所示单跨梁,已知 A 端弯矩 $M_{AB}^{F}=-\frac{1}{8}ql^2$,则杆端剪力可按平衡条件求得。

列力矩方程:$\sum M_A=0$

$$\left.\begin{aligned}&F_{Q_{BA}^{F}}l+\frac{1}{2}ql^2-M_{AB}^{F}=0\\&F_{Q_{BA}^{F}}=-\frac{3}{8}ql\end{aligned}\right\}\tag{6-15}$$

列力矩方程:$\sum M_B=0$

$$\left.\begin{aligned}&F_{Q_{AB}^{F}}\cdot l-M_{AB}^{F}-\frac{1}{2}ql^2=0\\&F_{Q_{AB}^{F}}=\frac{5}{8}ql^2\end{aligned}\right\}\tag{6-16}$$

图 6-14　单跨梁

以上分别探讨了单跨超静定梁在单位杆端转角、单位杆端相对线位移、外荷载单独作用下的杆端力。当梁上既有外力又有杆端位移(A 端转角 φ_A,B 端转角 φ_B,A、B 两端相对线位移 Δ)时,可运用叠加原理得到杆端弯矩与杆端剪力的算式。

表 6-2　等截面杆件固定端弯矩和剪力(载常数)

序号	计算简图及挠度图	弯矩图	固端弯矩		固端剪力	
			M_{AB}	M_{BA}	$F_{Q_{AB}}$	$F_{Q_{BA}}$
1	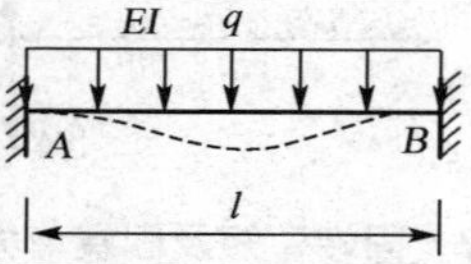 EI　q　A　B　l	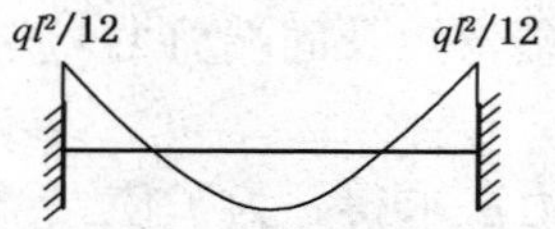 $ql^2/12$　$ql^2/12$	$-\frac{ql^2}{12}$	$\frac{ql^2}{12}$	$\frac{ql}{2}$	$-\frac{ql}{2}$
2	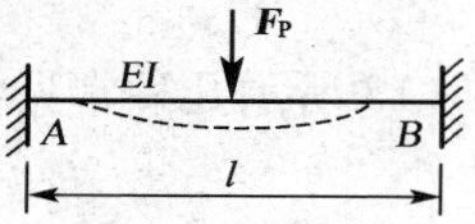 F_P　EI　A　B　l	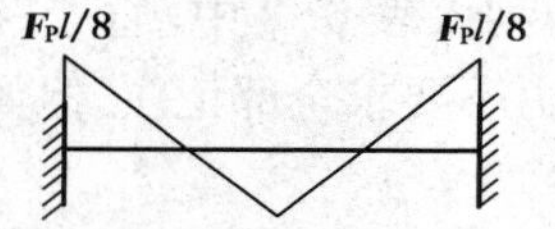 $F_Pl/8$　$F_Pl/8$	$-\frac{F_Pl}{8}$	$\frac{F_Pl}{8}$	$\frac{F_P}{2}$	$-\frac{F_P}{2}$

续表 6-2

序号	计算简图及挠度图	弯矩图	固端弯矩		固端剪力	
			M_{AB}	M_{BA}	$F_{Q_{AB}}$	$F_{Q_{BA}}$
3	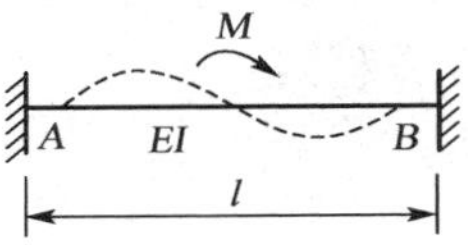 M; A EI B; l	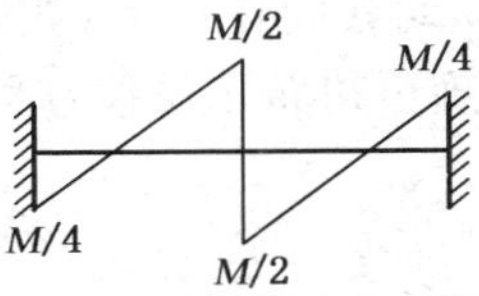 M/2; M/4; M/4; M/2	$\frac{M}{4}$	$\frac{M}{4}$	$-\frac{3M}{2l}$	$-\frac{3M}{2l}$
4	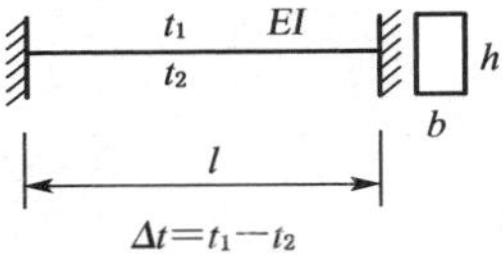 t_1 EI; t_2; h; b; l; $\Delta t=t_1-t_2$	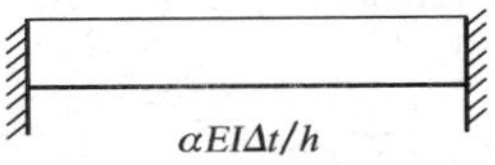 $\alpha EI\Delta t/h$	$-\frac{\alpha EI\Delta t}{h}$	$\frac{\alpha EI\Delta t}{h}$	0	0
5	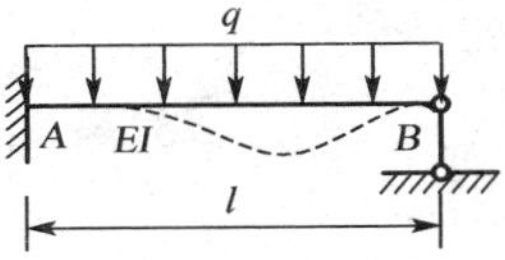 q; A EI B; l	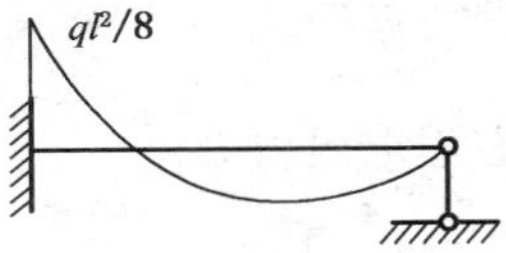 $ql^2/8$	$-\frac{ql^2}{8}$	0	$\frac{5ql}{8}$	$-\frac{3ql}{8}$
6	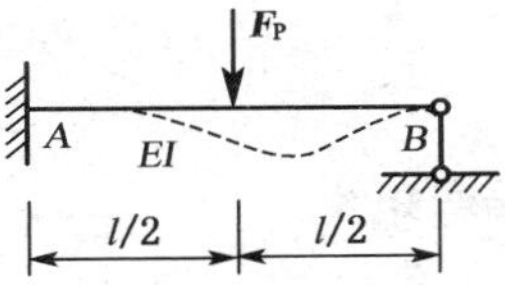 F_P; A EI B; l/2 l/2	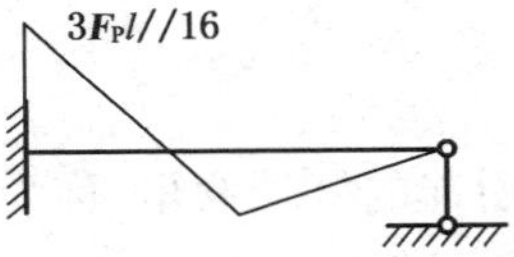 $3F_Pl//16$	$-\frac{3F_Pl}{16}$	0	$\frac{11F_P}{16}$	$-\frac{5F_P}{16}$
7	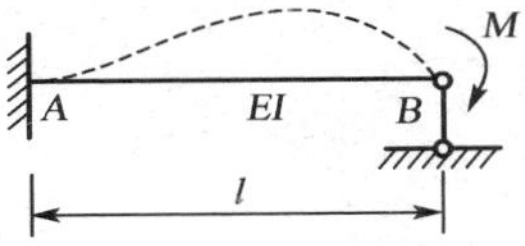 M; A EI B; l	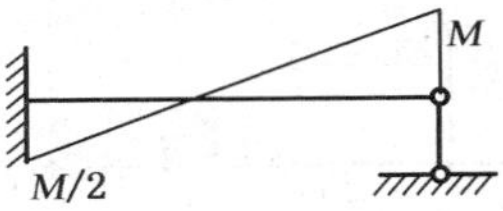 M; M/2	$\frac{M}{2}$	M	$-\frac{3M}{2l}$	$-\frac{3M}{2l}$
8	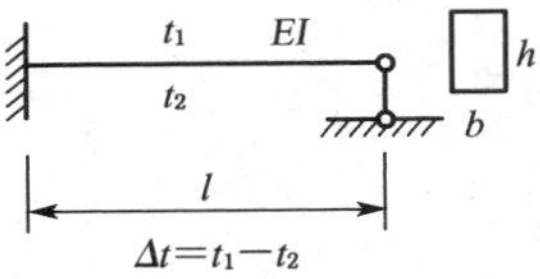 t_1 EI; t_2; h; b; l; $\Delta t=t_1-t_2$	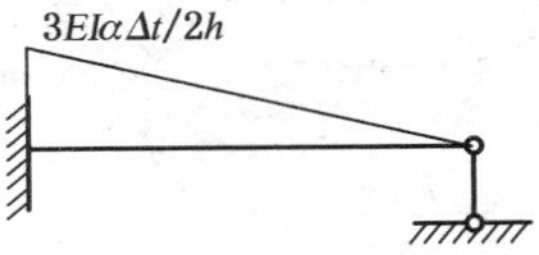 $3EI\alpha\Delta t/2h$	$-\frac{3EI\alpha\Delta t}{2h}$	0	$-\frac{3EI\alpha\Delta t}{2hl}$	$-\frac{3EI\alpha\Delta t}{2hl}$
9	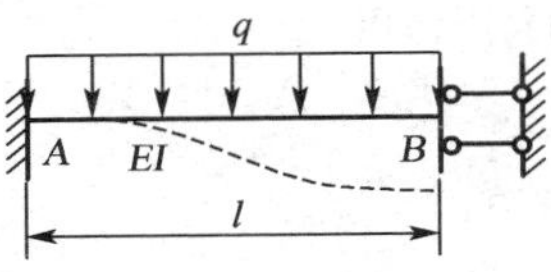 q; A EI B; l	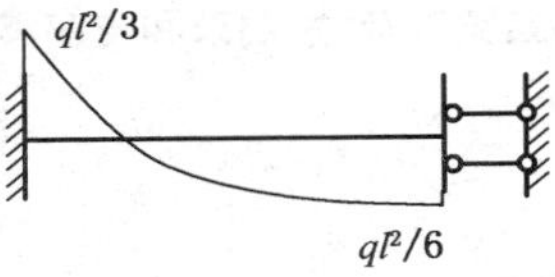 $ql^2/3$; $ql^2/6$	$-\frac{ql^2}{3}$	$-\frac{ql^2}{6}$	ql	0
10	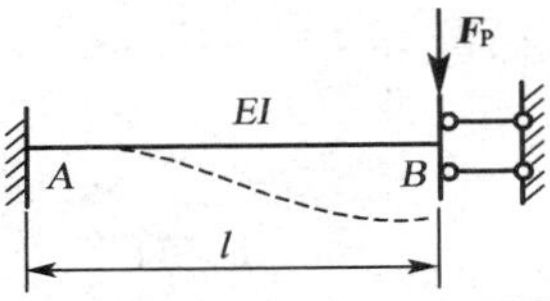 F_P; EI; A B; l	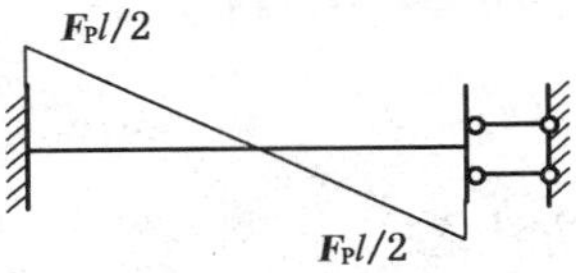 $F_Pl/2$; $F_Pl/2$	$-\frac{F_Pl}{2}$	$-\frac{F_Pl}{2}$	F_P	0
11	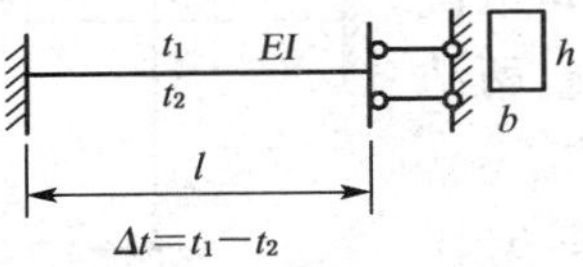 t_1 EI; t_2; h; b; l; $\Delta t=t_1-t_2$	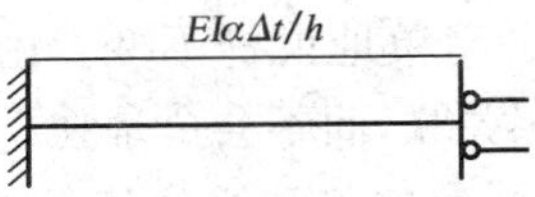 $EI\alpha\Delta t/h$	$\frac{EI\alpha\Delta t}{h}$	$-\frac{EI\alpha\Delta t}{h}$	0	0

6.2.3 等截面直杆的转角位移方程

单跨超静定梁在荷载、温改和支座移动共同作用下，如图 6-15 所示，在线性小变形条件下，利用前两小节讨论的结果，由叠加原理可得转角位移方程(刚度方程)：

$$\left.\begin{aligned} M_{AB} &= 4i\varphi_A + 2i\varphi_B - \frac{6i}{l}\Delta_{AB} + M_{AB}^F \\ M_{BA} &= 2i\varphi_A + 4i\varphi_B - \frac{6i}{l}\Delta_{AB} + M_{BA}^F \\ F_{Q_{AB}} &= -\frac{6i}{l}\varphi_A - \frac{6i}{l}\varphi_B + \frac{12i}{l^2}\Delta_{AB} + F_{Q_{AB}^F} \\ F_{Q_{BA}} &= -\frac{6i}{l}\varphi_A - \frac{6i}{l}\varphi_B + \frac{12i}{l^2}\Delta_{AB} + F_{Q_{BA}^F} \end{aligned}\right\} \tag{6-17}$$

已知杆端弯矩，可由杆件的矩平衡方程求出剪力

$$F_{Q_{AB}} = -\frac{(M_{AB} + M_{BA})}{l} + F_{Q_{AB}^0} \tag{6-18}$$

式中：i——杆件的线刚度；

M_{AB}^F、M_{BA}^F——由荷载和温度变化引起的杆端弯矩，称为固端弯矩。

另两类杆的转角位移方程可按同样的道理推出。

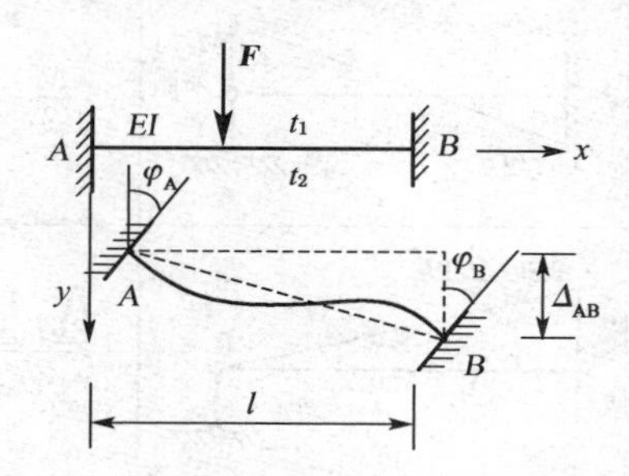

图 6-15 单跨超静定梁在荷载、温改和支座移动共同作用

6.3 基本未知量数目的确定和基本结构

位移法是计算超静定结构的基本方法之一。

在本章的讨论中，刚架与梁不计轴向变形，且变形微小，因而可以认为结构变形后杆件两端的间距不变，或者简单地说杆不变。由此，两结点间有杆相连时，两结点的线位移便互相关联，而不会全是独立的了。

基本未知量指独立的结点位移，包括角位移和线位移。如图 6-16 所示的结构为 9 次超静定结构，用力法计算有 9 个基本未知量。而采

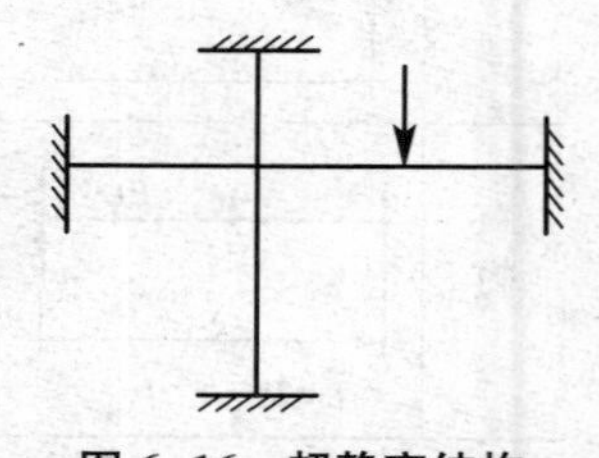

图 6-16 超静定结构

用位移法计算，则只有一个基本未知量。

基本结构指增加附加约束后，使得原结构的结点不能发生位移的结构。

1）无侧移结构

无侧移结构中的基本未知量为所有刚结点的转角。基本结构为在所有刚结点上加刚臂后的结构。这样，只需在结构的刚结点上和组合结点的刚结点处加刚臂，即可变成基本结构。

如图 6-17 所示结构，在结构的刚结点和组合结点上都要加刚臂，铰结结点处不要加。结点 3(图 6-17(a))是刚结点，在结点 3 上加刚臂后(图 6-17(b))，杆 23 变为一端固定一端铰支杆，杆 3D 变为两端固定杆；结点 2 是铰结点，不加刚臂也构成了单跨梁(图 6-17(b))，杆 23 为一端铰支一端固定梁，杆 2C 为一端铰支一端固定梁，杆 21 为两端铰支梁，所以铰结点无需加刚臂；结点 1 是组合结点。需要在杆 1A 与杆 1B 的刚性接头处加刚臂，以使此二杆变为两端固定梁(图 6-17(b))。注意：结点 1 上的附加刚臂只约束刚结于结点 1 的杆 A1 和杆 B1 的 1 端转角，而不约束铰结于结点 1 的杆 12 的 1 端转角。附加约束所约束的位移就是基本未知量，对于本例，结点 1 及结点 3 的转角 Z_1、Z_2 即为基本未知量，如图 6-17(c)所示。

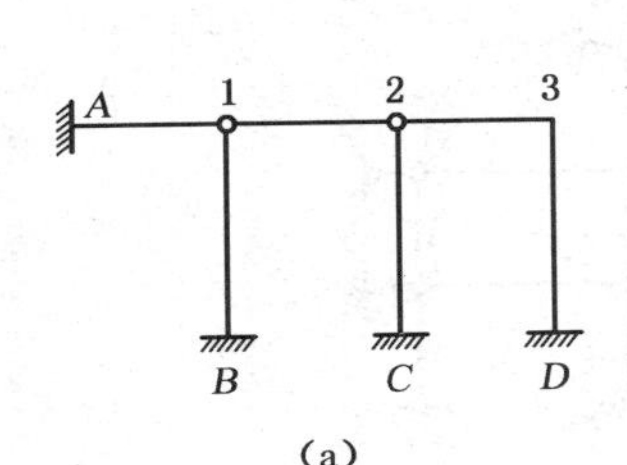

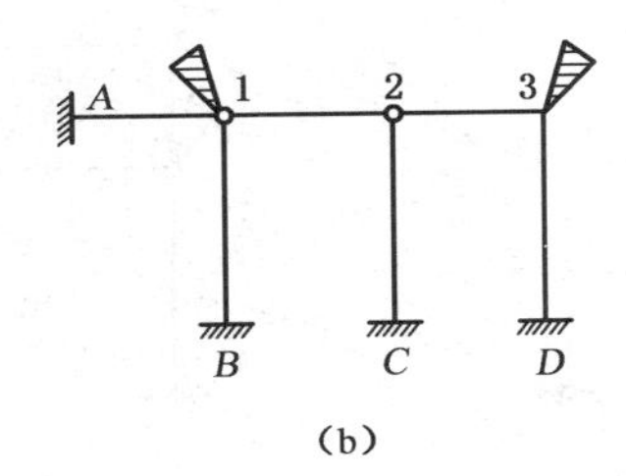

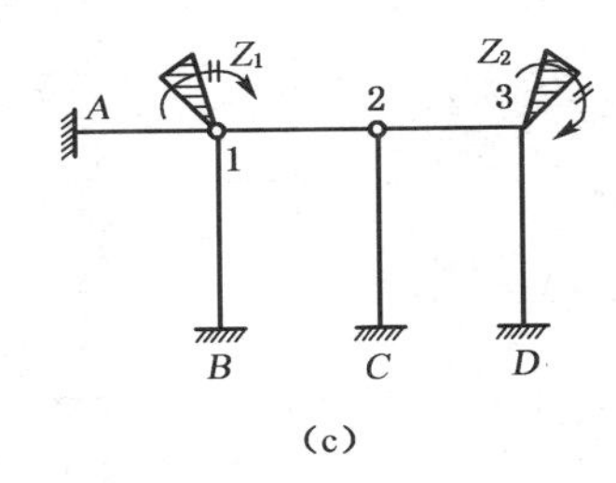

图 6-17　无侧移结构的分析

2）有侧移结构

基本未知量除所有刚结点的转角外，还有结点的线位移。基本结构除在所有刚结点上加刚臂外，还要附加支杆以限制侧向移动。这样，结构在刚结点、组合结点的刚结处加刚臂，还要加有限制侧向移动的支杆，即构成基本结构。

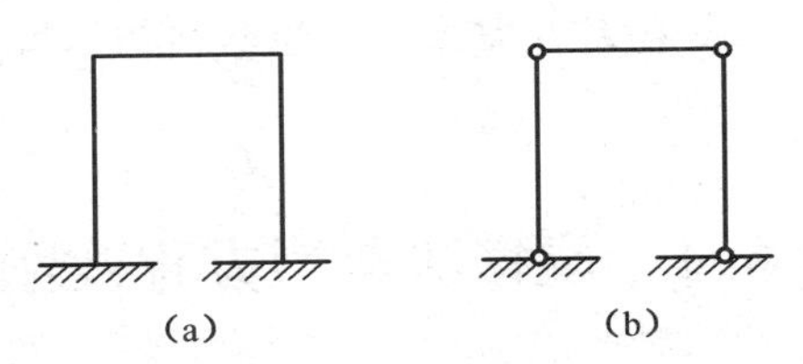

图 6-18　有侧移结构的分析

为了确定独立的结点线位移的数目，可采用铰化结点的办法，即在全部刚结点上加铰，使其变成铰接结点，在所有固定端上加铰，使其变成铰支座，然后对这个铰结体系作机构分析。如果铰结体系是几何不变的，则原结构没有结点线位移。如果铰结体系是几何可变的，则原结构就有结点线位移。结点线位移的数目怎样确定呢？用加支杆的办法使这个铰结体系变成几何不变体系，所需加的支杆的数目就等于独立的结点线位移数目，以下简称为结点线位移数目。把如图 6-18(a)所示的结构变成如图 6-18(b)所示的结构，图 6-18(b)为一次机构，则图 6-18(a)有一个结点线位移。又如，图 6-19(a)为有侧移的刚架，为了确定其结点线位移数目，首先在所有刚结点(包括支座)上加铰，使其变为铰结体系(图 6-19(b))，显然这是个几何可变体系，为使其成为几何不变，需加三个支杆。这三个支杆可加在结点 2、5、7 上(图 6-19(c))，按几何组成分析规则——逐次加两杆结点，可以认定其为几何不变体系，附加支杆也可以加在结点 1、3、6 上。

由于需加支杆的数目为三,说明体系的结点线位移数目等于三,之所以能用铰结体系来判断原结构的位移个数,是因为两种体系结点间的几何约束是一样的,都认为杆件长度不变,亦即结点间距不变,而有几个独立线位移正是由这些结点间的约束条件确定的。

若结构简单,线位移个数容易判断,则无需画出铰化体系。

该体系不仅有三个结点线位移,还有七个结点角位移,基本未知量的总数目为十个。欲使其形成基本结构,应当加上七个附加刚臂,三个附加支杆,基本结构如图 6-19(d)所示。

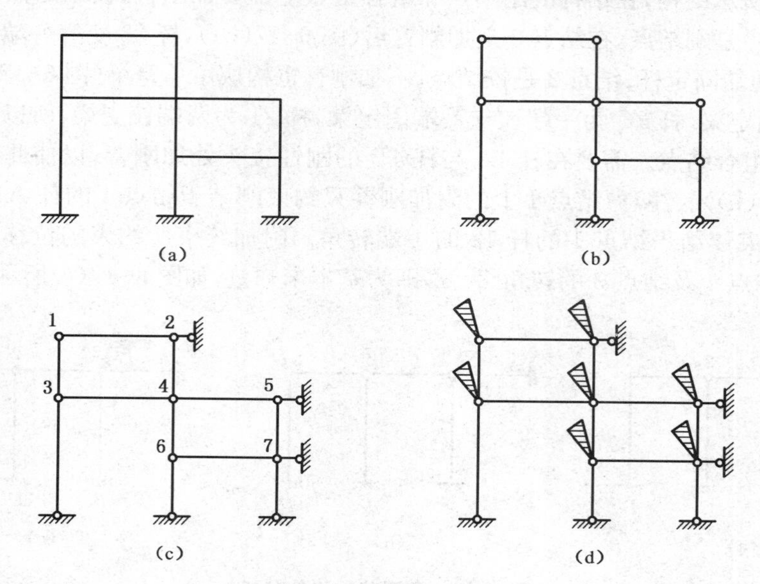

图 6-19　基本结构体系的形成

综上所述,有了位移法,基本结构也就有了位移法基本未知量。为了形成基本结构,需在刚结点和组合结点加刚臂以限制结点转动。同时可以借助于铰化体系,加附加支杆以限制结点移动。附加刚臂和附加支杆的总数,即是基本未知量数。

角位移未知量数目等于附加刚臂数目。线位移未知量数目等于附加支杆数目。

位移法基本未知量数目与结构的超静定次数无关,它们是完全不同的两个概念。

6.4　位移法典型方程及刚架计算

6.4.1　位移法典型方程

位移法典型方程的建立与力法一样,首先确定待分析问题未知量个数,如几个独立结点位移,几个独立的线位解法。如图 6-20 所示结构基本未知量只有一个,即结点 B 的转角位移。然后加限制结点位移的相应约束,如线位移加链杆、角位移加限制转动的刚臂来建立位移法基本结构。图 6-20(a)的基本结构如图 6-21(a)所示。基本结构可以拆成单跨梁的三类超静定结构，如图 6-2 所示。和力法一样，受基本未知量和外因共同作用的基本结构称为基本体系。

然后令基本结构分别产生单一的单位基本位移 $Z_1=1$，根据形常数可作出基本结构单位内力图（单位弯矩图$\overline{M}_1$）。根据载常数可作出基本结构荷载（包括广义荷载）内力图（弯矩图 M_P）。图 6-20(a)所示结构的两个弯矩图，如图 6-21(b)、(c)所示。图中 i_{AB}和 i_{BC}分别为$\dfrac{EI}{l}$和$\dfrac{EI}{h}$，称为 AB 和 BC 杆的线刚度。习惯上将单位长度的抗弯刚度记作 $i=\dfrac{EI}{l}$，为了标明是哪根杆的线刚度，再以双下标表明杆的名称，如 i_{AB}和 i_{BC}等。根据单位内力图，取结点或部分隔离体可计算出 $Z_j=1$ 时所引起的位移 $Z_i=0$ 时所对应的附加约束上的反力系数 k_{ij}；根据荷载内力图，取结点或部分隔离体可计算 Z_i 位移对应的附加约束上的反力 F_{iP}（与位移方向相同为正）。对于图 6-20(a)所示结构而言：$k_{11}=4i_{AB}+3i_{BC}$，$F_{1P}=-M_{BA}^{P}=-\dfrac{F_P l}{8}$。

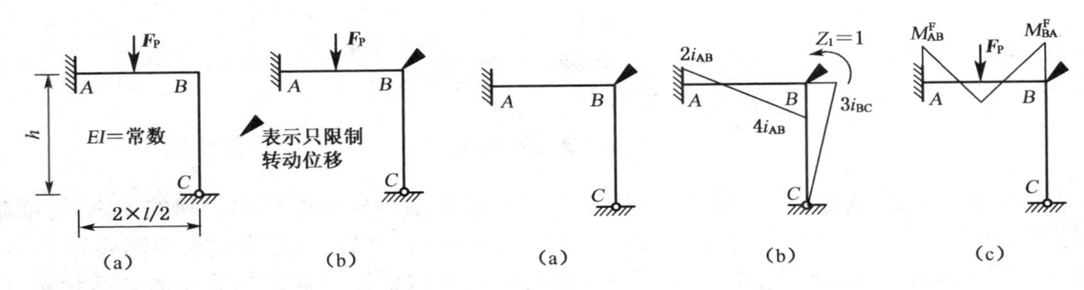

图 6-20　基本结构

图 6-21　分析过程

基本结构和原结构有两点区别：原结构在外因下是有结点位移的，而基本结构是无结点位移的；基本结构有附加的约束，而原结构是无附加约束的。基本体系是令基本结构发生原结构待求的位移 $Z_i(i=1,2,\cdots,n)$，同时受有外因作用，从结点位移方面看，基本体系和原结构没有差别，但是由于待求位移 $Z_i(i=1,2,\cdots,n)$ 和外因作用，第 i 个附加约束上将产生 $F_i=\sum_{i=1}^{n}k_{ij}Z_j+F_{iP}$ 的约束总反力，显然这是和原结构不同的。为了消除这一差别，由于原结构没有附加约束，所以第 i 个附加约束上的总反力应该等于 0，也即 $F_i=0$ 或

$$\sum_{i=1}^{n}k_{ij}Z_j+F_{iP}=0 \qquad (i=1,2,\cdots,n) \tag{6-19}$$

或

$$\left.\begin{aligned}k_{11}Z_1+k_{12}Z_2+\cdots+k_{1n}Z_n+F_{1P}=0\\k_{11}Z_1+k_{12}Z_2+\cdots+k_{1n}Z_n+F_{1P}=0\\\cdots\qquad\qquad\\k_{n1}Z_1+k_{n2}Z_2+\cdots+k_{m}Z_n+F_{nP}=0\end{aligned}\right\} \tag{6-20}$$

式(6-19)和式(6-20)称为位移法典型方程。对于图 6-20(a)所示结构，位移典型方程为

$$k_{11}Z_1+F_{1P}=0$$

其中：$k_{11}=4i_{AB}+3i_{BC}$，$F_{1P}=-M_{BA}^{P}=-\dfrac{F_P l}{8}$。

位移法典型方程和力法对线弹性结构来说是相同的，它是线性代数方程组，求解后即可得基本未知量 $Z_i(i=1,2,\cdots,n)$，求得位移基本未知量以后，由 $M=\sum\overline{M}_iZ_i+M_P$ 进行叠加，得到基本体系的弯矩，也就是原结构的弯矩，进而可求超静定结构的其他内力和任意位移等。

可见，位移法采用基本体系的解题法与力法的思路是十分相似的。

图 6-22(a)所示刚架既有结点转角，又有结点线位移。在给定荷载作用下变形曲线大致形状如虚线所示。结点 1 及结点 2 的角位移用 Z_1、Z_2 表示，结点 3 的侧向线位移用 Z_3 表示。该体系的基本未知量有三个。为了把它转化为单跨梁系，在结点 1、2 两处加附加刚臂，以限制结点转动，在结点 3 处加附加支杆，以限制刚架侧向移动，形成的位移法基本结构如图 6-22(b)所示。

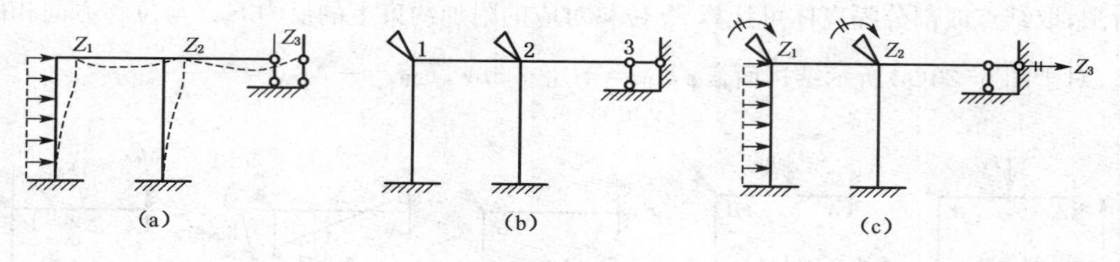

图 6-22　分析过程

在基本结构上，先加上已给定的外荷载，为了消除基本结构与原结构之间的差别，转动附加刚臂，使结点 1、2 分别发生转角 Z_1、Z_2，移动附加支杆 3，使结点 3 发生的水平侧移等于 Z_3，如图 6-22(c)所示。如果 Z_1、Z_2、Z_3 是应有的位移，则该体系就恢复了其原来的自然状态，而附加约束就不起作用，即其反力等于零。

$$\left.\begin{aligned}F_1=0\\F_2=0\\F_3=0\end{aligned}\right\}\tag{6-21}$$

由于附加约束 1、2 是刚臂，反力 F_1、F_2 为刚臂 1、2 的反力矩。附加约束 3 是支杆，其反力为支杆反力。

公式(6-21)中，反力 F_1、F_2、F_3 是由转角位移 Z_1、Z_2，线位移 Z_3，以及外荷载对基本结构共同作用引起的。按叠加原理，共同作用等于分别作用的叠加。由此

$$\left.\begin{aligned}F_1=F_{11}+F_{12}+F_{13}+F_{1P}\\F_2=F_{21}+F_{22}+F_{23}+F_{2P}\\F_3=F_{31}+F_{32}+F_{33}+F_{3P}\end{aligned}\right\}\tag{6-22}$$

其中 F_{11}、F_{21}、F_{31} 为由 Z_1 引起的附加约束 1、2、3 的反力；F_{12}、F_{22}、F_{32} 为由 Z_2 引起的附加约束 1、2、3 的反力；F_{13}、F_{23}、F_{33} 为由 Z_3 引起的附加约束 1、2、3 的反力；F_{1P}、F_{2P}、F_{3P} 为由外荷载引起的附加约束 1、2、3 的反力。下标中的头一字母指示是哪个约束的反力，第二个字母指示是由什么原因引起的。

为了把未知量 Z_1、Z_2、Z_3 显露出来，把它们引起的反力写成如下形式：

$$\left.\begin{aligned}F_{11}=k_{11}Z_1\\F_{12}=k_{12}Z_2\\F_{13}=k_{13}Z_3\end{aligned}\right\};\quad\left.\begin{aligned}F_{21}=k_{21}Z_1\\F_{22}=k_{22}Z_2\\F_{23}=k_{23}Z_3\end{aligned}\right\};\quad\left.\begin{aligned}F_{31}=k_{31}Z_1\\F_{32}=k_{32}Z_2\\F_{33}=k_{33}Z_3\end{aligned}\right\}\tag{6-23}$$

其中 k_{11}、k_{21}、k_{31} 为 $Z_1=1$（图 6-23(a)）引起的附加约束 1、2、3 的反力；k_{12}、k_{22}、k_{32} 为 $Z_2=1$（图 6-23(b)）引起的附加约束 1、2、3 的反力；k_{13}、k_{23}、k_{33} 为 $Z_3=1$（图 6-23(c)）引起的附加约束 1、2、3 的反力；图中所示为反力正向。

将式(6-23)代入式(6-22)，得

$$\left.\begin{aligned}k_{11}Z_1+k_{12}Z_2+k_{13}Z_3+F_{1P}=0\\k_{21}Z_1+k_{22}Z_2+k_{23}Z_3+F_{2P}=0\\k_{31}Z_1+k_{32}Z_2+k_{33}Z_3+F_{3P}=0\end{aligned}\right\}\tag{6-24}$$

上式所示方程组就是式(6-19)和式(6-20)关于三个未知量的位移法典型方程。方程式的数目永远与基本未知量数目相同。因为有多少个未知位移就要加多少个约束，而加多少个附加约束，就要有多少个使附加约束反力等于 0 的方程，以使结构恢复自然状态。

典型方程式中的系数 k_{ij} 是位移 $Z_j=1$ 时引起的附加约束 i 的反力。

第一个方程表示附加约束 1 的反力等于 0，即 $F_1=0$。第一个附加约束是刚臂，其反力 F_1 为反力矩。第一个方程中的所有系数 k_{11}、k_{12}、k_{13} 和自由项 F_{1P} 都是附加刚臂 1 的反力矩，所以下标中第一个字母都是 1。

第二个方程表示附加约束 2 的反力等于 0，即 $F_2=0$。第二个附加约束也是刚臂，故其反力 F_2 也为反力矩。第二个方程中的所有系数 k_{21}、k_{22}、k_{23} 和自由项 F_{2P} 都是附加刚臂 2 的反力矩，所以第一个下标都是 2。

第三个方程表示附加约束 3 的反力等于 0，即 $F_3=0$。第三个方程中所有系数 k_{31}、k_{32}、k_{33} 和自由项 F_{3P} 都是附加支杆 3 的反力，所以第一个下标都是 3。

为了求系数和自由项，可以绘出 Z_1、Z_2、Z_3 引起的单位弯矩图 M_1、M_2、M_3 及荷载弯矩图 M_P 图，如图 6-23(a)、(b)、(c)所示。

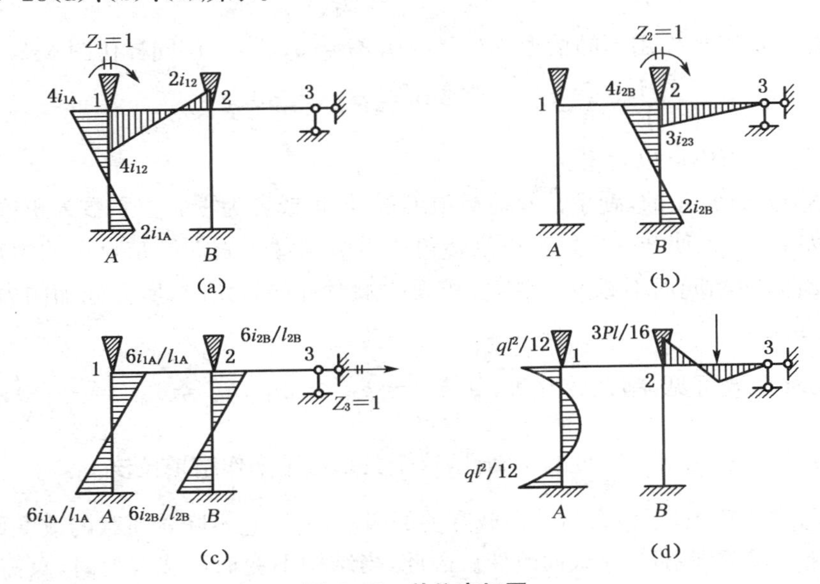

图 6-23 单位弯矩图

根据图 6-23 所示的单位内力图(弯矩图)和荷载内力图(弯矩图)，取结点或部分隔离体可计算出 $Z_j=1$ 时所引起的 Z_i 位移对应的附加约束上的反力系数 k_{ij}；取结点或部分隔离体可

计算 $Z_i=0$ 时所对应的荷载产生的附加约束上的反力 F_{iP}(与位移方向相同为正)。

在 $Z_1=1$、$Z_2=0$、$Z_3=0$ 时,如图 6-23(a)所示,取结点 1 为研究对象,如图 6-24 所示,由 $\sum M_1=0$, 有

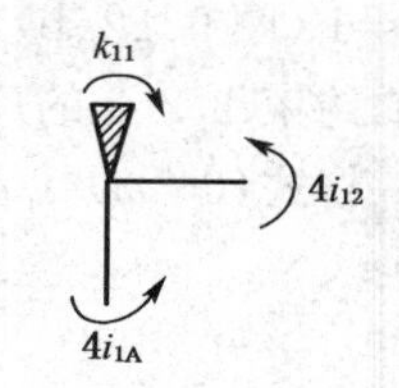

图 6-24　受力分析

$$k_{11}-4i_{1A}-4i_{12}=0$$

$$k_{11}=4i_{1A}+4i_{12}$$

取结点 1 为研究对象,同理,有

$$k_{21}=2i_{12}$$

取结构上部梁 123 为研究对象,如图 6-25 所示,由 $\sum X=0$, 有

$$k_{31}-F_{Q_{1A}}-F_{Q_{2B}}=0$$

$F_{Q_{1A}}$、$F_{Q_{2B}}$ 分别代表杆 1A 和杆 2B 上的杆端剪力。因为杆 1A 上的剪力为 $F_{Q_{1A}}=-\dfrac{6i_{1A}}{l_{1A}}$;杆 2B 上无弯矩,也无剪力,$F_{Q_{12}}=0$, 所以有

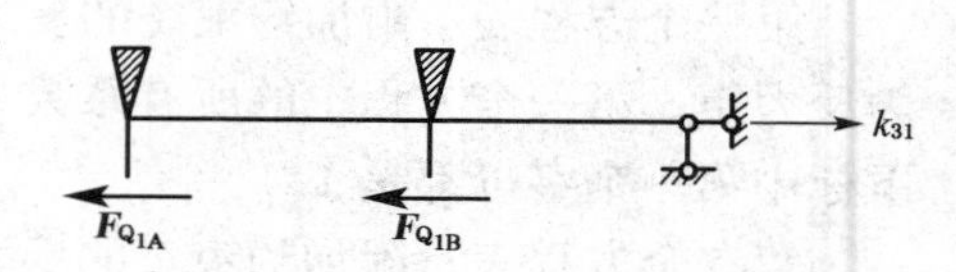

图 6-25　受力分析

$$k_{31}=-\frac{6i_{1A}}{l_{1A}}$$

对于 $Z_1=0$、$Z_2=1$、$Z_3=0$ 的情况,如图 6-23(b)所示和 $Z_1=0$、$Z_2=1$、$Z_3=0$ 的情况,如图 6-23(c)所示,各系数可仿图 6-23(a)所示情形的做法,得:$k_{12}=2i_{12}$,$k_{22}=4i_{12}+4i_{2B}+3i_{23}$,$k_{32}=-\dfrac{6i_{2B}}{l_{2B}}$;$k_{13}=-\dfrac{6i_{1A}}{l_{1A}}$,$k_{23}=-\dfrac{6i_{2B}}{l_{2B}}$,$k_{33}=\dfrac{12i_{1A}}{l_{1A}^2}+\dfrac{12i_{2B}}{l_{2B}^2}$。

对于在荷载 q 和 P 作用下的情形,取 $Z_1=0$,$Z_2=0$,$Z_3=0$, 同样仿图 6-23(a)所示情形的做法,得常数项:$F_{1P}=\dfrac{1}{12}ql_{1A}^2$,$F_{2P}=-\dfrac{3}{16}Pl_{13}$,$F_{3P}=-\dfrac{1}{2}ql_{1A}$。

从以上讨论分析中可以看出:

(1) 主系数永远是正的,副系数及荷载项可正、可负或者为零。主系数为正值的理由结合 k_{11} 具体说明如下:k_{11} 是使结点 1 发生单位转角所需由刚臂 1 施加给结点 1 的力矩,这个力矩当然与转角 Z_1 方向相同而不相反,当需要求发生顺时针的转角时,所需施加的力矩必须是顺时针的,所以是正的。

(2) 由所求系数可见,副系数互等,如 $k_{12}=k_{21}=2i_{12}$,$k_{13}=k_{31}=-\dfrac{6i_{1A}}{l_{1A}}$,$k_{23}=k_{32}=-\dfrac{6i_{1B}}{l_{1B}}$。再次说明了反力互等定理的正确性,这个关系可用来作结果校核。

(3) 在主、副系数中,不包含与外荷载有关的因素,所以它不随着荷载的改变而改变,只取决于结构本身,常数项则随外荷载而改变。因此,当结构不变而荷载改变时,只需重新计算常数项,而不需重新计算主、副系数。

通常把只有结点角位移的刚架叫无侧移刚架,把有结点线位移或既有结点角位移又有结点线位移的刚架叫有侧移刚架。下面通过例题分别讨论。

6.4.2 无侧移刚架的计算

用位移法解算无侧移刚架时，其基本未知量只有结点转角。

【例 6-1】 用位移法作如图 6-26 所示结构的 M 图，各杆 EI、l 相同，$q=26\ \text{kN/m}$，$l=6\ \text{m}$。

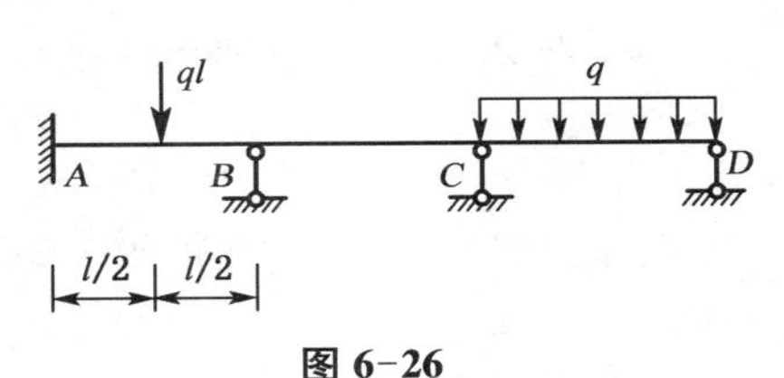

图 6-26

【解】 本例有两个刚结点，故结点角位移有两个：φ_B、φ_C，用 Z_1、Z_2 表示。分别在结点 1、2 处加附加刚臂，得位移法基本结构并为基本未知量建立位移法方程。

$$k_{11}Z_1+k_{12}Z_2+F_{1P}=0$$
$$k_{21}Z_1+k_{22}Z_2+F_{2P}=0$$

设 $EI/l=1$，有 $k_{11}=8$，$k_{12}=k_{21}=2$，$k_{22}=7$，$F_{1P}=117\ \text{kN}\cdot\text{m}$，$F_{2P}=-117\ \text{kN}\cdot\text{m}$，则

$$8Z_1+2Z_2+117=0$$
$$2Z_1+7Z_2-117=0$$

解方程 $\qquad Z_1=-20.25,\ Z_2=22.5$

作 M 图

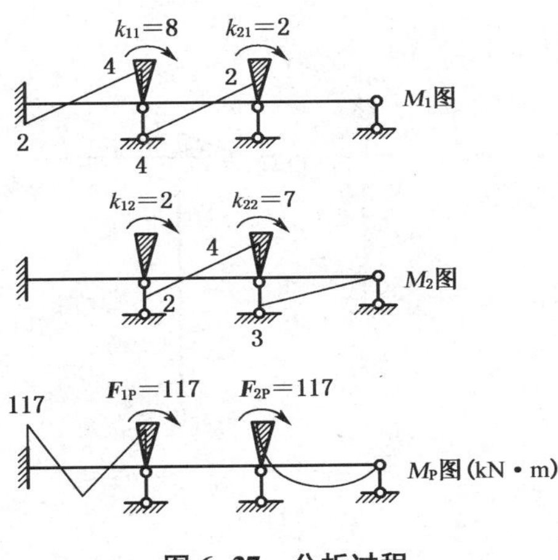

图 6-27 分析过程

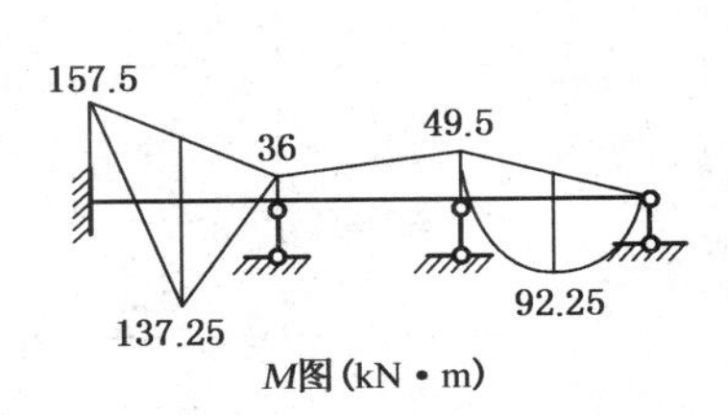

图 6-28 弯矩图

【例 6-2】 计算如图 6-29(a)所示刚架，并绘 M、F_Q、F_N 图。

【解】 (1) 确定基本未知量，画出基本结构。

本例有两个刚结点，故结点角位移有两个，用 Z_1、Z_2 表示。虽然看得出结点 2 转角是逆时针的，为了方便，也假定是顺时针的。分别在结点 1、2 处加附加刚臂，得位移法基本结构。

(2) 列位移法典型方程，附加刚臂的反力矩等于零，即

$$k_{11}Z_1+k_{12}Z_2+F_{1P}=0$$
$$k_{21}Z_1+k_{22}Z_2+F_{2P}=0$$

(3) 求系数项和常数项。绘单位弯矩图 M_1、M_2 及荷载弯矩图 M_P，如图 6-29(b)、(c)及

(d)所示。

考虑到 $i_{1A}=\frac{3EI}{4}, i_{12}=\frac{5EI}{5}=EI, i_{2B}=\frac{3EI}{6}=0.5EI, i_{2C}=\frac{4EI}{4}=EI$，计算系数及荷载项。它们都是附加刚臂的反力矩，由相应弯矩图直接读出(可截取结点，用 $\sum X=0$ 验算)。

k_{11}为 $Z_1=1$ 引起刚臂 1 的反力矩，由 M_1图的结点 1 处读出：

$$k_{11}=3EI+4EI=7EI$$

k_{12}为 $Z_2=1$ 引起的刚臂 1 的反力矩，由 M_2图结点 1 处读出：

$$k_{12}=2EI$$

F_{1P}为荷载引起的刚臂 1 的反力矩，由 M_P图结点 1 处读出：

$$F_{1P}=-\frac{1}{12}ql^2\text{（杆端力矩 }M_{12}\text{反时针方向，故为负）}$$

k_{21}、k_{22}、F_{2P}分别由 M_1、M_2、M_P图的结点 2 处读出：

$$k_{21}=2EI=k_{12}$$
$$k_{22}=4EI+2EI+3EI=9EI$$
$$F_{2P}=\frac{1}{12}ql^2$$

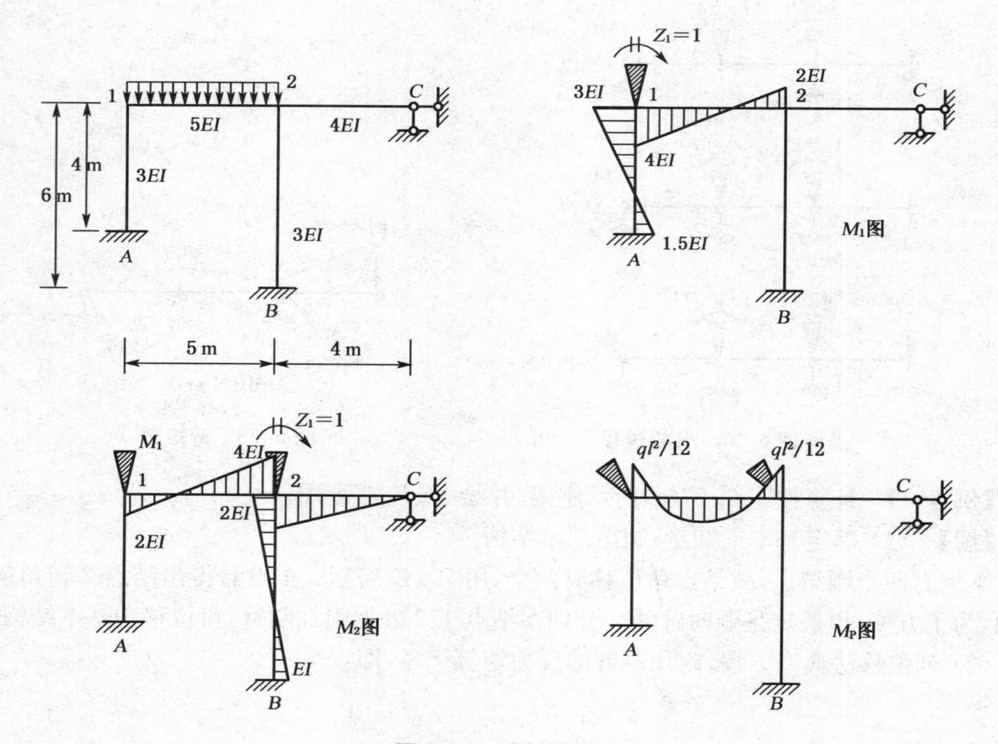

图 6-29　分析过程

(4) 将全部系数、荷载项代入典型方程，解出 Z_1、Z_2。由

$$7EIZ_1 + 2EIZ_2 - \frac{1}{12}ql^2 = 0$$

$$2EIZ_1 + 9EIZ_2 + \frac{1}{12}ql^2 = 0$$

解得

$$Z_1 = \frac{9.32}{EI}$$

$$Z_2 = -\frac{7.63}{EI}$$

(5) 用叠加法绘 M 图。

$$M = M_1Z_1 + M_2Z_2 + M_P$$

最终弯矩图如图 6-30(a)所示。

顺便指出，校核结点是否平衡时，有时会出现所有杆端力矩总和不等于 0，而等于一个微小数值的情形，这是计算误差所致，通常是允许的。也可以稍作调整，使其满足结点平衡条件 $\sum M = 0$。例如本题的结点 2 就是如此，如图 6-30(b)所示。

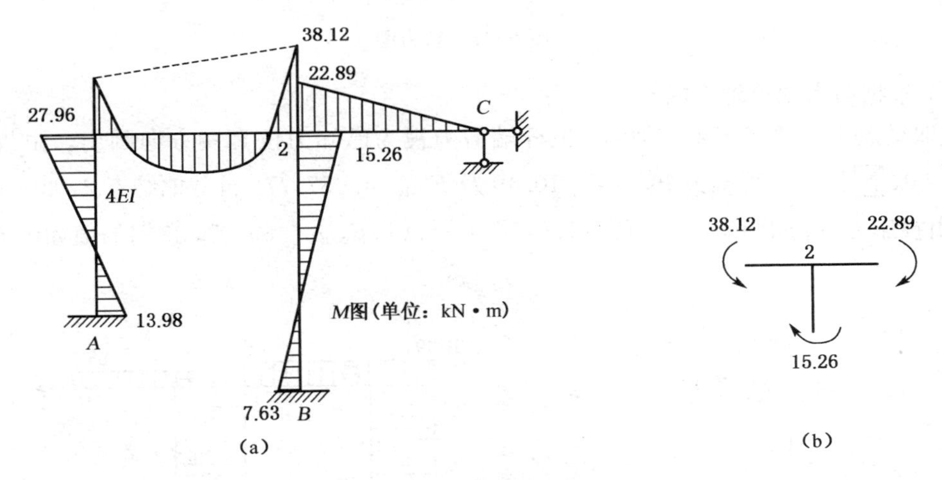

图 6-30 绘制弯矩图

(6) 根据弯矩图，绘 F_Q图。

有了弯矩图，就可绘出剪力图。本例题以杆件 12 为例再次说明杆端剪力的计算方法。把杆件 12 取出，如图 6-31(a)所示。该杆承受的已知力有均布荷载 q、杆端力矩 M_{12}(27.96)、杆端力矩 M_{21}(38.12)，M_{12}为正值。

方程 $\sum M_1(X) = 0$

$$F_{Q21} \times 5 + 38.12 - \frac{1}{2} \times 24 \times 5^2 - 27.96 = 0$$

得 $$F_{Q21} = -62.03\ \text{kN}$$

再列方程 $\sum M_2(X)=0$

$$F_{Q12}\times 5+38.12-27.96-\frac{1}{2}\times 24\times 5^2=0$$

得 $$F_{Q12}=57.97\ \mathrm{kN}$$

其余各杆杆端剪力计算从略，剪力图如图 6-31(b)所示。

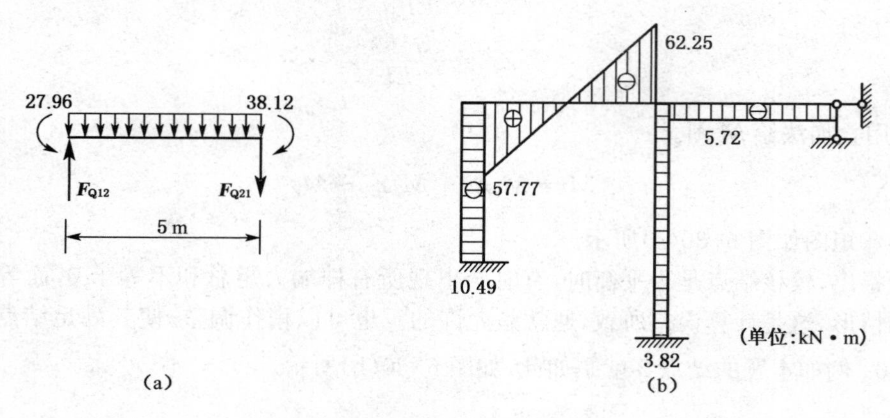

图 6-31　剪力图

(7) 根据剪力图绘轴力图。

截取结点 1，如图 6-32(a)所示，把杆端剪力视为已知力按真实方向画出。由投影方程 $\sum X=0$、$\sum Y=0$ 得轴力 $F_{N12}=-10.49$ 及 $F_{N1A}=-57.77$。再截取结点 2，如图 6-32(b)所示，由投影方程得出 $F_{N21}=-10.49$、$F_{N2C}=-6.67$、$F_{N2B}=69.97$，它们的值如图 6-32(c)所示。

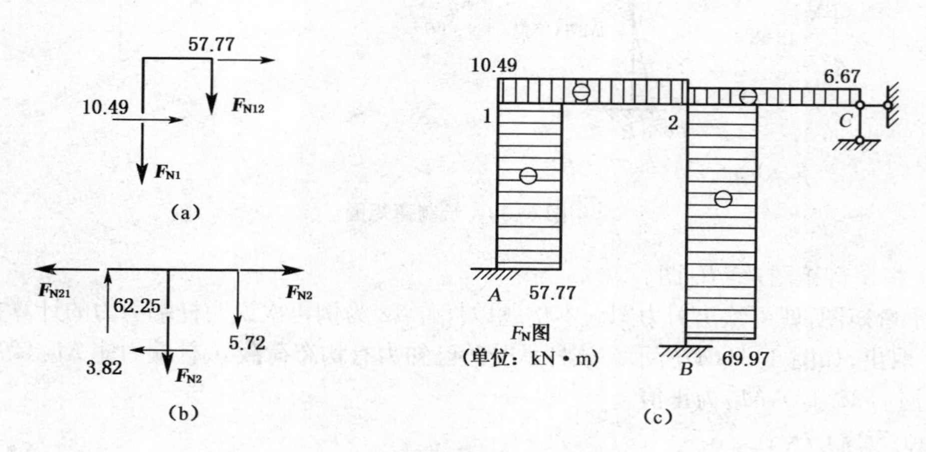

图 6-32　轴力图

从计算结果可知，图 6-29(a)所示刚架结点 1 的转角为正值，这意味着结点 1 顺时针转动了一个角度 Z_1。为负值，说明结点 2 逆时针转动了一个角度 Z_2。

6.4.3 有侧移刚架的计算

有侧移刚架的位移法的基本未知量包括结点角位移和结点线位移。首先看一个只有线位移的例子，再讲包括结点角位移和结点线位移的例子。

【例 6-3】 作如图 6-33(a)所示带有无限刚度梁的刚架的弯矩图。

【解】 (1) 确定基本体系。当刚架受到荷载作用时，由于有无限刚梁的存在，梁 CD 不会产生弯曲变形，仅会发生刚体移动。整个刚架的变形曲线如图 6-33(a)所示。在形成基本体系时，因为结点 C、D 不会转动，只需在结点 D 处加水平支杆就可以了。无限刚梁对柱子的约束作用相当于在结点加了角变约束。

(2) 列位移法典型方程，附加支杆的反力等于零，即

$$k_{11}Z_1 + F_{1P} = 0$$

(3) 求系数和自由项。绘荷载弯矩图和单位位移弯矩图，令 $i = EI/h$，由表 6-1 和表 6-2 查出 AC 杆的固端弯矩，作出 M_P图，如图 6-33(b)所示；令 $Z_l = 1$，作出 M_l图，如图 6-34(c)所示。

k_{11}取 M_1图中 CD 梁为分离体，求得

$$k_{11} = 2 \times \frac{12i}{h^2} = \frac{24i}{h^2}$$

F_{1P}为位移荷载引起的刚臂 1 的反力矩，由 M_P 图中 CD 梁为分离体求得

$$F_{1P} = -\frac{1}{2}qh$$

(4) 将系数、常数项代入典型方程，解出 Z_1。由

$$\frac{24i}{h^2}Z_1 - \frac{1}{2}ql = 0$$

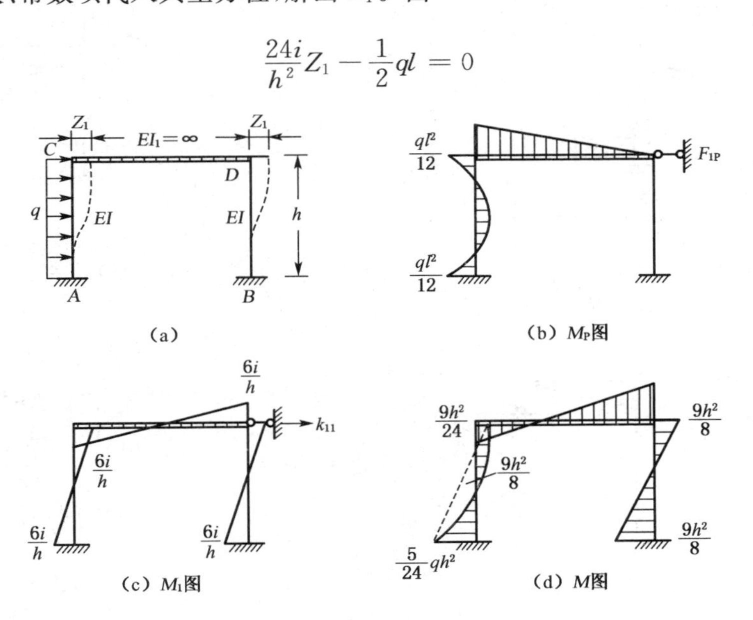

图 6-33 绘制弯矩图

解得

$$Z_1=\frac{qh^3}{48i}$$

(5) 用叠加法绘 M 图。由 $M=M_1Z_1+M_P$，作结构弯矩图，如图 6-33(d)所示。

【例 6-4】 如图 6-34(a)所示，刚架的支座 B 向下移动 Δ，试作出该刚架因支座移动而产生的弯矩图。

【解】 (1) 确定基本结构。该刚架只有一个基本未知量，即结点 C 的转角 Z_1，在结点 C 处加角变约束得到基本结构。

(2) 列位移法典型方程。附加刚臂的反力矩等于零，即

$$k_{11}Z_1+F_{1\Delta}=0$$

(3) 求系数项和常数项。绘单位弯矩图 M_{12} 及荷载弯矩图 M_P，如图 6-35(b)、(c)所示。由 M_1 图的结点 C 处可以算出

$$k_{11}=4i+4i+3i=11i$$

$F_{1\Delta}$ 为位移荷载引起的刚臂 1 的反力矩，由 M_C 图结点 C 处求得

$$F_{1\Delta}=-\frac{6i}{l}\Delta+\frac{3i}{l}\Delta=-\frac{3i}{l}\Delta$$

(4) 将系数、常数项代入典型方程，解出 Z_1。由

$$11iZ_1-\frac{3i}{l}\Delta=0$$

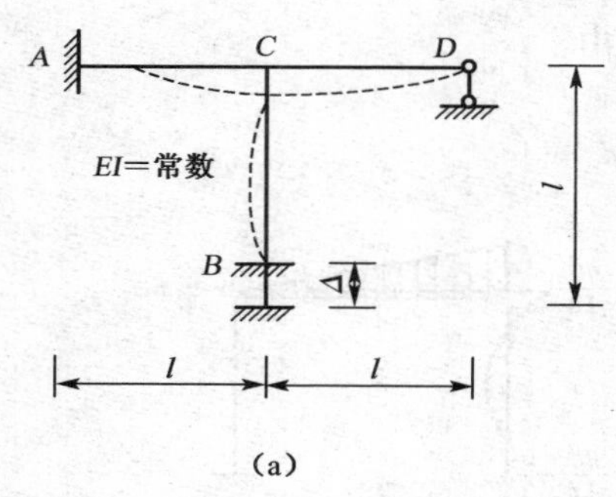

(a)

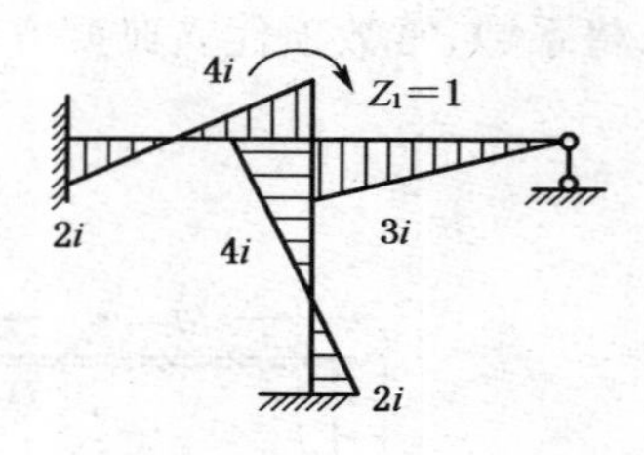

(b) $\overline{M}_1$图

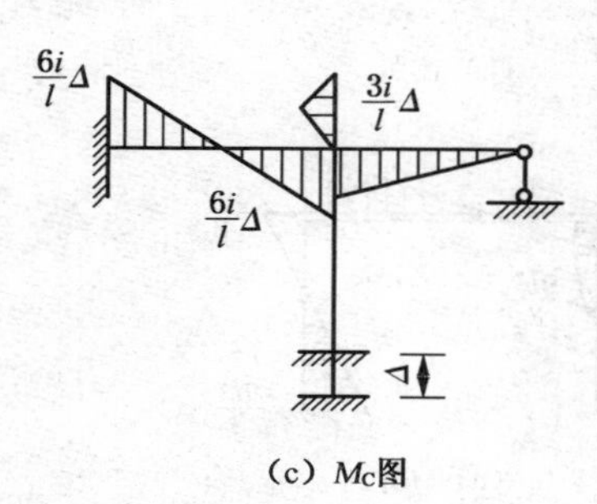

(c) M_C图

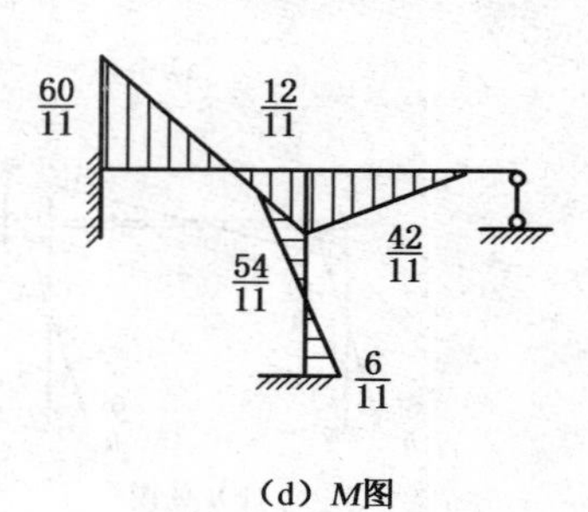

(d) M图

图 6-34 分析过程

解得

$$Z_1 = \frac{3}{11} \cdot \frac{\Delta}{l}$$

(5) 用叠加法绘 M 图。由 $M = M_1 Z_1 + M_C$，作结构弯矩图，如图 6-34(d)所示。

【例 6-5】 试作如图 6-35(a)所示的有侧移刚架的弯矩图。

【解】 (1) 确定基本结构。按位移法中基本未知量确定的方法，EC 是静定部分，不加约束。C 为刚结点，有一个角位移；将刚结点变成铰结体系时几何可变，需在 C 或 D 处加水平链杆消除可变，故独立线位移只有一个，为 C 或 D 结点的水平位移。因此基本体系如图 6-35(b)所示。此体系中 AC 为两端固定单元，BD、CD 均为一端固定、一端铰结单元。

(2) 列位移法典型方程。设刚结点角位移为 Z_1，独立线位移为 Z_2。

$$k_{11} Z_1 + k_{12} Z_2 + F_{1P} = 0$$
$$k_{21} Z_1 + k_{22} Z_2 + F_{2P} = 0$$

(3) 求系数项和常数项。令角位移 Z_1、线位移 Z_2 分别产生单位位移，则由 3 类单元的形常数可作出单位弯矩图 M_1 和 M_2，如图 6-35(c)所示。荷载下，悬臂部分弯矩图按静定结构作出，超静定部分无荷载，因此基本结构荷载弯矩图 M_P 如图 6-35(d)所示。

k_{11} 为 $Z_1 = 1$ 引起刚臂 1 的反力矩，由 M_1 图的结点 1 处读出，也就是按图 6-35(e)来求系数，由刚结点的力矩平衡条件，求得刚度系数

$$k_{11} = 6i + 4i = 10i$$

k_{12} 为 $Z_2 = 1$ 引起的刚臂 1 的反力矩，由 M_2 图结点 1 处求出

$$k_{12} = -6i/l = k_{21}$$

从 M_2 图取柱子为隔离体，由弯矩求出剪力(无荷载时剪力等于两端杆端弯矩之和除以杆长)，然后再取如图 6-35(e)所示的隔离体，由 $\sum X = 0$，求得刚度系数

$$k_{22} = 15i/l^2$$

同理，从 M_P 图中可求得载常数

$$F_{1P} = -Pl/2$$

$$F_{2P} = -P$$

(4) 将全部系数、荷载项代入典型方程，解出 Z_1、Z_2。解得

$$Z_1 = \frac{9Pl}{76i},\ Z_2 = \frac{13Pl^2}{114i}$$

(5) 用叠加法绘 M 图。$M = M_1 Z_1 + M_2 Z_2 + M_P$，即可作出如图 6-35(f)所示的结构最终弯矩图。静定部分的弯矩应由静定结构分析求得。

(6) 取刚结点，显然 $\sum M = 0$，也即满足平衡条件。从最终弯矩图求柱子杆端剪力，与求 k_{22} 或 F_{2P} 一样取隔离体，可验证 $\sum X = 0$。因此，计算结果是正确的。

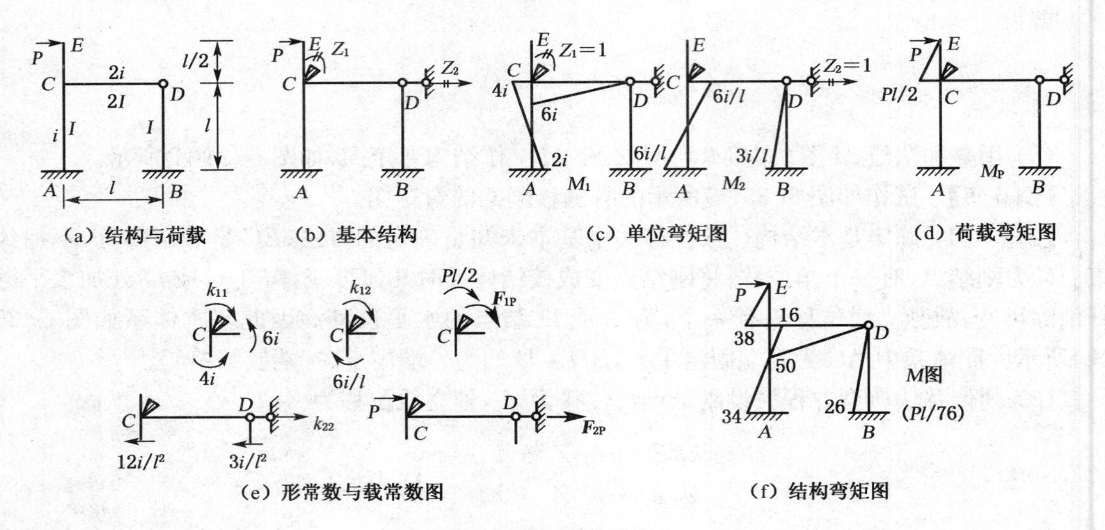

图 6-35　分析过程

6.5　用平衡方程建立位移法方程

位移法方程的建立有两种方法，一种是以上讨论过的典型方程，另一种是根据结点和截面的平衡条件建立位移法方程，通常称为平衡方程。

为了写出结点和截面的平衡方程，首先必须写出各杆杆端内力的表达式，本章 6.2.3 节已经对等截面直杆的转角位移方程进行了讨论。单跨超静定梁在荷载、温改和支座移动共同作用下，如图 6-15 所示，在线性小变形条件下，由叠加原理可得转角位移方程(刚度方程)：

$$\left.\begin{aligned} M_{AB} &= 4i\varphi_A + 2i\varphi_B - \frac{6i}{l}\Delta_{AB} + M_{AB}^F \\ M_{BA} &= 4i\varphi_B + 2i\varphi_A - \frac{6i}{l}\Delta_{AB} + M_{BA}^F \\ F_{Q_{AB}} &= -\frac{6i}{l}\varphi_A - \frac{6i}{l}\varphi_B + \frac{12i}{l^2}\Delta_{AB} + F_{Q_{BA}^F} \\ F_{Q_{BA}} &= -\frac{6i}{l}\varphi_A - \frac{6i}{l}\varphi_B + \frac{12i}{l^2}\Delta_{AB} + F_{Q_{BA}^F} \end{aligned}\right\} \tag{6-25}$$

式中：i——杆件的线刚度。

已知杆端弯矩，可由杆件的矩平衡方程求出剪力。

$$F_{Q_{AB}} = -\frac{M_{AB} + M_{BA}}{l} + F_{Q_{AB}^0} \tag{6-26}$$

有关转角位移方程的具体运用见以下例题。

【例 6-6】　利用结点平衡方程计算如图 6-36 所示刚架，绘 M 图。各杆抗弯刚度如下：1A

杆 $3EI$，12 杆 $5EI$，$2B$ 杆 $3EI$，$2C$ 杆 $4EI$。

【解】 这是无侧移刚架，只有两个结点角位移，用 Z_1、Z_2 表示。

(1) 列结点平衡方程。

截取结点 1 为隔离体，如图 6-37 所示。将作用在结点 1 上的杆端力矩 M_{1A} 及 M_{12} 都画成正向(逆时针)。作用在杆端上的杆端力矩与它等值反向(顺时针)。为清楚起见，也将其示于图上。对结点 1 列力矩方程 $\sum M_1 = 0$，即

$$M_{1A} + M_{12} = 0 \tag{1}$$

再截取结点 2 为分离体，如图 6-37 所示。杆端力矩 M_{21}、M_{2C}、M_{2B} 均按正向画出。对结点 2 列力矩方程 $\sum M_2 = 0$，即

$$M_{21} + M_{2B} + M_{2C} = 0 \tag{2}$$

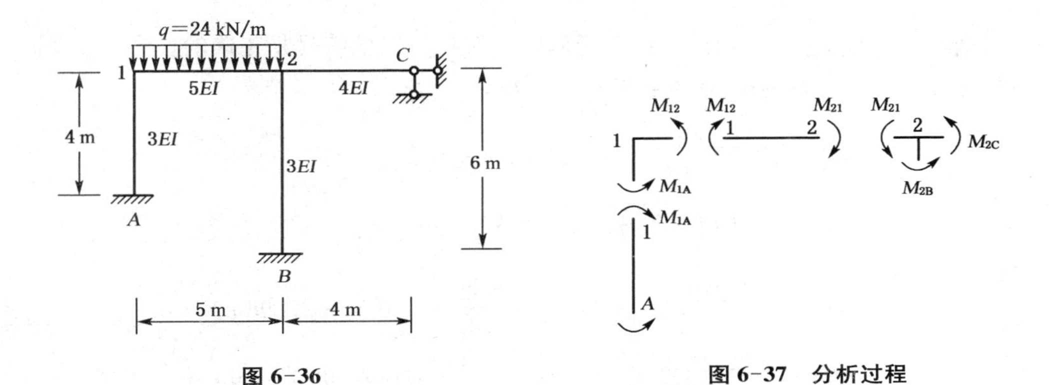

图 6-36　　　　图 6-37　分析过程

(2) 写出各杆的杆端力矩表达式(转角位移方程)。

$$M_{1A} = 4\,\frac{3EI}{4}Z_1 = 3EIZ_1$$

$$M_{A1} = 2\,\frac{3EI}{4}Z_1 = \frac{3}{2}EIZ_1$$

$$M_{12} = 4\,\frac{5EI}{5}Z_1 + 2\,\frac{5EI}{5}Z_2 + M_{12}^{F} = 4EIZ_1 + 2EIZ_2 - \frac{1}{12}ql^2$$
$$= 4EIZ_1 + 2EIZ_2 - 50$$

$$M_{21} = 2\,\frac{5EI}{5}Z_1 + 4\,\frac{5EI}{5}Z_2 + M_{21}^{F} = 2EIZ_1 + 4EIZ_2 + \frac{1}{12}ql^2$$
$$= 2EIZ_1 + 4EIZ_2 + 50$$

$$M_{2C} = 3\,\frac{4EI}{4}Z_2 = 3EIZ_2$$

$$M_{2B} = 4\,\frac{3EI}{6}Z_2 = 2EIZ_2$$

$$M_{B2} = 2\,\frac{3EI}{6}Z_2 = EIZ_2$$

(3) 把杆端力矩表达式代入平衡方程(1)、(2)。

$$3EIZ_1+4EIZ_2+2EIZ_2-50=0$$
$$2EIZ_1+4EIZ_2+50+2EIZ_2+3EIZ_2=0$$

经整理

$$7EIZ_1+2EIZ_2-50=0$$
$$2EIZ_1+9EIZ_2+50=0$$

解以上联立方程,得

$$Z_1=\frac{9.32}{EI}$$
$$Z_2=-\frac{7.63}{EI}$$

通过结构的弹性变形曲线可知,计算所得结果 Z_1 与 Z_2 的符号是正确的。

(4) 代入杆端力矩表达式,计算各杆杆端力矩。

$$M_{1A}=3EI\left(\frac{93.2}{EI}\right)=27.96\ \text{kN}\cdot\text{m}$$

$$M_{A1}=\frac{3}{2}EI\left(\frac{93.2}{EI}\right)=13.98\ \text{kN}\cdot\text{m}$$

$$M_{12}=4EI\left(\frac{9.32}{EI}\right)+2EI\left(-\frac{7.63}{EI}\right)-50=-27.96\ \text{kN}\cdot\text{m}$$

$$M_{21}=2EI\left(\frac{9.32}{EI}\right)+4EI\left(-\frac{7.63}{EI}\right)+50=38.12\ \text{kN}\cdot\text{m}$$

$$M_{2C}=3EI\left(-\frac{7.63}{EI}\right)=-22.89\ \text{kN}\cdot\text{m}$$

$$M_{2B}=2EI\left(-\frac{7.63}{EI}\right)=-15.26\ \text{kN}\cdot\text{m}$$

$$M_{B2}=EI\left(-\frac{7.63}{EI}\right)=-7.63\ \text{kN}\cdot\text{m}$$

杆端力矩得出后,便可按其大小及正负绘出弯矩图。

(5) 绘弯矩图。

以杆件 12 为例说明具体做法。由于 M_{12} 为负值,可知杆端力矩绕着杆的 1 端逆时针转动,外侧(上面)受拉,应绘在杆的外侧。由 M_{21} 为正值知,杆端力矩绕着杆的 2 端顺时针转动,外侧(上面)受拉,应绘在杆的外侧。两个竖标连成虚线,再以此虚线为基线,叠加上简支梁承受均布荷载时的弯矩图$\left(\text{其中央值为}\frac{1}{8}ql^2\right)$,其他各杆都照这样去做,最终弯矩图如图 6-38 所示。

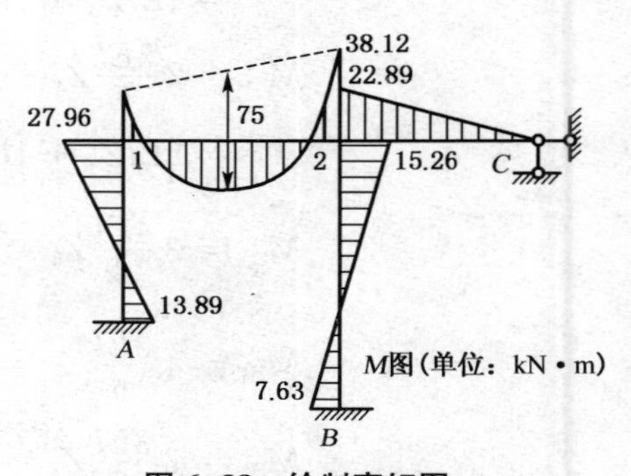

图 6-38 绘制弯矩图

【例 6-7】 计算如图 6-39 所示刚架位移，绘弯矩图。

【解】 基本未知量是结点 1 的转角 Z_1 及柱子两端相对线位移 Z_2(杆 12 水平移动)。

(1) 列平衡方程。

截取结点 1 为对象，如图 6-40 所示。结点 1 应满足 $\sum M_1 = 0$，有

$$M_{1A} + M_{12} = 0 \tag{1}$$

图 6-39

用一截面沿柱头将刚架截开，取分离体如图 6-42 所示。暴露出来的柱头剪力 $F_{Q_{1A}}$ 与 $F_{Q_{2B}}$ 都应画成正向，柱头剪力应满足方程 $\sum X = 0$，有

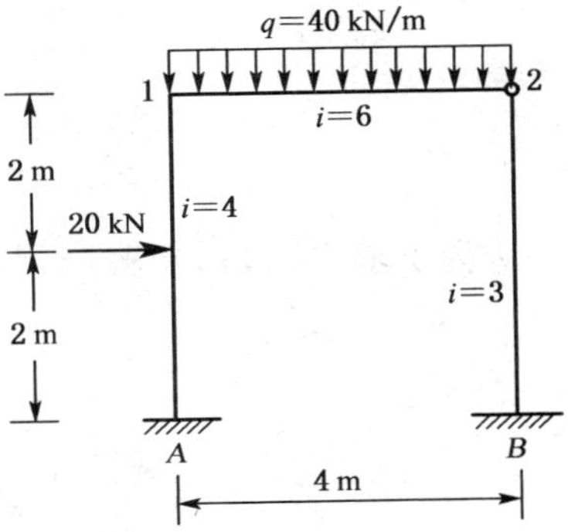

$$F_{Q_{1A}} + F_{Q_{2B}} = 0 \tag{2}$$

(2) 写出各杆杆端力矩表达式。

$$M_{1A} = 4i_{1A}Z_1 - \frac{6i_{1A}}{l}Z_2 + M_{1A}^{F} = 4\times4Z_1 - \frac{6\times4}{4}Z_2 + \frac{1}{8}P\times4$$
$$= 16Z_1 - 6Z_2 + 10$$
$$M_{A1} = 2i_{1A}Z_1 - \frac{6i_{1A}}{l}Z_2 + M_{A1}^{F} = 2\times4Z_1 - \frac{6\times4}{4}Z_2 - \frac{1}{8}P\times4$$
$$= 8Z_1 - 6Z_2 + 10$$
$$M_{12} = 3i_{12}Z_1 + M_{12}^{F} = 3\times6Z_1 - \frac{1}{8}ql^2 = 18Z_1 - 80$$

$$M_{21} = 0$$
$$M_{2B} = 0$$
$$M_{B2} = -\frac{3i_{B2}}{l}Z_2 = -\frac{3\times3}{4\times4}Z_2 = -\frac{9}{16}Z_2$$

(3) 写出柱顶剪力表达式。

$$F_{Q_{1A}} = -\frac{6i_{1A}}{l_{1A}}Z_1 + \frac{12i_{1A}}{l_{1A}^2}Z_2 + F_{Q_{1A}}^{F}$$
$$= -\frac{6\times4}{4}Z_1 + \frac{12\times4}{4\times4}Z_2 - \frac{20}{2}$$
$$= -6Z_1 + 3Z_2 - 10$$
$$F_{Q_{2B}} = +\frac{3i_{2B}}{l_{2B}^2}Z_2 = \frac{9}{16}Z_2$$

也可以不用杆端剪力表达式，而取柱 1A、柱 2B 为隔离体(图 6-41)，由平衡条件给出 $F_{Q_{1A}}$、$F_{Q_{2B}}$的算式。为了求 $F_{Q_{1A}}$，列方程 $\sum M_A = 0$，即

$$M_{1A} + M_{A1} + P\frac{l}{2} + F_{Q_{1A}}l = 0$$

$$F_{Q_{1A}}=\frac{-M_{1A}-M_{A1}-40}{4}$$
$$=\frac{-(16Z_1-6Z_2+10)-(8Z_1-6Z_2-10)-40}{4}$$
$$=-6Z_1+3Z_2-10$$

为了求 $F_{Q_{2B}}$，列方程 $\sum M_B=0$，即

$$M_{B2}+F_{Q_{2B}}l=0$$

$$F_{Q_{2B}}=-\frac{M_{B2}}{l}=\frac{9Z_2/4}{l}=\frac{9}{16}Z_2$$

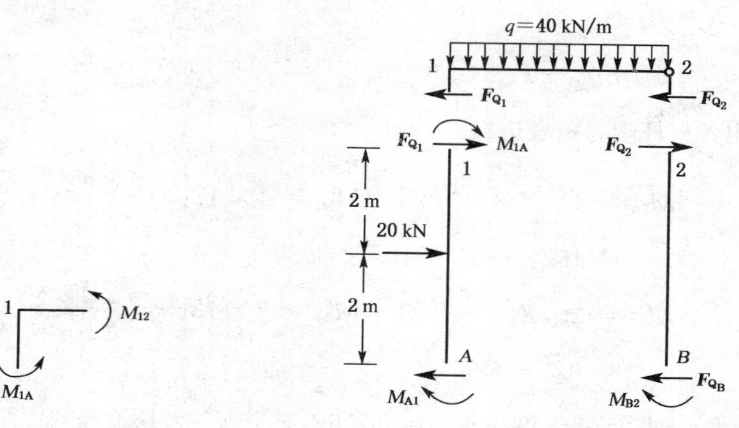

图 6-40　结点分析

图 6-41　受力分析

(4) 把杆端力矩、杆端剪力代入平衡方程，并整理得

$$\left.\begin{aligned}34Z_1-6Z_2-70=0\\-6Z_1+\frac{57}{16}Z_2-10=0\end{aligned}\right\}$$

解出
$$Z_1=3.64,\ Z_2=8.94$$

(5) 将 Δ_1、Δ_2 之值代回杆端力矩表达式，求杆端力矩。

$$M_{1A}=16\times3.64-6\times8.94+10=14.6\ \text{kN}\cdot\text{m}$$
$$M_{A1}=8\times3.64-6\times8.94-10=-34.52\ \text{kN}\cdot\text{m}$$
$$M_{12}=18\times3.64-80=-14.48\ \text{kN}\cdot\text{m}$$
$$M_{B2}=-\frac{9}{4}\times8.94=-20.12\ \text{kN}\cdot\text{m}$$

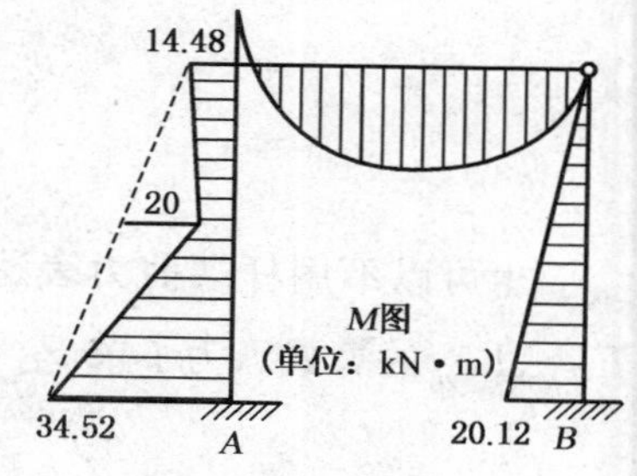

图 6-42　绘制弯矩图

M 图如图 6-42 所示。

位移法方程的两种建立方法比较如下：

通过前面的例题可见，平衡方程的优点是不必画单位弯矩图和荷载弯矩图，可节约解题篇幅；但也有缺点，由于基本结构没有画出，物理形象不够鲜明，需记住和反复代入许多公式。

位移法典型方程比较形象，解题步骤与力法相似，初学者易于掌握。

典型方程和平衡方程所反映的物理概念是一样的。当基本结构发生原有位移，即结构恢复自然状态时，附加约束不起作用，无论作用于结点上或是截面上的内力都与外力相平衡。约束不起作用的数学表达式就是典型方程，内外力平衡的数学表达式就是平衡方程。

当附加约束不起作用时，内外力平衡；当内外力平衡时，结构处于平衡状态，附加约束不起作用。所以，两种方程是等价的。

一、判断题

(1) 位移法基本未知量的个数与结构的超静定次数无关。 (　　)

(2) 位移法可用于求解静定结构的内力。 (　　)

(3) 用位移法计算结构由于支座移动引起的内力时，采用与荷载作用时相同的基本结构。 (　　)

(4) 位移法只能用于求解连续梁和刚架，不能用于求解桁架。 (　　)

二、确定用位移法计算图 6-43 所示结构的基本未知量数目，并绘出基本结构（除注明者外，其余杆的 EI 为常数）。

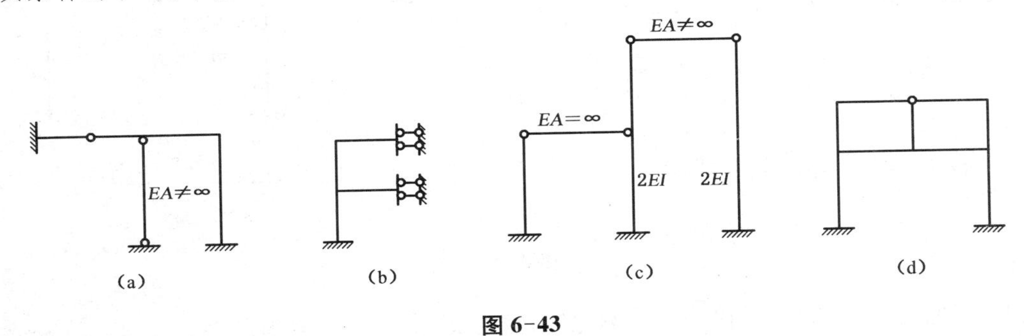

图 6-43

三、已知图 6-44 所示刚架的结点 B 产生转角 $\theta_B=\pi/180$，试用位移法概念求解所作用外力偶 M。

四、若图 6-45 所示结构结点 B 向右产生单位位移，试用位移法中剪力分配法的概念求解应施加的力 F_P。

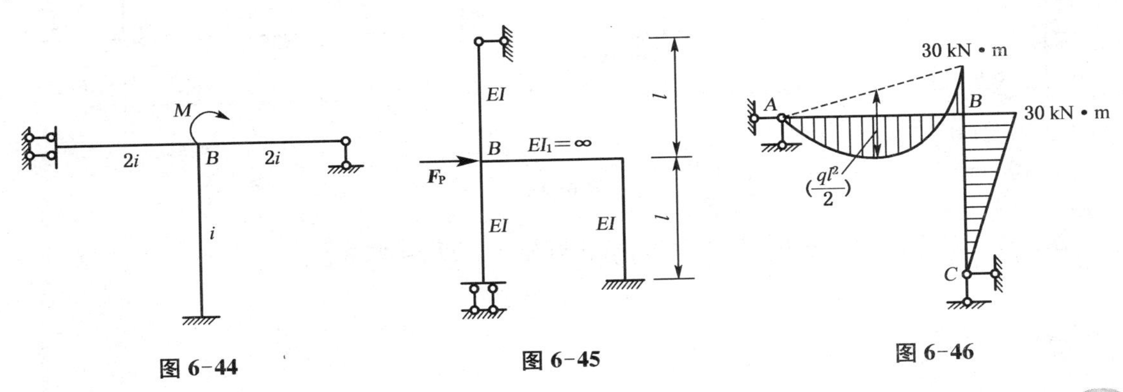

图 6-44　　图 6-45　　图 6-46

五、已知刚架的弯矩图如图 6-46 所示，各杆 $EI=$ 常数，杆长 $l=4\,\text{m}$，试用位移法概念直接计算结点 B 的转角 θ_B。

六、用位移法计算图 6-47 所示连续梁，作弯矩图和剪力图，$EI=$ 常数。

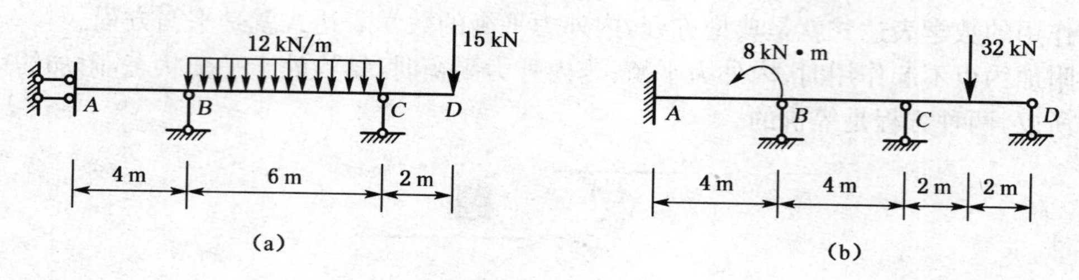

图 6-47

七、用位移法计算图 6-48 所示结构，作弯矩图，$EI=$ 常数。

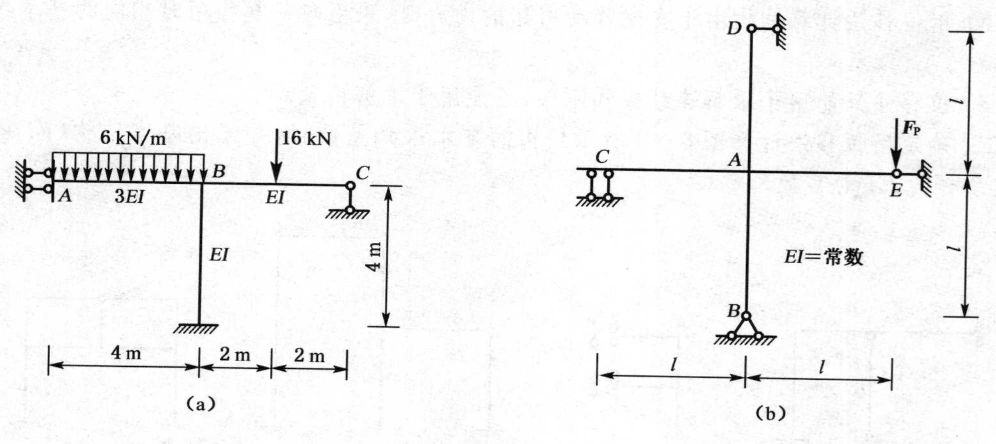

图 6-48

八、用位移法计算图 6-49 所示各结构，并作弯矩图。$EI=$ 常数。

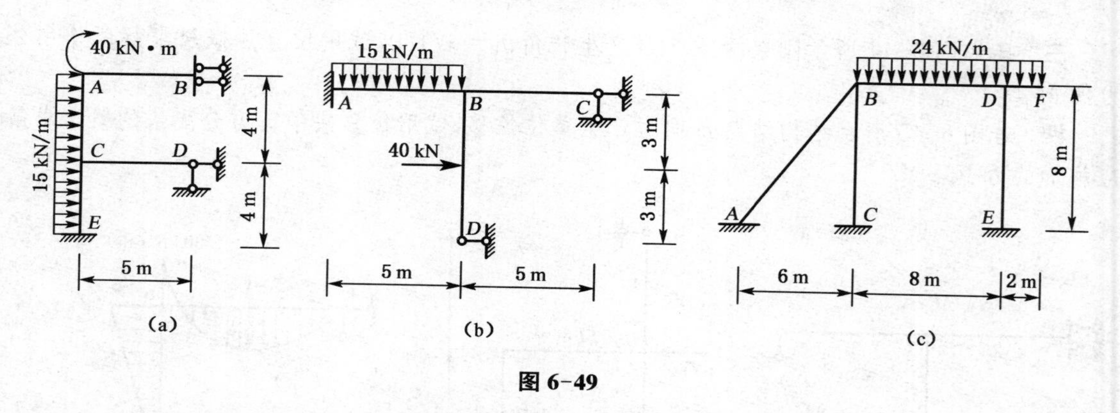

图 6-49

九、利用对称性计算图 6-50 所示结构，作弯矩图。$EI=$ 常数。

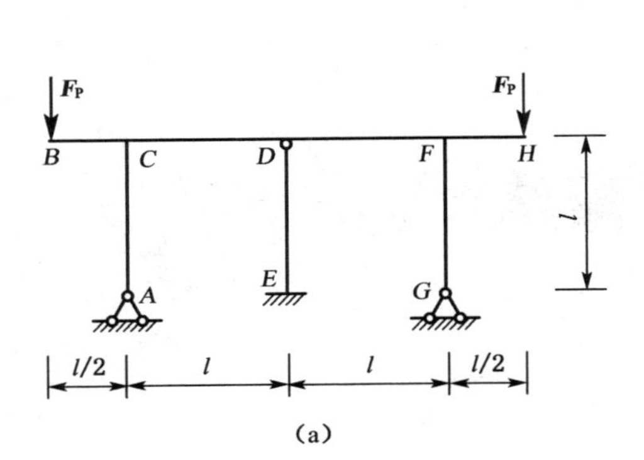

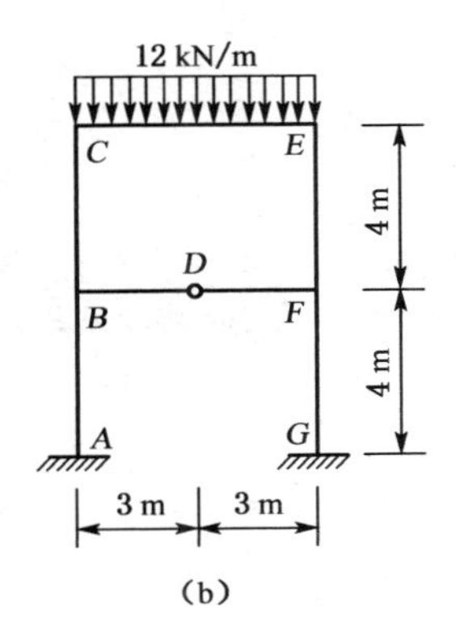

图 6-50

十、图 6-51(a)所示等截面连续梁，$EI=1.2\times10^5$ kN·m²，已知支座 C 下沉1.6 cm，用位移法求作弯矩图。

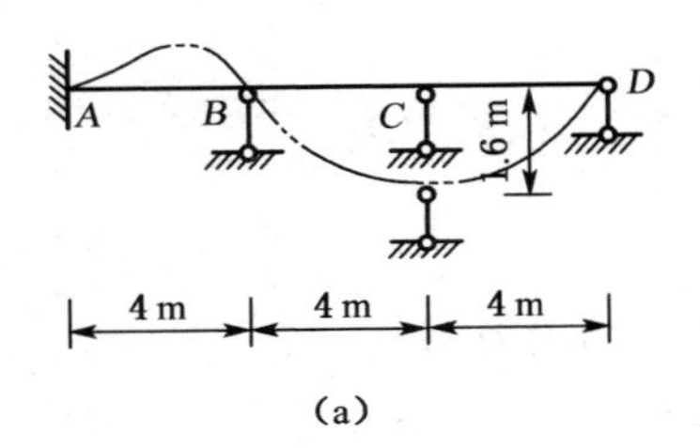

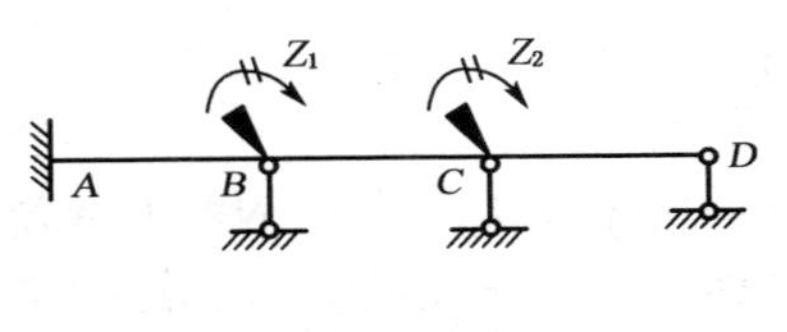

(b) 基本体系

图 6-51

十一、图 6-52(a)所示刚架支座 A 下沉 1 cm，支座 B 下沉 3 cm，求结点 D 的转角。已知各杆 $EI=1.8\times105$ kN·m²。

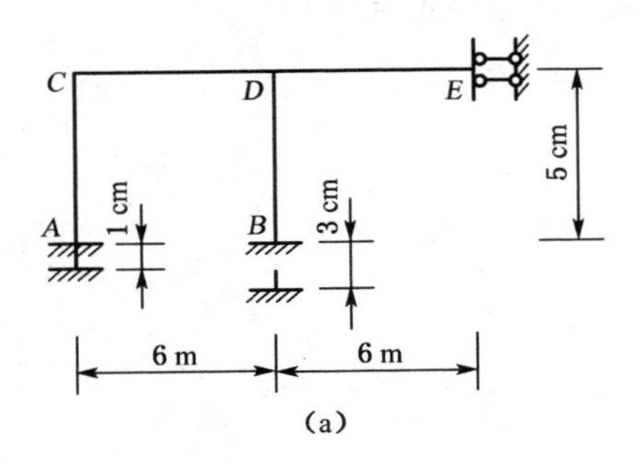

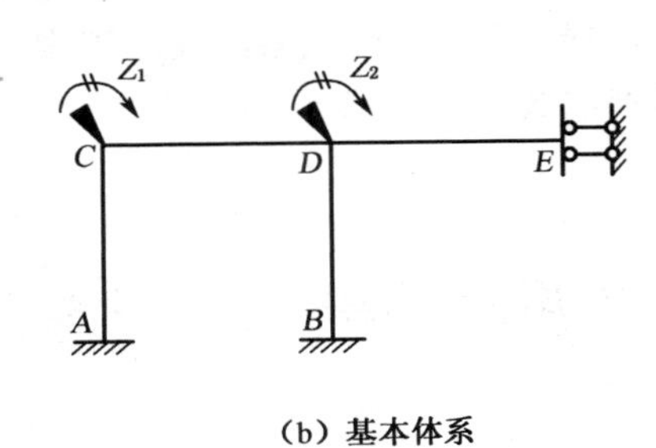

(b) 基本体系

图 6-52

7 力矩分配法

概　述

力矩分配法是一种广泛使用的实用计算方法，这种方法与力法、位移法相比有其自身的优点，它不需要求方程组，可以直接得到杆端力矩数值。运算过程简单、有序，便于掌握，同时对于建筑工程中的连续梁及刚架计算起来非常方便。本章主要介绍用力矩分配法计算连续梁和无侧移刚架。

知识目标

- 理解和掌握力矩分配法的基本概念和原理；
- 熟练掌握用力矩分配法计算连续梁，正确绘制结构的内力图；
- 会用力矩分配法计算无结点线位移的刚架结构。

技能目标

- 能用力矩分配法分析和计算连续梁和无侧移刚架，能快速绘制结构的内力图；
- 会利用多结点力矩分配法进行基本运算，解决多次超静定问题；
- 能利用力矩分配法解决实际工程问题。

课时建议：8～10 学时

7.1　力矩分配法的基本概念

1）力矩分配法概述

力矩分配法的理论基础仍然是位移法，它适用于连续梁和无侧移刚架等只有角位移作为基本未知量的结构计算，其适用范围显然是连续梁和无侧移刚架，如图 7-1 所示，计算对象是杆端弯矩，计算方法是用力矩增量调整修正的方法。

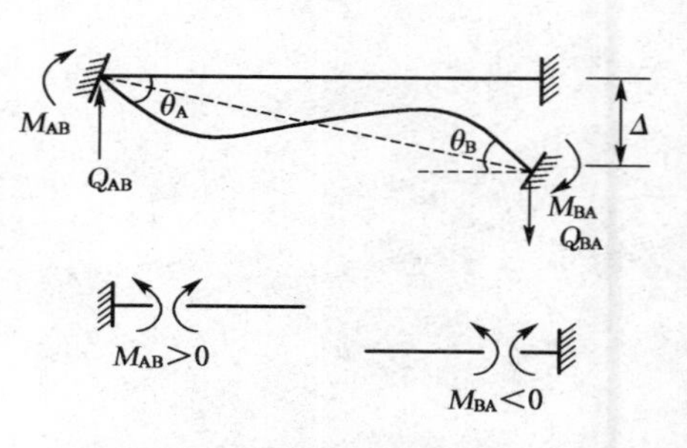

图 7-1　力矩分配法原理

2）杆端弯矩正负号规定

在力矩分配法中对杆端转角、杆端弯矩、固端弯矩的正负号规定与位移法相同，即都假定对杆端顺时针转动为正。作用于结点上的外力偶荷载，约束力矩，也假定以顺时针转动为正，而杆端弯矩作用于结点上时以逆时针转动为正。

3）转动刚度 *S*

转动刚度 S 表示杆端对转动的抵抗能力，在数值上等于仅使杆端发生单位转动时需在杆端施加的力矩。AB 杆 A 端的转动刚度 S_{AB} 与 AB 杆的线刚度 i（材料的性质、横截面的形状和尺寸、杆长）及远端支承有关。当远端是不同支承时，等截面杆的转动刚度如图 7-2 所示。

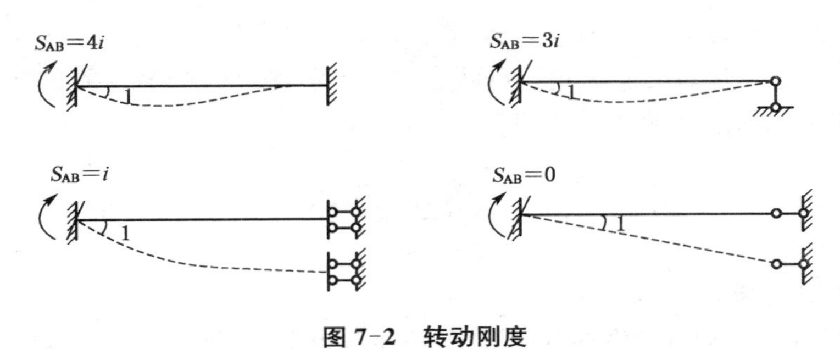

图 7-2 转动刚度

如果把 A 端改成固定铰支座、可动铰支座或可转动（但不能移动）的刚结点，转动刚度 S_{AB} 的数值不变。

4）传递系数 *C*

传递系数指的是杆端转动时产生的远端弯矩与近端弯矩的比值。即

$$C=\frac{M_{远}}{M_{近}} \tag{7-1}$$

利用传递系数的概念，远端弯矩可表达为 $M_{BA}=C_{AB}M_{AB}$。等截面直杆的转动刚度和传递系数见表 7-1。

表 7-1 等截面直杆的转动刚度和传递系数

远端支承	转动刚度	传递系数
固支	$4i$	1/2
铰支	$3i$	0
定向支座	i	-1

7.2 单结点力矩分配法

力矩分配法的基本运算指的是单结点结构的力矩分配法计算。

1）单结点结构在结点集中力偶作用下的计算

如图 7-3 所示结构，在结点集中力偶 M 作用下使结点转动，从而带动各杆端转动，杆端转动产生的近端弯矩称为分配弯矩，产生的远端弯矩称为传递弯矩。

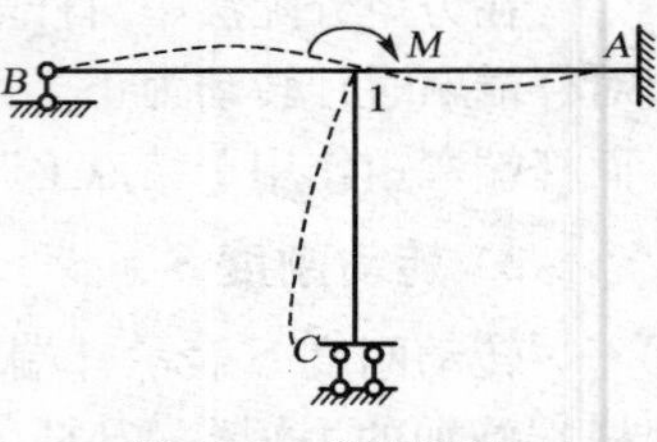

图 7-3　分配系数

分配弯矩：

$$M_{1j}^{\mathrm{d}} = \mu_{1j} M \qquad (j = A,B,C) \tag{7-2}$$

传递弯矩：

$$M_{j1}^{\mathrm{c}} = C_{1j} M_{1j} \qquad (j = A,B,C) \tag{7-3}$$

注意：结点集中力偶 M 以顺时针为正，产生正的分配弯矩。

分配系数 μ_{1j} 表示 1_j 杆 1 端承担结点外力偶的比率，它等于该杆 1 端的转动刚度 S_{1j} 与交于结点 1 的各杆转动刚度之和的比值，即

$$\mu_{ij} = \frac{S_{ij}}{\sum S},\ \sum \mu = 1 \tag{7-4}$$

只有分配弯矩才能向远端传递。

分配弯矩是杆端转动时产生的近端弯矩，传递弯矩是杆端转动时产生的远端弯矩。

2）单结点结构在跨间荷载作用下的计算

将整个变形过程分为两步。

(1) 在刚结点加刚臂阻止结点转动，如图 7-4(b)所示，将连续梁分解为两根单跨超静定

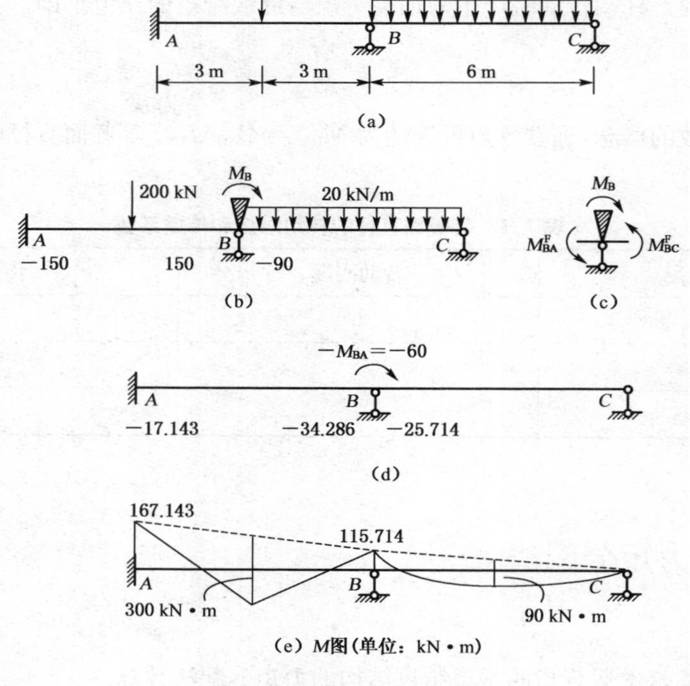

图 7-4　单结点分配过程

梁，求出各杆端的固端弯矩。结点 B 各杆端固端弯矩之和为附加刚臂中的约束力矩，称为结点不平衡力矩 M_B。

(2) 去掉约束，相当于在结点 B 加上负的不平衡力矩 M_B，如图 7-4(d)所示，并将它分给各个杆端及传递到远端。

叠加以上两步的杆端弯矩，得到最后杆端弯矩，如图 7-4(e)所示。

【例 7-1】 如图 7-4(a)所示的连续梁结构，其中各杆 EI 相同，试求杆端弯矩。

【解】 在计算连续梁时，其过程可直接在梁的表 7-2 列表进行，下面的计算是对表中各项计算说明。

(1) 求分配系数

各杆转动刚度

$$S_{BA} = 4\frac{EI}{6} = \frac{2EI}{3}$$

$$S_{BC} = 3\frac{EI}{6} = \frac{EI}{2}$$

故分配系数

$$\mu_{BA} = \frac{S_{BA}}{\sum S} = \frac{\frac{2EI}{3}}{\frac{2EI}{3} + \frac{EI}{2}} = \frac{4}{7}$$

$$\mu_{BC} = \frac{S_{BC}}{\sum S} = \frac{\frac{EI}{2}}{\frac{2EI}{3} + \frac{EI}{2}} = \frac{3}{7}$$

校核
$$\sum \mu = \frac{4}{7} + \frac{3}{7} = 1$$

将它们填入表 7-2 中的第二行。

表 7-2 计算过程

杆端名称	AB		BA	BC		CB
分配系数 μ			0.571 4	0.428 6		
固端力矩 M^F	−150		150	−90		0
分配与传递	−17.143	$\xleftarrow{0.5}$	−34.286	−25.714	$\xrightarrow{0}$	0
杆端力矩 M	−167.143		+115.714	−115.714		0

(2) 求各杆固端力矩

如图 7-4(b)所示，左部为两端固定的梁，右部为一端固定另一端铰支的梁。查表算出：

$$M^F_{AB} = -\frac{1}{8}Pl = -\frac{1}{8} \times 200 \times 6 = -150\ \text{kN}\cdot\text{m}$$

$$M_{BA}^{F} = \frac{1}{8}Pl = \frac{1}{8} \times 200 \times 6 = 150 \text{ kN} \cdot \text{m}$$

$$M_{BC}^{F} = -\frac{1}{8}ql^2 = -\frac{1}{8} \times 20 \times 6^2 = -90 \text{ kN} \cdot \text{m}$$

把它们填入表中第三行固端力矩栏相应的位置，再计算结点 B 上各固端力矩的代数和，则结点附加刚臂上的不平衡力矩为

$$M_B = M_{BA}^{F} + M_{BC}^{F} = 150 - 90 = 60 \text{ kN} \cdot \text{m}$$

(3) 计算分配力矩与传递力矩

如图 7-4(d)所示，对不平衡力矩 M_B反向分配：

$$M_{BA}^{d} = \mu_{BA}(-M_B) = \frac{4}{7} \times (60) = 34.286 \text{ kN} \cdot \text{m}$$

$$M_{BC}^{d} = \mu_{BC}(-M_B) = \frac{3}{7} \times (60) = 25.714 \text{ kN} \cdot \text{m}$$

$$M_{AB}^{c} = C_{AB}(M_{BA}^{d}) = 0.5 \times 34.286 = 17.143 \text{ kN} \cdot \text{m}$$

$$M_{CB}^{c} = C_{BC}(M_{BC}^{d}) = 0$$

把它们填入表中第四行分配与传递栏相应的位置，并在分配力矩下面画一横线，表示分配与传递工作结束。

(4) 求最终杆端力矩

将各杆杆端力矩与分配力矩(或传递力矩)相加，得到最终杆端力矩。也可将表中第三行和第四行相加，得最终杆端力矩。

$$M_{AB} = (-150) + (-17.143) = -167.143 \text{ kN} \cdot \text{m}$$

$$M_{BA} = (150) + (-34.286) = 115.714 \text{ kN} \cdot \text{m}$$

$$M_{BC} = (-90) + (-25.714) = -115.714 \text{ kN} \cdot \text{m}$$

$$M_{CB} = 0$$

将最终结果填入表中的第四行。

(5) 平衡验算

结点 B 处应满足 $\sum M_B = 0$，对于本例

$$\sum M_B = (+115.714) + (-115.714) = 0$$

(6) 绘 M 图

按表格最末一行所示的杆端力矩来画。以杆件 AB 为例，杆端力矩 M_{AB}为负，杆端力矩应当为绕 A 端逆时针方向，故画在横线以上，M_{BA}为正，杆端力矩则应为绕 B 端顺时针方向，也画在横线以上。把杆端力矩的纵坐标连一虚线，再叠加上集中荷载 200 kN 的影响，其中点值按简支梁计算，$200 \text{ kN} \times 6 \text{ m}/4 = 300 \text{ kN} \cdot \text{m}$。用相同的方法画杆件 BC。最终弯矩图如图 7-4(e)所示。

应当指出：

(1) 运用力矩分配法时，变形过程被想象成两个阶段。第一阶段是固定结点，加载，得到的是固端力矩。第二阶段是放松结点，产生的力矩是分配力矩与传递力矩。

(2) 进行力矩分配之前，必须明确被分配的力矩等于多大，是正值还是负值。认定无误之后再进行分配。

结点的不平衡力矩等于刚结在结点上各杆固端力矩的代数和，它有正、负之分。进行分配时，先将不平衡力矩变号，然后乘以各杆的分配系数，这样得到的便是相应杆的分配力矩，然后向另一端传递，得到传递力矩。

【例 7-2】 用力矩分配法计算如图 7-5(a) 所示刚架，绘 M 图。

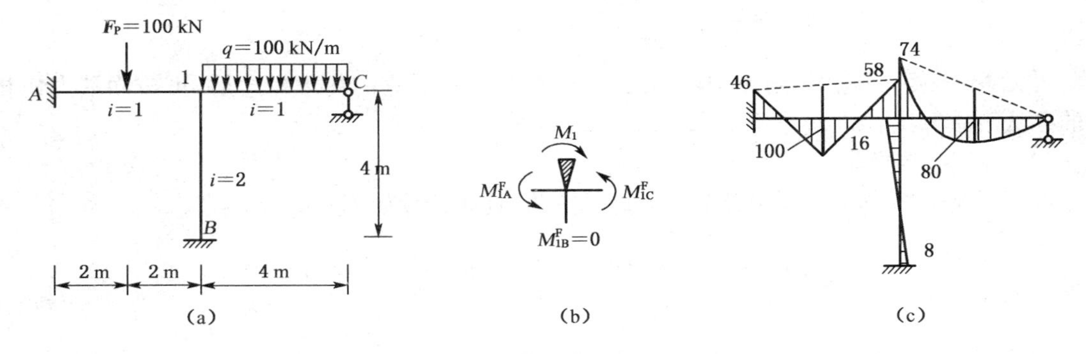

图 7-5

【解】 该结构只有一个刚结构，属单结构力矩分配问题。

(1) 求分配系数

$$\mu_{1A}=\frac{S_{1A}}{\sum S}=\frac{4i_{1A}}{4i_{1A}+3i_{1C}+4i_{1B}}=\frac{4\times 1}{4\times 1+3\times 1+4\times 2}=\frac{4}{15}$$

$$\mu_{1C}=\frac{S_{1C}}{\sum S}=\frac{4i_{1C}}{4i_{1A}+3i_{1C}+4i_{1B}}=\frac{3\times 1}{4\times 1+3\times 1+4\times 2}=\frac{3}{15}$$

$$\mu_{1B}=\frac{S_{1B}}{\sum S}=\frac{4i_{1B}}{4i_{1A}+3i_{1C}+4i_{1B}}=\frac{4\times 2}{4\times 1+3\times 1+4\times 2}=\frac{8}{15}$$

校核：$\sum\mu=\frac{4}{15}+\frac{3}{15}+\frac{8}{15}=1$

(2) 求固端力矩

查表 6-2，按给定的公式计算。

$$\begin{cases}M_{A1}^F=-\frac{1}{8}Pl=-\frac{1}{8}\times 100\times 4=-50\ \text{kN}\cdot\text{m}\\ M_{A1}^F=\frac{1}{8}Pl=50\ \text{kN}\cdot\text{m}\end{cases}$$

$$\begin{cases}M_{1C}^F=-\frac{1}{8}ql^2=-\frac{1}{8}\times 40\times 4^2=-80\ \text{kN}\cdot\text{m}\\ M_{C1}^F=0\end{cases}$$

$$\begin{cases} M_{1B}^{F} = 0 \\ M_{B1}^{F} = 0 \end{cases}$$

结点 1 的不平衡力矩等于汇交在结点 1 上各杆固端力矩的代数和。即

$$M_1 = M_{1A}^{F} + M_{1C}^{F} + M_{1B}^{F} = 50 + (-80) + 0 = -30\ \text{kN} \cdot \text{m}$$

其原因说明如下：

取结点 1 为分离体(带有附加刚臂)，如图 7-5(b)所示，固端力矩 M_{1A}^{F}、M_{1C}^{F} 均画成正向(绕结点逆时针为正)，附加刚臂的反力矩也画成正向(顺时针为正)。根据力矩平衡方程 $\sum M = 0$，有

$$M_1 = M_{1A}^{F} + M_{1C}^{F} = 50 + (-80) = -30\ \text{kN} \cdot \text{m}$$

可见，不平衡力矩就是附加刚臂的约束反力，在明确了它的物理概念后，可按固端力矩相加的办法直接算出。

(3) 分配与传递

将不平衡力矩 M_1 变号，被分配的力矩是正值，具体计算如下：

$$M_{1A}^{d} = \mu_{1A}(-M_1) = \frac{4}{15} \times 30 = 8\ \text{kN} \cdot \text{m}$$

$$M_{1B}^{d} = \mu_{1B}(-M_1) = \frac{8}{15} \times 30 = 16\ \text{kN} \cdot \text{m}$$

$$M_{1C}^{d} = \mu_{1C}(-M_1) = \frac{3}{15} \times 30 = 6\ \text{kN} \cdot \text{m}$$

传递力矩

$$M_{A1}^{c} = C_{1A}(M_{1A}^{d}) = 0.5 \times 8 = 4\ \text{kN} \cdot \text{m}$$

$$M_{B1}^{c} = C_{B1}(M_{1B}^{d}) = 0.5 \times 16 = 8\ \text{kN} \cdot \text{m}$$

$$M_{1C}^{c} = C_{1C}(M_{1C}^{d}) = 0$$

(4) 计算杆端力矩

$$\begin{cases} M^{A1} = M_{A1}^{F} + M_{A1}^{c} = -50 + 4 = -46\ \text{kN} \cdot \text{m} \\ M_{A1}^{F} = M_{A1}^{F} + M_{A1}^{d} = 50 + 8 = 58\ \text{kN} \cdot \text{m} \end{cases}$$

$$\begin{cases} M_{1B} = M_{1B}^{d} = 16\ \text{kN} \cdot \text{m} \\ M_{B1} = M_{B1}^{d} = 8\ \text{kN} \cdot \text{m} \end{cases}$$

$$\begin{cases} M_{1C} = M_{1C}^{F} + M_{1C}^{d} = -80 + 6 = -74\ \text{kN} \cdot \text{m} \\ M_{C1} = 0 \end{cases}$$

通常，计算采用列表运算，按上一例的办法，将上述结果列于表 7-3 中。

表 7-3 计算过程

结点名称	A	1			B	C
杆端名称	$A1$	$1A$	$1C$	$1B$	$B1$	$C1$
分配系数 μ		4/15	3/15	8/15		
固端力矩 M^F	−50	+50	−80	0	0	0
分配与传递	+4	<u>+8</u>	<u>+6</u>	<u>+16</u>	+8	0
杆端力矩 M	−46	+58	−74	+16	+8	0

(5) 绘弯矩图

先画出各杆的杆端力矩，在两个纵坐标之间连一直线，以此为基线叠加上横向荷载引起的简支梁的弯矩。作出的 M 图如图 7-5(c)所示。

7.3 多结点力矩分配法——渐进运算

对于单结点弯矩分配法如上所述，它是位移法的变种(求解步骤不同，实质一样)，是一种精确的方法。通过固定结点，放松结点，只进行一次分配和传递就可使体系恢复原来的状态，当然，力矩的分配与传递也是一次即告结束。那么对多结点的情况，能否不列位移法方程，也通过分配、传递等步骤来解决呢？这时解答是否还是精确的呢？

由分配系数的计算公式可见，分配系数恒小于 1。另外，支座处只接受所传递来的力矩(因为支座刚度可视为无限大，因此支座处杆端的分配系数为 0)不再分配，所以传递系数也小于 1。注意到这一点，就可以明白结点结构的弯矩分配也可按一系列的单结点弯矩分配使结构逐渐趋于平衡。下面以连续梁为例加以说明。

通常遇到的连续梁，中间支座不止一个。也就是说，结点转角未知量不止一个。如何把单结点的力矩分配方法推广运用到多结点的结构上，是本节将要讨论的问题。为了达到这一目的，必须人为地造成只有一个结点转角的情况，采取的办法是首先固定全部刚结点，然后逐次放松，每次只放松一个。当放松一个结点时，其他结点暂时固定。由于一个结点是在别的结点固定的情况下放松的，所以还不能恢复原来的状态。这样一来，就需要将各结点反复轮流地固定、放松，以逐步消除结点的不平衡力矩，使结构逐渐接近其本来状态。具体做法以图 7-6(a)所示连续梁进行说明。

首先，同时固定结点 1、2(加附加刚臂)，然后加荷载，此时情况如图 7-6(b)所示。梁 A_1 无固端力矩，梁 12 是两端固定梁，梁 $2B$ 是一端固定另一端铰支梁。它们的固端力矩为

$$\begin{cases} M_{2B}^{F} = -\dfrac{3}{16}Pl = -\dfrac{3}{16}\times 50\times 8 = -75\ \text{kN}\cdot\text{m} \\ M_{B2}^{F} = 0 \end{cases}$$

$$\begin{cases} M_{12}^{F} = -\dfrac{1}{12}ql^{2} = -\dfrac{1}{12}\times 24\times 8^{2} = -128\ \text{kN}\cdot\text{m} \\ M_{21}^{F} = \dfrac{1}{12}ql^{2} = \dfrac{1}{12}\times 24\times 8^{2} = 128\ \text{kN}\cdot\text{m} \end{cases}$$

把固端力矩记入表 7-4 第二行。为便于讨论，把固端力矩写在图 7-6(b)相应的杆端。固端力矩写出后，结点 1、2 的不平衡力矩便容易求出

$$M_1 = \sum M_{1i}^{F} = M_{1A}^{F} + M_{12}^{F} = 0 + (-128) = -128 \text{ kN}\cdot\text{m}\text{（逆时针方向）}$$

$$M_2 = \sum M_{2i}^{F} = M_{21}^{F} + M_{2B}^{F} = 128 + (-75) = 53 \text{ kN}\cdot\text{m}\text{（顺时针方向）}$$

把它们分别示于图 7-6(b)的结点 1、2 上。以上所进行的工作是力矩分配法的第一阶段——固定结点、计算固端力矩、计算不平衡力矩(约束反力矩)。

下面要进行的属于第二阶段——轮流放松结点，逐次计算各杆的分配力矩、传递力矩。

表 7-4　计算过程

	杆端名称	A1	1A	12		21	2B	B2
	分配系数 μ	0.6		0.4		0.4	0.6	
	固端力矩 M^F	0	0	−128		+128	−75	0
分配与传递	放松结点 1	+76.8		+51.2	$\xrightarrow{0.5}$	+25.6		
	放松结点 2			−15.7	$\xleftarrow{0.5}$	−31.4	−47.2	
	放松结点 1	+9.4		+6.3	$\xrightarrow{0.5}$	+3.2		
	放松结点 2			−0.7	$\xleftarrow{0.5}$	−1.3	−1.9	
	放松结点 1	+0.4		+0.4	$\xrightarrow{0.5}$	+0.2		
	放松结点 2			−0.1			−0.1	
	杆端力矩 M	0	+86.6	−86.6		+124.2	−124.2	0

如果同时在结点 1、2 上分别加上与 M_1、M_2 等值反向的力矩，这意味着结点 1、2 同时放松，如图 7-6(c)所示。但是，图 7-6(c)所示情况不能用上节讲过的方法进行计算，所以不能把两个结点同时放松，必须单独放松一个结点，把它化为单结点的力矩分配问题。

先放松哪个结点呢？为了使计算尽快地收敛，先放松不平衡力矩大的结点，本例应先放松结点 1。放松结点 1 时，结点 2 还在固定着，如图 7-6(d)所示，这就人为地造成了单结点的情况，可按上节讲过的单结点力矩分配法计算。

首先求分配系数。

结点 1：

$$\mu_{1A} = \frac{3i_{1A}}{3i_{1A} + 4i_{12}},\ \mu_{12} = \frac{4i_{12}}{3i_{1A} + 4i_{12}}$$

式中

$$i_{1A} = \frac{2EI}{8} = \frac{EI}{4},\ i_{12} = \frac{EI}{8}$$

为了便于计算，采用相对线刚度，设 $\frac{EI}{8} = 1$，则 $i_{1A} = 2$，$i_{12} = 1$，于是分配系数

$$\mu_{1A} = 0.6,\ \mu_{12} = 0.4$$

结点 2：

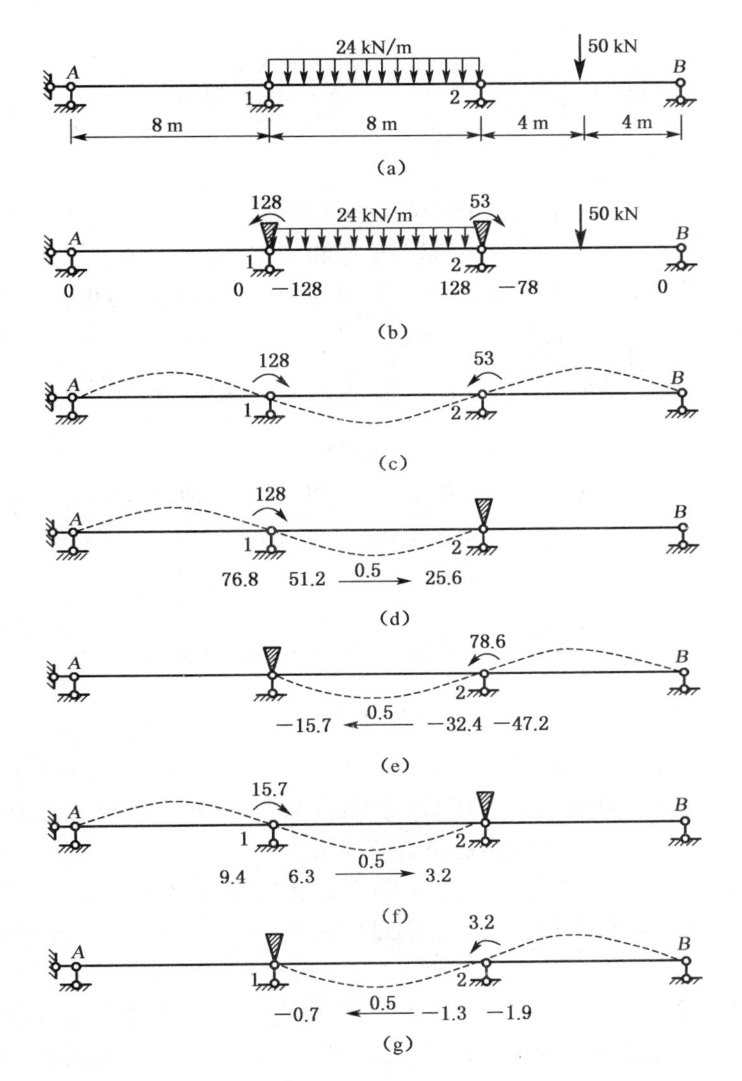

图 7-6 多余结点分配过程

同理求得

$$\mu_{21}=0.4,\ \mu_{2B}=0.6$$

将其填入表 7-4 第二行。

其次计算分配力矩和传递力矩。

分配结点 1 时,锁住结点 2,结点 2 在分配中相当于一固定端。结点 1 的不平衡力矩

$$M_1=-128\ \mathrm{kN\cdot m}$$

分配力矩

$$M_{1A}^{d_1}=\mu_{1A}(-M_1)=0.6\times128=76.8\ \mathrm{kN\cdot m}$$

$$M_{12}^{d_1}=\mu_{12}(-M_1)=0.4\times128=51.2\ \mathrm{kN\cdot m}$$

传递力矩

$$M_{21}^{c_1}=\frac{1}{2}M_{12}^{d_1}=0.5\times51.2=25.6\ \text{kN}\cdot\text{m}$$

$$M_{A1}^{c_1}=0$$

将此计算数据填入“分配与传递”栏中的第1行。完毕后在结点1的分配力矩下画一横线,表示该结点放松完毕。横线以上的杆端力矩总和为零,这标志结点1处于平衡,但并没有恢复到自然状态,因为结点2还没有被放松。下面放松结点2,进行力矩分配和传递。

分配结点2时,锁住结点1,结点1在分配中相当于一固定端。结点2的不平衡力矩

$$M_1=128-75+25.6=78.6\ \text{kN}\cdot\text{m}$$

分配力矩

$$M_{21}^{d_1}=\mu_{21}(-M_2)=0.4\times(-78.6)=-31.4\ \text{kN}\cdot\text{m}$$

$$M_{2B}^{d_1}=\mu_{2B}(-M_2)=0.6\times(-78.6)=-47.2\ \text{kN}\cdot\text{m}$$

传递力矩

$$M_{12}^{c_1}=\frac{1}{2}M_{21}^{d_1}=0.5\times(-31.4)=-15.7\ \text{kN}\cdot\text{m}$$

$$M_{B2}^{c_1}=0$$

将此计算数据填入“分配与传递”栏中的第2行。完毕后在结点2的分配力矩下画一横线,表示该结点放松完毕。横线以上的杆端力矩总和为零,这标志结点2处于平衡,但并没有恢复到自然状态,因为结点1被锁住后还没有被放松。

下面再放松结点1,锁住结点2,结点1的不平衡力矩来自于结点2的第1次传递,则$M_1=M_{12}^{c_1}=-15.7\ \text{kN}\cdot\text{m}$。按第1次分配的过程再来一次。如此循环,直到其结构达到所需力矩精度要求为止。

在本例中,力矩精度要求到小数点后一位为止,不再传递,这时结构已接近自然状态。

把固端力矩与历次放松结点产生的杆端力矩相加,即得最终的杆端力矩。即

$$\text{杆端力矩}=\text{固端力矩}+\sum\text{分配力矩}+\sum\text{传递力矩}$$

也就是说,把表中同一杆端下面的力矩代数相加,就得到杆的最终杆端力矩。例如:

$$M_{21}=128+25.6-31.4+3.2-1.3+0.2-0.1=+124.2\ \text{kN}\cdot\text{m}$$

$$M_{2B}=-75-47.2-1.9-0.1=-124.2\ \text{kN}\cdot\text{m}$$

各杆杆端力矩填入最后一行。

计算结束后,应当进行平衡条件的校核。例如:

对于结点1:$\sum M_1=86.6-86.6=0$

对于结点2:$\sum M_2=124.2-124.2=0$

最后依据杆端力矩绘出弯矩图,如图7-7所示。

归纳上述分析,其计算过程有以下几步:

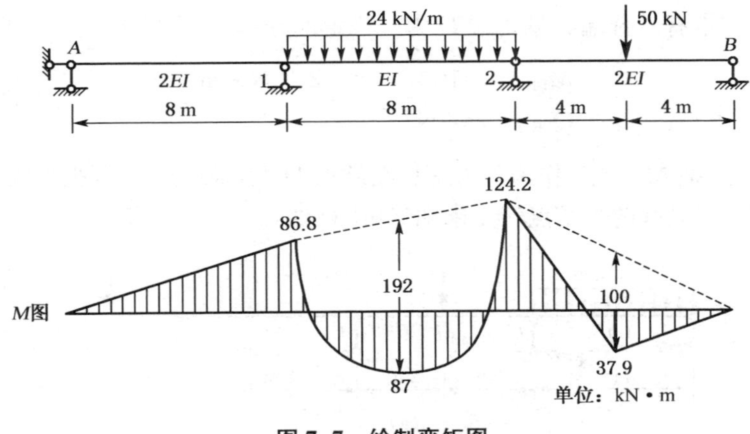

图 7-7　绘制弯矩图

(1) 求各刚结点处的分配系数 μ。

(2) 求各杆的固端力矩 M^F。

(3) 把各结点固端力矩分别相加(代数和)，求出结点的不平衡力矩 M。

(4) 对结点 1 进行力矩分配与传递(先分配较大的一个)。分配时 M 变号，分配与传递完毕后在下方画一横线以示横线以上部分已经考虑完毕，结点已经平衡。

(5) 对结点 2 进行力矩分配与传递。

(6) 如此轮流对结点 1、结点 2 进行不平衡力矩的分配与传递，直到不平衡力矩达到精度要求为止。

(7) 计算杆端力矩。

(8) 平衡验算。

(9) 根据杆端力矩绘弯矩图。

【例 7-3】 用力矩分配法计算如图 7-8 所示连续梁，绘 M 图。

表 7-5　计算过程

杆端名称		AB	BA	BC		CB	CD	DE
分配系数			0.529	0.471		0.625	0.375	
固端力矩		0	+40.00	−50.0		+50.00	+10.00	+20.0
分配与传递	放松结点 2			−18.75.	←	−37.50	−22.50	
	放松结点 1		+15.21	+13.54	→	+6.77		
	放松结点 2			−2.12	←	−4.23	−2.54	
	放松结点 1		+1.12	+1.00	→	+0.50		
	放松结点 2			−0.16	←	−0.31	−0.19	
	放松结点 1		+0.08	+0.08	→	+0.04		
	放松结点 2			−0.02	←	−0.03	−0.02	
	放松结点 1		+0.01	+0.01				
杆端力矩		0	+56.42	−56.42		+15.24	−15.25	+20.00

【解】 该结构带有悬臂端。悬臂端 D 为一静定部分，其内力可按静力平衡条件求出：

$$M_{DE}=-10\times2=-20\ \text{kN}\cdot\text{m}$$

$$Q_{DE}=20\ \text{kN}$$

去掉悬臂部分，把 M_{DE}、Q_{DE} 作为外力施加在结点 D 上，则结点 D 可视为铰支座，原结构可按图 7-8(b)计算，它只有两个结点转角未知量(B、C 处)。

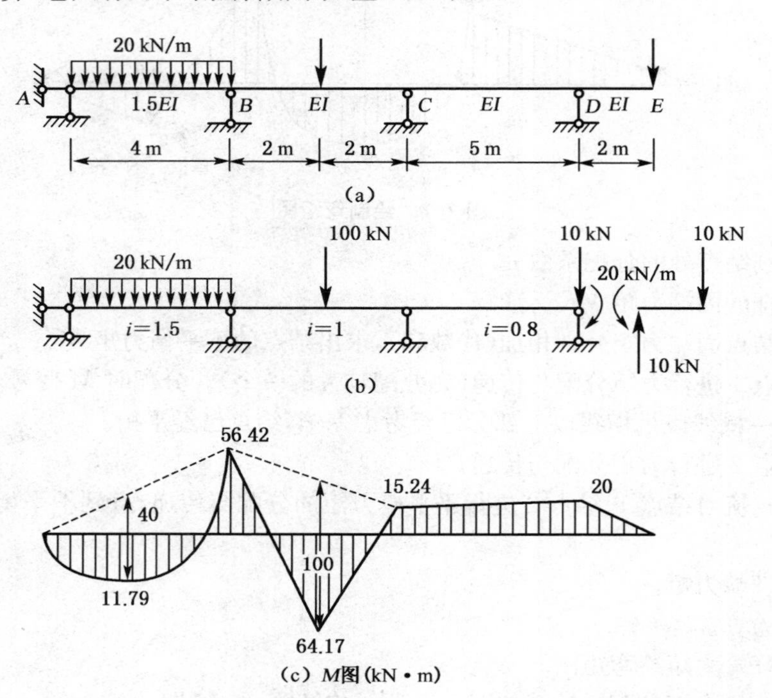

图 7-8

计算步骤如下：

(1) 求分配系数 1，取 $EI=4$，则有

$$i_{AB}=\frac{1.5EI}{l_{AB}}=\frac{1.5\times4}{4}=1.5$$

$$i_{BC}=\frac{EI}{l_{BC}}=\frac{4}{4}=1$$

$$i_{CD}=\frac{EI}{l_{BC}}=\frac{4}{5}=0.8$$

将各杆的线刚度记入连续梁各杆的下面，分配系数

$$\mu_{BA}=\frac{3i_{AB}}{3i_{AB}+4i_{BC}}=\frac{3\times1.5}{3\times1.5+4\times1}=0.529$$

同理，有

$$\mu_{BC}=0.471,\ \mu_{CB}=0.625,\ \mu_{CD}=0.375$$

分配系数计算结果已填写在表 7-5 的第二行中。这里要注意，在基本结构中，杆 CD 是 C 端固定，D 端铰支杆，$S_{CD}=3i_{CD}$。

(2) 求固端力矩。

$$M_{BA}^{F}=\frac{1}{8}ql^{2}=\frac{1}{8}\times 20\times 4^{2}=40\ \text{kN}\cdot\text{m}$$

$$M_{BC}^{F}=-\frac{1}{8}Pl=-\frac{1}{8}\times 100\times 4=-50\ \text{kN}\cdot\text{m}$$

$$M_{BA}^{F}=\frac{1}{8}Pl=50\ \text{kN}\cdot\text{m}$$

$$M_{BC}^{F}=20\ \text{kN}\cdot\text{m}$$

$$M_{CD}^{F}=\frac{1}{2}M_{DC}=\frac{1}{2}\times 20=10\ \text{kN}\cdot\text{m}$$

这里要说明一点：在基本结构中，杆 CD 为 C 端固定、D 端铰支杆，在 D 端承受力偶 20 kN · m 及集中力 10 kN。集中力 10 kN 作用于支座上不产生弯矩，作用在支座 D 上的力偶 20 kN · m 产生的固端力矩 $M_{CD}^{F}=20\ \text{kN}\cdot\text{m}$，在另端的固端力矩 $M_{CD}^{F}=\frac{1}{2}M_{DC}^{F}=10\ \text{kN}\cdot\text{m}$（由表 6-2 查得）。固端力矩记入第三行。

由于结点 C 的不平衡力矩大，所以先放松结点 C。最大固端力矩是两位数，取四位有效数字，故取到小数点后两位。

(3) 放松结点 C。将 M_C 变号，分别乘以分配系数。分配传递过程记入表 7-5 中第四行。这里 D 端是铰支端，故传递力矩为零。

(4) 放松结点 B（固定结点 C）。此时，结点 B 的不平衡力矩

$$M_{B}=+40-50-18.75=-28.75\ \text{kN}\cdot\text{m}$$

分配传递过程记入第五行。

(5) 再次放松结点 C（固定结点 B）。结点 C 的不平衡力矩为传递力矩（6.77 kN · m），分配与传递过程记入第六行。

(6) 再次放松结点 B，此时该结点的不平衡力矩为传递力矩（−2.12 kN · m），分配传递过程记入第七行。

继续轮流固定、放松……

(7) 计算杆端力矩，如表 7-5 中杆端力矩行（最后一行）所示。

(8) 根据杆端力矩绘 M 图，如图 7-8 中 M 图所示。

(9) 静力平衡校核，由各结点是否满足 $\sum M=0$ 来校核。结点 C 上有 0.01 的误差，与弯矩值 15.24 相比，甚小，可以认为满足要求。

【例 7-4】 试用弯矩分配法求如图 7-9(a)所示的无侧移刚架结构弯矩图（计算 2 轮）。

【解】 这是两个结点（多结点）弯矩分配问题。首先根据题目条件锁定 C、D 弹性结点，可作出如图 7-9(b)所示固端弯矩图。再根据题目条件可得各杆的线刚度，根据他端支承条件，可得转动刚度分别为

$$S_{CA}=S_{CD}=S_{DB}=S_{DC}=4i$$
$$S_{DE}=2i$$

由此可得分配系数为

$$\mu_{CA}=\mu_{CD}=\frac{4i}{4i+4i}=0.5$$

$$\mu_{DB}=\mu_{DC}=\frac{4i}{4i+4i+2i}=0.4$$

$$\mu_{DE}=\frac{2i}{4i+4i+2i}=0.2$$

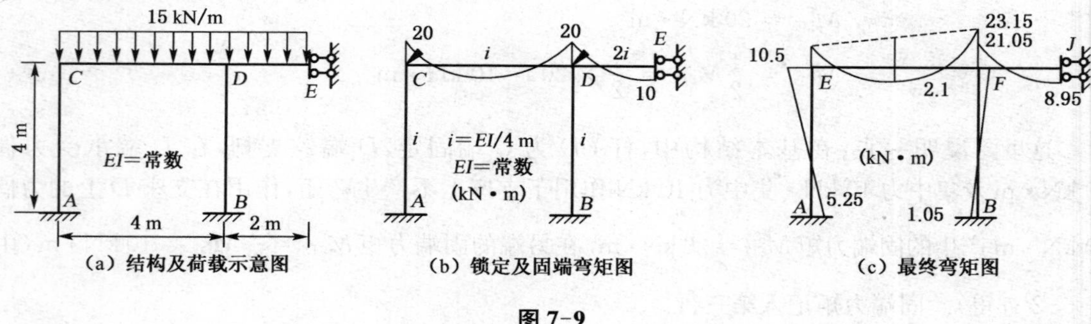

图 7-9

(1) 首先将结点的分配和传递系数标于图 7-10。

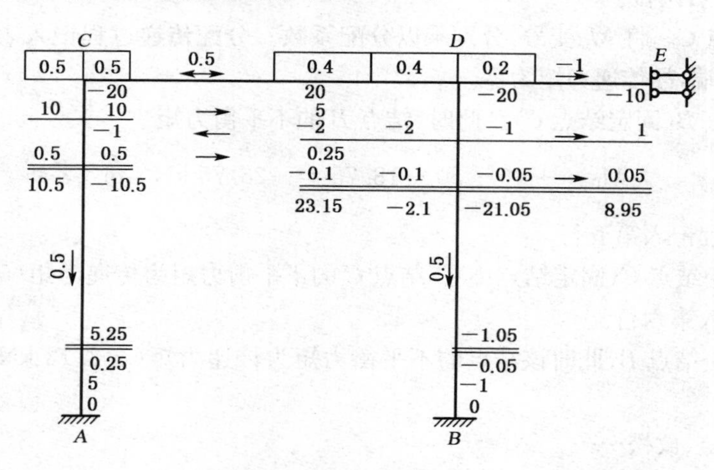

图 7-10 计算过程

(2) 将固端弯矩分别标注在图 7-10 所示相应分配系数下方及他端处。

(3) 因为 C 结点不平衡力矩大,所以先分配,D 结点后分配。按所求得的不平衡力矩变号后乘分配系数得分配力矩。

(4) 根据他端条件确定传递系数,将分配力矩向他端传递,并返回第(3)步进行两轮分配传递。

(5) 叠加固端弯矩、分配或传递弯矩,得杆端最终弯矩。

(6) 根据杆端弯矩作出如图 7-9(c)所示最终弯矩图。

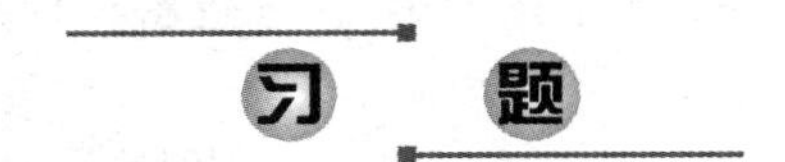

一、判断题

(1) 力矩分配法可以计算任何超静定刚架的内力。 ( )

(2) 图 7-11 所示连续梁的弯曲刚度为 EI,杆长为 l,杆端弯矩 $M_{BC} < 0.5M$。 ( )

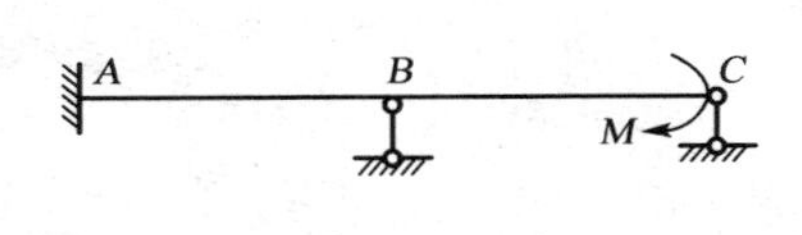

图 7-11

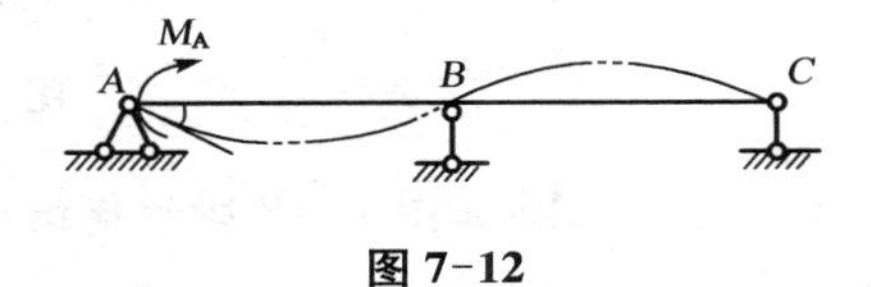

图 7-12

(3) 图 7-12 所示连续梁的线刚度为 i,欲使 A 端发生顺时针单位转角,需施加的力矩 $M_A > 3i$。 ( )

二、填空题

(1) 图 7-13 所示刚架 EI = 常数,各杆长为 l,杆端弯矩 M_{AB} = ________。

(2) 图 7-14 所示刚架 EI = 常数,各杆长为 l,杆端弯矩 M_{AB} = ________。

(3) 图 7-15 所示刚架各杆的线刚度为 i,欲使结点 B 产生顺时针的单位转角,应在结点 B 施加的力矩 M_B = ________。

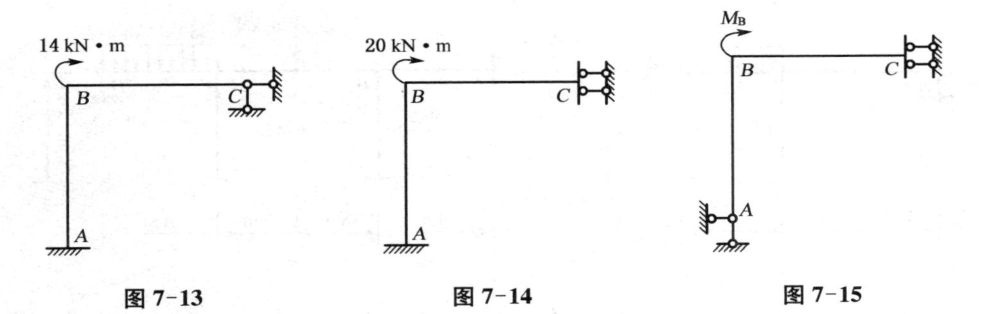

图 7-13　　图 7-14　　图 7-15

(4) 用力矩分配法计算图 7-16 所示结构(EI = 常数)时,传递系数 C_{BA} = ________, C_{BC} = ________。

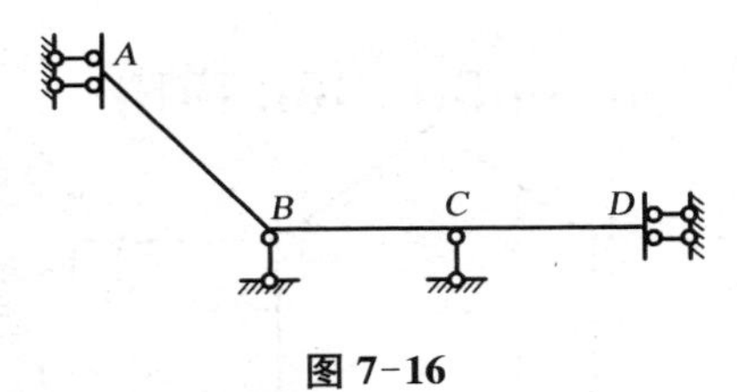

图 7-16

三、用力矩分配法计算图 7-17 所示连续梁，作弯矩图和剪力图，并求支座 B 的反力。

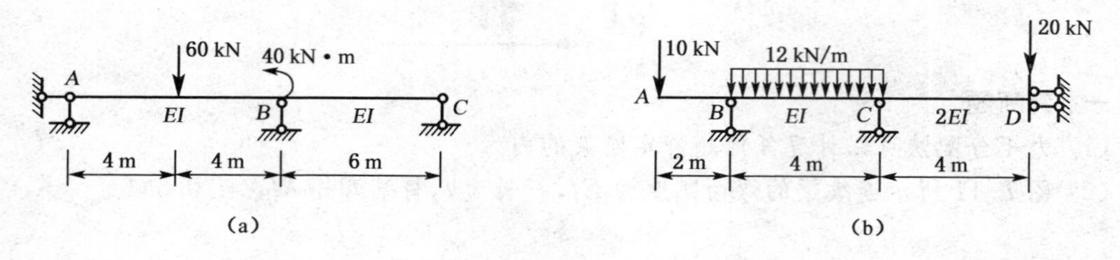

图 7-17

四、用力矩分配法计算图 7-18 所示连续梁，作弯矩图。

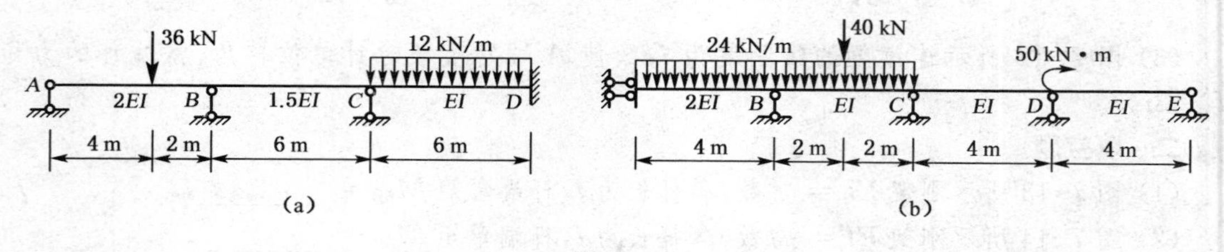

图 7-18

五、用力矩分配法计算图 7-19 所示刚架，作弯矩图。

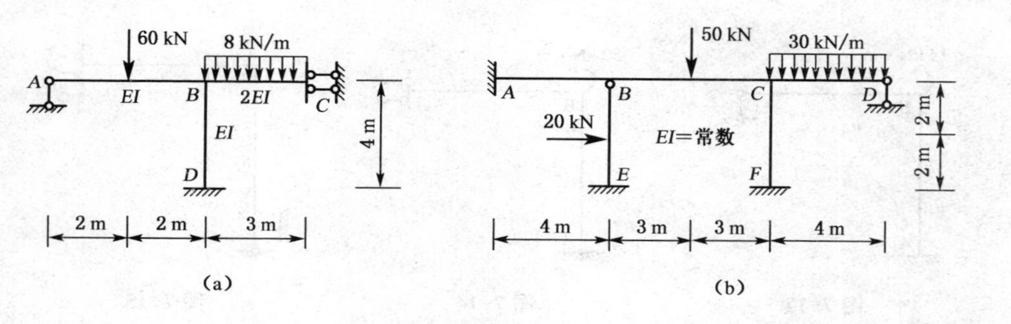

图 7-19

六、利用对称性计算图 7-20 所示结构，并作弯矩图。各杆 EI 相同，常数。

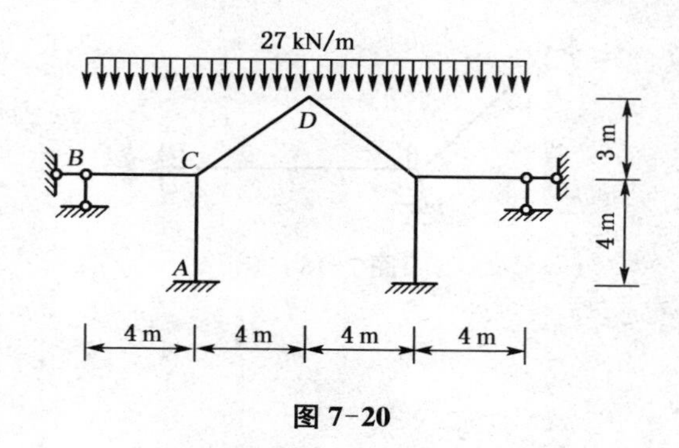

图 7-20

七、用力矩分配法计算图 7-21 所示结构，并作 M 图。

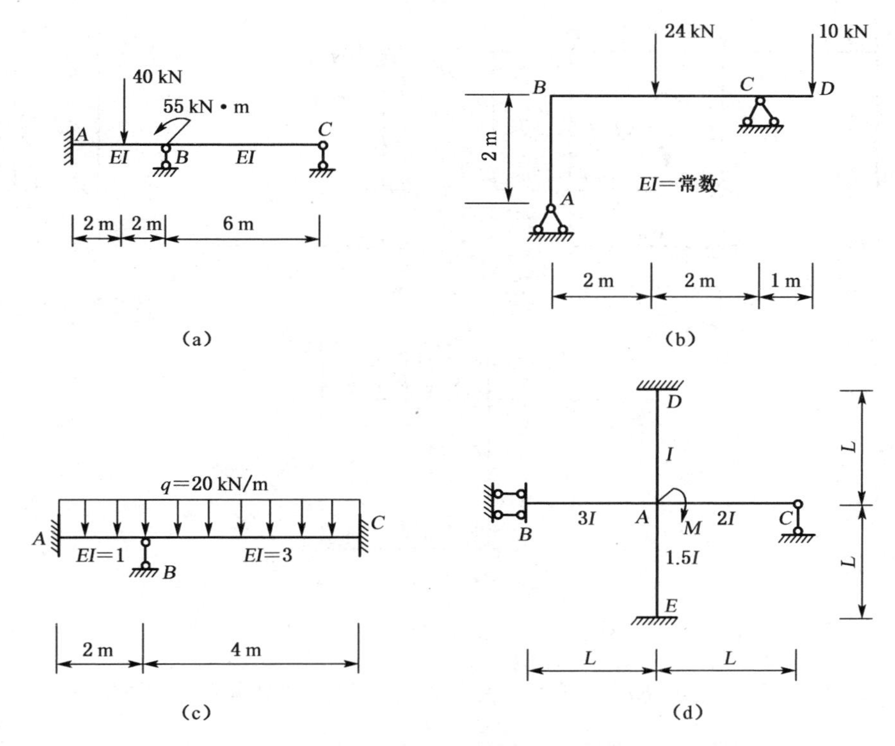

图 7-21

八、作图 7-22 所示连续梁和刚架的 M 图。

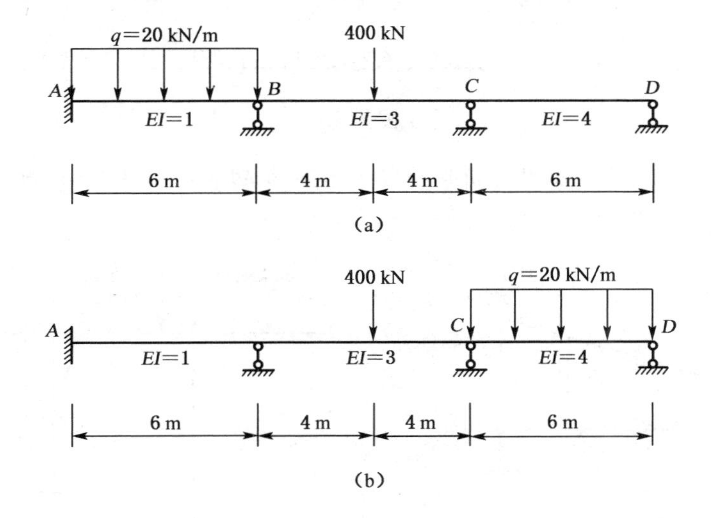

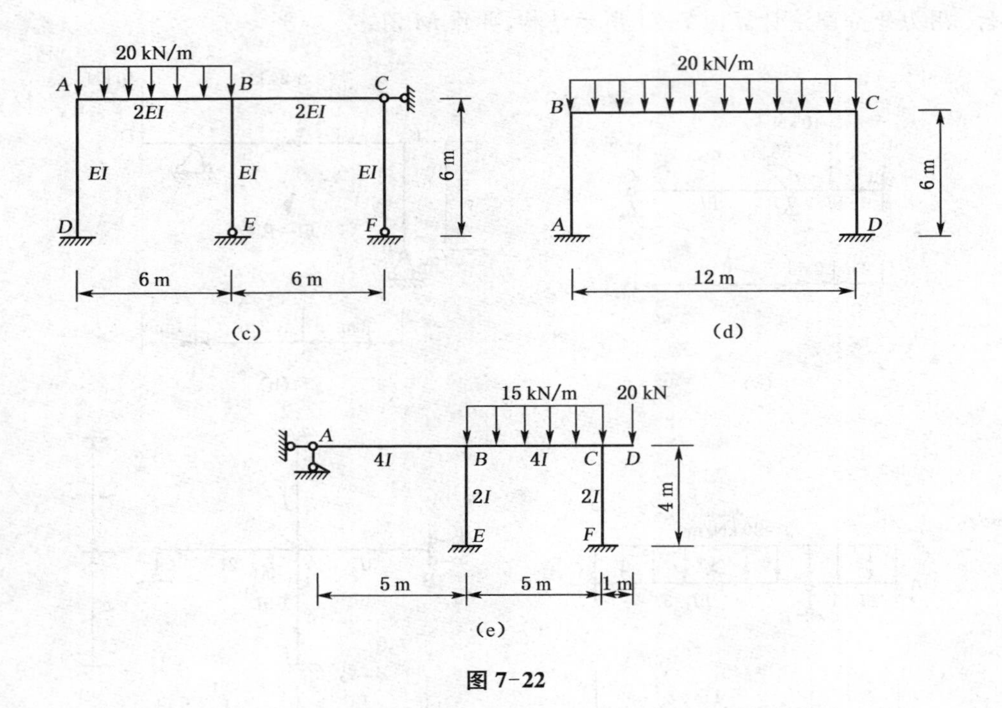

图 7-22

九、图 7-23 所示连续梁 EI = 常数，试用力矩分配法计算其杆端弯矩，并绘 M 图。

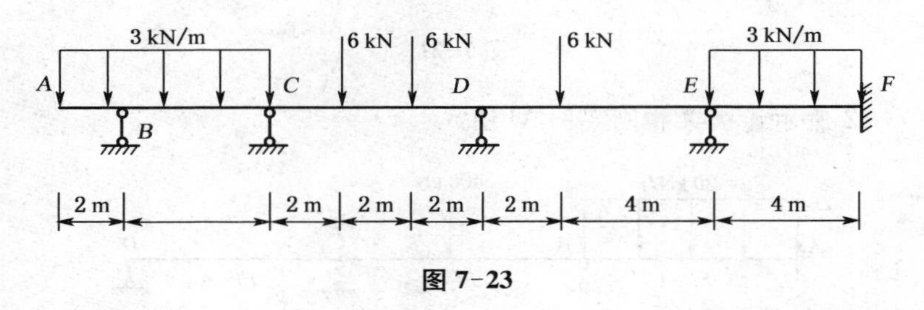

图 7-23

十、作图 7-24 所示连续梁在三角形荷载作用下的 M 图。设 EI=常数。

十一、作图 7-25 所示刚架的 M 图。

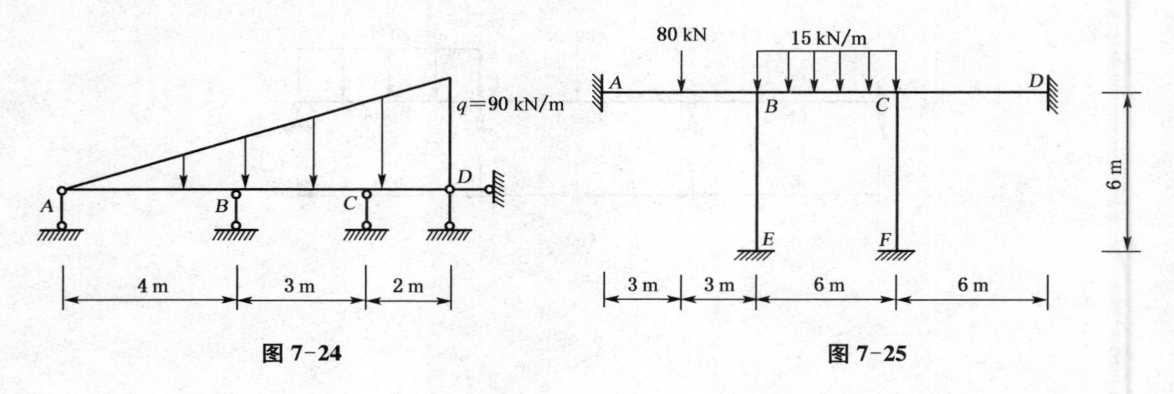

图 7-24

图 7-25

十二、当图 7-26 所示结构中支座 A 转动 θ 角时，作 M 图。设各杆 EI = 常数。

十三、用无剪力分配法计算图 7-27 所示刚架，并绘 M 图。

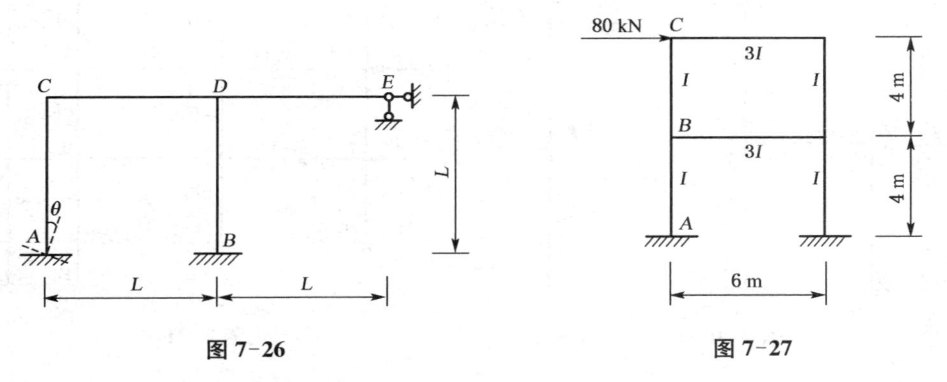

图 7-26　　　　图 7-27

十四、图 7-28 所示各结构哪些可以用无剪力分配法计算？对于图 7-28(f)，若可用无剪力分配法计算，劲度系数 S_{AB} 应等于多少？

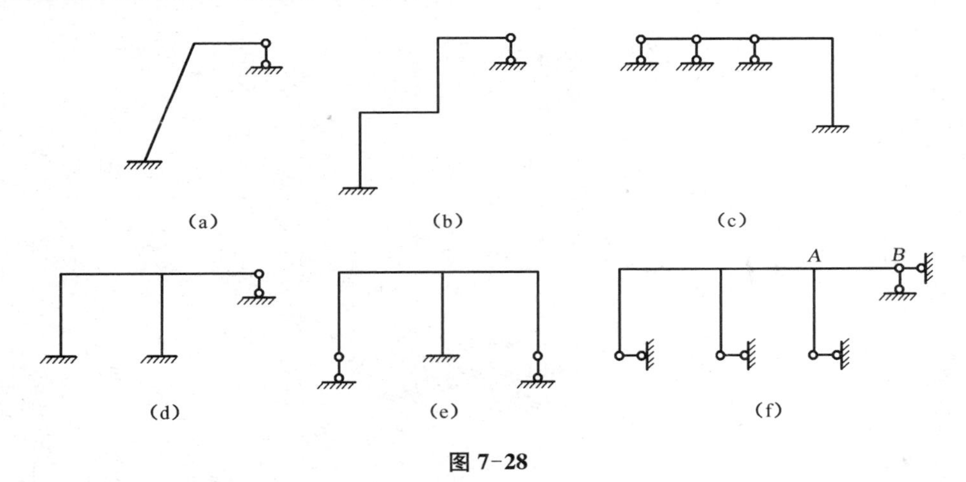

图 7-28

十五、试计算图 7-29 所示空腹梁并绘 M 图，EI = 常数。提示：除利用对水平轴的对称性外，还可利用对竖直轴的对称性以进一步简化计算。

十六、采用位移法并引入无剪力分配法概念，简化计算图 7-30 所示刚架。

十七、采用剪力分配法计算图 7-31 所示刚架，绘出弯矩图。

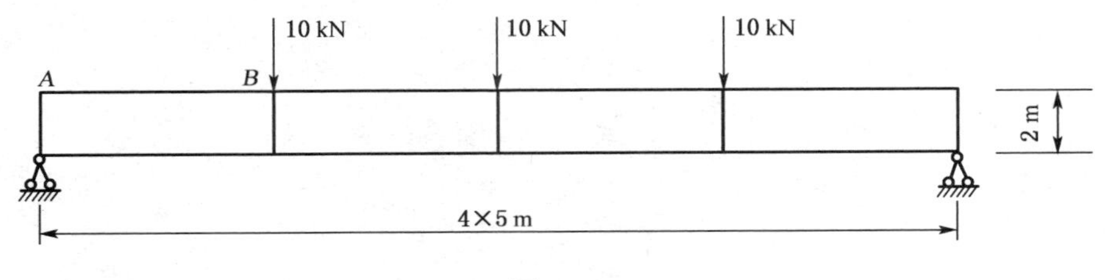

图 7-29

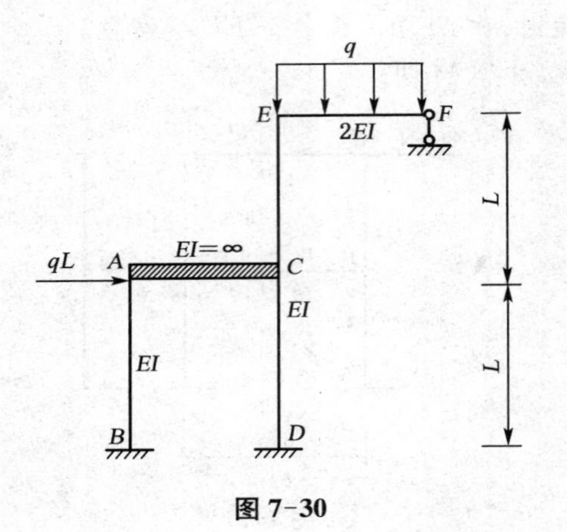
q
E
2EI
F
L
qL
A
EI=∞
C
EI
EI
L
B
D
图 7-30

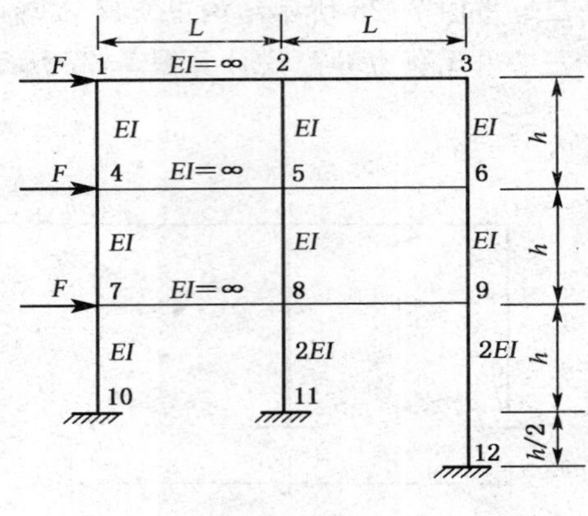
L
L
F
1
EI=∞
2
3
EI
EI
EI
h
F
4
EI=∞
5
6
EI
EI
EI
h
F
7
EI=∞
8
9
EI
2EI
2EI
h
10
11
h/2
12
图 7-31

8 矩阵位移法

概　述

本章主要介绍矩阵位移法的基本原理及其应用。矩阵位移法是以计算机为计算工具的现代化结构分析方法，基于该法的结构分析程序在结构设计中得到了广泛的应用。矩阵位移法是以位移法为理论基础，以矩阵为表现形式，以计算机作为运算工具的综合分析方法。引入矩阵运算的目的是使计算过程程序化，便于计算机自动化处理。尽管矩阵位移法从手算的角度来看运算模式呆板，过程繁杂，但这些正是计算机所需要的和十分容易解决的。矩阵位移法的特点是用“机算”代替“手算”。因此，学习本章时既要了解它与位移法的共同点，更要了解它的一些新手法和新思想。

知识目标

◆ 掌握矩阵位移法的两个基本环节：单元分析和整体分析；

◆ 熟练掌握单元刚度矩阵和单元等效结点荷载的概念，掌握已知结点位移后求单元杆端力的计算方法；

◆ 熟练掌握结构整体刚度矩阵中元素的物理意义和集成过程，熟练掌握结构综合结点荷载的集成过程；

◆ 掌握单元定位向量的建立，支撑条件的处理，自由式单元的单元刚度矩阵要领会其物理意义，并会由它来推导出特殊单元的单元刚度矩阵。

技能目标

◆ 会利用矩阵位移法对各种超静定结构进行受力分析；

◆ 重点掌握平面杆系结构的整体分析，会求结构整体刚度矩阵和结构整体刚度方程；

◆ 能利用对称性简化计算来求解超静定结构。

课时建议：8～10 学时

8.1　概述

结构矩阵分析方法以传统的结构力学为理论基础，以矩阵作为数学表达形式，以电子计算机作为计算手段，三位一体的计算方法。在结构矩阵分析中，运用矩阵进行计算，使公式紧凑、形式规则，便于实现计算过程程序化，因而适宜于计算机自动进行数值计算。

结构矩阵分析的基本方法有矩阵位移法(刚度法)和矩阵力法(柔度法)。矩阵位移法在计算中采用结点位移作为基本未知量，矩阵力法采用多余力作为基本未知量。矩阵位移法易于实现计算过程程序化，比矩阵力法便于编制通用的程序，在工程界应用广泛。本章只讨论矩阵位移法。

矩阵位移法的解题过程分为两大步：一是单元分析；二是整体分析。

在杆件结构的矩阵位移法中，把复杂的结构视为有限个单元(杆件)的集合，各单元彼此在结点处连接而组成整体，因而解算时须先把结构分解成有限个单元和结点，即对结构进行离散；继而对单元进行分析，建立单元杆端力与杆端位移的单元刚度方程，形成单元刚度矩阵。然后，根据变形谐调条件、静力平衡条件使离散化的结构恢复为原结构，并形成结构刚度方程，再求解结构的结点位移和杆端内力。矩阵位移法的基本思路是"先分后合"，即先将结构离散，然后再集合，这样一分一合的过程，就把复杂结构的计算转化为简单杆件的分析与综合问题。

8.2 单元刚度矩阵

8.2.1 单元的划分

在杆件结构中，一般把每个杆件作为一个单元。为了计算方便，只采用等截面直杆这种形式的单元，并且规定荷载只作用于结点处。根据上述要求，划分单元的结点应该是杆件的汇交点、支承点和截面突变点等，这些结点都是根据结构本身的构造特征来确定的，故称为构造结点。此外，对于集中荷载作用处，为保证结构只承受结点荷载，可将它作为结点处理，这种结点则称为非构造结点(单元上承受荷载的另一种处理方法是将它改用等效结点荷载替代，这将在8.5节中进行讨论)。结构的所有结点确定后，结点间的单元也就被确定。

对于结构中曲杆或变截面杆件，可沿轴线将其分段，每段均作为等截面直杆单元处理，其截面近似按该段中点处的截面计算。显然，采用这种处理方法，单元划分得越细，其计算结果将越接近真实情况。

8.2.2 单元的杆端位移和杆端力

为了便于以后的计算机分析，我们把表示方法说明如下。如图8-1所示某一等截面单元(e)，它的两端分别用i、j表示，取图示$O\overline{x}\overline{y}$单元坐标系，其中$\overline{x}$轴与单元的轴线重合，以$i$为单元的始端，以$j$为单元的末端，并以由$i$到$j$为正，单元绕$i$端顺时针旋转90°为$\overline{y}$轴。

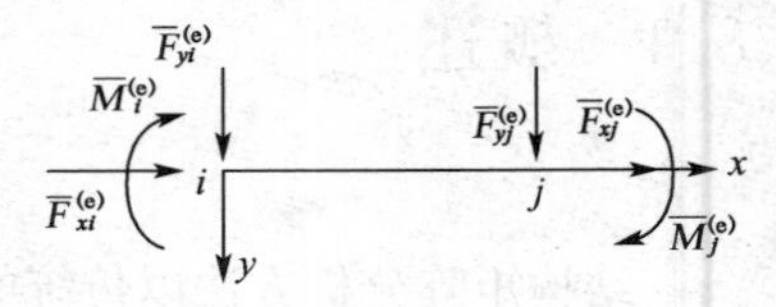

图8-1 等截面单元

现设杆端i位移为$\overline{u}_i^{(e)}$、$\overline{v}_i^{(e)}$、$\overline{\theta}_i^{(e)}$(即杆端的轴向位移、切向位移和转角)，相应的杆端力为$\overline{F}_{xi}^{(e)}$、$\overline{F}_{yi}^{(e)}$、$\overline{M}_i^{(e)}$(即杆端的轴力、

剪力和弯矩)；杆端 j 的位移分别为$\overline{u}_j^{(e)}$、$\overline{v}_j^{(e)}$、$\overline{\theta}_j^{(e)}$，相应的杆端力为$\overline{F}_{xj}^{(e)}$、$\overline{F}_{yj}^{(e)}$、$\overline{M}_j^{(e)}$。正负号规定如下：就单元($e$)来讲，$\overline{u}^{(e)}$和$\overline{F}_x^{(e)}$以沿$\overline{x}$轴正向为正值；$\overline{v}^{(e)}$和$\overline{F}_y^{(e)}$以沿$\overline{y}$轴正向为正值。$\overline{\theta}^{(e)}$和$\overline{M}$以顺时针为正。

如果用$\overline{F}^{(e)}$和$\overline{\Delta}^{(e)}$分别表示在单元坐标系下的杆端力列向量和杆端位移列向量，则有

$$\left.\begin{aligned}\overline{F}^{(e)}&=[\overline{F}_{xi}^{(e)}\quad \overline{F}_{yi}^{(e)}\quad \overline{M}_i^{(e)}\quad \overline{F}_{xj}^{(e)}\quad \overline{F}_{yj}^{(e)}\quad \overline{M}_j^{(e)}]^{\mathrm{T}}\\ \overline{\Delta}^{(e)}&=[\overline{u}_i^{(e)}\quad \overline{v}_i^{(e)}\quad \overline{\theta}_i^{(e)}\quad \overline{u}_j^{(e)}\quad \overline{v}_j^{(e)}\quad \overline{\theta}_j^{(e)}]^{\mathrm{T}}\end{aligned}\right\}\tag{8-1}$$

8.2.3 单元刚度矩阵

现就图 8-1 所示的单元(e)，建立单元杆端位移确定杆端力的转换矩阵。根据第 6 章推导的转角位移方程，很容易得到杆端弯矩与杆端位移的关系；然后根据杆件的平衡条件，可得到杆端剪力与杆端位移的关系；杆端的轴力仅与杆端的轴向位移有关。应用叠加原理即可得到杆端力与杆端位移之间的关系如下：

$$\left.\begin{aligned}\overline{F}_{xi}^{(e)}&=\frac{EA}{l}\overline{u}_i^{(e)}-\frac{EA}{l}\overline{u}_j^{(e)}\\ \overline{F}_{yi}^{(e)}&=\frac{12EI}{l^3}\overline{v}_i^{(e)}+\frac{6EI}{l^2}\overline{\varphi}_i^{(e)}-\frac{12EI}{l^3}\overline{v}_j^{(e)}+\frac{6EI}{l^2}\overline{\varphi}_j^{(e)}\\ \overline{M}_i^{(e)}&=\frac{6EI}{l^2}\overline{v}_i^{(e)}+\frac{4EI}{l}\overline{\varphi}_i^{(e)}-\frac{6EI}{l^2}\overline{v}_j^{(e)}+\frac{2EI}{l}\overline{\varphi}_j^{(e)}\\ \overline{F}_{xj}^{(e)}&=-\frac{EA}{l}\overline{u}_i^{(e)}+\frac{EA}{l}\overline{u}_j^{(e)}\\ \overline{F}_{yj}^{(e)}&=+\frac{12EI}{l^3}\overline{v}_i^{(e)}+\frac{6EI}{l^2}\overline{\varphi}_i^{(e)}-\frac{12EI}{l^3}\overline{v}_j^{(e)}+\frac{6EI}{l^2}\overline{\varphi}_j^{(e)}\\ \overline{M}_j^{(e)}&=\frac{6EI}{l^2}\overline{v}_i^{(e)}+\frac{2EI}{l}\overline{\varphi}_i^{(e)}-\frac{6EI}{l^2}\overline{v}_j^{(e)}+\frac{4EI}{l}\overline{\varphi}_j^{(e)}\end{aligned}\right\}\tag{8-2}$$

写成矩阵的形式有

$$\begin{bmatrix}\overline{F}_{xi}^{(e)}\\ \overline{F}_{yi}^{(e)}\\ \overline{M}_i^{(e)}\\ \overline{F}_{xj}^{(e)}\\ \overline{F}_{yj}^{(e)}\\ \overline{M}_j^{(e)}\end{bmatrix}=\begin{bmatrix}\frac{EA}{l}&0&0&-\frac{EA}{l}&0&0\\ 0&\frac{12EI}{l^3}&\frac{6EI}{l^2}&0&-\frac{12EI}{l^3}&\frac{6EI}{l^2}\\ 0&\frac{6EI}{l^2}&\frac{4EI}{l}&0&-\frac{6EI}{l^2}&\frac{2EI}{l}\\ -\frac{EA}{l}&0&0&\frac{EA}{l}&0&0\\ 0&-\frac{12EI}{l^3}&-\frac{6EI}{l^2}&0&\frac{12EI}{l^3}&-\frac{6EI}{l^2}\\ 0&\frac{6EI}{l^2}&\frac{2EI}{l}&0&-\frac{6EI}{l^2}&\frac{4EI}{l}\end{bmatrix}\begin{bmatrix}\overline{u}_i^{(e)}\\ \overline{v}_i^{(e)}\\ \overline{\theta}_i^{(e)}\\ \overline{u}_j^{(e)}\\ \overline{v}_j^{(e)}\\ \overline{\theta}_j^{(e)}\end{bmatrix}\tag{8-3}$$

式(8-3)即单元 e 的刚度方程,可写为

$$\overline{F}^{e}=\overline{k}^{e}\,\overline{\Delta}^{e} \tag{8-4}$$

其中

$$\begin{array}{cccccc} \overline{u}_i^{(e)}=1 & \overline{v}_i^{(e)}=1 & \overline{\theta}_i^{(e)}=1 & \overline{u}_j^{(e)}=1 & \overline{v}_j^{(e)}=1 & \overline{\theta}_j^{(e)}=1 \end{array}$$

$$\overline{k}^{e}=\begin{bmatrix} \frac{EA}{l} & 0 & 0 & -\frac{EA}{l} & 0 & 0 \\ 0 & \frac{12EI}{l^3} & \frac{6EI}{l^2} & 0 & -\frac{12EI}{l^3} & \frac{6EI}{l^2} \\ 0 & \frac{6EI}{l^2} & \frac{4EI}{l} & 0 & -\frac{6EI}{l^2} & \frac{2EI}{l} \\ -\frac{EA}{l} & 0 & 0 & \frac{EA}{l} & 0 & 0 \\ 0 & -\frac{12EI}{l^3} & -\frac{6EI}{l^2} & 0 & \frac{12EI}{l^3} & -\frac{6EI}{l^2} \\ 0 & \frac{6EI}{l^2} & \frac{2EI}{l} & 0 & -\frac{6EI}{l^2} & \frac{4EI}{l} \end{bmatrix} \begin{array}{c} \overline{F}_{xi}^{(e)} \\ \overline{F}_{yi}^{(e)} \\ \overline{M}_i^{(e)} \\ \overline{F}_{xj}^{(e)} \\ \overline{F}_{yj}^{(e)} \\ \overline{M}_j^{(e)} \end{array} \tag{8-5}$$

$\overline{k}^{e}$ 即为单元 e 的单元刚度矩阵。$\overline{k}^{e}$ 中的每个元素称为单元刚度系数,代表由于单位杆端位移所引起的杆端力。例如第五行第三列元素$\frac{6EI}{l^2}$代表第三个杆端位移分量 $\overline{\theta}_i^{(e)}=1$、其他位移为零时,引起的第五个杆端力分量。一般情况下,第(i)行第(j)列元素 k_{ij} 代表(j)列的杆端单位位移在第(i)行引起的杆端力。

单元刚度矩阵的物理意义:$\overline{k}^{e}$ 中某一列的六个元素分别表示当该杆端位移分量等于 1 时所引起的六个杆端力分量。在单元刚度矩阵的上方标记出各杆端位移,在右方标记出各杆端力,这样就可更清楚地看出各元素的物理意义。单元刚度矩阵的行数等于单元杆端力的数目,列数则等于杆端位移的数目。而单元的杆端力与杆端位移是一一对应的,故单元刚度矩阵为 6×6 阶方阵。值得指出,单元刚度矩阵$\overline{k}^{e}$ 的行列式为零,所以$\overline{k}^{e}$ 是一个奇异矩阵,不存在逆矩阵,因而不能由单元的六个杆端力求得单元的六个杆端位移。原因在于单元 e 的位移中包含有刚体位移,在单元不受约束时,刚体位移不能确定。也就是说,根据单元刚度方程可以由杆端位移$\overline{\Delta}^{e}$ 推算出杆端力$\overline{F}^{e}$,且$\overline{F}^{e}$ 的解是唯一的;但不能由杆端力$\overline{F}^{e}$ 反推出杆端位移$\overline{\Delta}^{e}$,杆端位移$\overline{\Delta}^{e}$ 可能无解,可能有解,如有解,则解不是唯一的。此外,单元刚度矩阵还是一个对称方阵,处于对角线两侧对称位置上的元素互等。从各元素的物理意义和反力互等定理,可知这一结论正确。

8.2.4 特殊单元

式(8-5)是平面杆系结构一般单元的刚度矩阵表达式,其中六个杆端位移可指定为任意值,这种单元又称为自由单元。在结构中还有一些特殊单元,单元的两端受到某些约束,以至于单元的某些杆端位移的值为零。各种特殊单元的刚度矩阵只需对一般单元的刚度矩阵做一

些特殊处理即可。

如图 8-2 所示简支梁，单元两端受到约束，不能发生线位移而只发生转角，可以建立单元两端角位移与杆端弯矩之间的关系，并得到相应的单元刚度矩阵。在连续梁或无结点线位移的刚架中，各单元在杆端只有角位移而无线位移，就应采用这种矩阵。

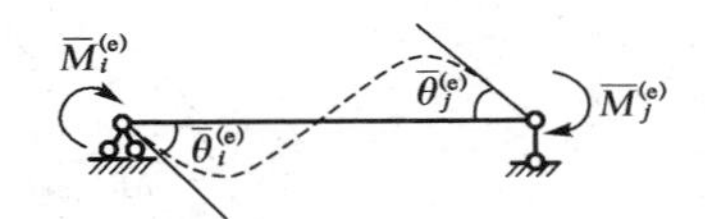

图 8-2　平面结构内力及其正方向约定

如图 8-2 所示简支梁的刚度方程如下：

$$\begin{bmatrix} \overline{M}_i^{(e)} \\ \overline{M}_j^{(e)} \end{bmatrix} = \begin{bmatrix} \frac{4EI}{l} & \frac{2EI}{l} \\ \frac{2EI}{l} & \frac{4EI}{l} \end{bmatrix} \begin{bmatrix} \overline{\theta}_i^e \\ \overline{\theta}_j^e \end{bmatrix} \tag{8-6}$$

相应的单元刚度矩阵为

$$\overline{k}^e = \begin{bmatrix} \frac{4EI}{l} & \frac{2EI}{l} \\ \frac{2EI}{l} & \frac{4EI}{l} \end{bmatrix}^e \tag{8-7}$$

实际上这个单元刚度矩阵可由一般单元刚度矩阵删去第 1、2、4、5 行和列后自动得出。顺便指出，某些单元刚度矩阵是可逆的。例如图 8-2 所示单元附加了两端不能发生线位移的约束条件，因为单元没有刚体位移，故单元刚度矩阵为非奇异矩阵，因此单元刚度矩阵为可逆矩阵。

8.3　整体坐标系下的单元刚度矩阵

在一般结构中，各单元坐标系的坐标方向不尽相同，不便进行整体分析。为了使结构满足力的平衡条件和位移协调条件，需选用一个统一的结构坐标系，称为整体坐标系。为了区别，用$\overline{x}$、$\overline{y}$表示单元坐标系，用 x、y 表示整体坐标系。

将各结点的力和位移都以沿该坐标系坐标方向分量来表示。相应对各单元的杆端力和杆端位移，也采用沿结构坐标系坐标方向的分量来表示。这样表示整体坐标系中的杆端力列向量和杆端位移列向量之间变化关系的单元刚度矩阵，一般将与单元坐标系下的单元刚度矩阵相异。

整体坐标系下的单元刚度矩阵 k^e 可以采用坐标变换的方法得到。第一步，先讨论两种坐标系下的单元杆端力的转换式，得出单元坐标转换矩阵；第二步，讨论两种坐标系单元刚度矩阵的转换式。

如图 8-3 所示单元 e,$O\overline{xy}$为单元坐标系,Oxy 为整体坐标系。由 x 轴到 $\overline{x}$ 的夹角为α,以顺时针为正。

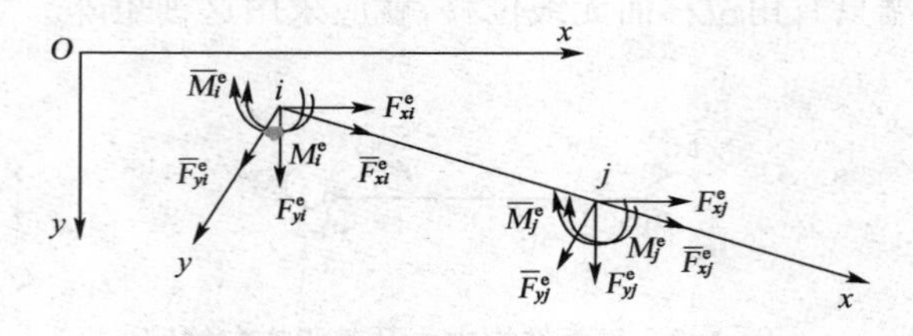

图 8-3　平面结构内力及其正方向约定

在单元坐标系 $O\overline{xy}$下,单元的杆端力如式(8-8)所示,即

$$\overline{F}^{(e)}=[\overline{F}_{xi}^{(e)}\quad \overline{F}_{yi}^{(e)}\quad \overline{M}_i^{(e)}\quad \overline{F}_{xj}^{(e)}\quad \overline{F}_{yj}^{(e)}\quad \overline{M}_j^{(e)}]^{\mathrm{T}} \tag{8-8}$$

在整体坐标系 Oxy 下单元杆端力如式(8-9)所示,即

$$F^{(e)}=[F_{xi}^{(e)}\quad F_{yi}^{(e)}\quad M_i^{(e)}\quad F_{xj}^{(e)}\quad F_{yj}^{(e)}\quad M_j^{(e)}]^{\mathrm{T}} \tag{8-9}$$

显然,二者之间有下列关系:

$$\left.\begin{aligned}
\overline{F}_{xi}^{(e)}&=F_{xi}^{(e)}\cos\alpha+F_{yi}^{(e)}\sin\alpha\\
\overline{F}_{yi}^{(e)}&=-F_{xi}^{(e)}\sin\alpha+F_{yi}^{(e)}\cos\alpha\\
\overline{M}_i^{(e)}&=M_i^{(e)}\\
\overline{F}_{xj}^{(e)}&=F_{xj}^{(e)}\cos\alpha+F_{yj}^{(e)}\sin\alpha\\
\overline{F}_{yj}^{(e)}&=-F_{xj}^{(e)}\sin\alpha+F_{yj}^{(e)}\cos\alpha\\
\overline{M}_j^{(e)}&=M_j^{(e)}
\end{aligned}\right\} \tag{8-10}$$

将式(8-10)写成矩阵的形式

$$\begin{bmatrix}\overline{F}_{xi}^{(e)}\\ \overline{F}_{yi}^{(e)}\\ \overline{M}_i^{(e)}\\ \overline{F}_{xj}^{(e)}\\ \overline{F}_{yj}^{(e)}\\ M_j^{(e)}\end{bmatrix}=\begin{bmatrix}\cos\alpha & \sin\alpha & 0 & 0 & 0 & 0\\ -\sin\alpha & \cos\alpha & 0 & 0 & 0 & 0\\ 0 & 0 & 1 & 0 & 0 & 0\\ 0 & 0 & 0 & \cos\alpha & \sin\alpha & 0\\ 0 & 0 & 0 & -\sin\alpha & \cos\alpha & 0\\ 0 & 0 & 0 & 0 & 0 & 1\end{bmatrix}\begin{bmatrix}F_{xi}^{(e)}\\ F_{yi}^{(e)}\\ M_i^{(e)}\\ F_{xj}^{(e)}\\ F_{yj}^{(e)}\\ \overline{M}_j^{(e)}\end{bmatrix} \tag{8-11}$$

或简写成

$$\overline{F}^e=TF^e \tag{8-12}$$

式中,T 称为单元坐标转换矩阵。

$$T=\begin{bmatrix} \cos\alpha & \sin\alpha & 0 & 0 & 0 & 0 \\ -\sin\alpha & \cos\alpha & 0 & 0 & 0 & 0 \\ 0 & 0 & 1 & 0 & 0 & 0 \\ 0 & 0 & 0 & \cos\alpha & \sin\alpha & 0 \\ 0 & 0 & 0 & -\sin\alpha & \cos\alpha & 0 \\ 0 & 0 & 0 & 0 & 0 & 1 \end{bmatrix} \tag{8-13}$$

可以证明，单元坐标转换矩阵 T 为正交矩阵，其逆矩阵等于其转置矩阵，即

$$T^{-1}=T^{\mathrm{T}} \tag{8-14}$$

所以

$$F^{e}=T^{-1}\,\overline{F}^{e}=T^{\mathrm{T}}\,\overline{F}^{e} \tag{8-15}$$

上式表明单元 e 在整体坐标系与单元坐标系下杆端力之间的变换关系。这一变换关系同样适用于杆端位移。设单元坐标系下的杆端位移为$\overline{\Delta}^{e}$，整体坐标系下的杆端位移为 Δ^{e}，则

$$\overline{\Delta}^{e}=T\Delta^{e} \qquad \Delta^{e}=T^{\mathrm{T}}\,\overline{\Delta}^{e} \tag{8-16}$$

将式(8-12)、(8-16)代入式(8-4)可得

$$TF^{e}=\overline{k}T\Delta^{e} \tag{8-17}$$

上式两边分别乘 $T^{-1}=T^{\mathrm{T}}$，可得

$$F^{e}=T^{\mathrm{T}}\,\overline{k}T\Delta^{e} \tag{8-18}$$

令

$$k^{e}=T^{\mathrm{T}}\,\overline{k}T \tag{8-19}$$

则有

$$F^{e}=k^{e}\Delta^{e} \tag{8-20}$$

式(8-19)即为单元刚度矩阵进行坐标转换的一般公式，当单元坐标系与整体坐标系完全一致时，即 $\alpha=0$ 时，则有 $k^{e}=\overline{k}^{e}$。式(8-20)即整体坐标系下的单元 e 的刚度方程。其中 k^{e} 为整体坐标系下的单元刚度矩阵，它可根据单元坐标系下的单元刚度矩阵$\overline{k}^{e}$ 和坐标变换矩阵 T 求得。

整体坐标系中的单元刚度矩阵 k^{e} 与$\overline{k}^{e}$ 同阶，具有类似的性质：

(1) k^{e} 为对称矩阵。

(2) 一般单元的 k^{e} 为奇异矩阵。

(3) 元素 k_{ij} 表示整体坐标系下第 j 个杆端位移分量等于 1 时引起的第 i 个杆端力分量。

8.4 连续梁的整体刚度矩阵

结构计算必须满足平衡条件和变形谐调条件。矩阵位移法在单元分析的基础上，利用结构的变形协调条件和平衡条件建立结构刚度方程，得到结构刚度矩阵。研究结构刚度矩阵形成的规律，便可直接形成结构刚度矩阵的方法。

图 8-4 所示两跨连续梁分为两个单元、三个结点。单元编号为(1)、(2)，结点编号为 1～3。采用图示整体坐标系，其中单元坐标系与整体坐标系相一致。

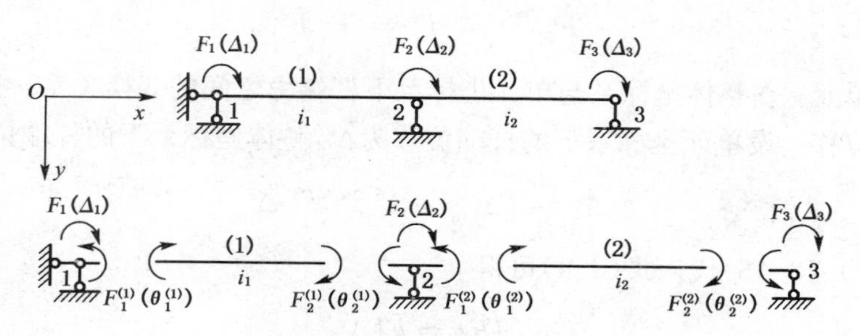

图 8-4　两跨连续梁

现取结构的结点位移列向量为

$$\Delta = (\Delta_1 \quad \Delta_2 \quad \Delta_3)^{\mathrm{T}}$$

其中 $\Delta_i (i = 1,2,3)$ 代表第 i 个结点位移，以顺时针为正。

相应的结点荷载是附加约束上的集中力偶 F_1、F_2、F_3，它们构成整体坐标系下的结点荷载的列向量

$$F_{\mathrm{P}} = (F_1 \quad F_2 \quad F_3)^{\mathrm{T}}$$

其中 F_i 代表与第 i 个结点角位移相应的荷载，与 Δ_i 方向一致时为正。下标中的 1、2、3 是对结点位移和结点荷载在整体坐标系中统一编排的数码，称为总码。

为了导出结点荷载列向量 F_{P} 与位移列向量 Δ 之间的关系式，应考虑结点的力矩平衡方程条件和结点与杆端的变形协调条件。取图 8-4 所示结点为隔离体，建立相应的平衡方程。即

$$\left.\begin{aligned} F_1^{(1)} &= 4i_1\theta_1^{(1)} + 2i_1\theta_2^{(1)} \\ F_2^{(1)} &= 2i_1\theta_1^{(1)} + 4i_1\theta_2^{(1)} \end{aligned}\right\} \tag{a}$$

$$\left.\begin{aligned} F_1^{(2)} &= 4i_2\theta_2^{(2)} + 2i_2\theta_3^{(2)} \\ F_2^{(2)} &= 2i_2\theta_2^{(2)} + 4i_2\theta_3^{(2)} \end{aligned}\right\} \tag{b}$$

写成矩阵的形式

$$[F]^{(e)} = [k]^{(e)}\,[\theta]^{(e)} \tag{c}$$

单元(1)

$$\begin{bmatrix} F_1^{(1)} \\ F_2^{(1)} \end{bmatrix} = \begin{bmatrix} 4i_1 & 2i_1 \\ 2i_1 & 4i_1 \end{bmatrix} \begin{bmatrix} \theta_1^{(1)} \\ \theta_2^{(1)} \end{bmatrix} \tag{d}$$

其单元(1)刚度矩阵为

$$\begin{matrix} & 1 & 2 & \\ \overline{k}^{(1)} = & \left[\begin{matrix} \overline{k}_{11}^{(1)} \\ \overline{k}_{21}^{(1)} \end{matrix}\right. & \left.\begin{matrix} \overline{k}_{12}^{(1)} \\ \overline{k}_{22}^{(1)} \end{matrix}\right] & \begin{matrix} 1 \\ 2 \end{matrix} \end{matrix} \tag{e}$$

式中标注在单元刚度矩阵旁的是用总码表示的行号和列号，单元(2)

$$\begin{bmatrix} F_1^{(2)} \\ F_2^{(2)} \end{bmatrix} = \begin{bmatrix} 4i_2 & 2i_2 \\ 2i_2 & 4i_2 \end{bmatrix} \begin{bmatrix} \theta_1^{(2)} \\ \theta_2^{(2)} \end{bmatrix} \tag{f}$$

其单元(2)的刚度矩阵为

$$\begin{matrix} & 2 & 3 & \\ \overline{k}^{(2)} = & \left[\begin{matrix} \overline{k}_{11}^{(2)} \\ \overline{k}_{21}^{(2)} \end{matrix}\right. & \left.\begin{matrix} \overline{k}_{12}^{(2)} \\ \overline{k}_{22}^{(2)} \end{matrix}\right] & \begin{matrix} 2 \\ 3 \end{matrix} \end{matrix} \tag{g}$$

对结构进行整体分析，引入位移条件，即

$$\left.\begin{aligned} \theta_1^{(1)} &= \Delta_1 \\ \theta_2^{(1)} &= \theta_1^{(2)} = \Delta_2 \\ \theta_2^{(2)} &= \Delta_3 \end{aligned}\right\} \tag{h}$$

引入平衡条件，即

$$\left.\begin{aligned} F_1 &= F_1^{(1)} \\ F_2 &= F_2^{(1)} + F_1^{(2)} \\ F_3 &= F_2^{(2)} \end{aligned}\right\} \tag{i}$$

将式(i)代入式(j)可得

$$\left.\begin{aligned} F_1 &= (4i_1\Delta_1 + 2i_1\Delta_2) \\ F_2 &= (2i_1\Delta_1 + 4i_1\Delta_2) + (4i_2\Delta_2 + 2i_2\Delta_3) \\ F_3 &= (2i_2\Delta_2 + 4i_2\Delta_3) \end{aligned}\right\} \tag{j}$$

将上述方程写成矩阵的形式，即

$$\begin{bmatrix} F_1 \\ F_2 \\ F_3 \end{bmatrix} = \begin{bmatrix} 4i_1 & 2i_1 & 0 \\ 2i_1 & (4i_1 + 4i_2) & 2i_2 \\ 0 & 2i_2 & 4i_2 \end{bmatrix} \begin{bmatrix} \Delta_1 \\ \Delta_2 \\ \Delta_3 \end{bmatrix} \tag{k}$$

简写为

$$F = K\Delta \tag{l}$$

式中 K 就是结构刚度矩阵，即

$$K = \begin{bmatrix} \overline{k}_{11}^{(1)} & \overline{k}_{12}^{(1)} & 0 \\ \overline{k}_{21}^{(1)} & \overline{k}_{22}^{(1)} + \overline{k}_{11}^{(2)} & \overline{k}_{12}^{(2)} \\ 0 & \overline{k}_{21}^{(2)} & \overline{k}_{22}^{(2)} \end{bmatrix} \begin{matrix} 1 \\ 2 \\ 3 \end{matrix} \tag{m}$$

（矩阵上方列码依次为 1、2、3）

由式(m)可以看出，结构刚度矩阵中的各元素都是由各单元刚度矩阵的相关元素组成，单元刚度矩阵元素在结构刚度矩阵中的位置，由单元在整体坐标系中所对应的总码决定。根据元素所对应的总码，可将单元刚度矩阵中的相关元素直接形成结构刚度矩阵。

在应用时，不需要列出单元刚度方程和结构刚度矩阵方程，可以直接对单元刚度矩阵进行换码。换码中对于数值为零的杆端位移，换码后总码的行码和列码都取为"0"，再把元素从单元刚度矩阵送往结构刚度矩阵的工程中，除了对应行码和列码为"0"的元素外，其他的所有元素均应按其行码和列码送入结构刚度矩阵的相应位置。例如$\overline{k}^{(1)}$中的元素$\overline{k}_{12}^{(1)}$行码为 1，列码为 2，所以该元素应放在结构矩阵的第 1 行第 2 列。对于结构刚度矩阵 K 的同一位置有多个元素，应予以叠加。例如$\overline{k}^{(1)}$中的元素$\overline{k}_{22}^{(1)}$和$\overline{k}^{(2)}$中的元素$\overline{k}_{11}^{(2)}$行码和列码都为 2，所以在把$\overline{k}_{22}^{(1)}$和$\overline{k}_{11}^{(2)}$送入结构刚度矩阵的过程中，应把两个元素进行叠加，即$\overline{k}_{22}^{(1)}+\overline{k}_{11}^{(2)}$，送入到结构刚度矩阵 K 的第 2 行、第 2 列。

上述对先单元刚度矩阵换码，再按总码表示的列码和行码分别将各元素置于结构刚度矩阵的相应位置，直接形成结构刚度矩阵的方法，称为直接刚度法。而在形成结构刚度矩阵之前，已考虑结构位移边界条件(如结点线位移为零，固定端转角为零)的直接刚度法，称为先处理法。

将所得结构刚度矩阵代入式(l)，得结点位移，即

$$\Delta = K^{-1}F_{\mathrm{P}}$$

根据上式求得结点位移后，根据变形协调条件将杆端位移代之以相应的结点位移，即可计算出各单元的杆端力。

各单元刚度矩阵换码后才能用直接刚度法形成结构刚度矩阵。换码后矩阵上方从左往右，右侧从上往下，总码的排列是完全相同的，所以可将其写成列向量的形式，并用 $\lambda^{(e)}$ 表示。$\lambda^{(e)}$ 中的元素决定了整体坐标系下单元刚度矩阵中的各元素在结构刚度矩阵中的位置，故将 $\lambda^{(e)}$ 称为单元 e 的定位向量。对于上例有 $\lambda^{(1)} = (1\quad 2)^T$，$\lambda^{(2)} = (2\quad 3)^{\mathrm{T}}$。

【例 8-1】 试用直接刚度法建立图 8-5 所示连续梁的结构刚度矩阵，并计算各杆的杆端弯矩。

【解】 (1) 编号

单元编号为(1)、(2)；结点位移分量的总码分别编号为 0、1、2。左端为固定端支座，结点无转角位移，编号为 0；杆件轴线的箭头表示单元坐标 $\bar{x}$ 的方向。

(2) 单元刚度矩阵和定位向量

单元(1)的刚度矩阵及定位向量为

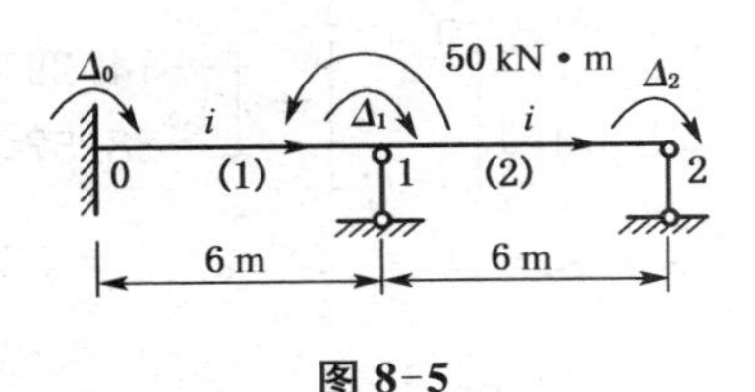

图 8-5

$$
\bar{k}^{(1)} = \begin{bmatrix} 4i & 2i \\ 2i & 4i \end{bmatrix} \begin{matrix} 0 \\ 1 \end{matrix}
$$

（列号：0　1）

单元(2)的刚度矩阵及定位向量为

$$
\bar{k}^{(2)} = \begin{bmatrix} 4i & 2i \\ 2i & 4i \end{bmatrix} \begin{matrix} 1 \\ 2 \end{matrix}
$$

（列号：1　2）

(3) 整体刚度矩阵

$$
K = \begin{bmatrix} 4i+4i & 2i \\ 2i & 4i \end{bmatrix} = \begin{bmatrix} 8i & 2i \\ 2i & 4i \end{bmatrix}
$$

(4) 荷载列向量

$$
P = [-50 \quad 0]^{\mathrm{T}}
$$

(5) 基本方程

$$
P = K\Delta
$$

即

$$
\begin{bmatrix} -50 \\ 0 \end{bmatrix} = \begin{bmatrix} 8i & 2i \\ 2i & 4i \end{bmatrix} \begin{bmatrix} \Delta_1 \\ \Delta_2 \end{bmatrix}
$$

(6) 解方程可得

$$
\begin{bmatrix} \Delta_1 \\ \Delta_2 \end{bmatrix} = \begin{bmatrix} -\dfrac{50}{7i} \\ \dfrac{25}{7i} \end{bmatrix}
$$

根据各单元定位向量，从解得结点位移中确定相应的杆端位移，根据单元(1)和(2)的刚度矩阵，确定单元(1)和(2)的杆端弯矩如下：

单元(1)

$$
\bar{\theta}_i^{(1)} = 0 \qquad \bar{\theta}_j^{(1)} = -\frac{50}{7i}
$$

$$\begin{bmatrix}\overline{M}_1^{(1)}\\ \overline{M}_2^{(1)}\end{bmatrix}=\begin{bmatrix}4i & 2i\\ 2i & 4i\end{bmatrix}\begin{bmatrix}0\\ -\dfrac{50}{7i}\end{bmatrix}=\begin{bmatrix}-14.29\\ -28.57\end{bmatrix}\text{kN}\cdot\text{m}$$

单元(2)

$$\overline{\theta}_i^{(2)}=-\frac{50}{7i}\qquad \overline{\theta}_j^{(2)}=+\frac{25}{7i}$$

$$\begin{bmatrix}\overline{M}_1^{(2)}\\ \overline{M}_2^{(2)}\end{bmatrix}=\begin{bmatrix}4i & 2i\\ 2i & 4i\end{bmatrix}\begin{bmatrix}-\dfrac{50}{7i}\\ +\dfrac{25}{7i}\end{bmatrix}=\begin{bmatrix}-21.43\\ 0\end{bmatrix}\text{kN}\cdot\text{m}$$

所得结果满足结点 2 的力矩平衡条件,故知计算结果正确。

8.5 等效结点荷载

在结构上除了结点上的集中力和集中力偶这类结点荷载外,实际上常有非结点荷载作用在单元上。对于非结点荷载需要将其变换为相应的结点荷载,变换的原则是使结构在相应的结点荷载作用下,其结点位移与原非结点荷载作用下的结点位移相同,这种经过变换所得的结点荷载称为等效结点荷载,即 $\overline{P}^{(e)}=-\overline{F}_P^{(e)}$。

【例 8-2】 求图 8-6 所示结构在给定荷载作用下的等效荷载向量 p。

【解】 (1) 求单元坐标系下的固端约束反力。

单元(1)

$$\overline{F}_P^{(1)}=\begin{bmatrix}0\\ +5\text{ kN}\\ 5\text{ kN}\cdot\text{m}\\ 0\\ +5\text{ kN}\\ -5\text{ kN}\cdot\text{m}\end{bmatrix}$$

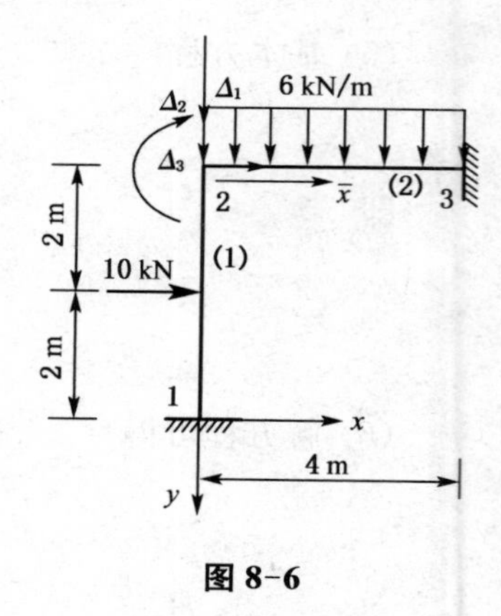

图 8-6

单元(2)

$$\overline{F}_P^{(2)}=\begin{bmatrix}0\\ -12\text{ kN}\\ -8\text{ kN}\cdot\text{m}\\ 0\\ -12\text{ kN}\\ +8\text{ kN}\cdot\text{m}\end{bmatrix}$$

(2) 求各单元在整体坐标系中的等效结点荷载 $P^{(e)}$。

利用坐标转换,使各固端力转为整体坐标系下的固端力。单元(1)、(2)的坐标方位角分别为

$$\alpha_1 = 90^\circ,\ \alpha_2 = 0^\circ$$

$$P^{(1)} = -T^{\mathrm{T}}\overline{F}_P^{(1)} = \begin{bmatrix} +5\ \mathrm{kN} \\ 0 \\ -5\ \mathrm{kN\cdot m} \\ \cdots\cdots \\ +5\ \mathrm{kN} \\ 0 \\ 5\ \mathrm{kN\cdot m} \end{bmatrix} \begin{matrix} 1 \\ 2 \\ 3 \\ \\ 0 \\ 0 \\ 0 \end{matrix}$$

因 $\alpha_2 = 0$,所以

$$P^{(2)} = -\overline{F}_P^{(2)} = \begin{bmatrix} 0 \\ 12\ \mathrm{kN} \\ 8\ \mathrm{kN\cdot m} \\ 0 \\ 12\ \mathrm{kN} \\ -8\ \mathrm{kN\cdot m} \end{bmatrix} \begin{matrix} 1 \\ 2 \\ 3 \\ 0 \\ 0 \\ 0 \end{matrix}$$

(3) 根据定位向量定位,累加即得到结构等效结点荷载。

$$P = \begin{bmatrix} (+5+0)\mathrm{kN} \\ (0+12)\mathrm{kN} \\ (-5+8)\mathrm{kN\cdot m} \end{bmatrix} = \begin{bmatrix} 5\ \mathrm{kN} \\ +12\ \mathrm{kN} \\ +3\ \mathrm{kN\cdot m} \end{bmatrix}$$

作用在单元上的非结点荷载转换为结点等效荷载的步骤:

(1) 把结构离散为单元,并对单元进行编码。

(2) 求出各单元在非结点荷载作用下的杆端力。

(3) 求出各单元在整体坐标系下的杆端力。

(4) 根据定位向量或所示总码计算各附加约束上的约束反力,并将其反号作用在结构上。

8.6 刚架计算步骤和算例

先处理的直接刚度法计算刚架的步骤可概括如下:

(1) 划分单元并对结点和单元进行编号,选取整体坐标系和单元坐标系,同时对未知结点位移和相应的结点荷载进行编码。

(2) 建立按总码顺序排列的自由结点位移列向量和相应的综合结点荷载列向量(包括对非结点荷载的处理)。

(3) 对式(8-5)单元坐标系下的单元刚度矩阵进行坐标变换直接列出各单元在整体坐标

系下的单元刚度矩阵，根据变形谐调条件和位移边界条件写出各单元的定位向量，进行换码。

(4) 将各单元刚度矩阵中有关元素按定位向量所示非“0”的行码和列码送到结构刚度矩阵中的相应位置。如果同一位置上有多个元素，则应将这些元素叠加，最终得到结构刚度矩阵。

(5) 从结构刚度方程 $K\Delta = P$ 中求解自由结点位移。

(6) 利用单元定位向量将杆端位移用相应的结点位移表示，计算在结构坐标系下的单元杆端力，再按式(8-16)变换为在单元坐标系下的单元杆端力。若单元受非结点荷载作用，则还需叠上相应的固端力才可得到实际杆端力。

【例 8-3】 试求图 8-7 所示刚架的内力。设各杆为矩形截面 $bh = 0.24\ \mathrm{m}^2$，杆长 $l = 4\ \mathrm{m}$，$E = 30\ \mathrm{GPa}$，$I = 0.0128\ \mathrm{m}^4$。忽略轴向变形。

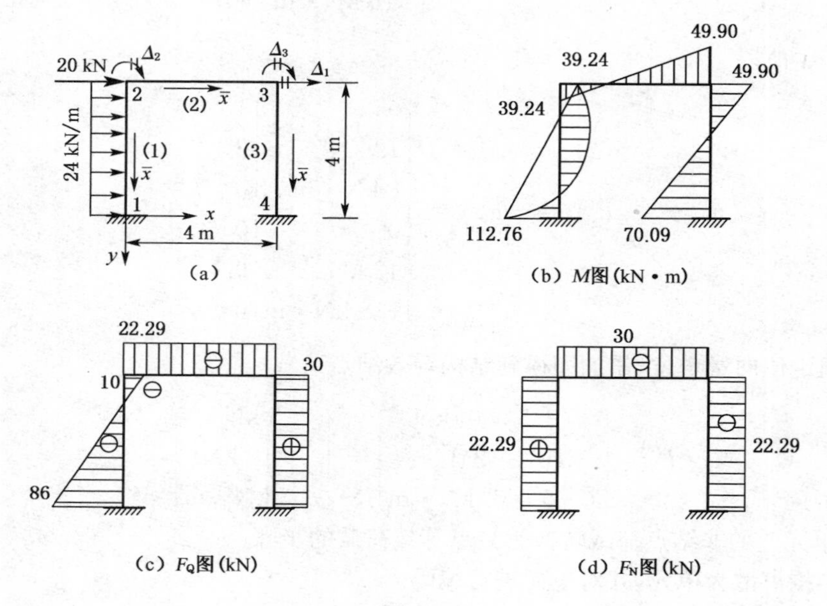

图 8-7

【解】 (1) 如图 8-7(a)所示将刚架划分为(1)、(2)、(3)三个单元，节点编号为 1、2、3、4。在不考虑轴向变形的情况下，结点 2 和结点 3 的水平线位移相等，故独立的结点线位移只有一个 Δ_1。所以结点位移分别为 Δ_1、Δ_2、Δ_3。单元(1)中 $i \to 2, j \to 1, \alpha_1 = 90°$；单元(2) 中 $i \to 2, j \to 3, \alpha_2 = 0°$；单元(3) 中 $i \to 3, j \to 4, \alpha_3 = 90°$。

(2) 结点位移列向量为

$$\Delta = (\Delta_1 \quad \Delta_2 \quad \Delta_3)^{\mathrm{T}}$$

(3) 将单元(1)上的非结点荷载转化为等效结点荷载后，与原有的结点荷载相叠加，得相应的综合结点荷载列向量如下：

$$P = \begin{bmatrix} P_1 \\ P_2 \\ P_3 \end{bmatrix} = \begin{bmatrix} 48\ \mathrm{kN} \\ -32\ \mathrm{kN \cdot m} \\ 0 \end{bmatrix} + \begin{bmatrix} 20\ \mathrm{kN} \\ 0 \\ 0 \end{bmatrix} = \begin{bmatrix} 68\ \mathrm{kN} \\ -32\ \mathrm{kN \cdot m} \\ 0 \end{bmatrix}$$

(4) 建立整体坐标系下的单元刚度矩阵，确定单元定位向量并换码。

单元(1) $\sin\alpha_1 = 1, \cos\alpha_1 = 0$，单元定位向量 $\lambda^{(1)} = [1 \quad 0 \quad 2 \quad 0 \quad 0 \quad 0]^T$

$$
\begin{array}{c}
\begin{array}{cccccc} \quad 1 \quad & \quad 0 \quad & \quad 2 \quad & \quad 0 \quad & \quad 0 \quad & \quad 0 \quad \end{array} \\
k^{(1)} = 10^4 \times \left[\begin{array}{cccccc}
7.2\ \mathrm{kN/m} & 0 & -14.4\ \mathrm{kN} & -7.2\ \mathrm{kN/m} & 0 & -14.4\ \mathrm{kN} \\
0 & 180\ \mathrm{kN/m} & 0 & 0 & -180\ \mathrm{kN/m} & 0 \\
-14.4\ \mathrm{kN} & 0 & 38.4\ \mathrm{kN \cdot m} & 14.4\ \mathrm{kN} & 0 & 19.2\ \mathrm{kN \cdot m} \\
-7.2\ \mathrm{kN/m} & 0 & 14.4\ \mathrm{kN} & 7.2\ \mathrm{kN/m} & 0 & 14.4\ \mathrm{kN} \\
0 & -180\ \mathrm{kN/m} & 0 & 0 & 180\ \mathrm{kN/m} & 0 \\
-14.4\ \mathrm{kN} & 0 & 19.2\ \mathrm{kN \cdot m} & 14.4\ \mathrm{kN} & 0 & 38.4\ \mathrm{kN \cdot m}
\end{array}\right]
\begin{array}{c} 1 \\ 0 \\ 2 \\ 0 \\ 0 \\ 0 \end{array}
\end{array}
$$

对于单元(2)，由于 Δ_1 只会使单元(2)发生刚体平移而不引起内力，所以单元(2)的杆端内力只和结点 2、3 的两端转角 Δ_2、Δ_3 有关。因此在确定单元定位向量时，Δ_1 的总码应换为“0”。故单元(2)的定位向量应为

$$\lambda^{(2)} = [0 \quad 0 \quad 2 \quad 0 \quad 0 \quad 3]^T$$

故有

$$
\begin{array}{c}
\begin{array}{cccccc} \quad 0 \quad & \quad 0 \quad & \quad 2 \quad & \quad 0 \quad & \quad 0 \quad & \quad 3 \quad \end{array} \\
k^{(2)} = 10^4 \times \left[\begin{array}{cccccc}
180\ \mathrm{kN/m} & 0 & 0 & -180\ \mathrm{kN/m} & 0 & 0 \\
0 & 7.2\ \mathrm{kN/m} & 14.4\ \mathrm{kN} & 0 & -7.2\ \mathrm{kN/m} & 14.4\ \mathrm{kN} \\
0 & 14.4\ \mathrm{kN} & 38.4\ \mathrm{kN \cdot m} & 0 & -14.4\ \mathrm{kN} & 19.2\ \mathrm{kN \cdot m} \\
-180\ \mathrm{kN/m} & 0 & 0 & 180\ \mathrm{kN/m} & 0 & 0 \\
0 & -7.2\ \mathrm{kN/m} & -14.4\ \mathrm{kN} & 0 & 7.2\ \mathrm{kN/m} & -14.4\ \mathrm{kN} \\
0 & 14.4\ \mathrm{kN} & 19.2\ \mathrm{kN \cdot m} & 0 & -14.4\ \mathrm{kN} & 38.4\ \mathrm{kN \cdot m}
\end{array}\right]
\begin{array}{c} 0 \\ 0 \\ 2 \\ 0 \\ 0 \\ 3 \end{array}
\end{array}
$$

单元(3) $\sin\alpha_3 = 1, \cos\alpha_3 = 0, \lambda^{(3)} = [1 \quad 0 \quad 3 \quad 0 \quad 0 \quad 0]^T$

$$
\begin{array}{c}
\begin{array}{cccccc} \quad 1 \quad & \quad 0 \quad & \quad 3 \quad & \quad 0 \quad & \quad 0 \quad & \quad 0 \quad \end{array} \\
k^{(3)} = 10^4 \times \left[\begin{array}{cccccc}
7.2\ \mathrm{kN/m} & 0 & -14.4\ \mathrm{kN} & -7.2\ \mathrm{kN/m} & 0 & -14.4\ \mathrm{kN} \\
0 & 180\ \mathrm{kN/m} & 0 & 0 & -180\ \mathrm{kN/m} & 0 \\
-14.4\ \mathrm{kN} & 0 & 38.4\ \mathrm{kN \cdot m} & 14.4\ \mathrm{kN} & 0 & 19.2\ \mathrm{kN \cdot m} \\
-7.2\ \mathrm{kN/m} & 0 & 14.4\ \mathrm{kN} & 7.2\ \mathrm{kN/m} & 0 & 14.4\ \mathrm{kN} \\
0 & -180\ \mathrm{kN/m} & 0 & 0 & 180\ \mathrm{kN/m} & 0 \\
-14.4\ \mathrm{kN} & 0 & 19.2\ \mathrm{kN \cdot m} & 14.4\ \mathrm{kN} & 0 & 38.4\ \mathrm{kN \cdot m}
\end{array}\right]
\begin{array}{c} 1 \\ 0 \\ 3 \\ 0 \\ 0 \\ 0 \end{array}
\end{array}
$$

(5) 将上面三个单元刚度矩阵中的各个元素，按定位向量表示的非“0”行码和列码，用直接刚度法可得到结构刚度矩阵为

$$
\begin{array}{c}
\begin{array}{ccc} \qquad 1 \qquad & \qquad 2 \qquad & \qquad 3 \qquad \end{array} \\
K = 10^4 \times \left[\begin{array}{c:c:c}
(7.2+7.2)\mathrm{kN/m} & 14.4\ \mathrm{kN} & 14.4\ \mathrm{kN} \\ \hdashline
14.4\ \mathrm{kN} & (38.4+38.4)\ \mathrm{kN/m} & 19.2\ \mathrm{kN/m} \\ \hdashline
14.4\ \mathrm{kN} & 19.2\ \mathrm{kN/m} & (38.4+38.4)\ \mathrm{kN/M}
\end{array}\right]
\begin{array}{c} 1 \\ 2 \\ 3 \end{array}
\end{array}
$$

$$
\begin{array}{c}
\begin{array}{ccc} \qquad 1 \qquad & \qquad 2 \qquad & \qquad 3 \qquad \end{array} \\
= 10^4 \times \left[\begin{array}{c:c:c}
14.4\ \mathrm{kN/m} & 14.4\ \mathrm{kN} & 14.4\ \mathrm{kN} \\ \hdashline
14.4\ \mathrm{kN} & 76.8\ \mathrm{kN/m} & 19.2\ \mathrm{kN/m} \\ \hdashline
14.4\ \mathrm{kN} & 9.2\ \mathrm{kN/m} & 76.8\ \mathrm{kN/m}
\end{array}\right]
\begin{array}{c} 1 \\ 2 \\ 3 \end{array}
\end{array}
$$

结构刚度方程为

$$P = K\Delta$$

即

$$\begin{bmatrix} 68\text{ kN} \\ -32\text{ kN/m} \\ 0 \end{bmatrix} = 10^4 \times \begin{bmatrix} 14.4\text{ kN/m} & 14.4\text{ kN} & 14.4\text{ kN} \\ 14.4\text{ kN} & 76.8\text{ kN/m} & 19.2\text{ kN/m} \\ 14.4\text{ kN} & 9.2\text{ kN/m} & 76.8\text{ kN/m} \end{bmatrix} \times \begin{bmatrix} \Delta_1 \\ \Delta_2 \\ \Delta_3 \end{bmatrix}$$

(6) 解刚度方程。

利用 $\Delta = K^{-1}P$ 直接解刚度方程可得

$$\begin{bmatrix} \Delta_1 \\ \Delta_2 \\ \Delta_3 \end{bmatrix} = 10^4 \times \begin{bmatrix} 6.2698\text{ m} \\ +0.496\text{ rad} \\ +1.0516\text{ rad} \end{bmatrix}$$

(7) 计算各单元的杆端力。

单元(1)

$$\begin{bmatrix} F_{x1}^{(1)} \\ F_{y1}^{(1)} \\ M_1^{(1)} \\ F_{x2}^{(1)} \\ F_{y2}^{(1)} \\ M_2^{(1)} \end{bmatrix} = 10^4 \times \begin{bmatrix} 7.2\text{ kN/m} & 0 & -14.4\text{ kN} & -7.2\text{ kN/m} & 0 & -14.4\text{ kN} \\ 0 & 180\text{ kN/m} & 0 & 0 & -180\text{ kN/m} & 0 \\ -14.4\text{ kN} & 0 & 38.4\text{ kN}\cdot\text{m} & 14.4\text{ kN} & 0 & 19.2\text{ kN}\cdot\text{m} \\ -7.2\text{ kN/m} & 0 & 14.4\text{ kN} & 7.2\text{ kN/m} & 0 & 14.4\text{ kN} \\ 0 & -180\text{ kN/m} & 0 & 0 & 180\text{ kN/m} & 0 \\ -14.4\text{ kN} & 0 & 19.2\text{ kN}\cdot\text{m} & 14.4\text{ kN} & 0 & 38.4\text{ kN}\cdot\text{m} \end{bmatrix}$$

$$\begin{bmatrix} 6.2698\text{ m} \\ 0 \\ 0.496\text{ rad} \\ 0 \\ 0 \\ 0 \end{bmatrix} \times 10^4 + \begin{bmatrix} -48\text{ kN} \\ 0 \\ 32\text{ kN}\cdot\text{m} \\ -48\text{ kN} \\ 0 \\ -32\text{ kN}\cdot\text{m} \end{bmatrix} = \begin{bmatrix} -10 \\ 0 \\ -39.239 \\ -86 \\ 0 \\ 112.762 \end{bmatrix}$$

按式(8-11)转换为单元坐标系下的杆端力，得

$$\begin{bmatrix} \overline{F}_{x1}^{(1)} \\ \overline{F}_{y1}^{(1)} \\ \overline{M}_1^{(1)} \\ \overline{F}_{x2}^{(1)} \\ \overline{F}_{y2}^{(1)} \\ \overline{M}_2^{(1)} \end{bmatrix} = \begin{bmatrix} 0 & 1 & 0 & 0 & 0 & 0 \\ -1 & 0 & 0 & 0 & 0 & 0 \\ 0 & 0 & 1 & 0 & 0 & 0 \\ 0 & 0 & 0 & 0 & 1 & 0 \\ 0 & 0 & 0 & -1 & 0 & 0 \\ 0 & 0 & 0 & 0 & 0 & 1 \end{bmatrix} \begin{bmatrix} -10.000\text{ kN} \\ 0 \\ -39.239\text{ kN}\cdot\text{m} \\ -86\text{ kN} \\ 0 \\ -112.762\text{ kN}\cdot\text{m} \end{bmatrix} = \begin{bmatrix} 0 \\ 10.000\text{ kN} \\ -39.239\text{ kN}\cdot\text{m} \\ 0 \\ 86\text{ kN} \\ -112.762\text{ kN}\cdot\text{m} \end{bmatrix}$$

单元(2)因 $\alpha_2 = 0$，故单元坐标系下的杆端力与整体坐标系下的杆端力相同。

$$
\begin{bmatrix} \overline{F}_{x1}^{(2)} \\ \overline{F}_{y1}^{(12)} \\ \overline{M}_1^{(2)} \\ \overline{F}_{x2}^{(2)} \\ \overline{F}_{y2}^{(2)} \\ \overline{M}_2^{(2)} \end{bmatrix} = \begin{bmatrix} F_{x1}^{(2)} \\ F_{y1}^{(2)} \\ M_1^{(2)} \\ F_{x2}^{(2)} \\ F_{y2}^{(2)} \\ M_2^{(2)} \end{bmatrix} = 10^4 \times \begin{bmatrix} 180\ \text{kN/m} & 0 & 0 & -180\ \text{kN/m} & 0 & 0 \\ 0 & 7.2\ \text{kN/m} & 14.4\ \text{kN} & 0 & -7.2\ \text{kN/m} & 14.4\ \text{kN} \\ 0 & 14.4\ \text{kN} & 38.4\ \text{kN}\cdot\text{m} & 0 & -14.4\ \text{kN} & 19.2\ \text{kN}\cdot\text{m} \\ -180\ \text{kN/m} & 0 & 0 & 180\ \text{kN/m} & 0 & 0 \\ 0 & -7.2\ \text{kN/m} & -14.4\ \text{kN} & 0 & 7.2\ \text{kN/m} & -14.4\ \text{kN} \\ 0 & 14.4\ \text{kN} & 19.2\ \text{kN}\cdot\text{m} & 0 & -14.4\ \text{kN} & 38.4\ \text{kN}\cdot\text{m} \end{bmatrix}
$$

$$
\begin{bmatrix} 0 \\ 0 \\ 0.496\ \text{rad} \\ 0 \\ 0 \\ +1.0516\ \text{rad} \end{bmatrix} \times 10^4 = \begin{bmatrix} 0 \\ +22.285\ \text{kN} \\ +39.237\ \text{kN}\cdot\text{m} \\ 0 \\ -22.285\ \text{kN} \\ +49.905\ \text{kN}\cdot\text{m} \end{bmatrix}
$$

同理可得单元(3)单元坐标系下的杆端力

$$
\begin{bmatrix} \overline{F}_{x1}^{(3)} \\ \overline{F}_{y1}^{(3)} \\ \overline{M}_1^{(3)} \\ \overline{F}_{x2}^{(3)} \\ \overline{F}_{y2}^{(3)} \\ \overline{M}_2^{(3)} \end{bmatrix} = \begin{bmatrix} 0 \\ -30.000\ \text{kN} \\ -49.904\ \text{kN}\cdot\text{m} \\ 0 \\ +30.000\ \text{kN} \\ -70.094\ \text{kN}\cdot\text{m} \end{bmatrix}
$$

(8) 根据所得各单元的杆端弯矩和剪力作出内力图，根据剪力图作轴力图，内力图如图 8-7(b)、(c)、(d)所示。

8.7 小结

矩阵位移法是以位移法为理论基础，以矩阵作为数学表达形式，以电子计算机作为计算工具，三位一体的分析方法。引入矩阵运算，使得公式排列紧凑，运算形式统一，便于计算过程程序化，适宜于计算机进行自动化处理。

矩阵位移法包括两个环节：单元分析和整体分析。首先将结构进行离散化，把结构离散为有限个单元，根据单元的力学性质，建立单元刚度方程，形成单元刚度矩阵；然后，在满足变形条件和平衡条件的基础上，将这些单元集合成整体，即由单元刚度矩阵集合成为整体刚度矩阵，建立结构的位移法的基本方程，进而求得结构的位移和内力。这样，在一撤一搭的过程中，使复杂的结构计算问题转化为简单单元的分析与集成问题。

一、判断题

(1) 矩阵位移法既可以计算超静定结构，又可以计算静定结构。 (　　)

(2) 矩阵位移法基本未知量的数目与位移法基本未知量的数目总是相等的。 ( )

(3) 单元刚度矩阵都具有对称性和奇异性。 ( )

(4) 在矩阵位移法中，整体分析的实质是建立各结点的平衡方程。 ( )

(5) 结构刚度矩阵与单元的编号方式有关。 ( )

(6) 原荷载与对应的等效结点荷载使结构产生相同的内力和变形。 ( )

二、填空题

(1) 矩阵位移法分析包含三个基本环节，其一是结构的________分析，其二是________分析，其三是________分析。

(2) 已知某单元ⓔ的定位向量为$[3\ \ 5\ \ 6\ \ 7\ \ 8\ \ 9]^T$，则单元刚度系数$k_{35}^e$应叠加到结构刚度矩阵的元素________中去。

(3) 将非结点荷载转换为等效结点荷载，等效的原则是________________。

(4) 矩阵位移法中，在求解结点位移之前，主要工作是形成____________矩阵和____________列阵。

(5) 用矩阵位移法求得某结构结点 2 的位移为$\Delta_2=[u_2\ \ v_2\ \ \theta_2]^T=[0.8\ \ 0.3\ \ 0.5]^T$，单元①的始、末端结点码为 3、2，单元定位向量为$\lambda^{(1)}=[0\ \ 0\ \ 0\ \ 3\ \ 4\ \ 5]^T$，设单元与 x 轴之间的夹角为$\alpha=\dfrac{\pi}{2}$，则$\overline{\delta}^{(1)}=$________________。

(6) 用矩阵位移法求得平面刚架某单元在单元坐标系中的杆端力为$\overline{F}^e=[7.5\ \ -48\ \ -70.9\ \ -7.5\ \ 48\ \ -121.09]^T$，则该单元的轴力$F_N=$________kN。

三、根据单元刚度矩阵元素的物理意义，直接求出图 8-8 所示刚架$\overline{K}^{(1)}$中元素$\overline{k}_{11}^{(1)}$、$\overline{k}_{23}^{(1)}$、$\overline{k}_{35}^{(1)}$的值以及$K^{(1)}$中元素$k_{11}^{(1)}$、$k_{23}^{(1)}$、$k_{35}^{(1)}$的值。

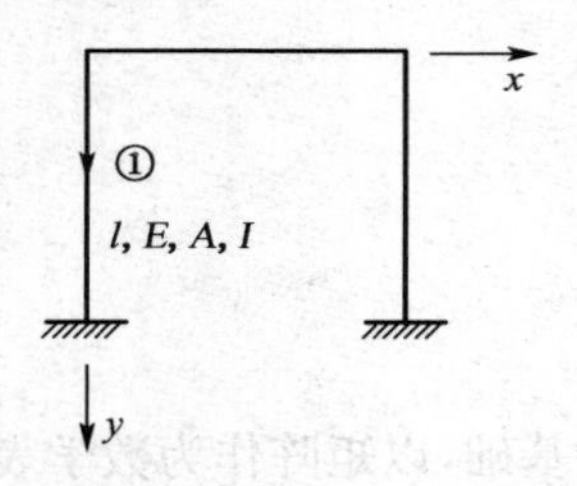

图 8-8

四、根据结构刚度矩阵元素的物理意义，直接求出图 8-9 所示刚架结构刚度矩阵中元素k_{11}、k_{21}、k_{32}的值。各杆 E、A、I 相同。

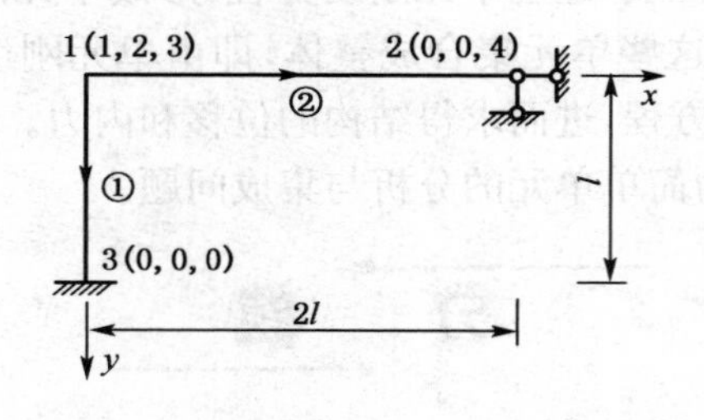

图 8-9

五、用简图表示图 8-10 所示刚架的单元刚度矩阵$\overline{K}^{(1)}$中元素$\overline{k}_{23}^{(1)}$、$K^{(2)}$中元素 $k_{44}^{(2)}$ 的物理意义。

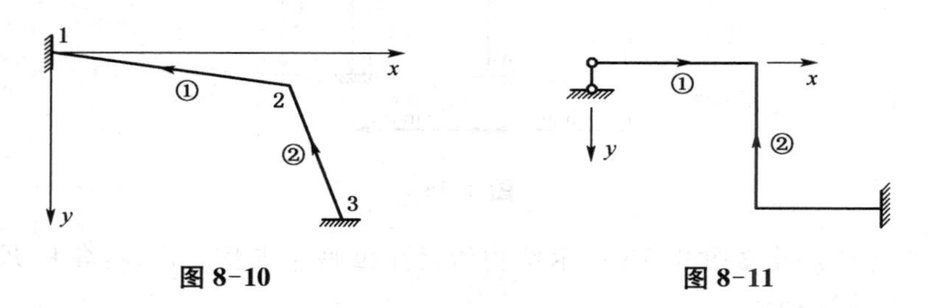

图 8-10　　　　图 8-11

六、图 8-11 所示刚架各单元杆长为 l,EA、EI 为常数。根据单元刚度矩阵元素的物理意义,写出单元刚度矩阵 $K^{(1)}$、$K^{(2)}$ 的第 3 列和第 5 列元素。

七、用先处理法,对图 8-12 所示结构进行单元编号、结点编号和结点位移分量编码,并写出各单元的定位向量。

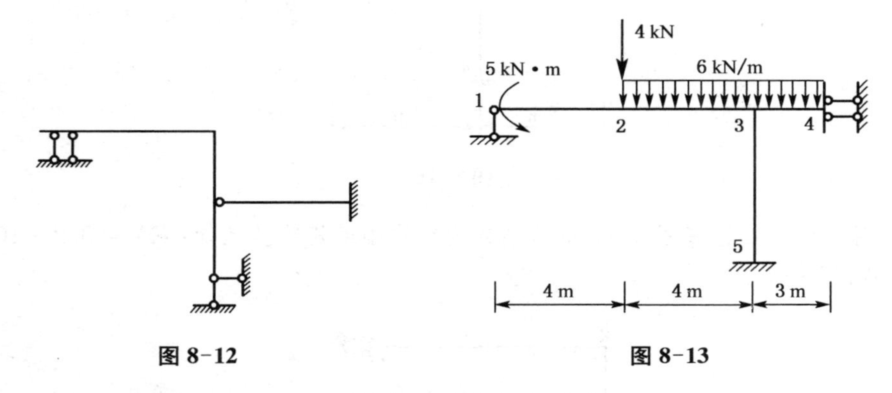

图 8-12　　　　图 8-13

八、用先处理法形成图 8-13 所示结构的综合结点荷载列阵。

九、用先处理法求图 8-14 所示连续梁的结构刚度矩阵和结构的综合结点荷载列阵。已知:$EI = 2.4 \times 10^4$ kN • m^2。

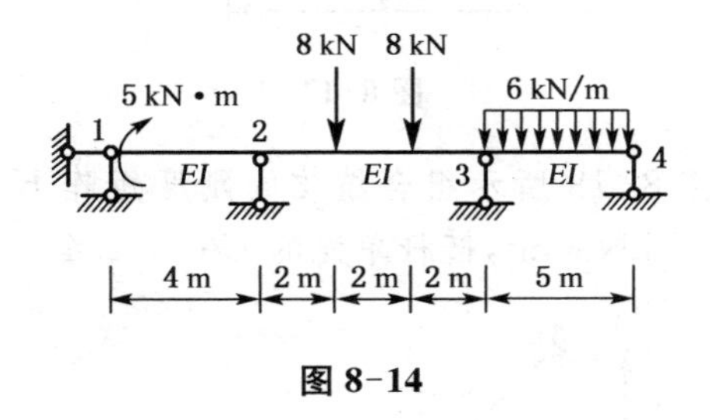

图 8-14

十、用先处理法求图 8-15 所示结构刚度矩阵。忽略杆件的轴向变形。各杆 $EI = 5 \times 10^5$ kN • m^2。

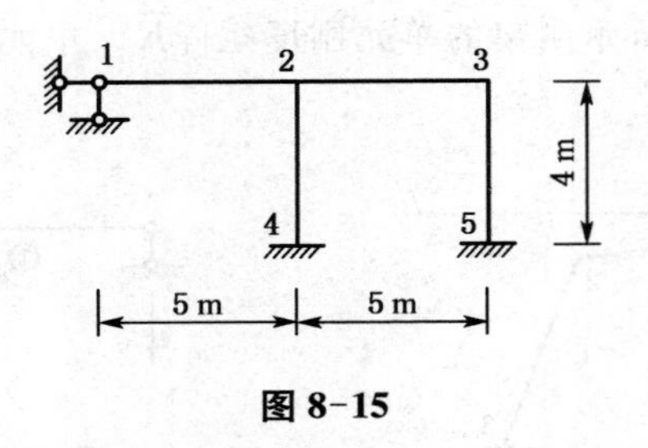

图 8-15

十一、用先处理法建立图 8-16 所示结构的矩阵位移法方程。已知:各杆 $EA = 4\times10^5$ kN,$EI = 5\times10^4$ kN·m²。

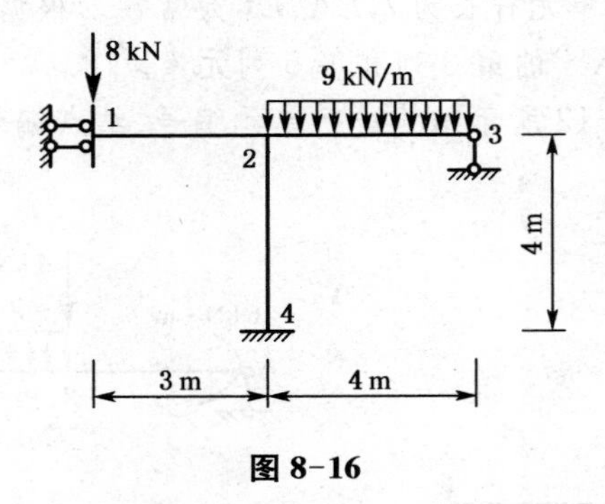

图 8-16

十二、用先处理法计算图 8-17 所示刚架的结构刚度矩阵。已知:$EA = 3.2\times10^5$ kN,$EI = 4.8\times10^4$ kN·m²。

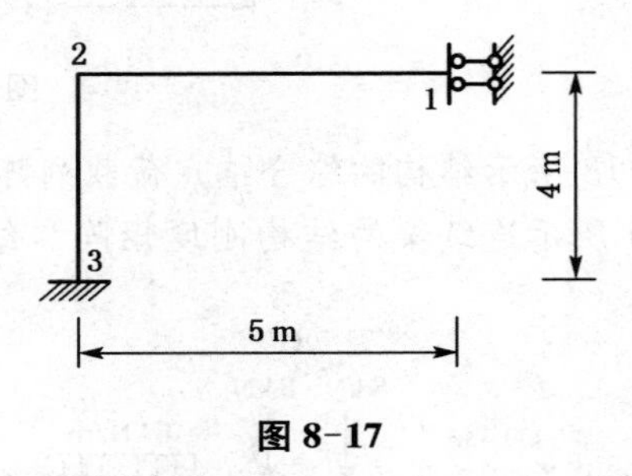

图 8-17

十三、用先处理法计算图 8-18 所示组合结构的刚度矩阵 K。已知:梁杆单元的 $EA = 3.2\times10^5$ kN,$EI = 4.8\times10^4$ kN·m²,链杆单元的 $EA = 2.4\times10^5$ kN。

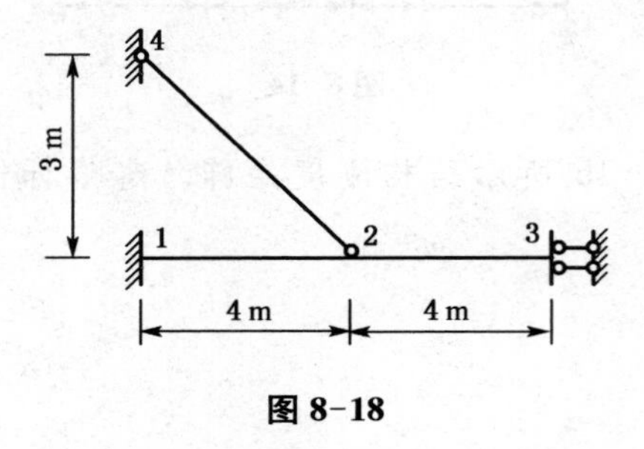

图 8-18

十四、若用先处理法计算图 8-19 所示结构，则在结构刚度矩阵 K 中零元素的个数至少有多少个？

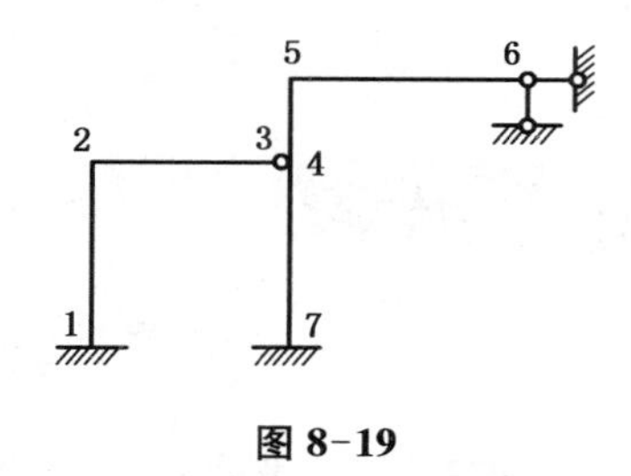

图 8-19

十五、试用矩阵位移法计算图 8-20 所示连续梁，并画出弯矩图。各杆 EI = 常数。

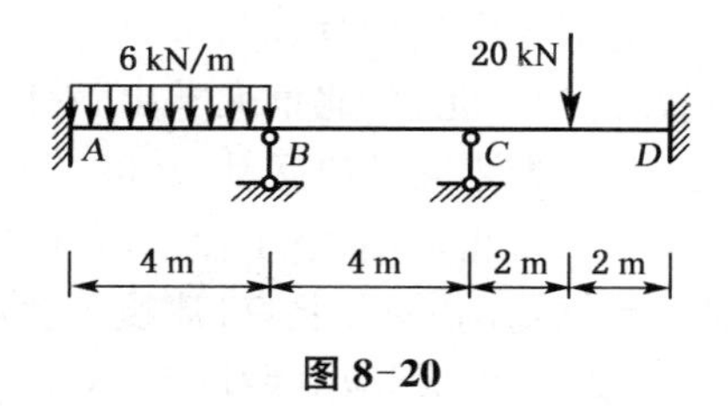

图 8-20

十六、用先处理法计算图 8-21 所示刚架的内力，并绘内力图。已知：各杆 $E = 3 \times 10^7$ kN/m^2，$A = 0.16\ m^2$，$I = 0.002\ m^4$。

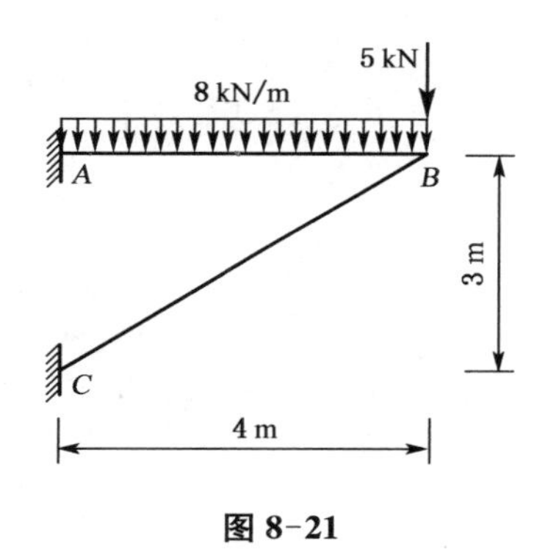

图 8-21

十七、用矩阵位移法计算图 8-22 所示平面桁架的内力。已知：$E = 3 \times 10^7\ kN/m^2$，各杆 $A = 0.1\ m^2$。

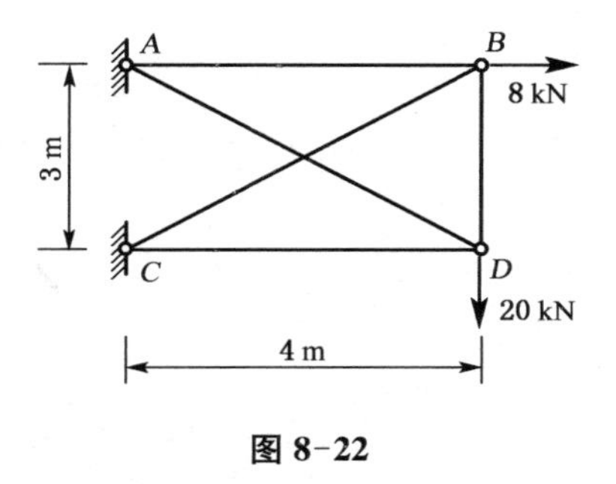

图 8-22

参考文献

[1] 龙驭求,包世华. 结构力学教程(I)[M]. 北京:高等教育出版社,2011.
[2] 李廉锟. 结构力学[M]. 北京:高等教育出版社, 2010.
[3] 王焕定. 结构力学. 北京:清华大学出版社,2010.
[4] 张系斌. 结构力学简明教程[M]. 北京:北京大学出版社,2009.
[5] 刘尔烈. 结构力学[M]. 天津:天津大学出版社,2009.
[6] 沈建康,王培兴. 建筑力学[M]. 北京:航空工业出版社,2011.
[7] 邓秀太. 结构力学题解及考试指南[M]. 北京:建筑工业出版社,2011.
[8] 郭长城. 结构力学[M]. 武汉:武汉大学出版社,2008.
[9] 王伟,张金生. 结构力学[M]. 武汉:武汉大学出版社,2010.
[10] 蔡新,孙文焕. 结构静力学[M]. 南京:河海大学出版社,2012.